人工智能技术丛书

OpenCV

计算机视觉开发实践

基于Python

朱文伟 李建英 著

清华大学出版社

北京

内 容 简 介

OpenCV 是一个跨平台计算机视觉和机器学习软件库，也是计算机视觉领域的开发人员必须掌握的技术。本书基于 Python 3.8 全面系统地介绍 OpenCV 4.10 的使用，并配套示例源代码、开发环境、PPT 课件、配书 PDF 文件与作者答疑服务。

本书共 20 章，主要内容包括计算机视觉概述、OpenCV 的 Python 开发环境搭建、OpenCV 基本操作、数组矩阵、图像处理模块、灰度变换和直方图修正、图像平滑、几何变换、图像边缘检测、图像分割、图像金字塔、图像形态学、视频处理，以及停车场车牌识别、目标检测、数字水印、图像加密和解密、物体计数、图像轮廓和手势识别等案例。

本书既适合 OpenCV 初学者、计算机视觉与图像处理应用开发人员、人工智能算法开发人员阅读，也适合作为高等院校或高职高专院校计算机视觉与图像处理、人工智能等相关专业的教学参考书。

图书在版编目（CIP）数据

OpenCV 计算机视觉开发实践 ：基于 Python / 朱文伟，李建英著.

北京 ：清华大学出版社，2025. 1. -- （人工智能技术丛书）.

ISBN 978-7-302-67932-5

Ⅰ. TP391. 413

中国国家版本馆 CIP 数据核字第 2025N9V964 号

责任编辑：夏毓彦
封面设计：王　翔
责任校对：闫秀华
责任印制：宋　林

出版发行： 清华大学出版社

网　　　址：https://www.tup.com.cn，https://www.wqxuetang.com
地　　　址：北京清华大学学研大厦 A 座　　　　　　邮　　编：100084
社 总 机：010-83470000　　　　　　　　　　　　邮　　购：010-62786544
投稿与读者服务：010-62776969，c-service@tup.tsinghua.edu.cn
质量反馈：010-62772015，zhiliang@tup.tsinghua.edu.cn

印 装 者： 三河市东方印刷有限公司
经　　销： 全国新华书店
开　　本： 190mm×260mm　　**印　张：** 24　　　**字　数：** 648 千字
版　　次： 2025 年 3 月第 1 版　　　　　　　　**印　次：** 2025 年 3 月第 1 次印刷
定　　价： 129.00 元

产品编号：110356-01

前　　言

如今，计算机视觉算法的应用已经渗透到我们生活的方方面面。机器人、无人机、增强现实、虚拟现实、医学影像分析等领域，无一不涉及计算机视觉算法。OpenCV 是计算机视觉领域的一个图形与图像算法库，由一系列 C 函数和少量 C++类构成，同时提供了 C++、Python、Java、Ruby、MATLAB、C#、Ch、Ruby、Go 等语言的接口，实现了图像处理和计算机视觉方面的很多通用算法。它既轻量也高效，在学术界、工业界都得到了广泛的使用。无论是初学者还是资深研究人员，都可以在其中找到得心应手的"武器"，帮助你在研究和应用开发的道路上披荆斩棘。

关于本书

近年来，在图像分割、物体识别、运动跟踪、人脸识别、目标检测、机器视觉、机器人等领域，OpenCV 可谓大显身手。OpenCV 内容之丰富，是目前开源视觉算法库中所罕见的。每年我们都能看到不少关于 OpenCV 的图书，但是随着 OpenCV 版本的更迭，部分学习资料已经过时。本书基于 Python 3.8 和 OpenCV 4.10 版本编写，面向初学者，涵盖传统的图形图像算法与视频处理方法，并配以示例代码，内容丰富，文字通俗易懂。

本书不仅剖析了大量 OpenCV 函数的调用细节，还对其原理作了清晰明了的解释，让读者"知其然，并知其所以然"。本书介绍 OpenCV 中的 220 多个函数，并给出 100 多个示例程序，以及车牌识别、目标检测、数字水印、图像加密和解密、物体计数、图像轮廓、手势识别等案例代码。在介绍 OpenCV 4.10 新技术的同时，也尽量讲解其背后的原理和公式，为读者以后进行专业的图像开发奠定基础。

资源下载与作者答疑服务

本书配套提供示例源码、开发环境、PPT 课件、配书 PDF 文件与作者答疑服务，读者需要用微信扫描下方的二维码，然后按扫描出来的页面提示把链接转发到自己的邮箱中下载。作者的联系方式参见下载资源中的相关文件。

本书适合的读者

阅读本书需要有 Python 编程基础，适合的读者如下：

- OpenCV 开发初学者
- 计算机视觉领域的初学者
- 人工智能图像处理算法开发人员
- 高等院校计算机视觉课程的学生
- 高职高专院校计算机视觉课程的学生

作者与鸣谢

本书由朱文伟和李建英创作。虽然作者尽了最大努力编写本书，但书中难免存有疏漏，敬请读者提出保贵的意见和建议。本书在出版过程中得到了清华大学出版社的编辑老师们的支持和帮助，在此表示衷心的感谢。

作　者
2025 年 1 月

目　　录

第 **1** 章

计算机视觉概述

计算机视觉处理是当今信息科学中发展最快的热点研究方向，涉及光学、电子和计算机科学等多个学科。计算机科学中的数字图像处理是其重要基础。本章将阐述数字图像处理的重要基础以及计算机视觉的基本概念。这些理论概念虽然重要，但是如果全面展开来讲，不但内容繁多（至少一本书），而且读者会在有限的时间内由于对抽象理论感到枯燥而逐渐失去学习兴趣。因此，本书将这些理论知识浓缩为一章，为后面章节做一个理论铺垫。在后续学习过程中，一旦看到理论术语，只需翻阅第1章即可，以此方便读者阅读本书。如果是从来没有接触过OpenCV开发的读者，更要学习一下本章内容，从而对图像处理有感性认识。理论的东西，不能一开始就贪多，贪多肯定会感到枯燥，从而放弃；但也不能完全没有，否则就是沙滩筑高楼。

1.1 图像的基本概念

1.1.1 图像和图形

图像是指使用照相机、摄影机、扫描仪等输入设备捕捉实际的画面产生的数字图像，是由像素点阵构成的位图。图像是通过对物体和背景的"摄取"而取得的，这里的"摄取"指的是一种"记录"过程。图像是对客观世界的反映，"图"是指物体透射光或反射光的分布，"像"是人的视觉对"图"的认识。"图像"是两者的结合，它既是一种光的分布，又包含人的视觉心理因素。

图形是用数学规则产生的或具有一定规则的图案，是由外部轮廓线条构成的矢量图。图形往往用一组符号或线条来表示，例如房屋设计图就是用线条来表现房屋结构的。图形用一组指令集合来描述内容，如描述构成该图的各种图元位置、维数、形状等，描述对象可任意缩放而不会失真。图像和图形在一定条件下可相互转换。

1.1.2　数字图像及其特点

数字图像又称数码图像或数位图像，是二维图像用有限数字、数值像素的表示。它由数组或矩阵表示，其中每个元素代表图像的一个像素，表示其光照位置和强度都是离散的。数字图像是由模拟图像数字化得到的，以像素为基本元素的，可以用数字计算机或数字电路存储和处理的图像。

数字图像可以由许多不同的输入设备和技术生成，例如数码相机、扫描仪、坐标测量机等，也可以从任意的非图像数据合成得到，例如数学函数或者三维几何模型（计算机图形学的一个主要分支）。数字图像处理领域主要研究数字图像的变换算法。

数字图像有如下几个特点：

1）信息量大

以像素数目较少的电视图像为例，它一般是由512×512个像素（8bit）组成，其总数据量为512×512×8bit=2097152bit=262144B=256KB。这么大的数据量必须由计算机处理，并且计算机内存容量要大。为了运算方便，常需要几倍其数据量的内存。

2）占用频带宽大

一般语言信息（如电话、传真、电传、电报等）的带宽仅4kHz左右，而图像信息所占用频率的带宽要大3个数量级。例如，普通电视的标准带宽是6.5MHz，等于语言带宽的14倍。在摄像、传输、存储、处理、显示等各环节的实现上技术难度大，因而对频带的压缩技术的要求是很迫切的。

3）相关性大

每幅图像中相邻像素之间不独立，并且具有很大的相关性，有时大片大片的像素间具有相同或接近的灰度。例如，就电视画面而言，前后两幅图像的相关系数往往在0.95以上。因此，压缩图像信息的潜力很大。

4）非客观性

图像信息的最终接收器是人的视觉系统。由于图像信息和视觉系统十分复杂，与环境条件、视觉特性、情结、精神状态、知识水平等有关，这就要求图像系统与视觉系统具有良好的"匹配"，因此必须研究图像的统计规律和视觉特征。

1.1.3　图像单位

任意一幅数字图像粗看起来似乎是连续的，实际上是不连续的，它由许多密集的色点组成。就像任意物质一样，肉眼看上去是连续的，但实质上都是由分子组成的。这些色点是构成一幅图像的基本单元，被称为像素（或像素点、像元，Pixel）。例如，一幅图片由30万个色点组成，那这幅图片的像素就是30万。像素是数字图像的基本元素。显然，像素越多，画面就越清晰。

像素是感光元件记录光信号的基本单位，通常来说1个像素对应1个光电二极管。我们常说相机是多少像素，这个像素就是说这款相机的感光元件有多少个，有100万个感光元件的相机就是100万像素的相机，有4000万个感光元件的相机就是4000万像素的相机，以此类推。一台100万像素的相机拍摄的照片洗成5寸比洗成6寸清晰一点。

像素是在模拟图像数字化时对连续空间进行离散化得到的。每个像素具有整数行（高）和列（宽）位置坐标，同时每个像素都具有整数灰度值或颜色值。

如图1-1所示的图片尺寸可以从其文件属性窗口（见图1-2）中查到，是500×338，即图片是由一个500×338的像素点矩阵构成的，这幅图片的宽度是500像素，高度是338像素，共有169000（500×338）个像素点。

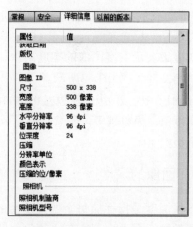

图 1-1   图 1-2

又如，屏幕分辨率是1024×768，也就是说设备屏幕的水平方向上有1024个像素点，垂直方向上有768个像素点。像素的大小是没有固定长度的，不同设备上一个单位像素色块的大小是不一样的。例如，尺寸面积大小相同的两块屏幕，分辨率大小可以是不一样的，分辨率高的屏幕上像素点（色块）就多，所以屏幕内可以展示的画面就更细致，单个色块面积更小；分辨率低的屏幕上像素点（色块）更少，单个像素面积更大，显示的画面就没那么细致。

1.1.4　图像分辨率与屏幕分辨率

图像分辨率是指每英寸图像内的像素点数，单位是像素每英寸。分辨率越高，像素的点密度越高，图像就越逼真（做大幅喷绘时，要求图片分辨率要高，就是为了保证每英寸的画面上拥有更多的像素点）。

屏幕分辨率是屏幕每行的像素点数乘以每列的像素点数。每个屏幕都有自己的分辨率，屏幕分辨率越高，所呈现的色彩就越多，清晰度也越高。

1.1.5　图像的灰度与灰度级

把白色与黑色之间按对数关系分为若干等级，称为灰度。灰度分为256阶，0为黑色。灰度就是没有色彩，RGB色彩分量全部相等，如RGB(100,100,100)代表灰度为100，RGB(50,50,50)代表灰度为50。

一幅图像中不同位置的亮度是不一样的，可用$f(x,y)$来表示点(x,y)上的亮度。由于光是一种能量形式，因此亮度是非负有限的（$0 \leqslant f(x,y) < \infty$）。在图像处理中，常用灰度和灰度

级这个名称。在单色图像中，坐标 (x, y) 点的亮度称为该点的灰度或灰度级。设灰度为 L，则 $L_{min} \leqslant L \leqslant L_{max}$。区间 $[L_{min}, L_{max}]$ 称为灰度范围。

在室内处理图像时，一般 $L_{min} \approx 0.005 Lux$，$L_{max} \approx 100 Lux$，其中 Lux 是勒克斯（照明单位）。实际使用中，把这个区间规格化为 $[0, L_{max}]$。其中，$L_{min}(0)$ 为黑色，L_{max} 为白色，所有在白色和黑色之间的值代表连续变化的灰度。

灰度级表明图像中不同灰度值的最大数量。灰度级越大，图像的亮度范围越大。灰度级有时会和灰度混淆。灰度（值）表示灰度图像单个像素点的亮度值，值越大，像素点越亮，反之越暗。

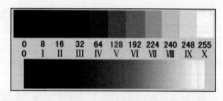

图 1-3

灰度级表示灰度图像的亮度层次，比如第 1 级、第 2 级……第 255 级，如图 1-3 所示。

在图 1-3 中，第 0 级的灰度是 0，第 1 级的灰度是 8，第 2 级的灰度是 16……每个等级都对应着某个灰度值。级数越多，图像的亮度范围越大，层次越丰富。有时，把最大级数称为一幅图像的灰度级数。

1.1.6 图像的深度

图像深度是指存储每个像素所用的位数，也用于量度图像的色彩分辨率。图像深度确定彩色图像的每个像素可能有的颜色数，或者确定灰度图像的每个像素可能有的灰度级数。它决定了彩色图像中可出现的最多颜色数，或灰度图像中的最大灰度等级。比如，一幅单色图像，若每个像素有 8 位，则最大灰度数目为 2 的 8 次方，即 256。一幅彩色图像 RGB 三个分量的像素位数分别为 4、4、2，则最大颜色数目为 2 的 (4+4+2) 次方，即 1024，也就是说像素的深度为 10 位，每个像素可以是 1024 种颜色中的一种。

例如，一幅画的尺寸是 1024×768 像素，深度为 16，则它的数据量为 1.5MB，计算如下：

$$1024 \times 768 \times 16bit = (1024 \times 768 \times 16) \div 8B$$
$$= [(1024 \times 768 \times 16)/8] \div 1024KB$$
$$= \{[(1024 \times 768 \times 16) \div 8] \div 1024\} \div 1024MB$$

1.1.7 二值图像、灰度图像与彩色图像

二值图像（Binary Image）上的每一个像素只有两种可能的取值或灰度等级状态，可用黑白、B&W、单色图像表示。按名字来理解，二值图像只有两个值，即 0 和 1，0 代表黑，1 代表白，或者说 0 表示背景，1 表示前景。其保存也相对简单，每个像素只需要 1bit 就可以完整存储信息。如果把每个像素看成随机变量，一共有 N 个像素，那么二值图像有 2 的 N 次方种变化，而 8 位灰度图有 255 的 N 次方种变化，8 位三通道 RGB 图像有 255×255×255 的 N 次方种变化。也就是说同样尺寸的图像，二值图像保存的信息更少。

灰度图像（Gray Scale Image）又称灰阶图像，是指用灰度表示的图像。除了常见的卫星图像、航空照片外，许多地球物理观测数据也以灰度图表示。我们平时看到的灰度图像是由 0 到 255 个像素组成的。

灰度图像是二值图像的进化版本，是彩色图像的退化版，也就是灰度图保存的信息没有彩色图像多，但比二值图像多。灰度图像只包含一个通道的信息，而彩色图像通常包含三个通道的信息，单一通道可以理解为单一波长的电磁波，所以红外遥感、X断层成像等单一通道电磁波产生的图像都为灰度图。在实际应用中，灰度图具有易于采集和传输等特性，因此基于灰度图像开发的算法非常丰富。

灰度图像的每个像素只有一个采样颜色，这类图像通常显示为从最暗黑色到最亮白色的灰度，理论上这个采样可以是任何颜色的不同深浅，甚至可以是不同亮度上的不同颜色。灰度图像与黑白图像不同，在计算机图像领域中黑白图像只有黑色与白色两种颜色，但是灰度图像在黑色与白色之间还有许多级的颜色深度。灰度图像经常是在单个电磁波频谱（如可见光）内测量每个像素的亮度得到的，用于显示的灰度图像通常用每个采样像素8位的非线性尺度来保存，这样可以有256级灰度（如果用16位，则有65536级）。

彩色图像也就是RGB图像，每个像素由3个通道进行表示。彩色图像的每个像素通常是由红（R）、绿（G）、蓝（B）3个分量来表示的，分量值范围是(0,255)。

1.1.8　通道

通道表示把图像分解成一个或多个颜色成分，通常可以分为单通道、三通道和四通道。

- 单通道：一个像素点只需要一个数值表示。单通道只能表示灰度，0 为黑色。单通道图像就是图像中每个像素点只需一个数值表示。
- 三通道：把图像分为红、绿、蓝 3 个通道。三通道可以表示彩色，其中全 0 表示黑色。
- 四通道：在 RGB 基础上加上 alpha 通道。alpha 通道表示透明度，值为 0 时表示全透明。

1.1.9　图像存储

在计算机中用 $M \times N$ 的矩阵表示一幅尺寸大小为 $M \times N$ 的数字图像，矩阵元素的值就是该图像对应位置上的像素值。三通道图像数据在内存中的存储是连续的，每个通道元素按照矩阵行列顺序进行排列。通常计算机按照RGB方式存储三通道图像格式，而图像采集设备输出图像格式一般是BGR方式。

1.2　图　像　噪　声

1.2.1　图像噪声的定义

图像噪声可以理解为妨碍人的视觉器官或系统传感器对所接收的图像源信息进行理解或分析的各种因素。一般图像噪声是不可预测的随机信号，只能用概率统计的方法去认识。噪声作用于图像处理的输入、采集、处理以及输出的全过程，特别是图像在输入、采集的过程中引入的噪声，会影响图像处理的全过程，以至于影响输出结果。噪声对图像的影响无法避免，因此一个良好的图像处理系统，无论是模拟处理还是计算机处理，无一不将最前一级的噪声减小到最低作为主攻目标。因此，滤除图像中的噪声就成为图像处理中极为重要的步骤，对图像处理有着重要的意义。

数字图像的噪声主要来源于图像获取的数字化过程。图像传感器的工作状态受各种因素的影响，如环境条件、传感器元件质量等。在图像传输的过程中，所用的传输信道受到干扰，也会产生噪声污染。例如，通过无线网络传输的图像可能会因为光或其他大气因素的干扰而受到噪声污染。图像噪声的种类有多种，包括高斯噪声、瑞利噪声、伽马噪声、指数噪声、均匀噪声以及脉冲噪声（又称为椒盐噪声或双极性噪声）等。其中，脉冲噪声在图像噪声中最为常见。在图像生成和传输的过程中，经常会产生脉冲噪声，主要表现在成像的短暂停留中。脉冲噪声对图像质量有较大的影响，需要采用图像滤波方法给予滤除。

1.2.2　图像噪声的来源

外部噪声是指系统外部干扰以电磁波的方式或经电源串进系统内部而引起的噪声，例如电气设备、天体放电现象等引起的噪声。

内部噪声一般可分为以下4种：

（1）由光和电的基本性质引起的噪声。例如，电流是由电子或空穴粒子的集合定向运动形成的，而这些粒子运动的随机性会形成散粒噪声；导体中自由电子的无规则热运动会形成热噪声；根据光的粒子性，图像是由光量子传输的，而光量子密度随时间和空间变化会形成光量子噪声等。

（2）电器的机械运动产生的噪声。例如，各种接头因抖动而引起电流变化所产生的噪声，如磁头、磁带等抖动或一起的抖动等。

（3）器材材料本身引起的噪声。例如，正片和负片的表面颗粒性以及磁带、磁盘表面缺陷所产生的噪声。随着材料科学的发展，这些噪声在不断减少，但目前来讲，还是不可避免。

（4）系统内部设备电路所引起的噪声。例如，电源引入的交流噪声，偏转系统和箝位电路所引起的噪声等。

1.2.3　图像噪声的滤除

通过平滑图像，可以有效减少和消除图像中的噪声，从而改善图像质量，这对于提取对象特征以进行分析非常有利。经典的平滑技术通常使用局部算子对噪声图像进行处理。在对某个像素进行平滑处理时，仅对其局部小邻域内的其他像素进行操作。这种方法的优点在于计算效率高，并且能够实现多个像素的并行处理。近年来，出现了一些新的图像平滑处理技术，这些技术结合了人眼的视觉特性，运用了模糊数学理论、小波分析、数学形态学和粗糙集理论等新方法，取得了良好的效果。

灰度图像常用的滤波方法主要分为线性和非线性两大类。线性滤波方法一般通过取模板做离散卷积来实现。这种方法在平滑脉冲噪声点的同时，也会导致图像模糊，从而损失图像细节信息。非线性滤波方法中应用最多的是中值滤波，中值滤波可以有效地滤除脉冲噪声，具有相对好的边缘保持特性，并易于实现，因此被公认为一种有效的方法。然而，中值滤波同时也会改变未受噪声污染的像素的灰度值，使图像变得模糊。随着滤波窗口长度的增加和噪声污染的加重，中值滤波效果明显下降。

针对中值滤波方法的缺陷，目前科学家已经提出了一些改进方法，但这些方法都是无条件地对所有的输入样本进行滤波处理。然而，对于一幅噪声图像来说，只有一部分像素受到了噪声的干扰，其余的像素仍保持原值。无条件地对每个像素进行滤波处理必然会损失图像的某些原始信息。因此，人们提出在滤波处理中加入判断的过程，即首先检测图像的每个像素是否为噪声，然后根据噪声检测结果进行切换，输出结果在原像素灰度和中值滤波或其他的滤波器计算结果之间切换。由于是有选择地进行滤波处理，避免了不必要的滤波操作和图像的模糊，因此滤波效果得到了进一步的提高。但这些方法在判断和滤除脉冲噪声的过程中还存在一定的缺陷，比如对于较亮或较暗的图像会产生较多的噪声误判和漏判，甚至无法进行噪声检测，同时算法的计算量也明显增加，从而影响了滤波效果和速度。

既然图像有时不可避免地会产生噪声，那就需要对图像进行处理。

1.3　图像处理

信息是自然界物质运动的一个重要方面，人们认识和改造世界需要各种信息图像。这些信息是人类获取外界知识的主要来源，其中约80%的信息通过人眼获得。在现代科学研究、生产活动等各个领域，越来越多地使用图像信息来认识和判断事物，以解决实际问题。获取图像信息固然重要，但我们的主要目的是对这些信息进行处理，以便从大量复杂的图像数据中提取出感兴趣的信息。图像处理是指对图像信息进行加工和处理，以满足视觉或应用上的需求。因此，从某种意义上来说，对图像信息的处理比图像本身更为重要。

21世纪是一个充满信息的时代，图像作为人类感知世界的视觉基础，是获取、表达和传递信息的重要手段。计算机时代所说的图像处理通常指的是数字图像处理，即利用计算机对图像进行处理。这一技术的发展历史并不悠久，数字图像处理技术的起源可以追溯到20世纪20年代，当时通过海底电缆对从英国伦敦传输到美国纽约的一幅照片采用了数字压缩技术。

数字图像处理技术首先帮助人们以更客观、准确的方式认识世界。人的视觉系统能够帮助人类获取超过3/4的信息，而图像和图形则是所有视觉信息的载体。尽管人眼的辨识能力很高，可以识别上千种颜色，但在很多情况下，图像对于人眼而言是模糊的，甚至是不可见的。通过图像增强技术，可以使这些模糊或不可见的图像变得清晰明亮。

在计算机视觉这一领域诞生的初期，一种普遍的研究范式是将图像看作二维的数字信号，然后借用数字信号处理中的方法进行处理，这就是数字图像处理（Digital Image Processing）。

1.3.1　图像处理的分类

图像处理通常可以分为3类：光学模拟处理、电学模拟处理和计算机数字处理。

1）光学模拟处理

光学模拟处理也称光信息处理，建立在傅里叶光学基础上，通过光学滤波、相关运算、频谱分析等，可以实现图像像质的改善、图像识别、图像的几何畸变和光度的校正、光信息的编码和存储、图像的伪彩色化、三维图像显示、对非光学信号进行光学处理等。

2）电学模拟处理

电学模拟处理把光强度信号转换成电信号，然后用电子学的方法对信号进行加、减、乘、除、浓度分割、反差放大、彩色合成、光谱对比等，在电视视频信号处理中经常应用。随着该项技术的日趋成熟和逐步改进，根据电学模拟方法的基本特征和规律，可以将其细分为以下几种功能：

（1）通过建立反变化将信息数据进行重组，组成新的排列形式；

（2）改变时钟脉冲的变化规律，并通过模拟的方式实现。

（3）将各种响应不同的处理模式看作过滤器，完成信号的处理。

电学模拟处理方法具有较低的运行设备和成本投入，具有明显的优势，能够使计算机图像处理技术在较短的时间内完成图像的过滤处理。这种方法的应用前景广阔，具有很高的实用价值。

3）计算机数字处理

图像的计算机数字处理是在以计算机为中心的、包括各种输入/输出及显示设备在内的数字图像处理系统上进行的。它将连续的模拟图像变换成离散的数字图像后，使用由特定的物理模型和数学模型编制而成的程序进行控制，并实现各种要求的处理。。

1.3.2　数字图像处理

数字图像处理技术，通俗地讲是指应用计算机以及数字设备对图像进行加工处理的技术。通常包括如下几个过程。

1）图像信息的获取

为了在计算机上进行图像处理，必须把作为处理对象的模拟图像转换成数字图像信息。图像信息的获取一般包括图像的摄取、转换及数字化等几个步骤。这部分主要由处理系统硬件实现。

一般情况下，由于图像处理的设备比较大，不易在室外使用，因此通常输入图像分两步进行：首先在室外通过摄像机、照相机、数码相机等设备将图像记录下来，然后在室内利用输入设备进行输入。一般用磁带记录的是视频信号，通过AN口、1394口输入视频采集卡；用胶片记录的是照片，可通过扫描仪扫描输入；电子照片可直接通过串口、并口或USB口输入。

2）图像信息的存储与交换

由于数字图像中的信息量庞大，在处理过程中必须对数据进行存储和交换。为了有效解决大数据量与交换和传输时间之间的矛盾，通常除了采用大容量内存存储器进行并行传输和直接存储访问外，还需要利用外部磁盘、光盘和磁带等存储方式，以提高处理效率。这部分主要功能通常由硬件完成。

3）具体的图像处理

数字图像处理是指将空间上离散的、在幅度上量化分层的数字图像经过特定的数学模式进行加工处理，以获得人眼视觉或某种接收系统所需的图像。自20世纪80年代以来，计算机技术和超大规模集成电路技术的迅猛发展，极大地推动了通信技术（包括语言数据、图像）的飞速发展。因为图像通信具有形象直观、可靠、高效率等一系列优点，尤其是数字图像通信比模拟图像通信更具抗干扰性，便于进行压缩编码处理且易于加密，因此数字处理技术在图像通信工程中获得了广泛应用。

4）图像的输出和显示

数字图像处理的最终目的是提供便于人眼或接收系统解释和识别的图像，因此图像的输出和显示十分重要。一般图像输出的方式可分为硬拷贝（如照相、打印、扫描等）和软拷贝（如CRT监视器及各种新型的平板监视器等）。

1.3.3　数字图像处理常用方法

数字图像处理常用的方法有图像变换、图像增强、图像分割、图像描述、图像分类（识别）和图像重建等。

1. 图像变换

由于图像阵列很大，直接在空间域中进行处理涉及的计算量很大，因此往往采用各种图像变换的方法，如傅里叶变换、沃尔什变换、离散余弦变换等间接处理技术，将空间域的处理转换为变换域的处理。这样不仅可以减少计算量，而且能获得更有效的处理（如傅里叶变换可在频域中进行数字滤波处理）。目前新兴研究的小波变换在时域和频域中都具有良好的局部化特性，在图像处理中也有着广泛且有效的应用。

图像编码压缩技术可减少描述图像的数据量（比特数），以便节省图像传输和处理的时间，以及减少所占用的存储器容量。压缩可以在不失真的前提下获得，也可以在允许失真的条件下进行。编码是压缩技术中重要的方法，它在图像处理技术中是发展最早且比较成熟的技术。

2. 图像增强

对于一个数字图像处理系统来说，一般可以将处理流程分为3个阶段：首先是图像预处理阶段，其次是特征抽取阶段，最后是识别分析阶段。图像预处理阶段尤为重要，如果这个阶段处理不好，会直接导致后面的工作无法展开。图像增强是图像预处理阶段的重要步骤。

在采集图像时，由于光照的稳定性与均匀性等噪声的影响，灰尘对CCD摄像机镜头的影响，以及图像传输过程中由于硬件设备而获得的噪声，使得获取的图像不够理想，往往存在噪声、对比度不够、目标不清晰、有其他物体干扰等缺点。这就需要用图像增强技术来改善图像效果。

图像增强就是增强图像中用户感兴趣的信息，其主要目的有两个：一是改善图像的视觉效果，提高图像成分的清晰度；二是使图像变得更有利于计算机处理。

图像增强不是以图像保真原则为基点来处理图像的，而是根据图像质量变坏的一般情况提出一些改善方法。例如，在图像处理中，可以采用图像均衡的方法来缩小图像灰度差别，采用平滑滤波的方法去除图像存在的噪声，采用边缘增强的方法改善图像轮廓的不明显。

图像增强主要应用在图像特别暗时，或者因为曝光太亮而无法让目标突出时，这个时候就需要把目标的亮度提高一点，然后把不必要的障碍（俗称噪声）调暗，以利于目标清晰度最大化。

图像增强的方法通过一定手段对原图像附加一些信息或变换数据，有选择地突出图像中感兴趣的特征或者抑制（掩盖）图像中某些不需要的特征，使图像与视觉响应特性相匹配。

在图像增强过程中，不分析图像降质的原因，处理后的图像不一定逼近原始图像。

通过各种手段来获得清晰图像的方法就是图像增强。根据增强的信息不同，图像增强可以分为边缘增强、灰度增强、色彩饱和度增强等。其中，灰度增强又可以根据增强处理过程所在的空间不同，分为空间域增强和频率域增强两大类，分别简称空域法和频域法。

1）空域法

空域法主要是直接在空间域内对图像进行运算处理，分为点运算算法和邻域去噪算法（也称邻域增强算法）。

点运算通常包括灰度变换和直方图修正等，目的或使图像成像均匀，或扩大图像动态范围，扩展对比度。

邻域去噪算法分为图像平滑和锐化两种。平滑一般用于消除图像噪声，但是也容易引起图像边缘的模糊，常用算法有均值滤波、中值滤波。锐化的目的在于突出物体的边缘轮廓，便于目标识别，常用算法有梯度法、算子、高通滤波、掩码匹配法、统计差值法等。

2）频域法

频域法是利用图像变换方法将原来的图像空间中的图像以某种形式转换到其他空间中，然后利用该空间的特有性质进行图像处理，最后转换回原来的图像空间中，从而得到处理后的图像。

频域法增强技术的基础是卷积理论。其中，频域变换可以是傅里叶变换、小波变换、DCT变换、Walsh变换等。

我们可以用一幅图来表示图像增强所用的具体方法分类，如图1-4所示。

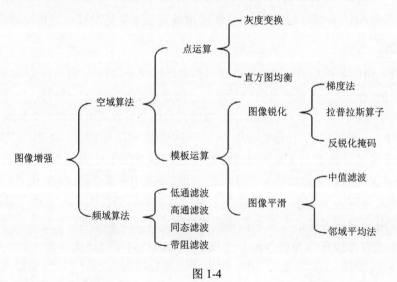

图 1-4

作为初学者，我们也不需要面面俱到，可以先选择重点的几项掌握。

3. 图像分割

图像分割是数字图像处理中的关键技术之一，它将图像中有意义的特征部分提取出来。有意义的特征有图像中的边缘、区域等，这是进一步进行图像识别、分析和理解的基础。虽然目前已研究出不少边缘提取、区域分割的方法，但还没有一种普遍适用于各种图像的有效方法。因此，对图像分割的研究还在不断深入之中，是目前图像处理研究的热点之一。

4. 图像描述

图像描述是图像识别和理解的必要前提。作为简单的二值图像，可采用其几何特性描述物体的特性。一般图像的描述方法采用二维形状描述，可分为有边界描述和区域描述两类。对于特殊的纹理图像，可采用二维形状描述。随着图像处理研究的深入发展，已经开始进行三维物体描述的研究，提出了体积描述、表面描述、广义圆柱体描述等方法。

5. 图像分类（识别）

图像分类（识别）属于模式识别的范畴，其主要内容是对经过某些预处理（增强、复原、压缩）的图像进行分割和特征提取，从而进行判决分类。图像分类常采用经典的模式识别方法，有统计模式分类和句法（结构）模式分类。近年来新发展起来的模糊模式识别和人工神经网络模式分类在图像识别中越来越受重视。

6. 图像重建

图像重建是指对一些三维物体，应用X射线、超声波等物理方法取得物体内部结构数据，再将这些数据进行运算处理而构成物体内部某些部位的图像。目前图像重建成功的例子是CT技术（计算机断层扫描成像技术）、彩色超声波等。这是图像处理的另一个发展方向。

1.3.4 图像处理的应用

图像处理的应用十分广泛，大大促进了现代社会的发展，比如人脸支付、指纹支付就用到图像处理，停车场识别车牌也用到图像处理。下面用表1-1来简要说明图像处理的常见应用。

表 1-1　图像处理的常见应用

领　　域	应用内容
物理化学	结晶分析、谱分析
生物医学	细胞分析、染色体分类、血球分类、X 光、CT
环境保护	水质及大气污染调查
地质	资源勘探、地图绘制
农林	植被分布调查、农作物估产
海洋	鱼群探查
水利	河流分布、水利及水害调查
气象	云图分析、灾害性检测等
通信	传真、电视、可视电话图像通信

（续表）

领　　域	应用内容
工业	工业探伤、计算机视觉、自动控制、机器人
法律	公安指纹识别、人像鉴定
交通	铁路选定、交通指挥、汽车识别
军事	侦察、成像融合、成像制导
宇航	星际探险照片处理
文化	多媒体、动画特技

1.4　计算机视觉概述

1.4.1　基本概念

计算机视觉是一门研究如何使机器"看"的科学，更进一步地说就是指用摄像机和计算机代替人眼对目标进行识别、跟踪和测量等机器视觉，并进一步进行图形处理，使用计算机处理成为更适合人眼观察或传送给仪器检测的图像。作为一个科学学科，计算机视觉研究相关的理论和技术，试图建立能够从图像或者多维数据中获取"信息"的人工智能系统。这里的信息指的是由 Shannon 定义的，可以用来帮助做"决定"的信息。因为感知可以看作从感官信号中提取信息，所以计算机视觉也可以看作研究如何使人工系统从图像或多维数据中"感知"的科学。

计算机视觉就是用各种成像系统代替视觉器官作为输入敏感手段，并由计算机来代替大脑完成处理和解释。计算机视觉的最终研究目标是使计算机能像人那样通过视觉观察和理解世界，具有自主适应环境的能力。这是要经过长期的努力才能达到目标，因此，在实现最终目标以前，人们努力的中期目标是建立一种视觉系统，这个系统能依据视觉敏感和反馈的某种程度的智能来完成一定的任务。例如，计算机视觉的一个重要应用领域就是自主车辆的视觉导航，还没有条件实现像人那样能识别和理解任何环境、完成自主导航的系统。因此，人们努力的研究目标是实现在高速公路上具有道路跟踪能力，可避免与前方车辆碰撞的视觉辅助驾驶系统。这里要指出的一点是，在计算机视觉系统中，计算机起代替人脑的作用，但这并不意味着计算机必须按人类视觉的方法完成视觉信息的处理。计算机视觉可以根据计算机系统的特点来进行视觉信息的处理。但是，人类视觉系统是迄今为止人们所知道的功能最强大和完善的视觉系统。计算机视觉通过各种成像系统代替视觉器官作为输入敏感手段，并由计算机来代替大脑完成处理和解释。计算机视觉的最终研究目标是使计算机能像人那样通过视觉观察和理解世界，具有自主适应环境的能力。这是需要经过长期的努力才能达到目标，因此，在实现最终目标以前，人们努力的中期目标是建立一种视觉系统，这个系统能依据视觉敏感和反馈的某种程度的智能来完成一定的任务。例如，计算机视觉的一个重要应用领域是自主车辆的视觉导航，这还需要长期努力才能达到目标。因此，人们正在努力研究实现具有道路跟踪能力的视觉辅助驾驶系统，以避免与前方车辆的碰撞。值得注意的是，虽然计算机在计算机视觉系统中起代替人脑的作用，但这并不意味着计算机必须按照人类视觉的方法来完成视觉信息的处理。计算机视觉可以根据计算机系统的特点进行有效的视觉信息处理。人类视觉系统是目前已知的功能最强大和完善的视觉系统，它在许多方面都具有重要的优势。但为了适应特定的环境和任务，我们还需要对计算机视觉技术进行进一步的优化和改进。

计算机视觉是一门综合性的学科，吸引了来自各个学科的研究者参与到对它的研究之中，其中包括计算机科学和工程、信号处理、物理学、应用数学和统计学、神经生理学和认知科学等。

计算机视觉包括图像处理和模式识别，除此之外，还包括空间形状的描述、几何建模以及认识过程（认知科学与神经科学）。实现图像理解是计算机视觉的终极目标。

- 图像处理：图像处理技术把输入图像转换成具有所希望特性的另一幅图像。例如，可通过处理使输出图像具有较高的信噪比，或通过增强处理突出图像的细节，以便于操作员检验。在计算机视觉研究中经常利用图像处理技术进行预处理和特征抽取。
- 模式识别：模式识别技术根据从图像抽取的统计特性或结构信息对图像进行分类，例如文字识别或指纹识别。在计算机视觉中，模式识别技术经常用于对图像中的某些部分（如分割区域）进行识别和分类。
- 图像理解：对于给定的一幅图像，图像理解程序不仅要描述图像本身，还要描述和解释图像所代表的景物，以便对图像代表的内容做出决定。在人工智能视觉研究的初期，经常使用景物分析这个术语，以强调二维图像与三维景物之间的区别。图像理解除了需要复杂的图像处理以外，还需要具有关于景物成像的物理规律的知识以及与景物内容有关的知识。

认知科学与神经科学（Cognitive Science and Neuroscience）将人类视觉作为主要的研究对象。计算机视觉中已有的许多方法与人类视觉极为相似。许多计算机视觉研究者对研究人类视觉计算模型比研究计算机视觉系统更感兴趣，他们希望计算机视觉更加自然化，更加接近生物视觉。

计算机视觉的研究与人类视觉的研究密切相关。为实现建立与人的视觉系统相类似的通用计算机视觉系统的目标，需要建立人类视觉的计算机理论。

1.4.2　计算机视觉的应用

人类正在进入信息时代，计算机也正越来越广泛地进入各个领域。一方面是更多未经计算机专业训练的人也需要应用计算机，另一方面是计算机的功能越来越强，使用方法越来越复杂。人可以通过视觉、听觉和语言与外界交换信息，并且可用不同的方式表示相同的含义，而计算机却要求严格按照各种程序语言来编写程序，只有这样计算机才能运行。这就使人与人交谈和通信时的灵活性与在使用计算机时所要求的严格和死板之间产生了尖锐的矛盾。为使更多的人能使用复杂的计算机，必须改变过去那种让人来适应计算机、死记硬背计算机使用规则的情况，而是反过来让计算机来适应人的习惯和要求，以人所习惯的方式与人进行信息交换，也就是让计算机具有视觉、听觉和说话等能力。这时计算机必须具有逻辑推理和决策的能力。具有上述能力的计算机就是智能计算机。

智能计算机不但使计算机更便于为人们所使用，而且如果用这样的计算机来控制各种自动化装置（特别是智能机器人），就可以使这些自动化系统和智能机器人具有适应环境和自主做出决策的能力。这就可以在各种场合取代人的繁重工作，或代替人到各种危险和恶劣环境中完成任务。

计算机视觉和机器视觉领域有显著的重叠。计算机视觉涉及被用于许多领域的自动化图像分析的核心技术。机器视觉是人工智能的一个分支。简单来说，机器视觉就是用机器代替人眼来做测量和判断。在许多计算机视觉应用中，计算机被预编程，以解决特定的任务。计算机视觉应用的实例包括：

（1）控制过程，比如一个工业机器人。

（2）导航，比如自主汽车或移动机器人。

（3）检测事件，比如监控视频和人数统计。

（4）组织信息，比如图像和图像序列的索引数据库。

（5）造型对象或环境，比如医学图像分析系统或地形模型。

（6）相互作用，比如输入一个装置时用于计算机与人的交互。

（7）自动检测，比如在制造业的应用程序。

其中，最突出的应用领域是医疗计算机视觉和医学图像处理。这个领域的特征信息从图像数据中提取，用于患者医疗诊断的目的。通常，图像数据是形式显微镜图像、X射线图像、血管造影图像、超声图像和断层图像中的信息。比如，可以从这样的图像数据中提取肿瘤、动脉粥样硬化或其他恶性变化。它也可以是器官的尺寸、血流量等。这种应用领域还支持提供新的信息、医学研究的测量。计算机视觉在医疗领域的应用还包括增强超声图像或X射线图像，以降低噪声对图像的影响。

计算机视觉第二个应用领域是工业，这个领域中提取的信息用于制造过程。比如用于质量控制，自动检测最终产品的缺陷。

计算机视觉在军事领域的应用也非常广泛，最明显的例子就是探测敌方士兵、车辆和导弹制导。更先进的系统能够根据为导弹指导发送区域，而不是一个特定的目标，并在导弹到达基于本地获取的图像数据的区域目标时做出选择。现代军事概念，如"战场感知"，意味着各种传感器，包括图像传感器，提供了丰富的作战场景，可用于支持战略决策。在这种情况下，数据的自动处理可以减少复杂性和融合来自多个传感器的信息，以提高可靠性。

一个较新的应用领域是无人驾驶汽车和无人机。无人驾驶汽车或无人机通常使用计算机视觉进行导航，即它们知道自己在哪里，要去哪里，并能检测障碍物。

1.4.3　与相关学科的区别

计算机视觉、图像处理与图像分析、机器视觉是彼此紧密关联的学科，它们的基础理论大致相同。然而各研究机构、学术期刊、会议及公司往往会把自己归为其中某一个领域，于是各种各样的用来区分这些学科的特征便被提了出来。下面给出其中的一种区分方法。

计算机视觉的研究对象主要是映射到单幅或多幅图像上的三维场景，例如三维场景的重建。计算机视觉的研究很大程度上针对图像的内容。

图像处理与图像分析的研究对象主要是二维图像，可以实现图像的转换，尤其是针对像素级的操作，例如提高图像对比度、边缘提取、去噪声和几何变换（如图像旋转）。这一特征表明，无论是图像处理还是图像分析，研究内容都和图像的具体内容无关。

机器视觉主要是指工业领域的视觉研究，例如自主机器人的视觉，用于检测和测量的视觉。

模式识别使用各种方法从信号中提取信息，主要运用统计学的理论。此领域的一个主要方向便是从图像数据中提取信息。

1.5　OpenCV概述

OpenCV（Open Source Computer Vision Library，开源计算机视觉库）是一个基于BSD许可（开源）发布的跨平台计算机视觉和机器学习软件库，可以运行在Linux、Windows、Android和Mac OS操作系统上。它由一系列C函数和少量C++类构成，同时提供了Python、Ruby、MATLAB等语言的接口，实现了图像处理和计算机视觉方面的很多通用算法，属于轻量级的、非常高效的软件库。

OpenCV主要倾向于实时视觉应用，并在可用时利用MMX和SSE指令，如今也提供对于C#、Ch、Ruby、Go的支持。

OpenCV提供的视觉处理算法非常丰富，并且部分以C语言编写，加上其开源的特性，若处理得当，则不需要添加新的外部支持，也可以完整地编译链接生成执行程序，所以很多人用它来做算法的移植。OpenCV的代码经过适当改写可以正常运行在DSP系统和ARM嵌入式系统中。

OpenCV是一个跨平台的计算机视觉库，目标是实现实时计算机视觉，也就是用摄像机和计算机代替人眼对目标进行识别、跟踪以及测量等，并进一步做图像处理。图像处理又称为影像处理，是用计算机对图像进行分析，以达到所需结果的技术，一般包括图像压缩、增强和复原，以及匹配、描述和识别。目前所说的图像处理一般是指数字图像处理。计算机视觉与图像处理的区别主要在于：计算机视觉的侧重点在于使用计算机来模拟人的视觉，对客观事物进行"感知"；图像处理的侧重点在于"处理"，提取所需要的有效信息。这两者相辅相成，从而使得机器可以在一定程度上模拟人的一些行为，从而使机器更加人性化、智能化。

开源特性以及强大的社区支持使得OpenCV发展极其迅速。OpenCV 1.0正式版本于2006年发布，可以运行在Mac OS以及Linux平台上，但是主要提供C的接口。OpenCV 2.0版本于2009年发布，代码已显著优化，同时带来了全新的C++函数的接口，将其能级无限放大，使开发者使用更加方便；另外，增加了新的平台支持，包括iOS和Android，通过CUDA和OpenGL实现了GPU加速；在编程语言方面，还为Python和Java用户提供了接口。2014年8月，OpenCV 3.0 Alpha发布，重大革新之处在于OpenCV 3.0改变了项目架构的方式。之前的OpenCV是一个相对于整体的项目，各个模块都是以整体的形式构建然后组合在一起；OpenCV 3.0抛弃了整体架构，使用内核+插件的架构形式，更加轻量化。OpenCV随着工业4.0与机器人无人机的发展，已经在应用领域得到了广泛应用，有越来越多的从事机器视觉与图像处理的开发者选择OpenCV作为开发工具。

计算机视觉市场巨大而且持续增长，但这方面没有标准API，如今的计算机视觉软件大概有以下3种：

（1）研究派代码（慢，不稳定，独立，与其他库不兼容）。

（2）耗费很高的商业化工具（比如Halcon、MATLAB+Simulink）。

（3）依赖硬件的一些特别的解决方案（比如视频监控、制造控制系统、医疗设备）。

标准的API将简化计算机视觉程序和解决方案的开发，OpenCV致力于成为这样的标准API。

OpenCV致力于真实世界的实时应用，通过优化C代码提升其执行速度，并且可以通过购买Intel的IPP（Integrated Performance Primitives，高性能多媒体函数库）得到更快的处理速度。

OpenCV的应用领域非常广泛，比如人机互动、物体识别、图像分割、人脸识别、动作识别、运动跟踪、机器人、运动分析、机器视觉、结构分析、汽车安全驾驶、军工、卫星导航等。可以说学好了OpenCV，就业和职业发展前景广阔！

目前OpenCV最新版是4.10，它发布于2024年6月，官网相关发布宣传图如图1-5所示。

图 1-5

OpenCV最显著的优化就是从这个4.10版本开始，对JPEG图像的读取和解码有了77%的速度提升，超过了scikit-image、imageio、pillow等工具。其他改进要点如下：

（1）dnn模块的改进，包括：

- 改善内存消耗。
- 增加了将模型转储为与 Netron 工具兼容的 pbtxt 格式的功能。
- 支持多个新的 TFlite、ONNX 和 OpenVINO 层。
- 改进了现代 Yolo 探测器支持。
- 添加了 cuDNN 9+和 OpenVINO 2024 支持。

（2）core模块的改进，包括：

- 为 cv::Mat 模块添加了 CV_FP16 数据类型。
- 扩展了 HAL API，用于 minMaxIdx、LUT、meanStdDev 和其他函数。

（3）imgproc模块的改进，包括：

- 为 cv::remap 模块添加了相对位移场选项。
- 重构 findContours 和 EMD。
- 扩展了 HAL API，用于 projectPoints、equalizeHist、Otsu 阈值和其他功能。
- 添加了针对现代 ARMv8 和 ARMv9 平台优化的新底层 HAL 库（KleidiCV）。

（4）支持CUDA 12.4+。

（5）添加了zlib-ng作为经典zlib的替代品。

（6）对Wayland、Apple VisionOS和Windows ARM64的实验性支持。

（7）OpenCV Model Zoo提供跨平台的预训练深度学习模型。其新增功能包括：

- 支持更多的模型结构，例如新的卷积架构或者神经网络架构。
- 提升模型的性能，可能通过模型优化或者使用更高效的实现方式。
- 提供更多的预处理和后处理的选项，以便用户可以更灵活地使用这些模型。
- 增加对新硬件或者新框架的支持，例如新版的TensorRT或是ONNX Runtime。

第 2 章

OpenCV的Python开发环境搭建

2.1　Python下载与安装

Python是一种面向对象的解释型计算机程序设计语言，是纯粹的自由软件，遵循GPL（General Public License）协议。Python语法简洁清晰，特色之一是强制用空白符（white space）作为语句缩进，强调"段落"形式。其第一个公开版发行于1991年。

Python的万能之处在于能够把用其他语言制作的各种模块（尤其是C/C++制作的模块）轻松地连接在一起，因此也常被称为"胶水语言"。常见的一种应用情形是使用Python快速生成程序的原型（有时甚至是程序的最终界面），然后对其中有特别要求的部分用更合适的语言改写，比如用C/C++重写，而后封装为Python可以调用的扩展类库。

人工智能技术的火热使得Python的支持库越来越丰富、强大。需要注意的是，在使用扩展类库时，可能需要考虑平台问题，某些类库可能不提供跨平台的实现。

在使用OpenCV和Python进行图像处理时，需要注意OpenCV和Python版本之间的兼容性。不同版本的OpenCV可能对应不同的Python版本。因此，在开始使用之前，需要确保OpenCV和Python的版本是兼容的。

以下是常见的OpenCV和Python版本对应关系：

- OpenCV 2.x：对应 Python 2.7。
- OpenCV 3.x：对应 Python 2.7 和 Python 3.x。
- OpenCV 4.x：对应 Python 3.x。

本书使用多平台适用的Python 3.8.8这个经典版本，非常稳定。

下面简单介绍Python的下载和安装的步骤。

01 Python 3.8.8 版本的安装文件可从官网 www.python.org 下载，我们可以根据自己操作系统的位数选择下载 32 位或者 64 位的安装文件，如图 2-1 所示。

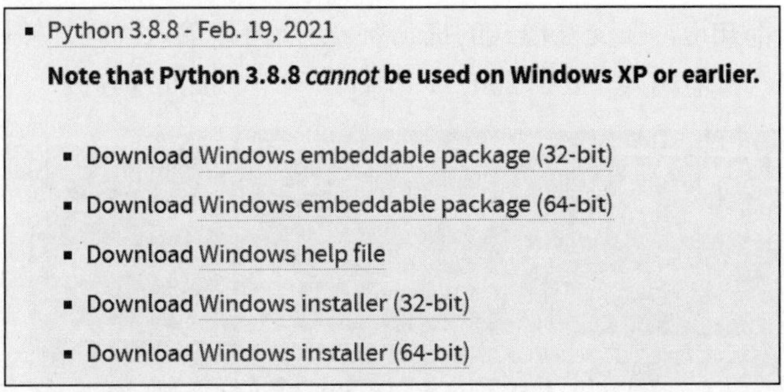

- Python 3.8.8 - Feb. 19, 2021

Note that Python 3.8.8 *cannot* be used on Windows XP or earlier.

- Download Windows embeddable package (32-bit)
- Download Windows embeddable package (64-bit)
- Download Windows help file
- Download Windows installer (32-bit)
- Download Windows installer (64-bit)

图 2-1

02 有时候官网打开比较慢，建议直接从本书配套资源中的源码目录下的 somesofts 文件夹下获取安装文件，文件名是 python-3.8.8-amd64.exe，直接双击它就可以开始安装。安装界面如图 2-2 所示。注意，勾选 Add Python 3.8 to PATH 复选框，可以把 Python 安装目录加入 PATH 环境变量中，再单击 Install Now 继续安装。

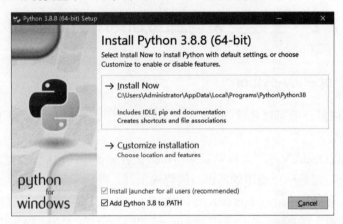

图 2-2

03 安装成功后，界面如图 2-3 所示。打开一个命令行窗口，输入 "python"，就可以查看到 Python 版本（3.8.8）的相关信息了。

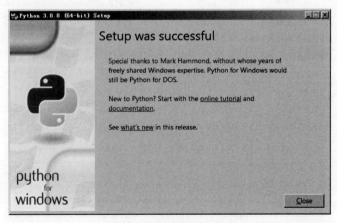

图 2-3

学过Python的人都知道，在交互模式的提示符>>>下直接输入代码，按回车键后，就可以立刻得到代码执行结果。试着输入"100+200"，再打印一下"hello, world"，结果如图2-4所示。

图 2-4

最后，用exit()退出Python提示符。

2.2 在线安装与卸载opencv-python

2.2.1 在线安装 opencv-python

Python安装完成后，就可以搭建OpenCV开发环境。所谓在线安装，意思是安装过程中要联网，边下载边安装。

要用Python开发OpenCV程序，首先要为Python安装配置OpenCV开发包。安装Python相关功能包需要用到pip，它是一个通用的Python包管理工具，提供了对Python包的查找、下载、安装、卸载功能。如果安装的是Python 3.x，就会默认安装pip工具，其位置在Python的安装路径下。比如，笔者计算机上的Python包管理工具pip.exe的路径位于C:\Users\Administrator\AppData\Local\Programs\Python\Python38\Scripts\。这个路径是64位系统的，读者可以查找自己计算机pip.exe的路径。打开命令行窗口，输入"pip"，如果出现很多选项，就说明pip工作正常了，如图2-5所示。

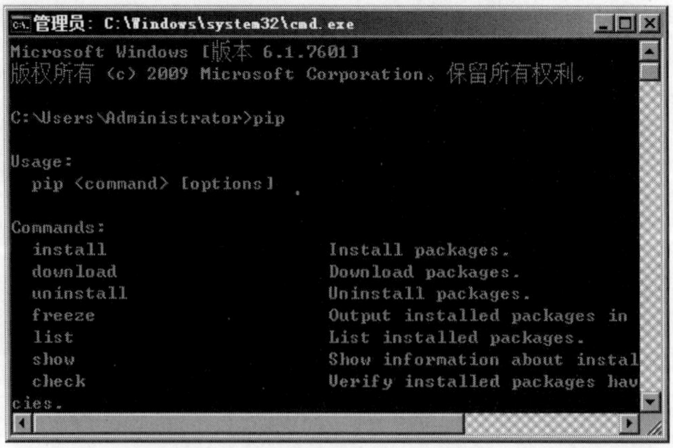

图 2-5

　　下面利用pip来安装OpenCV开发环境。安装OpenCV开发环境只需要下载NumPy、Matplotlib、opencv-python三个包。其中，NumPy包是Python语言的一个扩展程序库，支持大量的维度数组与矩阵运算，此外也针对数组运算提供了大量的数学函数库。Matplotlib包是Python中类似MATLAB的绘图工具。因为图像处理中有很多直方图统计之类的操作，所以选择了Matplotlib这个Python的第三方包。

　　首先更新升级setuptools，setuptools也是一个Python配置工具，pip和很多的包管理工具一样，是从国外源下载的，因此速度会比较慢，甚至会安装不了。此时，我们可以指定从国内下载，即在使用pip的时候加上参数 -i https://pypi.tuna.tsinghua.edu.cn/simple，这样就会从清华镜像库去安装setuptools库。命令如下：

```
pip install --upgrade setuptools -i https://pypi.tuna.tsinghua.edu.cn/simple
```

　　这个包下载安装比较快，如果出现错误提示"mysql-connector-python 8.0.25 requires protobuf>=3.0.0, which is not installed"，可以把protobuf安装一下，安装命令是"pip3 install protobuf"，然后再次运行升级命令。

　　接下来安装NumPy和Matplotlib库，在命令行下输入如下命令：

```
pip install matplotlib -i https://pypi.tuna.tsinghua.edu.cn/simple
```

　　这一步下载需要花点时间，最终下载完成如图2-6所示。

图 2-6

　　最后安装opencv-python，本书用的OpenCV版本是4.10，我们可以指定版本号来安装opencv-python，在命令行下输入如下命令：

```
pip install opencv-python==4.10.0.84 -i https://pypi.tuna.tsinghua.edu.cn/simple
```

　　注意，上面命令中版本号4.10.0.84前面有2个等于号（==）。运行该命令后稍等片刻，opencv-python安装完成，如图2-7所示。

　　此时一个名为cv2的文件夹已经生成在以下路径：

```
C:\Users\Administrator\AppData\Local\Programs\Python\Python38\Lib\site-pac
kages\
```

图 2-7

cv2文件夹存放的是OpenCV编程所需要的内容。如果要查看当前计算机上安装的OpenCV版本，可以运行命令"pip show opencv-python"。

至此，基于Python的命令行OpenCV开发环境就建立起来了。下面开始用Python开发第一个OpenCV程序。此时没有安装IDE集成开发环境，可以暂时使用记事本编辑这个程序。所谓命令行OpenCV开发环境，就是OpenCV程序需要在命令行窗口下用命令来运行。这种方式效率不高，一线企业级开发一般使用集成开发环境。

【例2.1】 第一个 OpenCV 程序

```
#coding=gbk
#导入 cv 模块
import cv2 as cv
#读取图像，支持 BMP、JPG、PNG、TIFF 等常用格式
img = cv.imread("opencv-logo2.png")
cv.imshow("Hello,python opencv",img) #显示窗口
#等待按键
cv.waitKey(0)
#释放窗口
cv.destroyAllWindows()
```

首先利用import语句导入模块cv2（OpenCV是由很多个模块组成的，cv2是OpenCV中的一个基本模块）。使用as语法之后，只能通过as后面的名字来访问导入的模块，因此后面代码要用cv来代表cv2。

模块导入后，就可以使用cv2里的函数了。我们先利用函数cv.imread读取一个文件opencv-logo2.png，该文件位于工程目录下。cv.imread也可以传入一个绝对路径，比如d:\opencv-logo2.png。接着用函数imshow把图片显示在窗口中。函数waitKey用于等待用户按键，如果用户不按键，则图片窗口会一直显示，也就是函数waitKey一直处于阻塞状态，直到用户

按键才返回。waitKey结束后调用函数destroyAllWindows销毁所有窗口，这里只有一个窗口，就是我们用namedWindow函数创建的窗口。

把上述代码在记事本中输入后，在某个路径下保存为2.1.py。打开命令行窗口并定位到2.1.py所在的目录，然后执行如下命令：

```
python 2.1.py
```

注意　在上面命令中，python后面有一个空格，而且图片文件opencv-logo2.png要和2.1.py在同一个目录下。

最终运行结果如图2-8所示。

运行成功，说明我们的opencv-python开发环境搭建成功了。下面再看一个稍微复杂一点的例子。

【**例2.2**】　把两幅图片混合后输出

图 2-8

```python
import cv2 as cv                                      #导入 cv 模块
import numpy as np                                    #导入 numpy 模块
import sys
alpha = 0.5
print("线性混合")
input=float(input('* 输入第一幅图片的权重 alpha [0.0-1.0]:'))
print(input)
if 0 <= input <= 1:                                   #判断输入合法性
    alpha = input
src1 = cv.imread("p1.jpg");                           #读取第一幅图片
src2 = cv.imdecode(np.fromfile("山水.jpg",dtype=np.uint8),-1)    #读取图片
if src1 is None:                                      #判断 p1.jpg 是否读取成功
    sys.exit("Could not read the p1.jpg.")            #如果读取为空，则退出程序

if src2 is None: #判断山水.jpg 是否读取成功
    sys.exit("Could not read the 山水.jpg.")           #如果读取为空，则退出程序

beta = (1.0 - alpha);
dst=cv.addWeighted(src1, alpha, src2, beta, 0.0, 0)   #将图1与图2线性混合
cv.imshow("result",dst)                               #显示混合后的图片

cv.waitKey(0)                                          #等待按键
```

NumPy模块包含大量的数学运算的函数，包括三角函数、算术运算的函数、复数处理函数等。上述代码的功能是将图片p1.jpg和山水.jpg进行混合，它们的大小必须一样。这两幅图片目前都保存在工程源码目录下。其中，imread函数用来读取图片，由于imread不支持中文文件名，因此通过np.fromfile来读取山水.jpg。fromfile可以支持中文文件名，这个函数的用法会在后面章节详细讲解，这里只需要了解即可。

addWeighted函数是将两幅相同大小、相同类型的图片进行融合，第二个参数alpha表示第一幅图片所占的权重，第四个参数beta表示第二幅图片所占的权重。权重越大，图片显示得越多，比如设置alpha为0.9（见图2-9），则主要显示第一幅图片。

运行工程，结果如图2-10所示，可以看到设置第一幅图片的权重为0.9后，第二幅图片就淡了很多。

图 2-9   图 2-10

至此，基于Python的OpenCV的开发环境就搭建起来了。

2.2.2　卸载 opencv-python

这里讲解如何卸载opencv-python，不是为了马上卸载opencv-python，而是为了以后升级opencv-python时，可以先把旧的opencv-python卸载掉再安装新版的opencv-python。

打开命令行窗口，输入命令"pip uninstall opencv-python"并按回车键，此时出现让我们确认是否删除的提示，如图2-11所示。

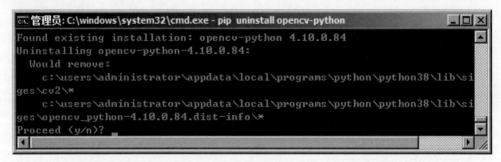

图 2-11

按y键开始卸载。然后到下面路径查看一下：

```
C:\Users\Administrator\AppData\Local\Programs\Python\Python38\Lib\site-packages\
```

可以发现cv2文件没有了，说明卸载成功。

2.3　离线安装opencv-python

考虑到不少读者的工作计算机无法连外网，还是要讲一下离线安装opencv-python。基本过程就是先完整下载opencv-python离线安装包，然后就可以断网在本地安装了。

2.3.1　下载离线版 opencv-python

离线安装包的下载网址是https://pypi.org/project/opencv-python/#files。该网站打开比较慢，下载下来的文件是opencv_python-4.10.0.84-cp37-abi3-win_amd64.whl，读者可以直接在本书配套资源中的somesofts目录下查找该文件。

whl文件是一个压缩文件，里面包含了py文件，以及经过编译的pyd文件，方便在机器上进行Python模块的安装。cp37代表需要的Python版本是3.7，我们如果安装的是Python 3.8，这影响不大，用起来基本一样。

2.3.2　离线安装 NumPy 和 Matplotlib 库

和在线安装opencv_python一样，离线安装之前也要先安装NumPy和Matplotlib库。这两个库可以到网站https://pypi.org/上去搜索，然后根据不同的操作系统和已安装的Python版本去下载。这里下载下来的NumPy文件是numpy-1.23.2-cp38-cp38-win_amd64.whl，下载下来的Matplotlib文件是matplotlib-3.4.3-cp38-cp38-win_amd64。笔者也把这两个文件和源码目录放到配套资源中了，免得读者去搜索下载了。

打开命令行窗口，进入numpy-1.23.2-cp38-cp38-win_amd64.whl文件所在目录，输入如下命令：

```
pip install whl numpy-1.23.2-cp38-cp38-win_amd64.whl
```

稍等片刻，安装完成。再进入matplotlib-3.4.3-cp38-cp38-win_amd64.whl文件所在目录，输入命令如下：

```
pip install whl matplotlib-3.4.3-cp38-cp38-win_amd64.whl
```

稍等片刻，安装完成，如图2-12所示。

图 2-12

2.3.3　离线安装 opencv-python

前面我们已经下载好了opencv_python-4.10.0.84-cp37-abi3-win_amd64.whl这个离线安装包，现在可以用pip命令来安装了。但在安装之前，如果前面已经在线安装过opencv-python，则必须先卸载再安装。卸载命令是"pip uninstall opencv-python"。卸载后就可以通过whl文件安装了。

打开命令行窗口，进入opencv_python-4.10.0.84-cp37-abi3-win_amd64.whl所在的目录，然后输入如下命令：

```
pip install whl opencv_python-4.10.0.84-cp37-abi3-win_amd64.whl
```

稍等片刻，安装完成，如图2-13所示。

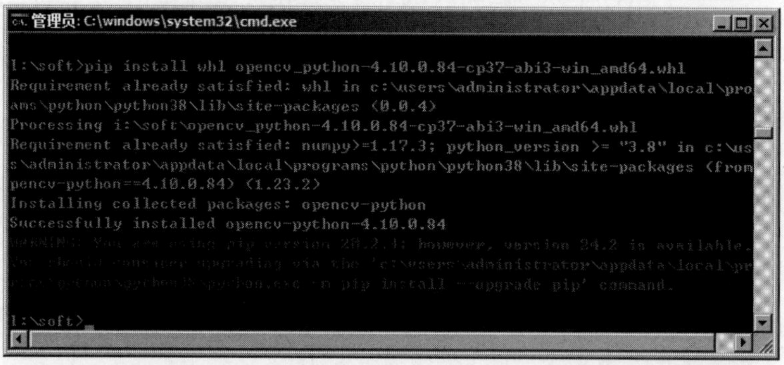

图 2-13

此时，在以下路径下可以看到有一些cv2文件夹了：

```
C:\Users\Administrator\AppData\Local\Programs\Python\Python38\Lib\site-pac
kages
```

在命令行下输入pip list，可以看到结果中已经有opencv-python了，如下所示：

```
opencv-python      4.10.0.84
```

除此之外，还可以在命令行窗口中输入python，然后在提示符下输入import cv2，如果未提示任何信息，则说明OpenCV安装成功了。

至此，通过离线安装包安装python-opencv成功完成。

2.4 使用集成开发环境PyCharm

和其他语言类似，Python程序可以使用Windows自带的命令行窗口通过命令来运行，但是这种方式对于较为复杂的程序工程来说，容易混淆相互之间的层级和交互文件。因此，在编写程序工程时，建议使用专用的集成开发环境PyCharm。

2.4.1 PyCharm 的下载和安装

读者可以直接到PyCharm官网下载最新版，也可以使用笔者提供的安装包。在配套资源的somesofts子目录下找到安装包文件pycharm-community-2022.1.1.exe，该版本是目前主流版本，而且适用面广（支持Windows 7、Windows 10、Windows 11）。

直接双击它开始安装，安装过程比较简单。采用默认配置安装即可。如果想在桌面上生成PyCharm程序的快捷方式，可以在"安装选项"对话框上对"PyCharm Community Edition"前的复选框打勾，如图2-14所示。稍等片刻，安装完成，如图2-15所示。

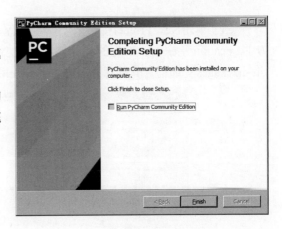

图 2-14　　　　　　　　　　　　　　　　图 2-15

最后单击"Finish"按钮，确认PyCharm安装完成。现在马上趁热打铁，创建一个简单的PyCharm项目并运行，从而测试PyCharm是否安装成功。

【例2.3】　第一个 PyCharm 项目

（1）单击桌面上新生成的图标启动PyCharm，如果是第一次启动会出现Import PyCharm Settings对话框，意思是让我们导入PyCharm这个软件的配置，一般建议选择Do not import settings，即不导入配置，也就是由PyCharm自动指定即可。之后单击OK按钮，完成初始化设定。

（2）此时出现欢迎对话框，如图2-16所示。该对话框常用的按钮有两个，一个是New Project，用于创建新工程；另外一个是Open，用于打开一个已经存在的工程。而Get From VCS的意思是从版本控制工具VCS上面获取源码，这个初学者可以不用关注，一般企业里稍大的项目才会用到版本控制。

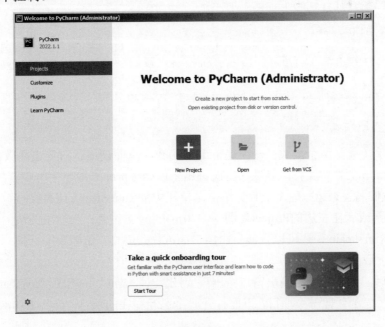

图 2-16

（3）单击New Project按钮来创建新工程，此时出现New Project对话框，在该对话框最上方的Location旁输入新工程的存储路径，比如D:\ex\mycv\pythonProject，并勾选Inherit global site-packages复选框，其他保持默认即可，如图2-17所示。

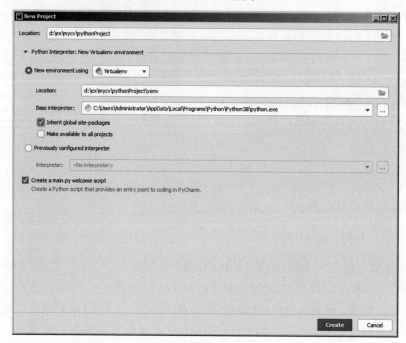

图 2-17

（4）单击Create按钮，PyCharm将创建一个简单的新项目，并生成一个main.py源码文件。这个文件里面已经有几行代码了，如下所示：

```python
def print_hi(name):
    # Use a breakpoint in the code line below to debug your script.
    print(f'Hi, {name}')  # Press Ctrl+F8 to toggle the breakpoint.


# Press the green button in the gutter to run the script.
if __name__ == '__main__':
    print_hi('PyCharm')
```

代码很简单，就是两个函数：一个是main主函数，里面调用了自定义函数print_hi；另外一个是名为print_hi的自定义打印函数，里面调用了库函数print来输出字符串。

（5）让我们马上来运行这个文件。单击菜单栏中的Run→Run...或直接按快捷键Ctrl+F5，或者在左边的Project视图中右击main.py文件名，在弹出的快捷菜单中选择Run 'main'，还可以直接单击PyCharm右上角的三角箭头图标按钮，如图2-18所示。

图 2-18

代码运行后，如果在下方输出窗口中出现"Hi, PyCharm"，就表示PyCharm工作正常。现在我们学会了怎么新建一个项目，下面打开一个已经存在的项目，以此来加深PyCharm的使用体会。

【例 2.4】　打开现有项目

（1）把例2.3的项目文件夹pythonProject复制一份，然后粘贴到磁盘某个路径下。笔者这里是把项目文件夹pythonProject剪切到路径D:\ex\mycvNew\下。注意是剪切，如果不小心用了复制，那就把路径d:\ex\mycv\下的pythonProject目录删掉。笔者故意用了一个新路径，目的是演示使用PyCharm打开一个已经存在的项目。

（2）打开PyCharm，在Welcome to Charm对话框上单击Open按钮通过Open按钮可以打开一个文件或一个项目，这里准备打开一个已经存在的项目。然后在Open File or Project对话框上选择项目文件夹，如图2-19所示。

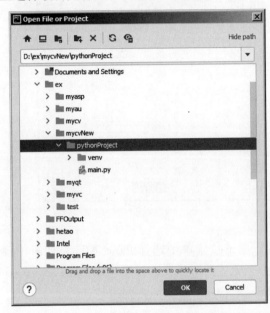

接着单击OK按钮。此时会出现对话框，询问是否在当前窗口或新的窗口中打开项目，如图2-20所示。

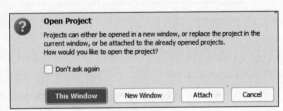

图 2-19　　　　　　　　　　　　　　　　图 2-20

我们直接单击This Windows按钮即可。随后，PyCharm将加载项目pythonProject，并自动打开main.py文件。然而，此时直接运行项目会报错，提示找不到Python解释器。这是因为这个项目最初是在d:\ex\mycv\下创建的，所以使用的Pythone解释器的路径是：

```
d:\ex\mycv\pythonProject\venv\Scripts\
```

由于d:\ex\mycv\下的pythonProject目录被删除了，而且项目文件夹移动到D:\ex\mycvNew\下，PyCharm依旧去d:\ex\mycv\pythonProject\venv\Scripts\下找解释器，当然找不到了。那怎么办呢？当然是要重新为项目配置解释器。

（3）开始配置解释器。在PyCharm中，单击菜单File→Setting，打开Settings窗口，然后在Settings窗口的左边单击Project：pythonProject，并选择Python Interpreter，此时可以看到右边Python Interpreter旁出现"[Invalid] Python 3.8(pythonProject)...."这样的提示，意思就是d:\ex\mycv\pythonProject\venv\Scripts\python.exe这个解释器已经无效了，如图2-21所示。

图 2-21

现在单击Python Interpreter右方的下拉箭头，在下拉菜单中选择Show All...，此时出现Python Interpreters对话框。在该对话框中，选中那个无效的解释器，如图2-22所示。

图 2-22

然后单击左上角的"-"图标或者直接按快捷键Alt+Delete来删除这个无效的解释器。删除后，再单击左上角的"+"图标或者直接按快捷键Alt+Insert来准备新增解释器，此时会出现Add Python Interpreters对话框。在该对话框中，一般会自动探测到新项目文件夹中解释器路径，并显示在Existing environment中，如图2-23所示。

直接单击OK按钮，回到Python Interpreters对话框，再单击该对话框上的OK按钮。此时我们在Settings对话框上可以看到Python解释器被成功添加了，如图2-24所示。

单击OK按钮关闭Settings对话框。然后在PyCharm中运行该项目，如果出现Edit Configuration对话框，则只需在Python Interpreter下拉菜单中选择刚刚添加的解释器即可，如图2-25所示。

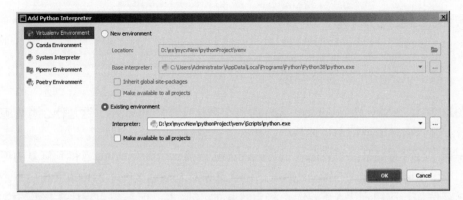

图 2-23

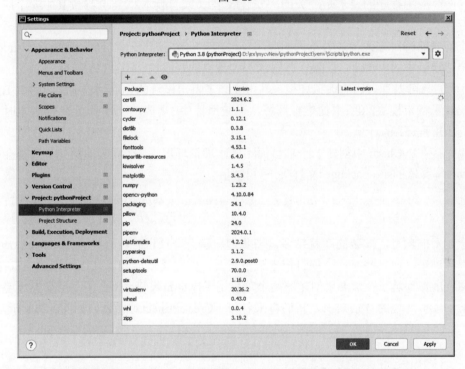

图 2-24

图 2-25

随后可以正确运行新工程，运行结果如下：

```
Hi, PyCharm
```

2.4.2　了解 PyCharm 的虚拟环境

在图2-17中，在New environment using旁有个默认选项Viutualenv，这是什么意思呢？从字面意思看就是"新环境使用虚拟环境"。什么意思呢？

应用程序有时需要某个特定版本的库，因为它需要一个特定的bug已得到修复的库，或者它是使用一个过时版本的库的接口编写的。这就意味着无法通过一个Python来满足每个应用程序的要求。例如，应用程序A需要一个特定模块的1.0版本，但是应用程序B需要该模块的2.0版本，这两个应用程序的要求是冲突的，安装版本1.0或者版本2.0将会导致其中一个应用程序不能运行。

这个问题的解决方案就是为不同的应用各自创建一个虚拟环境（通常简称为 virtualenv），包含一个特定版本的Python，以及一些附加包的独立的目录树。

应用程序A可以有自己的虚拟环境，其中安装了特定模块的1.0版本。而应用程序B拥有另外一个安装了特定模块2.0版本的虚拟环境。当应用程序B需要一个库升级到3.0版本时，也不会影响到应用程序A的环境。

如果直接在PyCharm中创建一个项目而不创建虚拟环境，那么安装的第三方包都会安装到系统Python解释器的site-packages文件夹下，比如：

```
C:\Users\Administrator\AppData\Local\Programs\Python\Python38\Lib\site-pac
kages\
```

创建越多的项目，安装的库就越多。当我们新建一个项目时，必定会把site-packages下的所有库都导进来，而一些库这个项目根本就不需要，但是又不能删除（因为别的项目在用），这时就需要虚拟环境了。如果只创建一两个项目用于Python入门，那么用不用虚拟环境都不影响。了解了虚拟环境的背景知识，我们再来看一下Creat Project对话框，如图2-26所示。

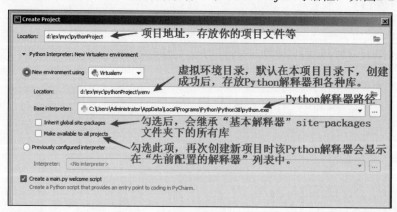

图 2-26

New environment using 下拉菜单中有 4 个选项，其中 3 个是虚拟环境，分别是 Virtualenv、Pipenv 和 Conda，如图 2-27 所示。下面简要介绍一下前面两种。

图 2-27

1）Virtualenv

Virtualenv是本书默认使用的虚拟环境方式。通过Virtualenv创建的虚拟目录放在本项目下的 venv 文件夹中。比如，假设项目地址是E:\PycharmProjects\pythonProject，则虚拟环境的地址就是E:\PycharmProjects\pythonProject\venv，虚拟环境中库的地址就是E:\PycharmProjects\pythonProject\venv\Lib\site-packages。

Base Interpreter（基本解释器）就是系统Python解释器，也就是我们前面安装的Python软件，并配置好了环境变量。一般系统Python解释器的第三方库都在sitc-packages目录下，比如笔者的：

```
C:\Users\Administrator\AppData\Local\Programs\Python\Python38\Lib\site-pac
kages\
```

Virtualenv一般配合requirements.txt文件对项目的依赖库进行管理。requirements.txt文件记录了本虚拟环境下的依赖库及其版本号，其生成方式如下：

打开Pycharm，按照例2.3的方式新建一个项目，然后单击菜单Tools→Sync Python Requirements，此时出现Sync Python requirements对话框，如图2-28所示。

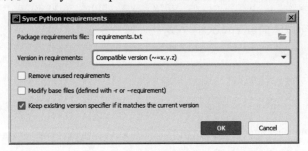

图 2-28

直接单击OK按钮，根目录下自动生成一个空的requirements.txt 文件。此时打开 PyCharm 左下角的 Terminal（终端），在终端窗口的命令行旁输入如下命令后按回车键：

```
pip freeze > requirements.txt
```

此时requirements.txt中生成的内容如下：

```
contourpy==1.1.1
cycler==0.12.1
fonttools==4.53.0
importlib-resources==6.4.0
kiwisolver==1.4.5
matplotlib==3.7.5
numpy==1.24.4
opencv-python==4.10.0.84
packaging==24.1
pillow==10.3.0
pyparsing==3.1.2
python-dateutil==2.9.0.post0
```

```
six==1.16.0
zipp==3.19.2
```

这样的结构让人一目了然，且方便项目移植。当复制一个含有requirements.txt文件的项目时，可以在终端窗口中输入以下命令来安装所有的依赖库：

```
pip install -r requirements.txt
```

2）Pipenv

Pipenv是一种工具，提供了为Python项目创建虚拟环境所需的所有必要方法。在安装或卸载软件包时，它会通过Pipfile文件自动管理项目软件包。

Pipenv还会生成Pipfile.lock文件，该文件用于生成确定性构建并创建工作环境的快照。当项目要求和软件包版本很重要时，这对于安全敏感型的应用部署特别有用。

如果当前版本的Pycharm没有内置Pipenv，则需要安装。安装步骤如下：

01 单击开始菜单，输入cmd，打开命令行窗口，运行以下命令以确保系统中已安装pip：

```
pip --version
```

02 pipenv通过运行以下命令进行安装：

```
pip install --user pipenv -i https://pypi.tuna.tsinghua.edu.cn/simple
```

03 安装成功后可以查看pipenv.exe所在路径。在命令行窗口输入以下命令：

```
py -m site --user-site
```

返回的是库路径，比如：

```
C:\Users\Administrator\AppData\Roaming\Python\Python38\site-packages
```

将此路径最后的site-packages替换为Scripts，则变成：

```
C:\Users\Administrator\AppData\Roaming\Python\Python38\Scripts
```

这个路径就是pipenv.exe所在的目录。

通过Pipenv创建的项目，其虚拟环境并不在本项目的目录下，而是在"C:\Users\当前用户名\.virtualenvs"文件夹下。在Pipenv虚拟环境中不用requirements.txt，Pipfile是Pipenv虚拟环境用于管理项目依赖项的专用文件，该文件对于使用Pipenv是必不可少的。当为新项目或现有项目创建Pipenv环境时，会自动生成Pipfile。

2.4.3　在 PyCharm 下开发 OpenCV 程序

前面PyCharm开发的程序都是纯Python程序，并没有涉及OpenCV的代码。现在我们要在PyCharm下开发OpenCV代码。由于我们已经正确安装了Matplotlib、NumPy、opencv-python等开发包，因此，只要PyCharm能正确找到Python解释器，那么位于路径C:\Users\Administrator\AppData\Local\Programs\Python\Python38\Lib\site-packages\下的库就都可以被找到，则该路径下的cv2目录也可以被PyCharm感知，这样调用OpenCV库中的函数就不会报错了。如果把cv2改个名称，PyCharm也能马上感知到，并报错，无法运行OpenCV相关代码。

【例 2.5】　第一个 PyCharm 下的 OpenCV 程序

（1）打开PyCharm，新建一个项目，项目目录是D:\ex\mycv\，项目名称保持默认pythonProject。注意，不要忘记勾选Inherit global site-packages复选框，以后示例中新建项目时都要勾选它，但不再提醒。

（2）在main.py中输入如下代码：

```python
import cv2 as cv

if __name__ == '__main__':
    # 读取图像，支持 bmp、jpg、png、tiff 等常用格式
    img = cv.imread("tree.png")
    cv.imshow("Hello,tree", img)  # 显示窗口
    cv.waitKey(0)  # 等待按键
    cv.destroyAllWindows()# 释放窗口
```

这些代码和例2.1中的代码几乎一样。注意把图片文件tree.png放到项目文件夹pythonProject下。

（3）按快捷键Ctrl+Shift+F10运行代码，运行结果如图2-29所示。

是不是感觉很简单。其实，只需通过pip正确安装好OpenCV，也就是site-packages目录下存在cv2目录即可。不信的话，可以把cv2改个名称再运行本示例，马上报错！

图 2-29

2.4.4　调试 Python 程序

和开发其他程序一样，Python程序有时也需要调试，比如设置断点、运行到断点处、单步执行、监视某个变量等。

在PyCharm中单步调试Python程序非常简单，只需设置好断点，然后按快捷键Shift+F9开始调试运行，就会执行到断点处，然后按快捷键Shift+F8开始单步执行（按快捷键Shift+F7也可以单步执行，并且遇到函数还能进入函数里面执行），如图2-30所示。

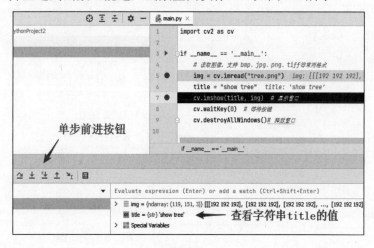

图 2-30

在窗口下方的Debug视图中，我们直接可以看到变量a的相关信息。通常，设置断点、单步执行、监视变量这三大手段对于调试基本够用了。

另外，在运行程序时，如果出现了语法错误，可以到PyCharm下方的"运行"窗口中查看错误说明，如图2-31所示。

图2-31中显示，第6行（line 6）出错了。如果我们需要定位这一行，可以单击错误提示信息中带下画线的部分，编辑器即可跳转到相应的行。

```
main ×
D:\ex\myc\pythonProject2\venv\Scripts\python.exe D:/ex/
   File "D:/ex/myc/pythonProject2/main.py", line 6
     title = "show tree
                       ^
SyntaxError: EOL while scanning string literal
```

图 2-31

2.5 测试一下NumPy的数学函数

本节测试一下NumPy中的数学函数，看它是否能工作正常。NumPy支持大量的维度数组与矩阵运算，并针对数组运算提供了大量的数学函数库，常用的数学函数如下：

- round(a, decimals=0, out=None)：将小数 a 四舍五入到给定的小数位数。
- floor(a)：取比小数 a 小的最大的整数，即向下取整。
- ceil(a)：取比小数 a 大的最小的整数，即向上取整。

其中，a可以是一个数字，也可以是一个数组。

【例2.6】 测试取整的数学函数

```python
import cv2 as cv  #导入 cv 模块
import numpy as np
a = np.array([1.0,5.55, 123, 0.567, 25.532])
print("np.round(2.6) : " , np.round(2.6))
print("np.round(a,1):",np.round(a,1))
print("np.round(2.8) : " , np.round(2.8))
print("cvFloor(2.5) : " , np.floor(2.5))
print("cvFloor(2.6) : " , np.floor(2.6))
print("cvCeil(2.5)  : " , np.ceil(2.5))
print("cvCeil(2.6)  : " , np.ceil(2.6))
```

在上述代码中，分别测试了round、floor和ceil数学函数的简单使用。

运行工程，结果如图2-32所示。

```
np.round(2.6) :  3.0
np.round(a,1): [ 1.    5.6 123.    0.6 25.5]
np.round(2.8) :  3.0
cvFloor(2.5) :  2.0
cvFloor(2.6) :  2.0
cvCeil(2.5)  :  3.0
cvCeil(2.6)  :  3.0

Process finished with exit code 0
```

图 2-32

第 3 章

OpenCV基本操作

第2章已经将OpenCV的开发环境搭建起来了，本章就来介绍其基本操作，为后续的使用打下坚实的基础。

3.1 OpenCV架构

OpenCV软件已经发展得比较庞大了，它针对不同的应用划分了不同的模块，每个模块专注于不同的功能。一个模块下面可能有类、全局函数、枚举或全局变量等。所有全局函数或变量都在命名空间cv2下，路径为：

```
C:\Users\Administrator\AppData\Local\Programs\Python\Python38\Lib\
site-packages\cv2
```

cv2.cp38-win_amd64.pyd文件提供了opencv-python大部分的功能。pyd文件是用其他语言编写的Python库文件。如果用depends.exe工具查看，可以看到它其实是用C/C++语言编译过来的，如图3-1所示。

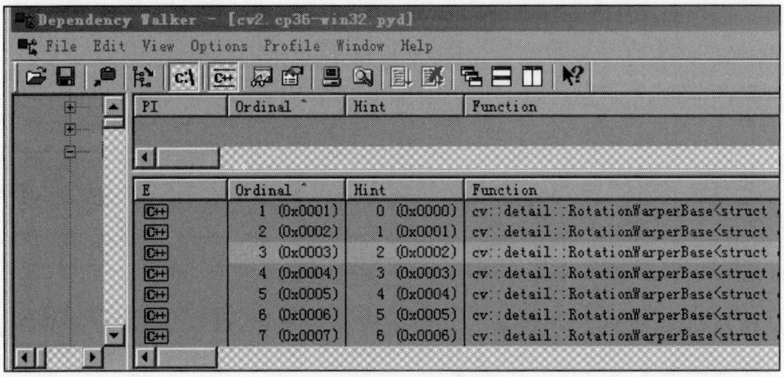

图 3-1

也就是说，cv2.cp38-win_amd64.pyd内部本质上都是一个个C/C++函数和变量。因此，opencv-python的架构等同于安装C/C++的OpenCV架构，只不过在外层封了一层Python函数接口。我们可以通过了解基于C/C++的OpenCV架构来窥探基于Python的OpenCV架构。基于C/C++的OpenCV架构划分了如图3-2所示的这些模块。

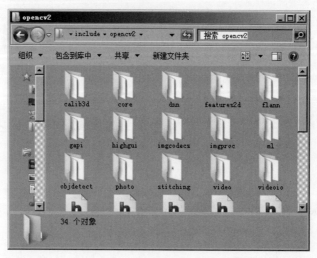

图 3-2

这些模块有的经过多个版本的更新已经较为完善，包含了较多的功能；有的模块还在逐渐发展中，包含的功能相对较少。接下来将按照文件夹的顺序（字母顺序）介绍各个模块的功能。

- calib3d：这个模块名称是由 calibration（校准）和 3D 这两个单词的缩写组合而成的，通过名称可以知道，模块主要包含相机标定与立体视觉等功能，例如物体位姿估计、三维重建、摄像头标定等。
- core：核心功能模块，主要包含 OpenCV 库的基础结构以及基本操作，例如 OpenCV 基本数据结构、绘图函数、数组操作相关函数、动态数据结构等。
- dnn：深度学习模块，这个模块是 OpenCV 4 版本加入的一个特色，主要包括构建神经网络、加载序列化网络模型等。该模块目前仅适用于正向传递计算（测试网络），原则上不支持反向计算（训练网络）。
- features2d：这个模块名称是由 features（特征）和 2D 这两个单词的缩写组合而成的，其功能主要为处理图像特征点，例如特征检测、描述与匹配等。
- flann：这个模块名称是 Fast Library for Approximate Nearest Neighbors（快速近似最近邻库）的缩写，是高维的近似近邻快速搜索算法库，主要包含快速近似最近邻搜索与聚类等。
- gapi：这个模块是 OpenCV 4.0 版本新增加的模块，旨在加速常规的图像处理。与其他模块相比，这个模块主要充当框架而不是某些特定的计算机视觉算法。
- highgui：高层 GUI 图形用户界面，包含创建和操作显示图像的窗口，处理鼠标事件以及键盘命令，提供图形交互可视化界面等。
- imgcodecs：图像文件读取与保存模块，主要用于图像文件读取与保存。

- imgproc: 这个模块名称是由 image（图像）和 process（处理）两个单词的缩写组合而成的，是重要的图像处理模块，主要包括图像滤波、几何变换、直方图、特征检测与目标检测等。
- ml: 机器学习模块，主要为统计分类、回归和数据聚类等。
- objdetect: 目标检测模块，主要用于图像目标检测，例如检测 Haar 特征。
- photo: 计算摄像模块，主要包含图像修复和去噪等。
- stitching: 图像拼接模块，主要包含特征点寻找与匹配图像、估计旋转、自动校准、接缝估计等图像拼接过程的相关内容。
- vidco: 视频分析模块，主要包含运动估计、背景分离、对象跟踪等视频处理相关内容。
- videoio: 视频输入输出模块，主要用于读取与写入视频或者图像序列。

通过对OpenCV模块构架的介绍，相信读者已经对OpenCV整体架构有了一定的了解。简单来说，OpenCV就是将众多图像处理和视觉处理集成在一起的软件开发包（Software Development Kit，SDK），其自身并不复杂，通过学习就可以轻松掌握其使用方法。

刚开始没必要一下子全部掌握这些模块，我们可以先学习几个常用的基本模块，其他模块可以等实际工作需要的时候再学习。

3.2　图像输入/输出模块imgcodecs

要处理图像，第一步就是把图像文件从磁盘上读取到内存，处理完毕后再保存到内存。因此我们先来看一下图像文件读取与保存模块imgproc。imgproc提供了一系列全局函数，用于读取或保存图像文件。

3.2.1　读取图像文件

函数imread用于读取图像文件或加载图像文件，其声明如下：

```
cv.imread(filename[, flags]) -> retval
```

其中，参数filename表示要读取的图像文件名；flags表示读取模式，取值如下：

- cv.IMREAD_ANYDEPTH: 其值是 2，取这个标志的话，若载入的图像深度为 16 位或者 32 位，则返回对应深度的图像，否则转换为 8 位图像再返回。
- cv.IMREAD_COLOR: 其值是 1，取这个标志的话，图像转为彩色图像（BGR，3 通道）。
- cv.IMREAD_GRAYSCALE: 其值是 0，取这个标志的话，始终将图像转换成灰度图，即返回灰度图像，1 通道。
- cv. IMREAD_UNCHANGED，其值是-1，表示载入原图。

如果从指定文件加载图像成功，就返回一个存储着图片像素数据的矩阵。如果无法读取图像（缺少文件、权限不正确、格式不受支持或无效），那么函数将返回空。

在Windows操作系统下，OpenCV的imread函数支持如下类型的图像载入：

- JPEG 文件：*.jpeg、*.jpg、*.jpe。
- JPEG 2000 文件：*.jp2。
- PNG 文件：*.png。
- 便携文件格式：*.pbm、*.pgm、*.pp。
- Sun rasters 光栅文件：*.sr、*.ras。
- TIFF 文件：*.tiff、*.tif。
- Windows 位图：*.bmp、*.dib。

如果文件读取失败，就返回None。可以通过返回值是否为None来判断是否读取正确，比如：

```
img = cv.imread("p1.jpg"); #读取第一幅图片
if img is None:
    sys.exit("Could not read the p1.jpg.") #如果读取为空，则退出程序
```

img实际上是一个NumPy的array数组，包含了每个像素点的数据（如果是彩色模式，就是BGR值，如果是灰度模式，则是灰度值）。我们可以通过下标访问每一个像素点的数据，对每一个像素点进行更改操作。

值得注意的是，函数imread根据内容而不是文件扩展名来确定图像的类型，比如把某个BMP图像文件的后缀名改为JPG，imread依然能探测到这个文件是BMP图像文件。

另外，imread的第一个参数一般是图像文件的绝对路径或相对路径。对于绝对路径，imread除了不支持单右斜线（\）形式，其他斜线形式都支持，比如双右斜线形式（\\）、双左斜线形式（//）、单左斜线形式（/）等。通常相对路径更加方便点，只要把图像文件放在工程目录下即可。注意，imread的文件路径不支持中文路径，如果要支持中文路径，可以用函数imdecode。该函数从指定的内存缓存中读取一幅图像，其声明如下：

```
cv.imdecode(buf, flags) -> retval
```

其中，buf是存放图像数据的内存缓存，通常用字节数组或向量的形式表示；flags的含义同imread函数的flags参数。如果内存缓冲区太短或包含无效数据，就返回空矩阵图像。实际上，imread和imdecode内部都是通过ImageDecoder类来进行图像解码的。

例如，下列代码从文件中读取数据到内存：

```
import numpy as np #导入 numpy 模块
img = cv.imdecode(np.fromfile(imgpath,dtype=np.uint8),-1)
```

其中，fromfile函数是支持中文路径的，它通过读取文件在内存中构造数组数据，这样imdecode就能在内存中获得数组数据了，继而进行解码。

【例3.1】 多种路径读取图像文件

```
import cv2 as cv
import numpy as np #导入 numpy 模块

#imgpath = "d:\\我的图片\\p1.jpg";
#imgpath = "d://test//p1.jpg";
```

```
#imgpath = "d:/test/p1.jpg"
#imgpath = "d:/test//test2\\test3//test4//p1.jpg";#-- 4 --以上三种混合法
imgpath = "p1.jpg"; #-- 5 --相对路径法,放在和 test.py 同一路径
img = cv.imdecode(np.fromfile(imgpath,dtype=np.uint8),-1)
cv.imshow("img",img) #显示窗口
cv.waitKey(0) #等待按键
cv.destroyAllWindows() #释放窗口
```

我们对上面的6种路径进行了测试,任何一种都是支持的,都可以成功读取并显示图片。
其中较常用的是相对路径,也就是第5种。图片放在和3.1.py文件同一路径下,既可以在PyCharm
中直接运行来打开图片,也可以到命令行窗口下执行"pthon 3.1.py"命令米打开图片。

运行工程,结果如图3-3所示。

在用imread或imdecode加载图像文件时,可以指定模式来获得不同的效果。

【例3.2】　用不同模式打开图像文件

```
import cv2 as cv
import numpy as np #导入 numpy 模块
imgpath = "p1.jpg";
img = cv.imread(imgpath,cv.IMREAD_ANYDEPTH)
cv.imshow("img",img) #显示窗口
cv.waitKey(0) #等待按键

img = cv.imread(imgpath,cv.IMREAD_COLOR)
cv.imshow("img",img) #显示窗口
cv.waitKey(0) #等待按键继续下一幅

img = cv.imread(imgpath,cv.IMREAD_GRAYSCALE)
cv.imshow("img",img) #显示窗口
cv.waitKey(0) #等待按键

cv.destroyAllWindows() #释放窗口
```

我们用3种模式来加载图片。对于cv.IMREAD_ANYDEPTH,由于p1.jpg的位深度是24(不
是16或32),因此会转换为8位图像。cv.IMREAD_COLOR会将图像以彩色方式加载,由于我
们的图像本来就是彩色图像,因此没有变化。cv.IMREAD_GRAYSCALE会将图像转换成灰度
图,所以加载后图像是黑白的。

保存工程并运行,第一幅图像运行结果如图3-4所示。然后按空格键,可以继续显示下一
幅图像。

图 3-3

图 3-4

3.2.2 得到读取的图片的高度和宽度

3.2.1节提到imread如果读取图像文件成功，就返回该图像的矩阵。既然是矩阵，就有宽度和高度两个属性，宽度相当于矩阵的列数，高度相当于矩阵的行数。在Python中，可以利用NumPy库提供的shape函数来得到矩阵的行数和列数。

shape函数是numpy.core.fromnumeric中的函数，其输入参数可以是一个整数（表示维度），也可以是一个矩阵。使用shape[0]读取矩阵第一维度的长度，也就是行数；使用shape[1]计算列数；使用shape[2]存放图像的通道数。该函数功能强大，这里我们只需要知道如何获得图片的高度和宽度即可。介绍该函数主要是为了让读者在读取图像文件到内存后，能对内存中存放图像的矩阵有一个感性的认识。

【例 3.3】 得到读取图像后的高度和宽度

```python
import cv2 as cv
import numpy as np #导入 numpy 模块
img = cv.imread('test.jpg')
print(np.shape(img))

height=np.shape(img)[0]
width=np.shape(img)[1]
channles=np.shape(img)[2]
print("h=",height,"w=",width,"channles=",channles)

height, width,channles = np.shape(img)[:3] # a[:n]代表列表中的第一项到第 n 项
print("h=",height,"w=",width,"channles=",channles)
```

在上述代码中，首先读取了当前工程目录下的图像文件test.jpg，返回值为一个矩阵数组，然后通过shape打印了图像的高度和宽度。注意：在Python中，a[:n]代表列表中的第1项到第n项，这里的shape[:3]表示shape[0]（高度）、shape[1]（宽度）和shape[2]（通道数）。最后又赋值给了3个变量并打印。

运行工程，结果如下：

```
(183, 335, 3)
h= 183 w= 335 channles= 3
h= 183 w= 335 channles= 3
```

3.2.3 imwrite 保存图片

函数imwrite可以用来输出图像到文件，其声明如下：

```
imwrite(filename, img[, params]) -> retval
```

其中参数filename表示需要写入的文件名，必须加上后缀，比如123.png，注意要保存图片为哪种格式，就带什么后缀；img表示Mat类型的图像数据，就是要保存到文件中的原图像数据；params表示为特定格式保存的参数编码，它有一个默认值std::vector< int >()，所以一般情况下不用写。

通常，使用imwrite函数能保存8位单通道或三通道（具有BGR通道顺序）图像。16位无符号（CV_16U）图像可以保存为PNG、JPEG 2000和TIFF格式。32位浮点（CV_32F）图像可以

保存为PFM、TIFF、OpenEXR和Radiance HDR格式。三通道（CV_32FC3）TIFF图像将使用LogLuv高动态范围编码（每像素4字节）保存。另外，使用此函数可以保存带有alpha通道的PNG图像。为此，创建8位（或16位）四通道图像BGRA，其中alpha通道最后到达。完全透明的像素应该将alpha通道设置为0，完全不透明的像素应该将alpha设置为255/65535。如果格式、深度或通道顺序不同，就在保存之前使用Mat::convertTo和cv::cvtColor进行转换，或者使用通用文件存储I/O函数将图像保存为XML或YAML格式。

下面示例将演示如何创建BGRA图像并将其保存到PNG文件中，还将演示如何设置自定义压缩参数。

【例 3.4】　创建 BGRA 图像并将其保存到 PNG 文件

```python
import cv2
import numpy as np
img=cv2.imread("cat.jpeg")
img_bgra=cv2.cvtColor(img,cv2.COLOR_BGR2BGRA)
print(img_bgra.shape)
print(img_bgra)
b, g, r ,a= cv2.split(img_bgra)
print(a)
print(a.shape)
a[int(a.shape[0]/2):,int(a.shape[1]/2):]=0
alpha = np.ones(b.shape, dtype=b.dtype)*0  #creating a dummy alpha channel
image.
print(alpha)
alpha = alpha.astype(np.uint8)
img_bgra = cv2.merge((b, g, r, a))
print(img_bgra.shape)
cv2.imshow("BGRA", img_bgra)
cv2.imwrite("BGRA.png",img_bgra, [cv2.IMWRITE_PNG_COMPRESSION, 9])
cv2.waitKey(0)
```

在上述代码中，首先读取工程目录下的原图片cat.jpg，本例输入一幅24位BGR真彩色图像，输出32位BGRA带透明通道的彩色图像。在输出前，对alpha透明通道做了一些处理。源24位真彩色图像的左下角置为透明。在运行中查看BGRA四通道图片时，是无法查看到透明通道的，需要把图片保存下来才能看到。

目前支持alpha透明通道的图片封装格式为：

（1）PNG：支持透明效果。PNG可以为原图像定义256个透明层次，使得彩色图像的边缘能与任何背景平滑地融合，从而彻底地消除锯齿边缘。这种功能是GIF和JPEG没有的。

（2）GIF：GIF的原义是"图像互换格式"，GIF文件的数据是一种基于LZW算法的连续色调的无损压缩格式。

（3）TIFF：TIFF是一种灵活的位图格式，主要用来存储包括照片和艺术图在内的图像。它最初由Aldus公司与微软公司一起为PostScript打印开发。TIFF与JPEG和PNG一起成为流行的高位彩色图像格式。

（4）PSD：这是Photoshop图像处理软件的专用文件格式，文件扩展名是.psd，可以支持图层、通道、蒙板和不同色彩模式的各种图像特征，是一种非压缩的原始文件保存格式。扫描仪不能直接生成该种格式的文件。PSD文件有时容量很大，但可以保留所有原始信息，在图像处理中对于尚未制作完成的图像，选用PSD格式保存是最佳的选择。

图 3-5

运行工程，结果如图3-5所示。此时在工程目录下多了一个BGRA.png文件。这里不保存下来查看的话，在程序运行中展示时看不出差异。保存图片时，要保存为PNG格式，因为PNG或TIFF格式的文件即为BGRA四通道色彩空间的图像文件形式。另外，保存图片时，imwrite的第三个参数是[cv2.IMWRITE_PNG_COMPRESSION, 9]，它实现了图片压缩功能，其中9代表图片保存时的压缩程度，有0~9这个范围的10个等级，数字越大表示压缩程度越高。

3.3 OpenCV界面编程

OpenCV支持有限的界面编程，主要针对窗口、控件和鼠标事件等，比如滑块。有了这些窗口和控件，就可以更方便地展现图像和调节图像的参数。这些界面编程主要由High-level GUI（高级图形用户界面）模块支持。

在High-Level GUI模块中，用于新建窗口的函数是nameWindow，同时可以指定窗口的类型。该函数声明如下：

```
namedWindow(winname[, flags]) -> None
```

其中，参数winname表示新建的窗口名称，自己随便取；flags表示窗口的标识（一般默认为cv2.WINDOW_AUTOSIZE，表示窗口大小自动适应图片大小，并且不可手动更改；cv2.WINDOW_NORMAL表示用户可以改变这个窗口大小；cv.WINDOW_OPENGL窗口创建的时候会支持OpenGL）。

在High-level GUI模块中，用于显示窗口的函数是imshow，其声明如下：

```
imshow(winname, mat) -> None
```

其中，参数winname表示显示的窗口名，可以使用namedWindow函数创建窗口，如果不创建，imshow函数将自动创建；image表示需要显示的图像。

根据图像的深度，imshow函数会自动对其显示灰度值进行缩放，规则如下：

（1）如果图像数据类型是8U（8位无符号），就直接显示。

（2）如果图像数据类型是16U（16位无符号）或32S（32位有符号整数），那么imshow函数内部会自动将每个像素值除以256并显示，即将原图像素值的范围由[0~255×256]映射到[0~255]。

（3）如果图像数据类型是32F（32位浮点数）或64F（64位浮点数），那么imshow函数内部会自动将每个像素值乘以255并显示，即将原图像素值的范围由[0~1]映射到[0~255]（注意：原图像素值必须归一化）。

需要注意的一点就是，imshow之后必须跟上waitKey函数，否则显示窗口将一闪而过，不会驻留屏幕。waitKey函数的详细说明将在3.8节中详细介绍。

【例3.5】　新建窗口并显示5秒后退出

```
import cv2 as cv
import numpy as np  #导入 numpy 模块
img = cv.imread('p1.jpg')
cv.namedWindow("myimg", cv.WINDOW_AUTOSIZE);
cv.imshow("myimg",img);#在"窗口 1"中输出图片
cv.waitKey(5000);#等待 5 秒，程序自动退出
```

在上述代码中，首先利用函数imread读取当前目录下的p1.jpg文件；接着用函数namedWindow新建一个窗口，并用参数WINDOW_AUTOSIZE表示窗口大小自动适应图片大小，并且不可手动更改；最后调用waitKey函数等待5秒后让程序自动退出。

运行工程，结果如图3-6所示。

图 3-6

3.4　单窗口显示多图片

在某些场景下，比如有多个摄像头视频图像，如果一个视频图像显示在一个窗口中，则会因为窗口过多而显得凌乱。此时就需要一个窗口能显示多个视频图像。要达到这个效果，原理并不复杂，只需要调整每个视频的尺寸大小为窗口的一部分，这样多个图像组合起来正好可以占满一个窗口。

在OpenCV中，我们可以利用hstack函数来实现单窗口显示多幅图像。首先熟悉一下hstack函数。hstack函数就是把两个行相同的数组或者矩阵的列从左到右排列起来，也就是把列水平排列起来，其声明如下：

```
numpy.hstack(tup)
```

其中，tup是ndarrays数组序列。这里说的数组就是NumPy库的array，比如定义了一个3行5列的二维矩阵：

```
a=np.array([[ 0,  1,  2,  3,  4],
            [ 5,  6,  7,  8,  9],
            [10, 11, 12, 13, 14]])
print(a.shape)  #输出(3,5)
```

这里的行数是矩阵的高度，列数是矩阵的宽度。比如建立一个一维矩阵b，长度为b.shape：

```
b =np.array([1,2,3,4])
print(b.shape)
```

输出是(4,)，4就是一维矩阵的长度，因为不存在二维，也就没有二维的长度，所以括号里的逗号后面是空的。

再比如建立4行2列的二维矩阵：

```
c =np.array([[1,1],[1,2],[1,3],[1,4]])
print(c.shape)
```

输出是(4,2)，shape[0]表示行数，这里是4行，shape[1]表示列数，这里是2列。注意方括号的数量。

有时候方括号也可以用圆括号来表示，比如2行3列的二维矩阵：

```
x = np.array(((1,2,3),(4,5,6)))  #2 行 3 列
print(x.shape)
```

输出是(2,3)。注意圆括号的数量匹配。

简单复习array基本知识后，我们可以用hstack函数来合并行数相同的数组，比如合并两个都是1行的一维数组：

```
a = np.array((1,2,3))      #1 行 3 列
b = np.array((4,5,6,7))    #1 行 4 列
e = np.hstack((a,b))
print(e)
```

输出：

```
array([1, 2, 3, 4,5,6,7])    #结果依然是 1 行
```

又比如合并3个两行的二维数组：

```
a = np.array([[1,2],[3,4]])
b = np.array(((1,2,3),(4,5,6)))  #2 行 3 列
c = np.array(((1,1,1,1),(2,2,2,2)))
e = np.hstack((a,b,c))
print(e)
```

输出：

```
[[1 2 1 2 3 1 1 1 1]
 [3 4 4 5 6 2 2 2 2]]
```

了解了hstack函数后，我们可以在一个窗口中显示多幅图片，原理是直接将通过imread函数返回的二维矩阵传入hstack函数中。

【例3.6】　单窗口中显示多幅图片

```python
import cv2 as cv
import numpy as np #导入numpy模块
def opecv_muti_pic():
    img1 = cv.imread('1.jpg')
    print(img1.shape)
    img2 = cv.imread('2.jpg')
    print(img2.shape)
    img3 = cv.imread('3.jpg')
    print(img3.shape)
    imgs = np.hstack([img1,img2,img3])
    #展示多个
    cv.imshow("mutil_pic", imgs)
    #等待关闭
    cv.waitKey(0)

opecv_muti_pic()
```

在上述代码中，首先读取了3幅图片，并各自返回了二维矩阵数组。这3幅图片在工程目录下可以找到，为了节省篇幅，这里不对是否读取成功进行判断，但一线企业开发不能少了这个判断。随后，把3幅图片的矩阵传入hstack函数中进行合并，并返回合并后的矩阵，然后通过imshow显示出来。我们每次读取一幅图片，就把它的宽度和高度打印出来。可以发现，高度（行数）都是相同的，否则是不能用于hstack的。例如，把图片3缩放后保存，再运行程序，就会报错。

运行工程，结果如图3-7所示。

图 3-7

3.5　销　毁　窗　口

既然有新建窗口，当然就有销毁窗口。在OpenCV中，销毁窗口时窗口会自动关闭，这可以通过函数destroyWindow和destroyAllWindows来实现，前者是销毁某一个指定名称的窗口，后者是销毁所有新建的窗口。函数destroyWindow声明如下：

```
destroyWindow(winname) -> None
```

参数winname是要销毁窗口的名称。

函数destroyAllWindow更加简单，声明如下：

```
destroyAllWindows() -> None
```

下面我们来新建3个窗口，每个窗口显示5秒，再分别销毁。

【例3.7】 销毁3个窗口

```
import cv2 as cv
import numpy as np #导入numpy模块

szName = ["", "", ""]
srcImage=[1,3]
for i in range(0,2):
    szName[i] = ( "%d.jpg") % (i+1)
    srcImage[i] = cv.imread(szName[i]); #读取图片文件
    cv.imshow(szName[i], srcImage[i]);#在"窗口1"中输出图片
    cv.waitKey(5000);#等待5秒，程序自动退出；改为0，不自动退出
    cv.destroyWindow(szName[i]);
print("所有的窗口已经销毁了")
cv.waitKey(0);
```

在上述代码中，我们在for循环中读取图片文件，然后新建窗口，并在窗口中显示图片5秒钟后销毁窗口。如果不想在for循环里调用destroyWindow函数，也可以在for循环外面调用destroyAllWindows函数，这样3个窗口都显示后再一起销毁。

运行工程，结果如图3-8所示。

图 3-8

3.6 调整窗口大小

窗口大小可以通过手动拖拉窗口边框来调整，也可以通过函数方式来调整。调整窗口大小的函数是resizeWindow，其声明如下：

```
resizeWindow(winname, width, height) -> None
```

其中，参数winname是要调整尺寸的窗口的名称；width是调整后的窗口宽度；height是调整后的窗口高度。

需要注意的是，新建窗口函数namedWindow的第二个参数必须为WINDOW_NORMAL，才可以手动拉动窗口边框来调整大小，并让图片随着窗口大小而改变。

【例3.8】　调整窗口大小

```
import cv2 as cv
srcImage=[1]
width = 240
height = 120
szName = ( "%d.jpg") % 1
srcImage[0] = cv.imread(szName);
cv.namedWindow(szName, cv.WINDOW_NORMAL); #新建窗口
cv.imshow(szName, srcImage[0]);#在窗口中显示图片
cv.resizeWindow(szName, width, height); #调整窗口大小
cv.waitKey(0);
```

在上述代码中，首先读入一幅图片，然后新建一个窗口显示图片，接着调用函数resizeWindow调整窗口大小，由于namedWindow的第二个参数是WINDOW_NORMAL，因此图片大小会随着窗口大小的变换而变化。

运行工程，结果如图3-9所示。

图 3-9

3.7　鼠标事件

在OpenCV中，也存在鼠标的操作，比如单击、双击等。对于用户来讲，操作鼠标就是一个鼠标操作；对于OpenCV来讲，则认为是发生了一个鼠标事件，需要对这个鼠标事件进行处理，这就是事件的响应。现在我们来介绍一下鼠标中的操作事件。

鼠标事件包括左键按下、左键松开、左键双击、鼠标移动等。当鼠标事件发生时，OpenCV会让一个鼠标响应函数自动被调用，相当于一个回调函数，这个回调函数就是鼠标事件处理函数。OpenCV提供了setMousecallback来预先设置回调函数（相当于告诉系统鼠标处理的回调函数已经设置好了，有鼠标事件发生时，系统调用这个回调函数即可）。注意是系统调用，而不是开发者去调用，因此称为回调函数。函数setMousecallback的声明如下：

```
SetMouseCallback(windowName, onMouse, param=None) -> None
```

其中，参数windowsName表示窗口的名字；onMouse是鼠标事件响应的回调函数指针；param是传给回调函数的可选参数。这个函数名也比较形象，一看就知道是用来设置鼠标回调函数的（set Mouse call back）。

鼠标事件回调函数类型MouseCallback的定义如下：

```
def MouseCallback(event,x,y,flags,param)
```

其中，参数event表示鼠标事件；x表示鼠标事件的*x*坐标；y表示鼠标事件的*y*坐标；flags表示鼠标事件的标志；param是传给回调函数的可选参数。

鼠标事件event主要有下面几种：

```
enum
{
    EVENT_MOUSEMOVE         =0,//滑动
    EVENT_LBUTTONDOWN       =1,//左键单击
    EVENT_RBUTTONDOWN       =2,//右键单击
    EVENT_MBUTTONDOWN       =3,//中键单击
    EVENT_LBUTTONUP         =4,//左键放开
    EVENT_RBUTTONUP         =5,//右键放开
    EVENT_MBUTTONUP         =6,//中键放开
    EVENT_LBUTTONDBLCLK     =7,//左键双击
    EVENT_RBUTTONDBLCLK     =8,//右键双击
    EVENT_MBUTTONDBLCLK     =9 //中键双击
};
```

鼠标事件标志flags主要有以下几种：

```
enum {
    EVENT_FLAG_LBUTTON = 1,      //左键拖曳
    EVENT_FLAG_RBUTTON = 2,      //右键拖曳
    EVENT_FLAG_MBUTTON = 4,      //中键拖曳
    EVENT_FLAG_CTRLKEY = 8,      //按 Ctrl 键
    EVENT_FLAG_SHIFTKEY = 16,    //按 Shift 键
    EVENT_FLAG_ALTKEY = 32       //按 Alt 键
};
```

通过event和flags就能清楚地了解到当前鼠标发生了何种操作。

在具体实战OpenCV鼠标编程之前，有必要来了解一下回调函数。编程分为两类：系统编程（System Programming）和应用编程（Application Programming）。所谓系统编程，简单来说就是编写系统库；应用编程就是利用写好的各种库来编写具有某种功用的程序，也就是应用。系统程序员会给自己写的库留下一些接口，即API（Application Programming Interface，应用编程接口），以供应用程序员使用。因此，在抽象层的图示里，库位于应用的底下。

当程序运行起来时，一般情况下应用程序（Application Program）时常会通过API调用库里预先备好的函数。但是有些库函数（Library Function）却要求应用先传给它一个函数，好在合适的时候调用，以完成目标任务。这个被传入后又被调用的函数就称为回调函数。举个例子，有一家旅馆提供叫醒服务，但是要求旅客自己选择叫醒的方法：可以打客房电话，也可以派服务员去敲门。这里的"叫醒"行为是旅馆提供的，相当于库函数，但是叫醒的方式是由旅客自行决定并告诉旅馆的，也就是回调函数。旅客告诉旅馆怎么叫醒自己的动作也就是把回调函数传入库函数的动作，称为登记回调函数（Register a Callback Function）。

回调机制提供了非常大的灵活性。乍看起来，回调似乎只是函数间的调用，但是仔细一琢磨，就会发现两者之间一个关键的不同：在回调中，我们利用某种方式把回调函数像参数一样传入中间函数。可以这么理解，在传入一个回调函数之前，中间函数是不完整的。换句话说，程序可以在运行时通过登记不同的回调函数来决定、改变中间函数的行为。这就比简单的函数

调用灵活太多了。请看下面这段Python写成的回调的简单示例。

【例 3.9】　Python 实现回调函数

```
#回调函数 1
#生成一个 2k 形式的偶数
def double(x):
    return x * 2

#回调函数 2
#生成一个 4k 形式的偶数
def quadruple(x):
    return x * 4

def getOddNumber(k, getEvenNumber):
    return 1 + getEvenNumber(k)

#起始函数，这里是程序的主函数
def main():
    k = 1
    #当需要生成一个 2k+1 形式的奇数时
    i = getOddNumber(k, double)
    print(i)
    #当需要一个 4k+1 形式的奇数时
    i = getOddNumber(k, quadruple)
    print(i)
    #当需要一个 8k+1 形式的奇数时
    i = getOddNumber(k, lambda x: x * 8)
    print(i)

if __name__ == "__main__":
    main()
```

在上述代码中，定义了两个回调函数，分别实现2k和4k的运算。当需要生成一个2k+1形式的奇数时，只需把double作为参数传入getOddNumber。当需要一个4k+1形式的奇数时，只需要把quadruple作为参数传入getOddNumber。Lambda表示匿名函数，Lambda右边的x是形参，x*8是函数体，实参k传入getOddNumber后就会变为1+8*k。

运行工程，结果如下：

```
3 5 9
```

了解了回调函数后，下面进入OpenCV的鼠标实战。

【例 3.10】　在图片上使用鼠标画图

```
import cv2 as cv
import numpy as np
#新建图片
img=np.zeros((200,200))
#定义回调函数，此处只用到了 event、x、y 三个参数
def draw_circle(event,x,y,flags,param):
    if event==cv.EVENT_LBUTTONDOWN:
        #画圆函数，参数分别表示原图、坐标、半径、颜色、线宽（若为-1，则表示填充）
```

```
        cv.circle(img,(x,y),20,255,-1)
cv.namedWindow('img')
#新建鼠标事件
cv.setMouseCallback('img',draw_circle)
while(1):
    cv.imshow('img',img)
    n=cv.waitKey(5)
    if n==ord('q'):
        break
    elif n==ord('s'):
        cv.imwrite("res.jpg",img);
        print("保存成功")
cv.destroyAllWindows()
```

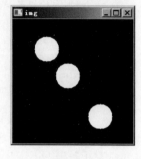

在上述代码中，draw_circle就是用来处理鼠标事件的回调函数，当鼠标有动作产生时，draw_circle会被系统调用，然后在draw_circle中判断发生了何种动作，进而进行相应的处理。本例所关心的是鼠标左键，一旦鼠标左键被按下，则以当前位置为圆点开始画圆。在setMouseCallback后面的while循环则一直在循环判断当前的键盘按键，如果按下的是S键，就保存当前画圆的内存图像数据，保存的文件名为res.jpg；如果按下的是Q键，就退出循环并销毁窗口，结束程序。

运行工程，结果如图3-10所示。按下S键后，就可以发现当前工程目录下有一个res.jpg文件了。

图 3-10

3.8 键 盘 事 件

简单、常用的键盘事件是等待按键事件，它由waitKey函数来实现，该函数是我们的老朋友了，前面也碰到过多次。无论是刚开始学习OpenCV，还是使用OpenCV进行开发调试，都可以看到waitKey函数的身影。然而，基础的东西往往容易被忽略掉，在此可以好好了解一下这个基础又常用的waitKey函数。该函数延时一定时间，返回按键的值；当参数为0时就永久等待，直到用户按键。该函数声明如下：

```
waitKey([delay]) -> retval
```

其中参数delay是延时的时间，单位是毫秒，默认是0，表示永久等待。该函数在至少创建了一个HighGUI窗口并且该窗口处于活动状态时才有效。如果有多个HighGUI窗口，则其中任何一个都可以处于活动状态。

waitKey函数是一个等待键盘事件的函数，当参数值delay≤0时，等待时间无限长。当delay为正整数n时，至少等待n毫秒才结束。在等待期间，如果任意按键被按下，则函数结束，返回按键的键值（ASCII码）。如果等待时间结束用户仍未按下按键，则函数返回-1。该函数用在处理HighGUI窗口的程序中，常与显示图像窗口的imshow函数搭配使用。

【例 3.11】　等待按键 10 秒后销毁窗口

```python
import cv2 as cv
import numpy as np

img=np.zeros((100,200))
cv.imshow("windowname", img);
cv.waitKey(0);#按下任意按键，图片显示结束，返回按键键值

cv.imshow("windowname2", img);
cv.waitKey(5000);#按下任意按键，图片显示结束，返回按键键值

cv.destroyAllWindows()
```

第一次显示的窗口，因为waitKey的参数是0，所以如果不去按键，就会一直显示。第二次显示的窗口，因为waitKey的参数是5000，即5s，所以如果5s内不去按键，就会自动返回。最后销毁所有窗口，程序结束。

运行工程，结果如图3-11所示。

总之，waitKey函数是非常简单且常用的函数，开始入门的时候需要掌握好它，开发调试的时候waitKey函数同样是一个好帮手。

图 3-11

3.9　滑动条事件

在OpenCV中，滑动条设计的主要目的是在视频播放帧中选择特定帧。在和父窗口使用时，需要给滑动条赋予一个特别的名字（通常是一个字符串），接下来直接通过那个名字进行引用。

创建滑动条的函数是createTrackbar，该函数声明如下：

```
CreateTrackbar(trackbarName, windowName, value, count, onChange) -> None
```

其中，参数trackbarName是滑动条的名称；windowName是滑动条将要添加到父窗口的名称，一旦滑动条创建好，它就将被添加到窗口的顶部或底部，滑动条不会挡住任何已经在窗口中的图像，只会让窗口变大，窗口的名称将作为一个窗口的标记，至于滑动条上滑动按钮的确切位置，则由操作系统决定，一般都是最左边；参数value是一个指向整数的指针，这个整数值会随着滑动按钮的移动而自动变化；参数count是滑动条可以滑动的最大值；参数onChange是一个指向回调函数的指针，当滑动按钮移动时，回调函数就会被自动调用。

回调函数类型TrackbarCallback的定义如下：

```
def TrackbarCallback(pos,userdata)
```

其中，参数pos表示滚动块的当前位置；userdata是传给回调函数的可选参数。这个回调函数不是必需的，如果赋值为NULL，就没有回调函数，移动滑动按钮的唯一响应就是createTrackbar的参数value指向的变量值的变化。

除了创建滑动条的函数外，OpenCV还提供了函数getTrackbarPos（用于获取滑动块的位置）和函数setTrackbarPos（用于设置滑动条的位置）。

getTrackbarPos函数的声明如下：

```
GetTrackbarPos(trackbarName, windowName) -> retval
```

其中，参数trackbarName是滑动条的名称；windowName是滑动条将要添加到父窗口的名称。函数返回滑动块的当前位置。

setTrackbarPos函数的声明如下：

```
SetTrackbarPos(trackbarName, windowName, pos) -> None
```

其中，参数trackName表示滚动条的名称；windowName是滑动条将要添加到父窗口的名称；pos表示要设置的滑动块位置。下面我们看一个专业的例子，利用滑动块调节参数。

【例3.12】 利用滑动块控制图片的亮度

```python
import cv2 as cv
import numpy as np

import cv2
import numpy as np
alpha = 0.3
beta = 80
img_path = "test.jpg"
img = cv2.imread(img_path)
img2 = cv2.imread(img_path)

def updateAlpha(x):
    global alpha, img, img2
    # 得到数值
    alpha = cv2.getTrackbarPos('Alpha', 'image')
    alpha = alpha * 0.01
    img = np.uint8(np.clip((alpha * img2 + beta), 0, 255))
def updateBeta(x):
    global beta, img, img2
    beta = cv2.getTrackbarPos('Beta', 'image')
    img = np.uint8(np.clip((alpha * img2 + beta), 0, 255))

# 创建窗口
cv2.namedWindow('image')

cv2.createTrackbar('Alpha', 'image', 0, 300, updateAlpha)
cv2.createTrackbar('Beta', 'image', 0, 255, updateBeta)
# 设置默认值
cv2.setTrackbarPos('Alpha', 'image', 100)
cv2.setTrackbarPos('Beta', 'image', 10)
while (True):
    cv2.imshow('image', img)
    if cv2.waitKey(1) == ord('q'):
        break
cv2.destroyAllWindows()
```

在上述代码中，首先读取test.jpg，然后定义滑动块的两个回调函数updateAlpha和updateBeta，接着利用函数namedWindow创建1个窗口，并利用函数createTrackbar创建2个滑动条，这样窗口上就有2个滑动条。updateAlpha和updateBeta都是滑动条的回调函数，用于响应用户滑动滑块这个事件。最后一个while循环，等待用户按Q键退出。在回调函数中，np.uint8是专门用于存储各种图像的（包括RGB、灰度图像等），范围是0～255。该函数接收的参数是一个数组。需要注意的是，clip函数的返回值是uint8的参数，但是这个函数仅仅是对原数据和0xff相与（和最低2字节数据相与），这就容易导致如果原数据大于255，那么在直接使用np.uint8()后，比第8位大的数据都被截断了。clip函数将数组中的元素限制在a_min与a_max之间，大于a_max的就使得它等于a_max，小于a_min的就使得它等于a_min。它的原型是numpy.clip(a, a_min, a_max, out=None)。其中，a是一个数组，后面两个参数分别表示最小值和最大值。代码中的uint8和clip函数，在后面章节还会详细讲到。在上述代码中，首先读取test.jpg，然后定义滑动块的两个回调函数updateAlpha和updateBeta，接着利用函数namedWindow创建一个窗口，并利用函数createTrackbar创建两个滑动条，这样窗口上就有两个滑动条。updateAlpha和updateBeta都是滑动条的回调函数，用于响应用户滑动滑块这个事件。最后一个while循环，等待用户按Q键退出。

在回调函数中，函数np.uint8专门用于存储各种图像的数据（包括RGB、灰度图像等），它用于将输入数据转换为8位无符号整数类型，即将输入数据的值限制在0～255，并将其存储为8位无符号整数。NumPy中的np.uint8函数是将原数据和0xff做与运算，这就容易导致如果原数据是大于255的，那么在直接使用np.uint8函数后，比第8位更大的数据都被截断了。例如，数字2000在转换为np.uint8的时候，就会被转换成208（2000&0xff=208），这样就会导致数据不准确，区分不出原来的数据是大于255的还是本来就是208。为了解决这个问题，我们可以使用np.clip函数，用于将数组中的元素限制在一个指定的范围内，而且它可以给定一个范围，范围外的值将被剪裁到范围边界。np.clip函数原型如下：

```
numpy.clip(a, lower, upper)
```

其中，a是输入数组；lower表示元素的下限，所有小于下限的元素将被限制为下限值；upper表示元素的上限，所有大于上限的元素将被限制为上限值。该函数返回一个与输入数组形状相同的数组，其中元素值被限制在lower和upper之间。下面是一个简单的示例，展示如何使用clip()函数将数组中的元素限制在0～1：

```
import numpy as np
arr = np.array([-2, -1, 0, 1, 2])
clipped_arr = np.clip(arr, 0, 1)
print(clipped_arr)  # 输出: [ 0.  0.
0.  1.  1.]
```

运行工程，结果如图3-12所示。

图 3-12

第 **4** 章

数组矩阵

我们把磁盘上的一个图片文件读到内存中，比如：

```
img = cv.imread("p1.jpg"); #读取一幅图片
```

img实际上是一个NumPy包的array数组，它包含着每个像素点的数据。因此，熟悉NumPy是操作图像数据的基础。NumPy是Python中用于数据分析、机器学习、科学计算的重要软件包。它极大地简化了向量和矩阵的操作及处理。Python中的不少数据处理软件包都将NumPy作为其基础架构的核心部分（例如scikit-learn、SciPy、Pandas、PyTorch和TensorFlow）。本章将学习NumPy的常见用法。

4.1　NumPy概述

NumPy是一个运行速度非常快的数学库，主要用于数组计算，它包含了强大的 N 维数组对象ndarray、广播功能函数、整合C/C++/Fortran代码的工具和线性代数、傅里叶变换、随机数生成等。

NumPy的前身Numeric，最早由Jim Hugunin与其他协作者共同开发，2005年Travis Oliphant在Numeric中结合了另一个同性质的程序库Numarray的特色，并加入其他扩展而开发了NumPy。NumPy为开放源代码，并由许多协作者共同维护和开发。

NumPy是一个Python包。使用NumPy，开发人员可以执行以下操作：

（1）数组的算术和逻辑运算。

（2）傅里叶变换和用于图形操作的例程。

（3）与线性代数有关的操作，NumPy拥有线性代数和随机数生成的内置函数。

NumPy通常与SciPy（Scientific Python）和Matplotlib（绘图库）一起使用。这种组合广泛用于替代MATLAB，是一个流行的技术计算平台。NumPy是开源的，这是它一个额外的优势。

标准的Python可以将list（列表）当作数组使用。由于list的元素可以是任何对象，因此list中所保存的是对象指针。例如，保存[1,2,3,4]需要有4个指针和4个整数对象，这样会导致计算效率降低。

Python还可以使用array模块的array对象作为数组。不同于列表，array对象可以直接保存数值，但是array对象不支持多维数组，并且不包含相关的函数，因此它不适合做数值运算。

NumPy包克服了上面的不足，提供了两种基本对象：ndarray（N维数组）和func（通用函数）。ndarray数组用来存放相同数据类型的多维数组，func是可以对数组进行运算处理的函数。

NumPy包使得Python处理多维数组的能力得到了很大提升。虽然NumPy包和Scipy包在功能上有一些重复，但NumPy包提供定义数据的功能，而Scipy包通过相关的科学计算工具包使得Python具备强大的功能。

要使用NumPy包，必须先将其引入，语句为：

```
from numpy import *
```

或者

```
import numpy as np
```

4.2 ndarray对象

NumPy最重要的一个特点是其N维数组对象ndarray，它是一系列同类型数据的集合，下标从0开始对集合中的元素进行索引。ndarray对象是用于存放同类型元素的多维数组，每个元素在内存中都占有相同存储大小的区域。ndarray内部由以下内容组成：

（1）一个指向数据（内存或内存映射文件中的一块数据）的指针。

（2）数据类型或dtype，描述在数组中固定大小值的格子。

（3）一个表示数组形状（shape）的元组，表示各维度大小的元组。

（4）一个跨度元组（stride），其中的整数指的是为了前进到当前维度下一个元素需要“跨过”的字节数。

ndarray的内部结构如图4-1所示。

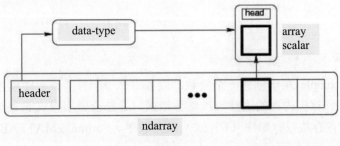

图 4-1

创建一个ndarray，只需调用NumPy的array函数即可：

```
numpy.array(object, dtype = None, copy = True, order = None, subok = False,
ndmin = 0)
```

其中，参数object表示数组或嵌套的数列；dtype表示数组元素的数据类型，可选；copy表示对象是否需要复制，可选；order表示创建数组的样式，C为行方向，F为列方向，A为任意方向（默认）；subok表示默认返回一个与基类类型一致的数组；ndmin指定生成数组的最小维度。比如一维数组：

```
a = np.array([1,2,3])
print (a)
```

输出：

```
[1 2 3]
```

比如多于一维的数组：

```
a = np.array([[1, 2], [3, 4]])
print(a)
```

输出：

```
[[1 2]
 [3 4]]
```

比如最小维度：

```
a = np.array([1, 2, 3, 4, 5], ndmin = 2)
print a
```

输出：

```
[[1, 2, 3, 4, 5]]
```

如果ndmin =1，则输出：

```
[1 2 3 4 5]
```

再来看一下指定dtype参数的例子：

```
a = np.array([1, 2, 3], dtype = complex)
print (a)
```

输出：

```
[1.+0.j 2.+0.j 3.+0.j]
```

在Python中，complex用于创建一个复数，或者将一个字符串或数转换为复数。

ndarray对象由计算机内存的连续一维部分组成，并结合索引模式将每个元素映射到内存块中的一个位置。内存块以行顺序（C样式）或列顺序（Fortran或MATLAB风格，即前述的F样式）来保存元素。

4.3 NumPy的数据类型

NumPy支持的数据类型比Python内置的类型要多很多，基本上可以和C语言的数据类型对应上，其中部分类型对应为Python内置的类型。表4-1列举了常用的NumPy的基本类型。

表 4-1 常用的 NumPy 的基本类型

名　　称	描　　述
bool_	布尔型数据类型（True 或者 False）
int_	默认的整数类型（类似于 C 语言中的 long、int32 或 int64）
intc	与 C 的 int 类型一样，一般是 int32 或 int64
intp	用于索引的整数类型（类似于 C 的 ssize_t，一般情况下仍然是 int32 或 int64）
int8	字节（−128～127）
int16	整数（−32768～32767）
int32	整数（−2147483648～2147483647）
int64	整数（−9223372036854775808～9223372036854775807）
uint8	无符号整数（0～255）
uint16	无符号整数（0～65535）
uint32	无符号整数（0～4294967295）
uint64	无符号整数（0～18446744073709551615）
float_	float64 类型的简写
float16	半精度浮点数，包括 1 个符号位、5 个指数位、10 个尾数位
float32	单精度浮点数，包括 1 个符号位、8 个指数位、23 个尾数位
float64	双精度浮点数，包括 1 个符号位、11 个指数位、52 个尾数位
complex_	complex128 类型的简写，即 128 位复数
complex64	复数，表示双 32 位浮点数（实数部分和虚数部分）
complex128	复数，表示双 64 位浮点数（实数部分和虚数部分）

NumPy的数值类型实际上是dtype对象的实例，并对应唯一的字符，包括np.bool_、np.int32、np.float32等。Dtype不仅可以描述数据的类型（int、float、Python对象等）、大小、字节顺序（小端或大端）等，还可以描述与数组对应的内存区域是如何使用的。具体来说，它描述了数据的以下几个方面：

- 数据的类型（整数、浮点数或者 Python 对象）。
- 数据的大小（例如，整数使用多少字节存储）。
- 数据的字节顺序（小端法或大端法）。
- 在结构化类型的情况下，字段的名称、每个字段的数据类型和每个字段所取的内存块的部分。
- 如果数据类型是子数组，那么它的形状和数据类型是什么。

字节顺序是通过对数据类型预先设定<或>来决定的：<意味着小端法（最小值存储在最小

的地址，即低位组放在最前面）；＞意味着大端法（最重要的字节存储在最小的地址，即高位组放在最前面）。

dtype对象是使用以下语法构造的：

```
numpy.dtype(object, align, copy)
```

其中，参数object表示要转换为的数据类型对象；align 如果为True，则填充字段使其类似C的结构体；copy表示复制dtype对象，如果为False，则是对内置数据类型对象的引用。比如使用标量类型：

```
dt = np.dtype(np.int32)
print(dt)
```

输出结果为：int32。

又如，int8、int16、int32、int64四种数据类型可以使用字符串 'i1'、'i2'、'i4'、'i8'来代替：

```
dt = np.dtype('i4')
print(dt)
```

输出结果为：int32。i表示int，4表示4字节，int32正好是int类型，且为4字节。

同样地，dtype('f')中的f也可以代表float32，将示例中的dtype('i4')上面换成dtype('f')，输出就是float32。

下面实例展示结构化数据类型的使用。

类型字段和对应的实际类型将被创建：

```
dt = np.dtype([('age',np.int8)])
print(dt)
```

输出结果为：[('age', 'i1')]。

再将数据类型应用于ndarray对象：

```
dt = np.dtype([('age',np.int8)])
a = np.array([(10,),(20,),(30,)], dtype = dt)
print(a)
```

输出结果为：[(10,) (20,) (30,)]。10、20和30分别表示10岁、20岁和30岁。

类型字段名还可以用于存取实际的age列：

```
dt = np.dtype([('age',np.int8)])
a = np.array([(10,),(20,),(30,)], dtype = dt)
print(a['age'])
```

输出结果为：[10 20 30]。

下面的示例定义一个结构化数据类型student，包含字符串字段name、整数字段age及浮点字段marks，并将这个dtype应用到ndarray对象，代码如下：

```
student = np.dtype([('name','S20'), ('age', 'i1'), ('marks', 'f4')])
print(student)
```

输出结果为：[('name', 'S20'), ('age', 'i1'), ('marks', '<f4')]。

将数据类型student应用于ndarray对象：

```
student = np.dtype([('name','S20'), ('age', 'i1'), ('marks', 'f4')])
a = np.array([('abc', 21, 50),('xyz', 18, 75)], dtype = student)
print(a)
```

输出结果为：[(b'abc', 21, 50.) (b'xyz', 18, 75.)]。

值得注意的是，每个内建类型都有唯一定义它的字符代码，如表4-2所示。

表 4-2　内建类型的字符

字　　符	对应类型
b	布尔型
i	有符号整型
u	无符号整型
f	浮点型
c	复数浮点型
m	timedelta（时间间隔）
M	datetime（日期时间）
O	Python 对象
S, a	字符串
U	Unicode
V	原始数据

4.4　数　组　属　性

NumPy数组的维数称为秩（rank），即轴的数量或数组的维度：一维数组的秩为1，二维数组的秩为2，以此类推。

在NumPy中，每一个线性的数组称为一个轴（axis），也就是维度（dimensions）。例如，二维数组相当于两个一维数组，其中第一个一维数组中的每个元素又是一个一维数组。因此，一维数组就是NumPy中的轴，第一个轴相当于底层数组，第二个轴是底层数组里的数组。轴的数量秩就是数组的维数。很多时候可以这样声明axis：

- 当 axis=0 时，表示沿着第 0 轴进行操作，即对每一列进行操作。
- 当 axis=1 时，表示沿着第 1 轴进行操作，即对每一行进行操作。

NumPy的数组中比较重要的ndarray对象属性如表4-3所示。

表 4-3　ndarray 对象属性

属　　性	说　　明
ndarray.ndim	秩，即轴的数量或维度的数量
ndarray.shape	数组的维度，对于矩阵，就是指 n 行 m 列
ndarray.size	数组元素的总个数，相当于 .shape 中 $n \times m$ 的值

（续表）

属　　性	说　　明
ndarray.dtype	ndarray 对象的元素类型
ndarray.itemsize	ndarray 对象中每个元素的大小，以字节为单位
ndarray.flags	ndarray 对象的内存信息
ndarray.real	ndarray 元素的实部
ndarray.imag	ndarray 元素的虚部
ndarray.data	包含实际数组元素的缓冲区，由于一般通过数组的索引获取元素，因此通常不需要使用这个属性

下面详细介绍其中常用的4个属性。

（1）ndarray.ndim：用于返回数组的维数，等于秩。

```
a = np.arange(24)
b = a.reshape(2,4,3)    # 调整其大小
print (a.ndim,b.ndim)   # a 表示现在只有一个维度，b 表示现在拥有三个维度
```

输出结果为：1 3。

（2）ndarray.shape：表示数组的维度，返回一个元组，这个元组的长度就是维度的数目，即ndim属性（秩）。比如，一个二维数组，其维度表示"行数"和"列数"。比如：

```
a = np.array([[1,2,3],[4,5,6]])
print (a.shape)
```

输出结果为：(2, 3)。

ndarray.shape也可用于调整数组大小：

```
a = np.array([[1,2,3],[4,5,6]])
a.shape =  (3,2)    #调整数组大小
print (a)
```

输出结果为：

```
[[1 2]
 [3 4]
 [5 6]]
```

原来是2行3列，调整后变成3行2列了。

NumPy也提供了reshape函数来调整数组大小，比如：

```
a = np.array([[1,2,3],[4,5,6]])
b = a.reshape(3,2)
print (b)
```

输出结果为：

```
[[1, 2]
 [3, 4]
 [5, 6]]
```

值得注意的是，ndarray.reshape通常返回的是非拷贝副本，即改变返回后数组的元素，原数组对应元素的值也会改变。

（3）ndarray.itemsize：以字节的形式返回数组中每一个元素的大小。例如，一个元素类型为float64的数组，其itemsize属性值为8（float64占用64位，每个字节长度为8位，所以占用8字节），一个元素类型为complex32的数组，其item属性为4（32/8）。

```
#数组的 dtype 为 int8（1字节）
x = np.array([1,2,3,4,5], dtype = np.int8)
#数组的 dtype 现在为 float64（8字节）
y = np.array([1,2,3,4,5], dtype = np.float64)
print (x.itemsize,y.itemsize)
```

输出结果为：1 8。

（4）ndarray.flags：返回ndarray对象的内存信息，包含表4-4所示的属性。

表 4-4　ndarray 对象的内存信息

属　　性	描　　述
C_CONTIGUOUS (C)	数据在一个单一的 C 风格的连续段中
F_CONTIGUOUS (F)	数据在一个单一的 Fortran 风格的连续段中
OWNDATA (O)	数组拥有它所使用的内存或从另一个对象中借用它
WRITEABLE (W)	数据区域可以被写入，将该值设置为 False，则数据为只读
ALIGNED (A)	数据和所有元素都适当地对齐到硬件上
UPDATEIFCOPY (U)	这个数组是其他数组的一个副本，当这个数组被释放时，原数组的内容将被更新

比如：

```
x = np.array([1,2,3,4,5])
print (x.flags)
```

输出结果为：

```
C_CONTIGUOUS : True
F_CONTIGUOUS : True
OWNDATA : True
WRITEABLE : True
ALIGNED : True
WRITEBACKIFCOPY : False
UPDATEIFCOPY : False
```

4.5　新 建 数 组

ndarray数组除了可以使用底层ndarray构造器来创建外，也可以通过以下几种方式来创建。

（1）numpy.empty：用来创建一个指定形状（shape）、数据类型（dtype）且未初始化的数组。

```
numpy.empty(shape, dtype = float, order = 'C')
```

其中，shape表示数组形状；dtype表示数据类型，可选；order有"C"和"F"两个选项，分别代表行优先和列优先，表示在计算机内存中存储元素的顺序。下面是一个创建空数组的实例：

```
x = np.empty([3,2], dtype = int)
print (x)
```

输出结果为：

```
[[508   0]
 [  0   0]
 [  0   0]]
```

-------- 注意 数组元素为随机值，因为它们未初始化。

（2）numpy.zeros：创建指定大小的数组，数组元素以0来填充。

```
numpy.zeros(shape, dtype = float, order = 'C')
```

其中，参数shape表示数组形状；dtype表示数据类型，可选；order表示是否在内容中以行（C）或列（F）顺序存储多维数据，默认是'C'。比如：

```
x = np.zeros(5)  # 默认为浮点数
print(x)

y = np.zeros((5,), dtype = np.int) # 设置类型为整数
print(y)

z = np.zeros((2,2), dtype = [('x', 'i4'), ('y', 'i4')])   # 自定义类型
print(z)
```

输出结果为：

```
[0. 0. 0. 0. 0.]
[0 0 0 0 0]
[[(0, 0) (0, 0)]
 [(0, 0) (0, 0)]]
```

（3）numpy.ones：创建指定形状的数组，数组元素以1来填充。

```
numpy.ones(shape, dtype = None, order = 'C')
```

其中，shape表示数组形状；dtype表示数据类型，可选；order表示是否在内容中以行（C）或列（F）顺序存储多维数据，默认是'C'。比如：

```
x = np.ones(5) # 默认为浮点数
print(x)

x = np.ones([2,2], dtype = int)  # 自定义类型
print(x)
```

输出结果为：

```
[1. 1. 1. 1. 1.]
[[1 1]
 [1 1]]
```

4.6 通过已有的数组创建数组

除了新建数组外，还可以通过已有的数组来创建数组。

（1）numpy.asarray：类似于numpy.array，但是numpy.asarray参数只有3个，比numpy.array少两个。

```
numpy.asarray(a, dtype = None, order = None)
```

其中，a是任意形式的输入参数，可以是列表、列表的元组、元组、元组的元组、元组的列表和多维数组；dtype表示数据类型，可选；order可选，有"C"和"F"两个选项，分别代表行优先和列优先（在计算机内存中存储元素的顺序）。比如将列表转换为ndarray：

```
x = [1,2,3]
a = np.asarray(x)
print (a)
```

输出结果为：[1 2 3]。

再将元组转换为ndarray：

```
x = (1,2,3)
a = np.asarray(x)
print (a)
```

输出结果为：[1 2 3]。

再设置dtype参数：

```
x = [1,2,3]
a = np.asarray(x, dtype = float)
print (a)
```

输出结果为：[1. 2. 3.]。

（2）numpy.frombuffer：用于实现动态数组。

```
numpy.frombuffer(buffer, dtype = float, count = -1, offset = 0)
```

其中，参数buffer可以是任意对象，会以流的形式读入；dtype表示返回数组的数据类型，可选；count表示读取的数据数量，默认为–1，读取所有数据；offset表示读取的起始位置，默认为0。

注意 当buffer是字符串时，Python 3默认字符串是Unicode类型，所以要转成bytestring，可在原字符串前加上b。比如：

```
s = b'Hello World'
a = np.frombuffer(s, dtype = 'S1')
print (a)
```

输出结果为：[b'H' b'e' b'l' b'l' b'o' b' ' b'W' b'o' b'r' b'l' b'd']。

（3）numpy.fromiter：从可迭代对象中建立 ndarray对象，返回一维数组。

```
numpy.fromiter(iterable, dtype, count=-1)
```

其中，参数iterable表示可迭代对象；dtype表示返回数组的数据类型；count表示读取的数据数量，默认为-1，读取所有数据。比如：

```
# 使用 range 函数创建列表对象
list=range(5)
it=iter(list)

# 使用迭代器创建 ndarray
x=np.fromiter(it, dtype=float)
print(x)
```

输出结果为：[0. 1. 2. 3. 4.]。

4.7　通过数值范围创建数组

通过数值范围也可以创建数组。

（1）numpy.arange：在NumPy包中使用arange函数创建数值范围并返回ndarray对象。原型如下：

```
numpy.arange(start, stop, step, dtype)
```

其中，参数start为起始值，默认为0；stop表示终止值（不包含）；step表示步长，默认为1；dtype返回ndarray的数据类型，如果没有提供，就会使用输入数据的类型。比如生成0到5的数组：

```
x = np.arange(5)
print (x)
```

输出结果为：[0 1 2 3 4]。
设置返回类型为float：

```
x = np.arange(5, dtype =  float)    # 设置了 dtype
print (x)
```

输出结果为：[0. 1. 2. 3. 4.]。
设置起始值、终止值及步长：

```
import numpy as np
x = np.arange(10,20,2)
print (x)
```

输出结果为：[10 12 14 16 18]。

（2）numpy.linspace：用于创建一个一维数组，数组是由一个等差数列构成的。原型如下：

```
np.linspace(start, stop, num=50, endpoint=True, retstep=False, dtype=None)
```

其中，参数start表示序列的起始值；stop表示序列的终止值，如果endpoint为True，那么该值包含于数列中；num表示要生成的等步长的样本数量，默认为50；endpoint为True时，数列中包含stop值，反之不包含，默认是True；retstep为True时，生成的数组中会显示间距，反之不显示；dtype表示ndarray的数据类型。比如以下实例用到3个参数，设置起始点为1、终止点为10、数列个数为10：

```
a = np.linspace(1,10,10)
print(a)
```

输出结果为：[1. 2. 3. 4. 5. 6. 7. 8. 9.10.]。
设置元素全部是1的等差数列：

```
a = np.linspace(1,1,10)
print(a)
```

输出结果为：[1. 1. 1. 1. 1. 1. 1. 1. 1. 1.]。
将endpoint设为False，不包含终止值：

```
a = np.linspace(10, 20, 5, endpoint = False)
print(a)
```

输出结果为：[10. 12. 14. 16. 18.]。如果将endpoint设为True，就会包含20。
（3）numpy.logspace：创建一个等比数列。原型如下：

```
np.logspace(start, stop, num=50, endpoint=True, base=10.0, dtype=None)
```

其中，参数start代表间隔的起始值；stop代表以区间为基础的间隔的停止值；num表示start和stop范围之间的值数；endpoint是一个布尔类型值，它将stop表示的值作为间隔的最后一个值；base代表日志空间的底数；dtype代表数组项的数据类型。该函数返回指定范围内的数组，比如：

```
a = np.logspace(1.0, 2.0, num = 10)   # 默认底数是 10
print (a)
```

输出结果为：

```
[ 10.         12.91549665 16.68100537 21.5443469  27.82559402
  35.93813664 46.41588834 59.94842503 77.42636827 100.        ]
```

将对数的底数设置为2：

```
a = np.logspace(0,9,10,base=2)
print (a)
```

输出结果为：[1. 2. 4. 8. 16. 32. 64. 128. 256. 512.]。

4.8　切片和索引

ndarray对象的内容可以通过索引或切片来访问和修改，与Python中list的切片操作一样。

ndarray数组可以基于0～n的下标进行索引，切片对象可以通过内置的slice函数，并设置start、stop及step参数，从原数组中切割出一个新数组。比如：

```
a = np.arange(10)
s = slice(2,7,2)    #从索引 2 开始到索引 7 停止，间隔为 2
print (a[s])
```

输出结果为：[2 4 6]。

在以上实例中，首先通过arange()函数创建ndarray对象；然后分别设置起始、终止和步长参数值为2、7、2。我们也可以通过冒号分隔切片参数（start:stop:step）来进行切片操作：

```
a = np.arange(10)
b = a[2:7:2]    #从索引 2 开始到索引 7 停止，间隔为 2
print(b)
```

输出结果为：[2 4 6]。

其中，有关冒号的解释：如果只放置一个参数，如[2]，就将返回与该索引相对应的单个元素；如果为[2:]，就表示从该索引开始以后的所有项都将被提取；如果使用了两个参数，如[2:7]，那么提取两个索引（不包括停止索引）之间的项。比如：

```
a = np.arange(10)  # [0 1 2 3 4 5 6 7 8 9]
b = a[5]
print(b)
```

输出结果为：5。又如：

```
a = np.arange(10)
print(a[2:])
```

输出结果为：[2 3 4 5 6 7 8 9]。再比如：

```
a = np.arange(10)  # [0 1 2 3 4 5 6 7 8 9]
print(a[2:5])
```

输出结果为：[2 3 4]。

多维数组同样适用上述索引提取方法：

```
a = np.array([[1,2,3],[3,4,5],[4,5,6]])
print(a)
#从某个索引处开始切割
print('从数组索引 a[1:] 处开始切割')
print(a[1:])
```

输出结果为：

```
[[1 2 3]
 [3 4 5]
 [4 5 6]]
从数组索引 a[1:] 处开始切割
[[3 4 5]
 [4 5 6]]
```

切片还可以包括省略号（…），使选择元组的长度与数组的维度相同。如果在行位置使用省略号，那么它将返回包含行中元素的ndarray。比如：

```
a = np.array([[1,2,3],[3,4,5],[4,5,6]])
print (a[...,1])    # 第 2 列元素
print (a[1,...])    # 第 2 行元素
print (a[...,1:])    # 第 2 列及剩下的所有元素
```

输出结果为：

```
[2 4 5]
[3 4 5]
[[2 3]
 [4 5]
 [5 6]]
```

4.9　高级索引

NumPy会比一般的Python序列提供更多的索引方式。除了之前看到的用整数和切片的索引外，还可以有整数数组索引、布尔索引及花式索引。

4.9.1　整数数组索引

整数数组索引可以是一维或多维的，取决于原始数组的维度。对于一维数组，整数数组索引可以是任意整数值。对于多维数组，整数数组索引应该是一个包含与原始数组相同维度的整数值的数组。

以下实例获取数组中(0,0)、(1,1)和(2,0)位置处的元素。

```
x = np.array([[1, 2], [3, 4], [5, 6]])
y = x[[0,1,2], [0,1,0]]
print (y)
```

输出结果为：

```
[1 4 5]
```

以下实例获取了4×3数组中4个角的元素。行索引是[0,0]和[3,3]，列索引是[0,2]和[0,2]。

```
x = np.array([[ 0, 1, 2],[ 3, 4, 5],[ 6, 7, 8],[ 9, 10, 11]])
print ('我们的数组是：' )
print (x)
print ('\n')
rows = np.array([[0,0],[3,3]])
cols = np.array([[0,2],[0,2]])
y = x[rows,cols]
print ('这个数组的四个角元素是：')
print (y)
```

输出结果为：

```
我们的数组是：
[[ 0  1  2]
 [ 3  4  5]
 [ 6  7  8]
 [ 9 10 11]]
这个数组的四个角元素是：
[[ 0  2]
 [ 9 11]]
```

返回的结果是包含每个角元素的ndarray对象。

此外，可以将切片（:）或…与索引数组组合，例如：

```
a = np.array([[1,2,3], [4,5,6],[7,8,9]])
b = a[1:3, 1:3]
c = a[1:3,[1,2]]
d = a[...,1:]
print(b)
print(c)
print(d)
```

输出结果为：

```
[[5 6]
 [8 9]]
[[5 6]
 [8 9]]
[[2 3]
 [5 6]
 [8 9]]
```

4.9.2   布尔索引

可以通过一个布尔数组来索引目标数组。布尔索引通过布尔运算（如比较运算符）来获取符合指定条件的元素的数组。以下实例获取大于5的元素：

```
x = np.array([[ 0,  1,  2],[ 3,  4,  5],[ 6,  7,  8],[ 9,  10,  11]])
print ('我们的数组是：')
print (x)
print ('\n')
print ('大于 5 的元素是：')   # 现在我们会打印出大于 5 的元素
print (x[x > 5])
```

输出结果为：

```
我们的数组是：
[[ 0  1  2]
 [ 3  4  5]
 [ 6  7  8]
 [ 9 10 11]]
大于 5 的元素是：
[ 6  7  8  9 10 11]
```

以下实例使用~（取补运算符）来过滤NaN。

```
a = np.array([np.nan, 1,2,np.nan,3,4,5])
print (a[~np.isnan(a)])
```

输出结果为：[1. 2. 3. 4. 5.]。
以下实例演示如何从数组中过滤非复数元素：

```
a = np.array([1, 2+6j, 5, 3.5+5j])
print (a[np.iscomplex(a)])
```

输出结果为：[2. +6.j 3.5+5.j]。

4.9.3 花式索引

花式索引将索引数组的值作为目标数组某个轴的下标来取值。对于使用一维整型数组作为索引，如果目标是一维数组，那么索引的结果是对应下标的行；如果目标是二维数组，那么索引的结果是对应位置的元素。花式索引跟切片不一样，它总是将数据复制到新数组中。

比如传入顺序索引数组：

```
x=np.arange(32).reshape((8,4))
print (x[[4,2,1,7]])
```

输出结果为：

```
[[16 17 18 19]
 [ 8  9 10 11]
 [ 4  5  6  7]
 [28 29 30 31]]
```

传入倒序索引数组：

```
x=np.arange(32).reshape((8,4))
print (x[[-4,-2,-1,-7]])
```

输出结果为：

```
[[16 17 18 19]
 [24 25 26 27]
 [28 29 30 31]
 [ 4  5  6  7]]
```

传入多个索引数组（要使用np.ix_）：

```
x=np.arange(32).reshape((8,4))
print (x[np.ix_([1,5,7,2],[0,3,1,2])])
```

输出结果为：

```
[[ 4  7  5  6]
 [20 23 21 22]
 [28 31 29 30]
 [ 8 11  9 10]]
```

4.10 迭 代 数 组

迭代数组是指通过重复地应用某些规则或函数来生成新的数字序列，这些规则或函数通常被称为迭代函数。迭代数组的每个数字都是通过迭代函数从前一个数字生成的，这个过程会一直重复下去，直到达到某个终止条件。

4.10.1 迭代器对象 nditer

NumPy迭代器对象numpy.nditer提供了一种灵活访问一个或者多个数组元素的方式。迭代器最基本的任务是可以完成对数组元素的访问。接下来，使用arange()函数创建一个2×3数组，并使用nditer对它进行迭代。

```
a = np.arange(6).reshape(2,3)
print ('原始数组是：')
print (a)
print ('迭代输出元素：')
for x in np.nditer(a):
    print (x, end=", " )
print ("\n")
```

输出结果为：

```
原始数组是：
[[0 1 2]
 [3 4 5]]
迭代输出元素：
0, 1, 2, 3, 4, 5,
```

以上实例使用的不是标准的C或者Fortran顺序，选择的顺序和数组内存布局一致，这样做是为了提升访问的效率，默认是行序优先（或者说是C-order）。这反映了默认情况下只需访问每个元素，而无须考虑其特定顺序。我们可以通过迭代上述数组的转置来看到这一点，并与以C顺序访问数组转置的copy方式做对比，实例如下：

```
a = np.arange(6).reshape(2,3)
for x in np.nditer(a.T):
    print (x, end=", " )
print ('\n')

for x in np.nditer(a.T.copy(order='C')):
    print (x, end=", " )
print ('\n')
```

输出结果为：

```
0, 1, 2, 3, 4, 5,

0, 3, 1, 4, 2, 5,
```

从上述例子可以看出，a和a.T的遍历顺序是一样的，也就是它们在内存中的存储顺序是一样的；但是，a.T.copy(order = 'C')的遍历结果与a和a.T是不同的，那是因为它与a和a.T的存储方式是不一样的，默认为按行访问。

4.10.2　控制遍历顺序

可以通过显式设置来强制nditer对象使用某种顺序，order='F'表示列序优先，order='C'表示行序优先。比如：

```
a = np.arange(0,60,5)
a = a.reshape(3,4)
print ('原始数组是: ')
print (a)
print ('\n')
print ('以 C 风格顺序排序: ')
for x in np.nditer(a, order =  'C'):
    print (x, end=", " )
print ('\n')
print ('以 F 风格顺序排序: ')
for x in np.nditer(a, order = 'F'):
    print (x, end=", " )
```

输出结果为：

```
原始数组是:
[[ 0  5 10 15]
 [20 25 30 35]
 [40 45 50 55]]
以 C 风格顺序排序:
0, 5, 10, 15, 20, 25, 30, 35, 40, 45, 50, 55,
以 F 风格顺序排序:
0, 20, 40, 5, 25, 45, 10, 30, 50, 15, 35, 55,
```

4.10.3　修改数组中元素的值

nditer对象有一个可选参数op_flags。默认情况下，nditer将视待迭代遍历的数组为只读对象（read-only），为了在遍历数组的同时实现对数组元素值的修改，必须指定read-write或者write-only的模式。比如：

```
a = np.arange(0,60,5)
a = a.reshape(3,4)
print ('原始数组是: ')
print (a)
print ('\n')
for x in np.nditer(a, op_flags=['readwrite']):
    x[...]=2*x
print ('修改后的数组是: ')
print (a)
```

输出结果为：

```
原始数组是：
[[ 0  5 10 15]
 [20 25 30 35]
 [40 45 50 55]]
修改后的数组是：
[[  0  10  20  30]
 [ 40  50  60  70]
 [ 80  90 100 110]]
```

4.10.4　使用外部循环

nditer类的构造器拥有flags参数，它可以接收表4-5中所列的值。

表 4-5　flags 参数可接收的值

参　　数	描　　述
c_index	可以跟踪 C 顺序的索引
f_index	可以跟踪 Fortran 顺序的索引
multi-index	每次迭代可以跟踪一种索引类型
external_loop	给出的值是具有多个值的一维数组，而不是零维数组

在下面的实例中，迭代器遍历对应于每列，并组合为一维数组。比如：

```
a = np.arange(0,60,5)
a = a.reshape(3,4)
print ('原始数组是：')
print (a)
print ('修改后的数组是：')
for x in np.nditer(a, flags = ['external_loop'], order =  'F'):
   print (x, end=", " )
print ('\n')
```

输出结果为：

```
原始数组是：
[[ 0  5 10 15]
 [20 25 30 35]
 [40 45 50 55]]
修改后的数组是：
[ 0 20 40], [ 5 25 45], [10 30 50], [15 35 55],
```

4.10.5　广播迭代

如果两个数组是可广播的，那么nditer组合对象能够同时迭代它们。假设数组a的维度为3×4，数组b的维度为1×4，则使用以下迭代器（数组b被广播到a的大小）：

```
a = np.arange(0,60,5)
a = a.reshape(3,4)
print  ('第一个数组为：')
```

```
print (a)
print ('第二个数组为: ')
b = np.array([1, 2, 3, 4], dtype = int)
print (b)
print ('修改后的数组为: ')
for x,y in np.nditer([a,b]):
    print ("%d:%d" %  (x,y), end=", " )
print ('\n')
```

输出结果为:

```
第一个数组为:
[[ 0  5 10 15]
 [20 25 30 35]
 [40 45 50 55]]
第二个数组为:
[1 2 3 4]
修改后的数组为:
0:1, 5:2, 10:3, 15:4, 20:1, 25:2, 30:3, 35:4, 40:1, 45:2, 50:3, 55:4,
```

4.11　数 组 操 作

NumPy中包含了一些用于处理数组的函数，大概可分为以下几类：修改数组形状、翻转数组、修改数组维度、连接数组、分割数组、添加与删除数组元素。本节详细介绍如何修改数组形状和翻转数组。

4.11.1　修改数组形状

修改数组形状的函数如下：

（1）numpy.reshape：可以在不改变数据的条件下修改形状。该函数原型如下：

```
numpy.reshape(arr, newshape, order='C')
```

其中，参数arr表示要修改形状的数组；newshape表示新的形状的整数或者整数数组，新的形状应当兼容原有形状；order表示元素出现的顺序，'C'表示按行出现，'F'表示按列出现，'A'表示按原顺序出现，'K'表示按元素在内存中的顺序出现。比如：

```
a = np.arange(8)
print ('原始数组: ')
print (a)
b = a.reshape(4,2)
print ('修改后的数组: ')
print (b)
```

输出结果为:

```
原始数组:
[0 1 2 3 4 5 6 7]
```

修改后的数组：
```
[[0 1]
 [2 3]
 [4 5]
 [6 7]]
```

（2）numpy.ndarray.flat：一个数组元素迭代器。示例如下：

```
a = np.arange(9).reshape(3,3)
print ('原始数组：')
for row in a:
    print (row)

#对数组中每个元素都进行处理，可以使用 flat 属性，该属性是一个数组元素迭代器
print ('迭代后的数组：')
for element in a.flat:
    print (element)
```

输出结果如下：

```
原始数组：
[0 1 2]
[3 4 5]
[6 7 8]
迭代后的数组：
0
1
2
3
4
5
6
7
8
```

（3）numpy.ndarray.flatten：返回一份数组副本，对副本所做的修改不会影响原始数组。该函数原型如下：

```
ndarray.flatten(order='C')
```

order表示元素出现的顺序，'C'表示按行出现，'F'表示按列出现，'A'表示按原顺序出现，'K'表示按元素在内存中的顺序出现。比如：

```
a = np.arange(8).reshape(2,4)
print ('原数组：')
print (a)

# 默认按行
print ('展开的数组：')
print (a.flatten())
print ('以 F 风格顺序展开的数组：')
print (a.flatten(order = 'F'))
```

输出结果如下：

```
原数组：
[[0 1 2 3]
 [4 5 6 7]]
展开的数组：
[0 1 2 3 4 5 6 7]
以 F 风格顺序展开的数组：
[0 4 1 5 2 6 3 7]
```

（4）numpy.ravel：该函数展平的数组元素，其顺序通常是"C风格"，返回的是数组视图（view，有点类似C/C++引用reference的意思），修改该视图会影响原始数组。函数原型如下：

```
numpy.ravel(a, order='C')
```

示例如下：

```
a = np.arange(8).reshape(2,4)
print ('原数组：')
print (a)
print ('调用 ravel 函数之后：')
print (a.ravel())
print ('以 F 风格顺序调用 ravel 函数之后：')
print (a.ravel(order = 'F'))
```

输出结果为：

```
原数组：
[[0 1 2 3]
 [4 5 6 7]]
调用 ravel 函数之后：
[0 1 2 3 4 5 6 7]
以 F 风格顺序调用 ravel 函数之后：
[0 4 1 5 2 6 3 7]
```

4.11.2　翻转数组

翻转数组的函数如下：

（1）numpy.transpose：用于对换数组的维度。该函数原型如下：

```
numpy.transpose(arr, axes)
```

其中，参数arr表示要操作的数组；axes表示整数列表，对应维度，通常所有维度都会对换。比如：

```
a = np.arange(12).reshape(3,4)
print ('原数组：')
print (a )
print ('对换数组：')
print (np.transpose(a))
```

输出结果为：

原数组：

```
[[ 0  1  2  3]
 [ 4  5  6  7]
 [ 8  9 10 11]]
```
对换数组：

```
[[ 0  4  8]
 [ 1  5  9]
 [ 2  6 10]
 [ 3  7 11]]
```

numpy.ndarray.T类似numpy.transpose：

```
a = np.arange(12).reshape(3,4)
print ('原数组：')
print (a)
print ('转置数组：')
print (a.T)
```

输出结果为：

原数组：

```
[[ 0  1  2  3]
 [ 4  5  6  7]
 [ 8  9 10 11]]
```
转置数组：

```
[[ 0  4  8]
 [ 1  5  9]
 [ 2  6 10]
 [ 3  7 11]]
```

（2）numpy.rollaxis：向后滚动特定的轴到一个特定位置。该函数的原型如下：

```
numpy.rollaxis(arr, axis, start)
```

其中，参数arr表示数组；axis表示要向后滚动的轴，其他轴的相对位置不会改变；start默认为0，表示完整的滚动，会滚动到特定位置。比如：

```
# 创建了三维的 ndarray
a = np.arange(8).reshape(2,2,2)
print ('原数组：')
print (a)
print ('获取数组中一个值：')
print(np.where(a==6))
print(a[1,1,0])  #为 6

#将轴 2 滚动到轴 0（宽度到深度）
print ('调用 rollaxis 函数：')
b = np.rollaxis(a,2,0)
print (b)
# 查看元素 a[1,1,0]，即 6 的坐标，变成 [0, 1, 1]
# 最后一个 0 移动到最前面
```

```
print(np.where(b==6))

#将轴 2 滚动到轴 1（宽度到高度）
print ('调用 rollaxis 函数：')
c = np.rollaxis(a,2,1)
print (c)
# 查看元素 a[1,1,0]，即 6 的坐标，变成 [1, 0, 1]
# 最后的 0 和它前面的 1 对换位置
print(np.where(c==6))
print ('\n')
```

输出结果如下：

```
原数组：
[[[0 1]
  [2 3]]

 [[4 5]
  [6 7]]]
获取数组中一个值：
(array([1], dtype=int64), array([1], dtype=int64), array([0], dtype=int64))
6
调用 rollaxis 函数：
[[[0 2]
  [4 6]]

 [[1 3]
  [5 7]]]
(array([0], dtype=int64), array([1], dtype=int64), array([1], dtype=int64))
调用 rollaxis 函数：
[[[0 2]
  [1 3]]

 [[4 6]
  [5 7]]]
(array([1], dtype=int64), array([0], dtype=int64), array([1], dtype=int64))
```

（3）numpy.swapaxes：用于交换数组的两个轴。该函数的原型如下：

```
numpy.swapaxes(arr, axis1, axis2)
```

其中，arr表示输入的数组；axis1表示对应第一个轴的整数；axis2表示对应第二个轴的整数。比如：

```
# 创建了三维的 ndarray
a = np.arange(8).reshape(2,2,2)

print ('原数组：')
print (a)
# 现在交换轴 0（深度方向）到轴 2（宽度方向）

print ('调用 swapaxes 函数后的数组：')
print (np.swapaxes(a, 2, 0))
```

输出结果为：

```
原数组：
[[[0 1]
  [2 3]]

 [[4 5]
  [6 7]]]
调用 swapaxes 函数后的数组：
[[[0 4]
  [2 6]]

 [[1 5]
  [3 7]]]
```

通过数组创建图像的示例如例4.1所示。

【例 4.1】 通过数组创建图像

```python
import numpy as np
import cv2  as cv

def fill_binary():
    image = np.zeros([400, 400, 3], np.uint8)
    image[100:300, 100:300, : ] = 255
    cv.imshow("fill_binary", image)
    mask = np.ones([402, 402, 1], np.uint8)
    mask[101:301, 101:301] = 0
    cv.floodFill(image, mask, (200, 200), (0, 0, 255), cv.FLOODFILL_MASK_ONLY)
    cv.imshow("filled binary", image)

fill_binary()
cv.waitKey(0)
cv.destroyAllWindows()
```

运行工程，结果如图4-2所示。

图 4-2

第 5 章

图像处理模块

图像处理模块的英文名称是imgproc，这个名称由image（图像）和process（处理）两个单词的缩写组合而成。imgproc是重要的图像处理模块，其功能主要包括图像滤波、几何变换、直方图、特征检测与目标检测等。这个模块包含一系列的常用图像处理算法，相对而言，imgproc是OpenCV中比较复杂的一个模块。OpenCV中的一些画图函数也属于这个模块。

5.1 颜色变换cvtColor

颜色变换是imgproc模块中一个常用的功能。我们生活中看到的大多数彩色图片都是RGB类型的，但是在进行图像处理时需要用到灰度图、二值图、HSV（六角锥体模型，这个模型中颜色的参数分别是色调H、饱和度S、明度V）、HSI等颜色制式，对此OpenCV提供了cvtColor()函数来实现这些功能，这个函数用来进行颜色空间的转换。随着OpenCV版本的升级，对于颜色空间种类的支持也越来越多，涉及不同颜色空间之间的转换，比如RGB和灰度的互转、RGB和HSV的互转等。

cvtColor函数声明如下：

```
cvtColor(src, code[, dst[, dstCn]]) -> dst
```

其中，参数src表示输入图像，即要进行颜色空间变换的原图像，可以是数组；code表示颜色空间转换代码，即在此确定将什么制式的图片转换成什么制式的图片；dst表示输出与src相同大小和深度的图像，即进行颜色空间变换后存储图像；dstCn表示目标图像通道数，默认取值为0，表示从src和代码自动获得通道的数量。

函数cvtColor的作用是将一个图像从一个颜色空间转换到另一个颜色空间，但是当从RGB向其他类型转换时，必须明确指出图像的颜色通道。值得注意的是，在OpenCV中，默认的颜色制式排列是BGR而非RGB。因此，对于24位颜色图像来说，前8位是蓝色，中间8位是绿色，最后8位是红色。

需要注意的是，cvtColor函数不能直接将RGB图像转换为二值图像，需要借助threshold函数。另外，如果对8位图像使用cvtColor()函数进行转换，将会丢失一些信息。

我们常用的颜色空间转换有两种：BGR转为灰度图和BGR转为HSV。下面来看一个例子，将图像转换为灰度图和HSV。

【例5.1】 将图片转换为灰度图和 HSV

```
import cv2
#将图片转换为灰度图
src_image = cv2.imread("test.jpg")
gray_image = cv2.cvtColor(src_image, cv2.COLOR_BGR2GRAY)
#将图片转换为HSV
hsv_image = cv2.cvtColor(src_image, cv2.COLOR_BGR2HSV)
cv2.imshow("src_image", src_image)
cv2.imshow("gray_image", gray_image)
cv2.imshow("hsv_image", hsv_image)
cv2.waitKey(0)
```

首先读取工程目录下的图片test.jpg，然后调用cvtColor函数将原图转为灰度图，再调用cvtColor函数将原图转为HSV图，最后将3幅图片显示出来。

运行工程，结果如图5-1所示。

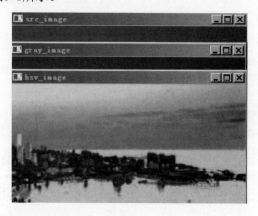

图 5-1

5.2 画基本图形

5.2.1 画点

在OpenCV中，点分为二维平面中的点和三维平面中的点，两者的区别是三维平面中的点多了一个z坐标。我们首先介绍二维平面中的点。坐标为整数的点可以直接用(x, y)代替，其中x是横坐标，y是纵坐标。比如定义一个点：

```
pt=(100,200) #横坐标 x=100，纵坐标 y=200
```

画图时如果需要用到点，就可以直接用(x,y)作为参数代入。比如有一个点的列表：

```
# 要画的点的坐标
points_list = [(160, 160), (136, 160), (150, 200), (200, 180), (120, 150), (145,
180)]
```

5.2.2　画矩形

全局函数rectangle通过对角线上的两个顶点绘制矩形，该函数声明如下：

```
cv.rectangle(img, pt1, pt2, color[, thickness[, lineType[, shift]]] ) -> img
cv.rectangle(img, rec, color[, thickness[, lineType[, shift]]] ) -> img
```

其中，参数img表示矩形所在的图像；pt1表示矩形的一个顶点；pt2表示矩形对角线上的另一个顶点；color表示线条颜色（BGR）或亮度（灰度图像）；thickness表示组成矩形的线条的粗细程度，取负值时（如CV_FILLED），函数绘制填充了色彩的矩形；line_type表示线条的类型；shift表示坐标点的小数点位数。

下面我们看一个例子，绘制一个医院的红十字。

【例 5.2】　画矩形

```
import cv2 as cv
img = cv.imread("test.jpg")
img1=cv.rectangle(img,(10,10),(30,40),(255,0,0),2)
cv.imwrite("res.jpg",img1)
cv.imshow("res", img1)
cv.waitKey(0)
```

在上述代码中，首先读取test.jpg，然后调用画矩形函数rectangle绘制一个矩形，其中点(10,10)是左上角顶点，点(30,40)是右下角顶点。颜色值是(255,0,0)，是BGR形式，即蓝色分量值是255，因此显示的是蓝色。组成矩形的线条的粗细值是2。画完后，我们把图像保存为同目录下的res.jpg文件。

图 5-2

运行工程，结果如图5-2所示。可以看到，窗口左上角有一个蓝色边框的矩形。

5.2.3　画圆

全局函数circle用来绘制或填充一个给定圆心和半径的圆，该函数声明如下：

```
cv.circle(img, center, radius, color[, thickness[, lineType[, shift]]]) -> img
```

其中，参数img表示输入的图像（圆画在这个图像上）；center表示圆心坐标；radius表示圆的半径；color表示圆的颜色，是BGR形式，例如蓝色为Scalar(255,0,0)；thickness如果是正数，就表示组成圆的线条的粗细程度，否则表示圆是否被填充；lineType表示线的类型；shift表示圆心坐标点和半径值的小数点位数。

下面看一个实例，画3个圆圈。

【例 5.3】 画 3 个圆圈

```python
import numpy as np
import cv2 as cv

img = cv.imread("test.jpg")
point_size = 10
point_color = (0, 0, 255) # BGR
thickness = -1

# 定义 2 个圆心的点的坐标
points_list = [(16, 16), (35, 40) ]

for point in points_list:
    cv.circle(img, point, point_size, point_color, thickness)
    thickness = 4

# 画圆，圆心为(60, 60)，半径为 60，颜色为 point_color，实心线
cv.circle(img, (60, 60), 60, point_color, 0)

cv.namedWindow("image")
cv.imshow('image', img)
cv.waitKey (10000) # 显示 10000 ms 后消失
cv.destroyAllWindows()
```

首先读取图片test.jpg；然后在for循环中，第一次画实心圆（thickness是-1），第二次画空心圆（thickness是4），并且组成圆的线条的粗细程度是4，第三次画一个半径是60的圆。所有圆都是在图片test.jpg上画的。

运行工程，结果如图5-3所示。

图 5-3

5.2.4 画椭圆

函数ellipse用来绘制或者填充一个简单的椭圆弧或椭圆扇形。圆弧被ROI（Region of Interest，兴趣区域）矩形忽略，并使用线性分段近似值来处理反走样弧线和粗弧线，所有的角都以角度的形式给定。该函数声明如下：

```
Ellipse(img, center, axes, angle, start_angle, end_angle, color, thickness=1,
lineType=8, shift=0) -> None
```

其中，参数img表示输入的图像（圆画在这个图像上）；center表示椭圆圆心坐标；axes表示轴的长度；angle表示偏转的角度；start_angle表示圆弧起始角的角度；end_angle表示圆弧终结角的角度；color表示线条的颜色；thickness表示线条的粗细程度；line_type表示线条的类型；shift表示圆心坐标点和数轴的精度。

下面看一个实例，绘制丰田车标。丰田车标是由3个椭圆组成的：两个横着，一个竖着。

【例5.4】 绘制丰田车标

```python
import numpy as np
import cv2 as cv

img = cv.imread("test.jpg")
points_list = [ (45, 45),  (45, 45),(45, 32) ]
size_list = [ (40, 25),  (25, 11),(28, 12) ]
color = (0, 0, 255) # BGR

#绘制第一个椭圆，大椭圆，颜色为红色
cv.ellipse(img, points_list[0],size_list[0], 0, 0, 360, color, 5, 8);
#绘制第二个椭圆，竖椭圆
cv.ellipse(img,points_list[1], size_list[1], 90, 0, 360, color, 5, 8);
#绘制第三个椭圆，小椭圆（横）
cv.ellipse(img, points_list[2],size_list[2], 0, 0, 360, color, 5, 8);
cv.imshow("Result", img);
cv.waitKey (10000) # 显示 10000 ms 后消失
```

代码很简单，调用ellipse函数画3个椭圆。运行工程，结果如图5-4所示。

图 5-4

前面的例子要么画圆，要么画椭圆，下面把圆和椭圆放一个例子中，画出某个节目的标志。

【例5.5】 画圆和画椭圆的联合作战

```python
import numpy as np
import cv2 as cv

WINDOW_WIDTH=200     #定义窗口大小

def DrawFilledCircle(img,center ):
    thickness = -1
    lineType = 8
    color = (0, 0, 255) # BGR
    cv.circle(img, center,  WINDOW_WIDTH//32, color, thickness, lineType)
```

```
def DrawEllipse( img,  angle):
    thickness = 2;
    lineType = 8;
    color = (255, 129, 0) # BGR
    pt=(WINDOW_WIDTH // 2, WINDOW_WIDTH // 2)
    size = (WINDOW_WIDTH // 4, WINDOW_WIDTH // 16)
    cv.ellipse(img, pt,size, angle, 0, 360,color,thickness, lineType)

h=WINDOW_WIDTH
w=WINDOW_WIDTH
atomImage=np.zeros((h, w, 3), np.int8)

rookImage=np.zeros((h, w, 3), np.int8)
#绘制椭圆
DrawEllipse(atomImage, 90);
DrawEllipse(atomImage, 0);
DrawEllipse(atomImage, 45);
DrawEllipse(atomImage, -45);

#绘制圆心
DrawFilledCircle(atomImage,(WINDOW_WIDTH // 2,WINDOW_WIDTH // 2));

cv.imshow("result", atomImage);
cv.waitKey(0);
```

代码很简单，画了4个椭圆和一个实心圆，实心圆画在所有椭圆的圆心上面，也就是实心圆和4个椭圆的圆心是重合的。

运行工程，结果如图5-5所示。

图 5-5

5.2.5　画线段

在OpenCV中，函数line用来画线段，该函数声明如下：

```
line(img, pt1, pt2, color[, thickness[, lineType[,
shift]]]) -> None
```

其中，参数img表示输入的图像（线段画在这个图像上）；pt1表示线段的起始点；pt2表示线段的结束点；color表示线段颜色；thickness表示线段粗细；lineType表示线段类型；shift表示点坐标中的小数位数。

5.2.6　画多边形

在OpenCV中，函数polylines用来画多边形，该函数声明如下：

```
polylines(img, pts, isClosed, color[, thickness[, lineType[, shift]]]) -> None
```

其中，参数img表示输入的图像；pts表示多边形点集；isClosed表示绘制的多段线是否闭合，如果是闭合的，那么函数将从每条曲线的最后一个顶点到其第一个顶点绘制一条直线；color表示多边形颜色；thickness表示多段线的厚度；lineType表示线段类型；shift表示点坐标中的小数位数。

【例 5.6】　画一个多边形

```
import cv2
import numpy as np

img = cv2.imread("test.jpg")
Pts = np.array([[10,5],[20,30],[70,20],[50,10]], np.int32)
cv2.polylines(img,[Pts],True,(0,0,255),2)
cv2.imshow("res", img);
cv2.waitKey(0);
```

首先读取test.jpg，然后定义一个点集数组Pts，并调用polylines绘制多边形，最后显示出来。
运行工程，结果如图5-6所示。

图 5-6

5.2.7　填充多边形

在OpenCV中，除了绘制多边形之外，还可以填充多边形。函数fillPoly用来填充多边形，
其声明如下：

```
fillPoly(img, pts, color[, lineType[, shift[, offset]]]) -> None
```

其中，参数img表示输入的图像；pts表示多边形点集；color表示多边形颜色；lineType表
示线段类型；shift表示点坐标中的小数位数；offset表示等高线所有点的偏移。

【例 5.7】　填充多边形

```
import numpy as np
import cv2 as cv

a = cv.imread("test.jpg")
triangle = np.array([ [10,30], [40,80], [10,90] ], np.int32)
cv.fillPoly(a, [triangle],(255,0,0))
cv.imshow("result", a)
cv.waitKey(0)
```

在上述代码中，"[10,30],[40,80],[10,90]"为要填充的轮廓坐标，通过函数fillPoly填充多
边形，填充的颜色是蓝色(255,0,0)。

运行工程，结果如图5-7所示。

图 5-7

【例5.8】 通过多边形和线组成图案

```python
import cv2 as cv
import numpy as np
W = 400

def my_polygon(img):
    line_type = 8
    #创建点集
    ppt = np.array([[W / 4, 7 * W / 8], [3 * W / 4, 7 * W / 8],
                    [3 * W / 4, 13 * W / 16], [11 * W / 16, 13 * W / 16],
                    [19 * W / 32, 3 * W / 8], [3 * W / 4, 3 * W / 8],
                    [3 * W / 4, W / 8], [26 * W / 40, W / 8],
                    [26 * W / 40, W / 4], [22 * W / 40, W / 4],
                    [22 * W / 40, W / 8], [18 * W / 40, W / 8],
                    [18 * W / 40, W / 4], [14 * W / 40, W / 4],
                    [14 * W / 40, W / 8], [W / 4, W / 8],
                    [W / 4, 3 * W / 8], [13 * W / 32, 3 * W / 8],
                    [5 * W / 16, 13 * W / 16], [W / 4, 13 * W / 16]], np.int32)
    ppt = ppt.reshape((-1, 1, 2))
    cv.fillPoly(img, [ppt], (255, 255, 255), line_type) #填充多边形

#自定义画线函数
def my_line(img, start, end):
    thickness = 2
    line_type = 8
    cv.line(img, start, end, (0, 0, 0), thickness, line_type) #画线

rook_window = "res" #窗口名称
# 创建黑色的空白图像
size = W, W, 3
atom_image = np.zeros(size, dtype=np.uint8)
rook_image = np.zeros(size, dtype=np.uint8)

#创建凸多边形
my_polygon(rook_image)
cv.rectangle(rook_image, (0, 7 * W // 8), (W, W), (0, 255, 255), -1, 8)
#画一些线
my_line(rook_image, (0, 15 * W // 16), (W, 15 * W // 16))
my_line(rook_image, (W // 4, 7 * W // 8), (W // 4, W))
my_line(rook_image, (W // 2, 7 * W // 8), (W // 2, W))
my_line(rook_image, (3 * W // 4, 7 * W // 8), (3 * W // 4, W))
```

```
#显示结果
cv.imshow(rook_window, rook_image)
cv.moveWindow(rook_window, W, 200)
cv.waitKey(0)
cv.destroyAllWindows()
```

多边形将在img上绘制，顶点是ppt中的点集，颜色由(255,255,255)定义，即白色的BGR值。

运行工程，结果如图5-8所示。

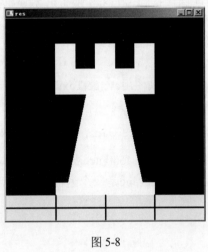

图 5-8

5.3　文　字　绘　制

OpenCV中除了提供绘制各种图形的函数外，还提供了一个特殊的绘制函数，用于在图像上绘制文字。这个函数是putText()，它是命名空间cv2中的函数，其声明如下：

```
putText(img, text, org, fontFace, fontScale, color[, thickness[, lineType[,
bottomLeftOrigin]]]) -> None
```

其中，参数img表示待绘制的图像；text表示待绘制的文字；org表示文本框的左下角；fontFace表示字体；fontScale表示尺寸因子，值越大文字越大；color表示字体的颜色（RGB）；thickness表示线条宽度；lineType表示线型（4邻域或8邻域，默认是8邻域）；bottomLeftOrigin如果为True，那么图像数据原点位于左下角，否则位于左上角。

需要注意的是，putText函数的text参数只能接收特定字符，也就是说并不是所有的字符串都能顺利绘制。例如，当text参数内容中包含中文时，运行结果中的中文会被"？"等字符替换，原因就是putText函数无法识别中文。如果想在图像中绘制中文文字，就需要借助其他模块或第三方库（PIL库和freetype库）。

putText()函数可以简单地在图像上绘制一些文字，由text指定的文字将在以左上角为原点的文字框中以color指定的颜色绘制出来，除非bottomLeftOrigin标志设置为真，这种情况以左下角

为原点，使用的字体由fontFace参数决定。常用的字体宏是FONT_HERSHEY_SIMPLEX（普通大小无衬线字体）和FONT_HERSHEY_PLAIN（小号无衬线字体）。任何一个字体都可以和CV::FONT_ITALIC组合使用（通过"或"操作，或操作符号是|）来得到斜体。每种字体都有一个"自然"大小，当fontScale不是1.0时，在文字绘制之前字体大小将由这个数来缩放。

这里解释一下衬线。衬线指的是字母结构笔画之外的装饰性笔画。有衬线的字体叫衬线体（Serif），没有衬线的字体叫无衬线体（Sans-Serif）。衬线体的特征是在字的笔画开始、结束的地方有额外的装饰，而且笔画的粗细会有所不同。衬线体很容易识别，它强调了每个字母笔画的开始和结束，因此易读性比较高。中文字体中的宋体就是一种标准的衬线体。无衬线体（Sans-Serif Font）没有额外的装饰，而且笔画的粗细差不多。这类字体通常是机械的和统一线条的，它们往往拥有相同的曲率、笔直的线条和锐利的转角。无衬线体与汉字字体中的黑体相对应。

另外，在实际绘制文字之前，还可以使用cv::getTextSize()接口先获取待绘制文本框的大小，以方便放置文本框。getTextSize函数用于获取一个文字的宽度和高度，函数声明如下：

```
getTextSize(text, fontFace, fontScale, thickness) -> retval, baseLine
```

其中，参数text表示输入的文本文字；fontFace表示文字字体类型；fontScale表示字体缩放系数；thickness表示字体笔画线宽；baseLine是一个返回值，表示文字最底部的y坐标。函数返回包含指定文本框的大小。

【例 5.9】 绘制文字

```
import cv2
import numpy as np

img = np.zeros([512, 512, 3], dtype=np.uint8)
for i in range(512):
    for j in range(512):
        img[i, j, :] = [i % 256, j % 256, (i + j) % 256]

info = 'Hello World'
font_face = cv2.FONT_HERSHEY_COMPLEX
font_scale = 2
thickness = 2
text_size = cv2.getTextSize(info, font_face, font_scale, thickness)
print(text_size)
p_center = (int(512 / 2 - text_size[0][0] / 2), int(512 / 2 - text_size[0][1] / 2))
cv2.putText(img, info, p_center, font_face, font_scale, (255,255,255), thickness)

cv2.imshow('res', img)
cv2.waitKey(0)
cv2.destroyAllWindows()
```

首先通过两个for循环有规律地改变了像素值，这样可以模拟实现色彩渐变的效果。然后通过函数getTextSize得到要画文字的大小，这样可以计算出显示文字的位置。最后通过文本绘制函数putText画出字符串"Hello World"。

运行工程，结果如图5-9所示。

图 5-9

5.4　为图像添加边框

在OpenCV中，可以使用函数copyMakeBorder为图像设置边界。该函数可以为图像定义额外的填充（边框），原始边缘的行或列被复制成额外的边框中。该函数声明如下：

```
cv.copyMakeBorder(src, top, bottom, left, right, borderType[, dst[, value]])
-> dst
```

其中，参数src表示输入图像，即原图像；top、bottom、left、right分别表示在原图像的4个方向上扩充多少像素；borderType表示边界类型，取值如下：

- BORDER_REPLICATE：复制法，复制最边缘像素，填充扩充的边界，如图 5-10 所示。中值滤波就采用这种方法。
- BORDER_REFLECT_101：对称法，以最边缘像素为轴，对称填充，如图 5-11 所示。这是高斯滤波边界处理的默认方法。
- BORDER_CONSTANT：常量法，以一个常量像素值（参数 value）填充扩充的边界，如图 5-12 所示。这种方式在仿射变换、透视变换中非常常见。
- BORDER_REFLECT：和对称法原理一致，不过最边缘像素也要对称过去。
- BORDER_WRAP：用另一侧元素来填充这一侧的扩充边界。

参数value默认值为0，当borderType取值为BORDER_CONSTANT时，这个参数表示边界值。dst表示输出图像，和原图像有一样的深度，大小为Size(src.cols + left +right, src.rows + top + bottom)。

图 5-10   图 5-11   图 5-12

【例 5.10】　为图像加上边框

```python
import cv2
import numpy as np

img = cv2.imread('test.jpg')
#img = cv2.resize(img,(256,256))
cv2.imshow('origin',img),cv2.waitKey(0),cv2.destroyAllWindows()

replicate = cv2.copyMakeBorder(img,20,20,20,20,cv2.BORDER_REPLICATE)
cv2.imshow('replicate',replicate),cv2.waitKey(0),cv2.destroyAllWindows()

constant = cv2.copyMakeBorder(img,20,20,20,20,cv2.BORDER_CONSTANT,`
value=(255,0,255))
cv2.imshow('constant',constant),cv2.waitKey(0),cv2.destroyAllWindows()

reflect = cv2.copyMakeBorder(img,20,20,20,20,cv2.BORDER_REFLECT)
cv2.imshow('reflect',reflect),cv2.waitKey(0),cv2.destroyAllWindows()

reflect101 = cv2.copyMakeBorder(img,20,20,20,20,cv2.BORDER_REFLECT_101)
cv2.imshow('reflect101',reflect101),cv2.waitKey(0),cv2.destroyAllWindows()

wrap = cv2.copyMakeBorder(img,20,20,20,20,cv2.BORDER_WRAP)
cv2.imshow('wrap',wrap),cv2.waitKey(0),cv2.destroyAllWindows()
```

在上述代码中，多次调用了copyMakeBorder函数，主要区别是参数borderType的值不同（边框效果不同）。

运行工程，结果如图5-13所示。

图 5-13

5.5 在图像中查找轮廓

在OpenCV中,使用findContours函数,只需简单的几个步骤就可以检测出物体的轮廓,十分方便。该函数声明如下:

```
cv.findContours( image, mode, method[, contours[, hierarchy[, offset]]]) ->
contours, hierarchy
```

其中,参数image表示原始图像,必须是8位单通道二值图像。一般情况下,都是将图像处理为二值图像后,再将其作为image参数来使用;参数mode决定了轮廓的提取方式,具体有如下4种:

- cv2.RETR_EXTERNAL: 只检测外轮廓。
- cv2.RETR_LIST: 对检测到的轮廓不建立等级关系。
- cv2.RETR_CCOMP: 检索所有轮廓并将它们组织成两级层次结构。上面的一层为外边界,下面的一层为内孔的边界。如果内孔内还有一个连通物体,那么这个物体的边界仍然位于顶层。
- cv2.RETR_TREE: 建立一个等级树结构的轮廓。

参数method决定了如何表达轮廓,可以取如下值:

- cv2.CHAIN_APPROX_NONE: 存储所有的轮廓点,相邻两个点的像素位置差不超过1,即 max(abs(x1-x2),abs(y2-y1))=1。
- cv2.CHAIN_APPROX_SIMPLE: 压缩水平方向、垂直方向、对角线方向的元素,只保留该方向的终点坐标。例如,在极端的情况下,一个矩形只需要用 4 个点来保存轮廓信息。
- cv2.CHAIN_APPROX_TC89_L1: 使用 teh-Chinl chain 近似算法的一种风格。
- cv2.CHAIN_APPROX_TC89_KCOS: 使用 teh-Chinl chain 近似算法的一种风格。

参数contours是一个向量,并且是双重向量,向量内每个元素保存了一组由连续的Point构成的点的集合向量,每一组Point点集就是一个轮廓,有多少个轮廓,向量contours内就有多少个元素。

参数hierarchy定义为"vector<Vec4i> hierarchy",其中,Vec4i的定义如下:

```
typedef Vec<int, 4> Vec4i;
```

Vec4i是Vec<int,4>的别名,定义了一个"向量内每一个元素包含了4个int型变量"的向量。所以从定义上看hierarchy也是一个向量,向量内每个元素保存了一个包含4个int型的数组。向量hierarchy内的元素和轮廓向量contours内的元素是一一对应的,向量的容量相同。hierarchy向量内每一个元素的4个int型变量(hierarchy[i][0] ~hierarchy[i][3]),分别表示第i个轮廓的后一个轮廓、前一个轮廓、父轮廓、内嵌轮廓的索引编号。如果当前轮廓没有对应的后一个轮廓、前一个轮廓、父轮廓或内嵌轮廓,那么hierarchy[i][0] ~hierarchy[i][3]的相应位被设置为默认值-1。

参数offset表示每个轮廓点移动的可选偏移量。

另外，绘制轮廓函数drawContours经常和查找轮廓函数findContours联合使用，查找出轮廓后通常需要把轮廓绘制出来。函数drawContours声明如下：

```
cv.drawContours(image, contours, contourIdx, color[, thickness[, lineType[,
hierarchy[, maxLevel[, offset]]]]]) -> image
```

其中，参数image表示目标图像；contours表示输入的轮廓组，每一组轮廓由点vector构成；contourIdx指明画第几个轮廓，如果该参数为负值，则画全部轮廓；color为轮廓的颜色；thickness为轮廓的线宽，如果为负值或CV_FILLED，就表示填充轮廓内部；lineType为线型；hierarchy为轮廓结构信息；maxLevel表示绘制轮廓的最高级别，只在hierarchy有效的时候才有效，值为0时，绘制与输入轮廓属于同一等级的所有轮廓（输入轮廓和与其相邻的轮廓），值为1时，绘制与输入轮廓同一等级的所有轮廓与其子节点，值为2时，绘制与输入轮廓同一等级的所有轮廓与其子节点以及子节点的子节点；offset表示可选的轮廓偏移参数。

【例5.11】　查找图像的轮廓

```
import cv2

img = cv2.imread("test2.jpg")
gray = cv2.cvtColor(img,cv2.COLOR_BGR2GRAY)
ret, binary = cv2.threshold(gray,127,255,cv2.THRESH_BINARY)

#检测轮廓
contours, hierarchy = cv2.findContours(binary,cv2.RETR_TREE,
cv2.CHAIN_APPROX_SIMPLE)
cv2.drawContours(img,contours,-1,(0,0,255),3)　#绘制轮廓

cv2.imshow("img", img)
cv2.waitKey(0)
```

需要注意的是，cv2.findContours()函数接收的参数为二值图，即黑白图（不是灰度图），所以读取的图像要先转为灰度图再转为二值图。最后检测轮廓、绘制轮廓。

运行工程，结果如图5-14所示。

图 5-14

注意，findContours函数会"原地"修改输入的图像。这一点可以通过下面的语句验证：

```
cv2.imshow("binary", binary)
contours, hierarchy = cv2.findContours(binary,cv2.RETR_TREE,
cv2.CHAIN_APPROX_SIMPLE)
cv2.imshow("binary2", binary)
```

执行这段代码后，可以发现原图被修改了。

第 **6** 章

灰度变换和直方图修正

灰度化是图像处理中的一个基本步骤，其目的是将彩色图像转换为灰度图像。灰度图像是一种仅包含亮度信息而不包含颜色信息的图像，其像素值通常用一个字节（即 0~255 的范围）来表示，这个值代表了该像素的灰度等级，也就是亮度。灰度化是许多图像处理任务的第一步，如边缘检测、图像分割、特征提取等，因为灰度图像相对于彩色图像来说，计算量更小，处理速度更快，同时保留了图像的大部分重要信息。

灰度变换可以改善图像的质量，使图像能够显示更多的细节，提高图像的对比度（对比度拉伸）；可以有选择地突出图像感兴趣的特征，或者抑制图像中不需要的特征；可以有效地改变图像的直方图分布，使像素的分布更为均匀。

直方图是对图像的一种抽象表示方式。借助对图像直方图的修正或变换，可以改变图像像素的灰度分布，从而达到对图像进行增强的目的。

6.1 点 运 算

6.1.1 点运算的基本概念

图像点运算（Point Operation，或称点处理）是指对图像中的每一个像素点依次进行同样的灰度运算，使其输出的每一个像素值仅由对应点的值来决定，可以理解为点到点之间的映射。在所有图像处理算法中，点运算是基本的图像处理操作，它既可以单独使用，又可以与其他算法组合使用。通过点运算，输出图像每个像素的灰度值仅仅取决于输入图像中对应像素的灰度值。因此，点运算不能改变图像内的空间关系。

点运算是基于像素的处理，进行这类处理时，每个像素的处理与其他像素无关。

点运算以预定的方式改变图像的灰度直方图，除了灰度级的改变是根据某种特定的灰度变换函数进行的以外，点运算可以被视为一种"从像素到像素"的复制操作。

6.1.2　点运算的目标与分类

点运算是实现图像增强处理的常用方法之一，经常用于改变图像的灰度范围及其分布。通过这种方法可以使图像的动态范围增大，增强图像的对比度，使图像变得更加清晰。

通常点运算分为灰度变换和直方图修正两种，其中直方图修正包括直方图均衡化和直方图规定化。

灰度变换是图像处理的基本方法之一，可加大图像动态范围，增强对比度，使得图像更加清晰，特征更加明显，是图像增强的重要手段。图像的灰度变换又称为灰度增强，是指根据某种目标条件，按一定变换关系逐点改变原图像中每一个像素灰度值的方法。

直方图均衡化也是一种灰度的变换过程，它将当前的灰度分布通过一个变换函数变换为范围更宽、灰度分布更均匀的图像。也就是将原图像的直方图修改为在整个灰度区间内大致均匀分布，因此扩大了图像的动态范围，增强了图像的对比度。

直方图均衡化自动确定了变换函数，可以很方便地得到变换后的图像，但是在有些应用中，这种自动增强并不是最好的方法。有时需要图像具有某一特定的直方图形状（也就是灰度分布），而不是均匀分布的直方图，这时可以使用直方图规定化。

6.1.3　点运算的特点和应用

从算法原理来看，点运算指的是仅根据图像中像素的原灰度值，按一定的规则来确定其新的灰度值。在实现点运算算法时，有时还得考虑像素在图像中的位置。由于点运算算法的上述特点，单个像素的新灰度值仅仅依赖于该像素原灰度值的大小，而与周围像素的灰度值没有关系。正因为像素原灰度值与新灰度值间是单独相关的，故点运算算法一般是可逆的。

点运算算法通常采取逐点扫描像素的方法来实现每个像素的变换，它直接把原像素值映射到一个新值，因此点运算可以借助查找表实现。一般来讲，点运算算法不会改变一幅图像中各像素之间的空间关系，因此不能用于增强图像所包含的细节。有时，这种处理又被称为对比度拉伸、对比度增强或灰度变换等。

在开始处理图像前，有时需要用点运算来克服图像数字化设备的局限性，这对于图像的显示十分重要。点运算通常有如下应用：

1）光度学标定

数字图像中每一像素的灰度值应该反映原稿和数字化设备的物理特性，例如光照强度和反射（或透射）密度等。利用点运算可以去除图像输入设备传感器的非线性影响。假设一幅图像被一个对光照强度呈非线性反应的仪器数字化，则可以利用点运算来变换灰度级，使之反映光照强度的等步长增量，这就是光度学标定。此外，点运算也可以用来产生一幅图像，该图像的灰度级表示原稿反射（或透射）密度的等步长增量。

2）对比度增强

在某些数字图像中，人们感兴趣的特征仅占据整个灰度分级相当窄的一个范围。如果出现了这种情况，就可以用点运算来扩展感兴趣特征的对比度，使之占据可显示灰度级的更大范围。这一方法有时又被称为对比度扩展。

3）显示标定

某些显示设备有特定的优选灰度范围，在这一范围内图像的视觉特征表现得最明显。如果用这样的设备显示图像，虽然图像中较暗和较亮的部位有相同的对比度，但显示时不能得到很好的表示。在这种情况下，可以利用点运算将所有的特征突出显示。此外，不少显示器不能保持像素的灰度值和屏幕上相应点的亮度间的线性关系，有的胶片记录仪不能线性地将灰度值转换为对应的密度值。出现上述情况时，可在显示或记录前设计合理的点运算算法加以克服。另外，还可以将点运算和显示的非线性组合起来，使它们互相抵消，得到图像显示的线性关系，这个过程被称为显示标定。

4）轮廓线

利用点运算算法可以为图像加上轮廓线，例如用点运算进行图像的阈值化处理，根据图像的灰度等级把一幅图像划分成一些不连接的区域，这有助于确定图像中对象的边界或定义蒙版。蒙版是用来遮盖图层的，实际效果就是让图层变得透明。

5）裁剪

数字图像通常以整数存储，因此可用的灰度分级范围总是有限的。对于8位的灰度图像，在存储每一像素值前，输出图像的灰度级一定要被裁剪到0~255的范围内。

6.2 灰 度 变 换

6.2.1 灰度变换的基本概念

如果拍照时曝光不足或曝光过度，照片会显得灰蒙蒙的或者过白，如X光照片或陆地资源卫星多光谱图像。这实际上是因为对比度太小，且输入图像亮度分量的动态范围较小造成的。要改善这些图像的质量，可以采用灰度变换法，通过扩展输入图像的动态范围来达到图像增强的目的。

在图像预处理中，图像的灰度变换是图像增强的重要手段。印刷图像在成像过程中经过传送和转换（如成像、复制、扫描、传输和显示等过程）后，经常会造成图像质量下降。通过采取适当的处理方法，可以把原本模糊不清甚至根本无法分辨的原始图片处理成清楚、富含大量有用信息的可使用目标图像。因此，在医学、遥感、微生物、刑侦以及军事等诸多科研和应用领域中，图像增强处理技术对原始图像的模式识别、目标检测等起着重要作用。

灰度变换主要利用点运算来修正像素灰度，由输入像素点的灰度值确定相应输出点的灰度值，是一种基于图像变换的操作。基于点运算的灰度变换可表示为：$s=T(r)$。其中，T是灰度变换函数，描述输入灰度值和输出灰度值之间的关系，一旦灰度变换函数确定，该灰度变换就被完全确定下来；r是变换前的灰度；s是变换后的像素。

6.2.2 灰度变换的作用

图像灰度变换有以下作用：

（1）改善图像的质量，使图像能够显示更多的细节，提高图像的对比度（对比度拉伸）。

（2）有选择地突出图像感兴趣的特征，或者抑制图像中不需要的特征。

（3）可以有效地改变图像的直方图分布，使像素的分布更为均匀。

6.2.3　灰度变换的方法

根据不同的应用要求，可以选择不同的变换函数，如正比函数和指数函数等。根据函数的性质，灰度变换的方法可以分为：线性灰度变换、分段线性灰度变换、非线性灰度变换（包括对数函数变换和幂律函数变换（伽马变换））。

传统的线性灰度变换与非线性灰度变换很难让图像的灰度范围达到图像格式所允许的最大灰度变换范围，因而导致图像的层次感表现得不好，图像信息丢失等。对数（函数）变换通过扩展图像中的低灰度区域，压缩图像中的高灰度区域，能够增强图像中暗色区域的细节；反对数变换与此相反。对数变换还有一个重要作用，就是能够压缩图像灰度值的动态范围，在傅里叶变换中显示更多变换后的频谱细节。伽马变换主要用于图像的校正，根据参数 γ 来修正图像中灰度过高（$\gamma>1$）或者灰度过低（$\gamma<1$）的内容。

6.2.4　灰度化

在具体讲述灰度变换之前，我们先了解一下灰度的概念。在数字图像中，像素是基本的表示单位，各个像素的亮暗程度用灰度值来标识。对于单色图像，它的每个像素的灰度值用[0，255]区间的整数表示，即图像分为256个灰度等级。对于彩色图像，它的每个像素都由 R、G、B 三个单色调配而成。如果每个像素的 R、G、B 值完全相同，也就是 $R=G=B=D$，该图像就是灰度图像，其中 D 被称为各个像素的灰度值。从理论上讲，等量的三基色相加可以变为白色，其数学表达式为：

$$白色 = (1\times R)+(1\times G)+(1\times B)$$

人眼对 R、G、B 三个分量亮度的敏感度不一样，因此可以使用亮度作为图像灰度化的依据。等量的 R、G、B 混合不能得到白色，故其混合比例需要调整。

通常有3种方法对彩色图进行灰度化。

1）加权平均值法

加权平均值法可以分为浮点数实现方式和整数实现方式。

大量的试验数据表明，当用0.299份的红色、0.587份的绿色、0.114份的蓝色混合后可以得到白色，因此彩色图像可以根据以下公式变为灰度图像：

$$D = 0.299\times R + 0.587\times G + 0.114\times B$$

其中，D 表示点 (x,y) 转换后的灰度值，R、G、B 为点 (x,y) 的3个单色分量。这个公式一般称为经验公式。这种方式也称为浮点数算法，在实际使用时取两位小数即可。此外，我们还可以用整数实现的方式，公式如下：

$$D = (R\times 30 + G\times 59 + B\times 11)\div 100$$

原理都一样。

2）取最大值法

取最大值法是将彩色图像中3个分量的亮度最大值作为灰度图像的灰度值。

$$D = \max(R, G, B)$$

灰度处理首先读入图像的复制文件到内存中，然后找到R、G、B中的最大值，使颜色的分量值都相等且等于最大值，这样就可以使图像变成灰度图像。

3）平均值法

平均值法将彩色图像中3个分量的亮度值求平均值，从而得到一个灰度值，将其作为灰度图像的灰度：

$$D = (R + G + B) \div 3$$

【例6.1】　加权平均值法实现图像灰度化

```python
import cv2  as cv
import numpy as np

image = cv.imread("test.jpg")
h = np.shape(image)[0]
w = np.shape(image)[1]
grayimg = np.zeros((h,w,3),np.uint8)

for i in range(h):
    for j in range(w):
        grayimg[i,j] = 0.3 * image[i,j][0] + 0.59 * image[i,j][1] + 0.11 *
image[i,j][2]

cv.imshow("srcImage", image)
cv.imshow("grayImage", grayimg)

cv.waitKey(0)
```

在上述代码中，我们通过加权平均值法的浮点数公式来实现图像的灰度化。

运行工程，结果如图6-1所示。

【例6.2】　最大值法实现图像灰度化

```python
import cv2  as cv
import numpy as np

image = cv.imread("test.jpg")
h = np.shape(image)[0]
w = np.shape(image)[1]

#grayimg= cv.CreateImage(cv.GetSize(image), image.depth, 1)
grayimg = np.zeros((h,w,3),np.uint8)

for i in range(h):
    for j in range(w):
        grayimg[i,j] = max(image[i,j][0], image[i,j][1], image[i,j][2])
```

```
cv.imshow("srcImage", image)
cv.imshow("grayImage", grayimg)

cv.waitKey(0)
```

代码很简单，对照最大值法的公式，调用max函数来找出3个点的最大值。

运行工程，结果如图6-2所示。

图 6-1

图 6-2

【例6.3】 平均值法实现图像灰度化

```
import cv2  as cv
import numpy as np

image = cv.imread("test.jpg")
h = np.shape(image)[0]
w = np.shape(image)[1]
grayimg = np.zeros((h,w,3),np.uint8)

 i in range(h):
    for j in range(w):
        grayimg[i,j] = (image[i,j][0] + image[i,j][1] + image[i,j][2])/3

cv.imshow("srcImage", image)
cv.imshow("grayImage", grayimg)

cv.waitKey(0)
```

运行工程，结果如图6-3所示。

下面来看看代码能否优化。优化转化速度的直接方法就是将浮点运算转换为整数运算。比如，可以将经验公式转换为：

$$Gray = （2989×R + 5870×G + 1140×B）/ 10000$$

但是除法速度还是不够快，完全可以使用移位操作来代替：

$$Gray = （4898×R + 9618×G + 1868×B）>> 14$$

图 6-3

此外，对大部分计算机视觉应用来说，图像的精度问题不是一个特别敏感的问题，因此可以通过降低精度来进一步减少计算量：$Gray = （76×R + 150×G + 30×B）>> 8$。通常使用8位精度，这样速度会快很多。

【例 6.4】　优化后的 RGB 图像转灰度图像

```python
import cv2 as cv
import numpy as np
import matplotlib.pyplot as plt
from PIL import Image

#显示图片
def showimg(img, isgray=False):
    plt.axis("off")
    if isgray == True:
        plt.imshow(img, cmap='gray')
    else:
        plt.imshow(img)
    plt.show()

img = cv.imread("test.jpg")
img = np.array(img, dtype=np.int32)
img[...,0] = img[...,0]*28.0
img[...,1] = img[...,1]*151.0
img[...,2] = img[...,2]*77.0
img = np.sum(img, axis=2)

arr = [np.right_shift(y.item(), 8) for x in img for y in x]
arr = np.array(arr)
arr.resize(img.shape)
showimg(Image.fromarray(arr), True)
```

本质上还是采用浮点数的加权平均值法，只不过后面采用移位np.right_shift代替了循环。另外，我们用matplotlib.pyplot来显示图片。matplotlib.pyplot是一个有命令风格的函数集合，看起来和MATLAB很相似。每一个pyplot函数都使一幅图像做出些许改变，比如创建一幅图，在图中创建一个绘图区域，在绘图区域中添加一条线等。Matplotlib是Python的绘图库，可与NumPy一起使用，提供了一种有效的MATLAB开源替代方案。PIL（Python Image Library）是Python的第三方图像处理库，凭借其强大的功能与众多的使用人数，几乎被认为是Python官方图像处理库。

图 6-4

运行工程，结果如图6-4所示。

6.2.5　对比度

对比度是指画面的明亮部分和阴暗部分的灰度比值。一幅图像对比度越高，图像中被照物体的轮廓就越分明可见，图像也就越清晰。反之，对比度低的图像，物体轮廓模糊，图像不太清晰。

对比度对视觉效果的影响非常关键，一般来说对比度越大，图像越清晰醒目，色彩也越鲜明艳丽；对比度越小，则会让整个画面越灰蒙蒙的。高对比度对于图像的清晰度、细节表现、灰度层次表现都有很大帮助。在一些黑白反差较大的文本显示、CAD显示和黑白照片显示等方面，高对比度产品在黑白反差、清晰度、完整性等方面都具有优势。相对而言，在色彩层次方面，高对比度对图像的影响并不明显。对比度对于动态视频显示效果影响更大一些，因为动态图像中明暗转换比较快，对比度越高，人的眼睛越容易分辨出这样的转换过程。

6.2.6 灰度的线性变换

原稿图像被数字化后，可使用灰度直方图检查输入图像的质量。如果检查表明规定的灰度分级没有得到充分利用，就可以用线性灰度变换来解决。线性灰度变换是将原图像的灰度动态范围按线性关系式扩展到指定范围或整个动态范围。

图像的线性变换是图像处理的基本运算，通常应用在调整图像的画面质量方面，如图像对比度、亮度及反转等操作。灰度的线性变换是指将图像中所有点的灰度按照线性灰度变换函数进行变换。

我们令 f 和 g 分别为位置上的像素增强前后的灰度值，a、b 为原图像所占用灰度级别的最小值和最大值，c、d 为增强后的图像所占用灰度级别的最小值和最大值，令 $|d-c|$ 总是大于 $|b-a|$。如果把 f 当作横轴，g 当作纵轴，可以得到如图6-5所示的坐标图，原来 $[a,b]$ 的范围被扩大到 $[c,d]$ 了。

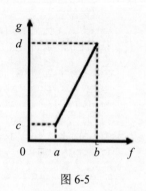

图 6-5

直线方程有好多种，比如点斜式、斜截式、点斜式、截距式、两点式、一般式等。其中，点斜式的形式如下：

$$y - y_1 = k(x - x_1)$$

其中，k 是斜率，$k = \dfrac{y_2 - y_1}{x_2 - x_1}$，$(x_1, y_1)$ 和 (x_2, y_2) 是直线上两个不同点的坐标，$x_1 \neq x_2$。

在图6-5中，令 $|d-c|$ 大于 $|b-a|$，因为这条直线过两点 (a, c) 和 (b, d)，所以斜率 $k = \dfrac{d-c}{b-a}$，可以得到直线方程：$g - c = k(f - a)$。把 k 代入直线方程得到 $g - c = \dfrac{d-c}{b-a}(f - a)$，即：

$$g = \frac{d-c}{b-a}(f-a) + c$$

这就是该直线的点斜式方程。转换后某点的灰度 g 的范围比转换前某点的灰度 f 的范围要大，不同像素之间的灰度差变大、对比度变大，图像更清晰了。

除了点斜式之外，我们还可以将其转换为斜截式方程。首先复习一下斜截式方程：$y=kx+b$。其中 k 为直线斜率，b 为纵轴上的截距，其值也可以是 $b=y-kx$。如果 (a,c) 是直线上的一点，那么有 $b=c-ka$，因此可以将上面的点斜式继续转换为：

$$g = \frac{d-c}{b-a}(f-a) + c = k(f-a) + c = kf - ka + c = kf + c - ka = kf + b$$

这样就转换成了斜截式方程。

- 当 $k > 1$ 时，输出图像的对比度将增大。

- 当 $k<1$ 时，输出图像的对比度将减小。
- 当 $k=1$ 且 $b\neq0$ 时，所有图像的灰度值上移或下移，其效果是使整个图像更暗或更亮。
- 当 $k=1$、$b=0$ 时，输出图像和输入图像相同。
- 当 $k=-1$、$b=255$ 时，输出图像的灰度正好反转。
- 当 $k<0$ 且 $b>0$ 时，暗区域将变亮，亮区域将变暗，点运算完成了图像求补运算。

实际上，k 表示图像对比度变化，b 表示图像亮度变化。当 $k<0$ 时，图像变换代表反转操作，如 $k=-1$、$b=255$，这是常见的8位灰度图像的反转操作设置参数；当 $|k|>1$ 时，图像变换代表对比度增加操作；当 $|k|<1$ 时，图像变换代表对比度减少操作。当 $b>0$ 时，表示图像变换操作是亮度增加操作；当 $b<0$ 时，表示图像变换操作是亮度减少操作。

在曝光不足或过度的情况下，图像灰度可能会局限在一个很小的范围内。这时在显示器上看到的将是一个模糊不清、似乎没有灰度层次的图像。采用线性变换对图像每一个像素灰度做线性拉伸，可以有效地改善图像视觉效果，如图6-6所示，右边的图就是灰度线性变换过的。

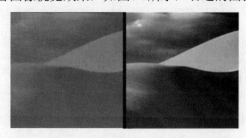

图 6-6

【例 6.5】　实现图像线性变换

```
import cv2 as cv
import numpy as np

img = cv.imread("lakeWater.jpg",0) #以灰度图形式读取
out = 2.0 * img
# 进行数据截断, 大于 255 的值截断为 255
out[out > 255] = 255
#数据类型转换
out = np.around(out)
out = out.astype(np.uint8)

cv.imshow("img", img)
cv.imshow("out", out)
cv.waitKey()
```

lakeWater.jpg是当前工程目录下的图片。代码中首先进行数据截断，大于255的值被截断为255，然后进行数据类型转换。线性变换的原理是对所有像素值乘以一个扩张因子。像素值大的变得更大，像素值小的变得更小，从而达到图像增强的效果，这里利用NumPy的数组进行操作。需要注意的是，像素值最大为255，因此在数组相乘之后需要进行数值截断操作。这里将扩张因子设置为2，强光处会出现失真效果。

运行工程，结果如图6-7所示。

图 6-7

6.2.7　分段线性变换

　　分段线性灰度变换将原图像的灰度范围划分为两段或更多段，对感兴趣的目标或灰度区间进行增强，对其他不感兴趣的灰度区间进行抑制。该方法在红外图像的增强中应用较多，可以突出感兴趣的红外目标。分段线性变换的主要优势在于它的形式可任意合成，而其缺点是需要更多的用户输入。

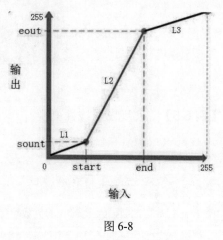

图 6-8

　　分段线性拉伸算法是图像灰度变换中常用的算法，在商业图像编辑软件Photoshop中也有相应的功能。分段线性拉伸主要用于提高图像对比度，突显图像细节。下面用OpenCV来实现分段线性变换，假设输入图像为$f(x)$，输出图像为$f'(x)$，分段区间为[start,end]，映射区间为[sout,eout]。示意图如图6-8所示。

　　分段线性拉伸算法需要明确4个参数：start、end、sout以及eout。当这4个参数均已知时，根据两点确定直线法，计算出直线L1、L2和L3的参数，分别为(K_1、$C_1=0$)、(K_2、C_2)和(K_3、C_3)，其中K_1、K_2和K_3分别是L1、L2和L3的斜率，C_1、C_2和C_3分别是L1、L2和L3的截距。分段线性拉伸算法的公式如下：

$$f'(x) = \begin{cases} K_1 \times x + C_1 & 0 < x \leqslant \text{start} \\ K_2 \times x + C_2 & \text{start} < x \leqslant \text{end} \\ K_3 \times x + C_3 & \text{end} < x \leqslant 255 \end{cases}$$

　　其中x表示原图的灰度，用横坐标表示；$f'(x)$表示变换后的图像灰度，用纵坐标表示。(K_1、$C_1=0$)、(K_2、C_2)和(K_3、C_3)可以这样求得：

```
//L1
float fK1 = fSout / fStart; //直线方程，已知两点，其中一点是(0,0)，求斜率
//L2
float fK2 = (fEout - fSout) / (fEnd - fStart);    //直线方程，已知两点求斜率
    float fC2 = fSout - fK2 * fStart; //把点(fStart,fSout)和斜率 fK2 代入 y=kx+b,
求截距
```

```
//L3
float fK3 = (255.0f - fEout) / (255.0f - fEnd);  //两点求斜率
float fC3 = 255.0f - fK3 * 255.0f;  //把点(255,255)和斜率 fK3 代入 y=kx+b，求截距
```

下面开始实战。

【例 6.6】　实现分段变换核心算法

```python
import cv2 as cv
import numpy as np

img = cv.imread("lakeWater.jpg", 0)
h, w = img.shape[:2]
out = np.zeros(img.shape, np.uint8)
for i in range(h):
    for j in range(w):
        pix = img[i][j]
        if pix < 50:
            out[i][j] = 0.5 * pix
        elif pix < 150:
            out[i][j] = 3.6 * pix - 154
        else:
            out[i][j] = 0.238 * pix + 194
        #数据类型转换
out = np.around(out)
out = out.astype(np.uint8)
cv.imshow("img", img)
cv.imshow("out", out)
cv.waitKey()
```

在上面代码中，我们假设了start=50、end=150、K2=3.6、C2=-154、K3=0.238、C3=194这几个参数。直接设定斜率和截距，将使得程序看起来更简洁。当然，也可以预先设定start、end、sout以及eout，然后以公式的形式带入程序，这样更加通用。我们在for循环中使用if语句进行了分段线性变换。线性变换的参数需要根据不同的应用及图像自身的信息进行合理的选择，可能需要进行多次测试，所以选择合适的参数是相当麻烦的。

运行工程，结果如图6-9所示。

分段线性变换增强效果的好坏，取决于分段点的选取及其各段增强参数的选取是否合适。选取的方法有手工选取和计算机自适应选取。可以通过传统手工操作的方法，选取恰当的分段点及其增强参数，以达到较好的增强效果。但是手工操作效率较差，为了取得较好的增强效果，必须不断尝试各种参数。目前，已有多种方法实现分段点的计算机自适应选取，都在一定程度上改善了手工操作的缺点，例如自适应最小误差法、多尺度逼近方法和恒增强率方法等。

图6-9

6.2.8　对数变换和反对数变换

对数变换和反对数变换都属于非线性变换。对数变换的公式为：$s=c\times\log(1+r)$，其中c为常数，$r\geq 0$。

对数变换有两个作用：

- 因为对数曲线在像素值较低的区域斜率较大，在像素值较高的区域斜率较小，所以图像经过对数变换之后，较暗区域的对比度将得到提升，因而能增强图像暗部的细节。
- 图像的傅里叶频谱的动态范围可能宽达 $0\sim10^6$。如果直接显示频谱，显示设备的动态范围往往不能满足要求，这个时候就需要使用对数变换，使得傅里叶频谱的动态范围被合理地非线性压缩。

在OpenCV中，图像对数变换的实现可以直接通过对图像中的每个元素运用上述公式来完成，也可以通过矩阵整体操作来完成。

【例 6.7】　实现灰度对数变换

```python
import cv2
import math
import numpy as np

def logTransform(c,img):

    #3 通道 RGB
    '''h,w,d = img.shape[0],img.shape[1],img.shape[2]
    new_img = np.zeros((h,w,d))
    for i in range(h):
        for j in range(w):
            for k in range(d):
                new_img[i,j,k] = c*(math.log(1.0+img[i,j,k]))'''

    #灰度图专属
    h,w = img.shape[0], img.shape[1]
    new_img = np.zeros((h, w))
    for i in range(h):
        for j in range(w):
            new_img[i, j] = c * (math.log(1.0 + img[i, j]))

    new_img = cv2.normalize(new_img,new_img,0,255,cv2.NORM_MINMAX)

    return new_img

#替换为你的图片路径
img = cv2.imread('lakeWater.jpg',0)
log_img = logTransform(1.0,img)
cv2.imwrite('testRes.jpg',log_img)
cv2.waitKey(0)
```

我们根据公式进行了对数变换，注意当$r=255$时，$s=5.541$。

运行工程，结果如图6-10所示。

图 6-10

6.2.9　幂律变换

幂律变换也称伽马变换或指数变换，是另一种常用的灰度非线性变换，主要用于图像的校正，对漂白的图片或者过黑的图片进行修正，也就是对灰度过高或者灰度过低的图片进行修正，增强对比度。幂律变换的公式如下：

$$s = c \times x^{\gamma}$$

公式中，x 为灰度图像的输入值（原来的灰度值），取值范围为 $[0,1]$；s 为经过伽马变换后的灰度输出值；c 为灰度缩放系数，通常取值为 1；γ 为伽马因子大小，用于控制整个变换的缩放程度。γ 值以 1 为分界：当 γ 小于 1 时，低灰度区间拉伸，高灰度区间压缩；当 γ 大于 1 时，低灰度区间压缩，高灰度区间拉伸；当 γ 等于 1 时，简化成恒等变换。通过不同的 γ 值，可以达到增强低灰度或高灰度部分细节的作用，如图 6-11 所示。

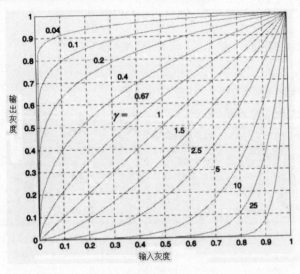

图 6-11

107

伽马变换多用于图像整体偏暗时扩展灰度级，还可用在图像有"冲淡"的外观（很亮白），需要压缩中高以下的大部分灰度级的情况。伽马变换提升了暗部细节，简单来说就是通过非线性变换让图像从曝光强度的线性响应变成更接近人眼感受的响应，即对漂白（相机曝光）或过暗（曝光不足）的图片进行矫正。

【例 6.8】 实现幂律变换

```python
import cv2
import math
import numpy as np
import copy

#读入原始图像
img=cv2.imread('test.jpg',1)

#灰度化处理
img1=cv2.imread('test.jpg',0)

#灰度化处理：用于图像二值化
gray=cv2.cvtColor(img,cv2.COLOR_BGR2GRAY)

#伽马变换
gamma=copy.deepcopy(gray)
rows=img.shape[0]
cols=img.shape[1]
for i in range(rows):
    for j in range(cols):
        gamma[i][j]=3*pow(gamma[i][j],0.8)

#通过窗口展示图片，第一个参数为窗口名，第二个参数为读取的图片变量
cv2.imshow('img',img)
cv2.imshow('gray',img1)
cv2.imshow('gamma',gamma)

#暂停 cv2 模块，否则图片窗口一瞬间就会消失，观察不到
cv2.waitKey(0)
```

运行工程，结果如图6-12所示。

图 6-12

6.3　直方图修正

本节讲解直方图修正，其包括直方图均衡化和直方图规定化。我们先从直方图开始。

6.3.1　直方图的概念

一幅图像由不同灰度值的像素组成，图像中灰度的分布情况是该图像的一个重要特征。图像的灰度直方图描述了图像中灰度的分布情况，能够直观地展示出图像中各个灰度级所占的比例。

图像的灰度直方图是灰度级的函数，描述的是图像中具有该灰度级的像素的个数。简单地说，就是把一幅图像中每一个像素出现的次数先统计出来，然后把每一个像素出现的次数除以总的像素个数，得到的就是这个像素出现的频率，再把像素与该像素出现的频率用图表示出来，得到的就是灰度直方图。

图6-13所示就是一个灰度图像的灰度直方图，横坐标代表的是像素的灰度值的范围[0,255]，越接近0表示图像越暗，越接近255表示图像越亮。纵坐标代表的是每一个灰度值在图像所有像素中出现的次数。曲线越高，表示该像素值在图像中出现的次数越多。

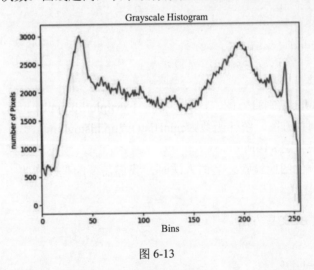

图 6-13

除此之外，直方图的纵轴还可以代表图像灰度概率密度，这种直方图被称为归一化直方图，它可以直接反映不同灰度级出现的比率（或叫概率）。此时会将纵坐标归一化到[0,1]区间内，也就是将灰度级出现的次数（频率或像素个数）除以图像中像素的总数。对于拥有256种灰度（灰度级是256）的图像，我们假设n_k为灰度值等于r_k的像素个数（即灰度r_k出现的次数），则该灰度出现的概率（灰度概率密度函数）可以用如下公式表示：

$$p(r_k) = \frac{n_k}{n}, \quad (k = 0,1,\cdots,L-1, n_k \geq 0)$$

其中，n表示图像像素的总个数，它可以用图像的宽度和高度相乘来获得；n_k为灰度值为r_k的像素个数（灰度r_k出现的次数），比如n_0是所有像素中灰度r_0出现的次数；L是图像的灰度级数；r_k表示第k级灰度值；$p(r_k)$是各个r_k出现的概率，反映了图像的灰度值的分布情况。

直方图的计算很简单，无非是遍历图像的像素，统计每个灰度级的个数。在OpenCV中封装了直方图的计算函数calcHist，该函数能够同时计算多个图像、多个通道、不同灰度范围的灰度直方图。该函数声明如下：

```
calcHist(images, channels, mask, histSize, ranges[, hist[, accumulate]]) ->
hist
```

其中，参数images表示图像矩阵，这些图像必须有相同的大小和深度；channels表示要计算直方图的通道个数；mask表示可选的掩码，不使用时可设为空，mask必须是一个8位的数组并且和images的数组大小相同，在进行直方图计算的时候只会统计该掩码不为0的对应像素；histSize表示直方图每个维度的大小；hist表示输出的直方图；ranges表示直方图每个维度要统计的灰度级的范围；accumulate表示累积标志，默认值为False。

在OpenCV中，用calHist函数得到直方图数据后就可以将其绘制出来了。

【例6.9】 得到某图像的灰度直方图

```
import cv2
import numpy as np
from matplotlib import pyplot as plt

img = cv2.imread('test.jpg',0)
plt.hist(img.ravel(),256,[0,256]);
plt.show()
```

一般使用Matplotlib绘制直方图。这里要提一下matplotlib.pyplot.hist()函数，该函数可以直接使用统计数据绘制直方图，统计函数为calcHist()或np.histogram()。

运行工程，结果如图6-14所示。

当然，在使用颜色图像检索之类的方法时，我们需要的是BGR直方图，原理类似，统计时使用cv2.calcHist()函数。

【例6.10】 绘制 BGR 直方图

```
import cv2
import numpy as np
from matplotlib import pyplot as plt
img = cv2.imread('test.jpg',1)
color = ('b','g','r')
for i,col in enumerate(color):
    histr = cv2.calcHist([img],[i],None,[256],[0,256])
    plt.plot(histr,color = col)
    plt.xlim([0,256])
plt.show()
```

上述代码中演示了calcHist函数的使用。

运行工程，结果如图6-15所示。

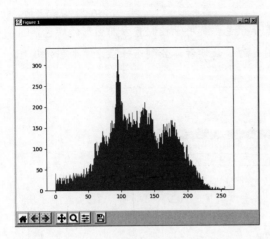

图 6-14

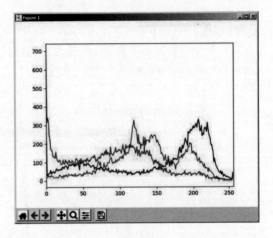

图 6-15

下面介绍一种原始的计算灰度直方图的方法。代码注释比较完整，读者可自行学习。

【例 6.11】 原始计算灰度直方图的方法

```python
import sys
import numpy as np
import cv2
import matplotlib.pyplot as plt

def main():
    img=cv2.imread('test.jpg',0)
    #得到计算灰度直方图的值
    xy=xygray(img)

    #画出灰度直方图
    x_range=range(256)
    plt.plot(x_range,xy,"r",linewidth=2,c='black')
    #设置坐标轴的范围
    y_maxValue=np.max(xy)
    plt.axis([0,255,0,y_maxValue])
    #设置坐标轴的标签
    plt.xlabel('gray Level')
    plt.ylabel("number of pixels")
    plt.show()

def xygray(img):
    #得到高和宽
    rows,cols=img.shape
    #存储灰度直方图
    xy=np.zeros([256],np.uint64)
    for r in range(rows):
        for c in range(cols):
            xy[img[r][c]] += 1
    #返回一维ndarry
    return xy

main()
```

111

注意 plt.plot里的"r"表示红色，c='black'表示黑色，都用于控制直方图图形的颜色，通常用一个即可，但后者更强。笔者这里同时使用是为了让读者体会到这一点。读者有兴趣可以把后面的c='black'删除，就会看到红色了。

运行工程，结果如图6-16所示。

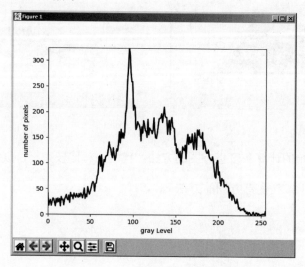

图 6-16

6.3.2 直方图均衡化

直方图均衡化是一种常见的增强图像对比度的方法，在数据较为相似的图像中作用更加明显。直方图均衡化处理的中心思想是把原始图像的灰度直方图从比较集中的某个灰度区间变成在全部灰度范围内的均匀分布。具体操作就是对图像进行非线性拉伸，重新分配图像像素值，使一定灰度范围内的像素数量大致相同，即将给定图像的直方图分布变成"均匀"分布的直方图分布。

为什么要进行直方图均衡化呢？很多时候，我们的图片看起来不是那么清晰，这时可以对图像进行一些处理，以扩大图像像素值显示的范围。例如，有些图像整体像素值偏低，图像中的一些特征不是很清晰，只是隐约看到一些轮廓痕迹，这时可以通过图像直方图均衡化使得图像看起来亮一些，便于后续的处理。直方图均衡化是灰度变换的一个重要应用，它高效且易于实现，广泛应用于图像增强处理中。

直方图均衡化方法把原图像的直方图通过灰度变换函数修正为灰度均匀分布的直方图，然后按均衡直方图修正原图像。当图像的直方图均匀分布时，图像包含的信息量最大，图像看起来就很清晰。该方法以累计分布函数为基础，其变换函数取决于图像灰度直方图的累积分布函数。它对整幅图像进行同一个变换，因此也称为全局直方图均衡化。

在均衡化过程中，必须保证满足两个条件：

- 像素无论怎么映射，一定要保证原来的大小关系不变，较亮的区域依旧较亮，较暗的区域依旧较暗，只是对比度增大，绝对不能明暗颠倒。

● 如果是 8 位图像，那么像素映射函数的值域应在 0 和 255 之间，不能越界。

综合以上两个条件，累积分布函数是一个好的选择，因为累积分布函数是单调增函数（控制大小关系），并且值域是 0~1（控制越界问题）。下面通过一个例子来说明直方图均衡算法。比如灰度为 0~7，对应的像素数如图 6-17 所示。

灰度	7	6	5	4	3	2	1	0
原始图像各灰度的像素数	0	4	9	11	5	7	4	0
均衡化后各灰度的像素数	5	5	5	5	5	5	5	5

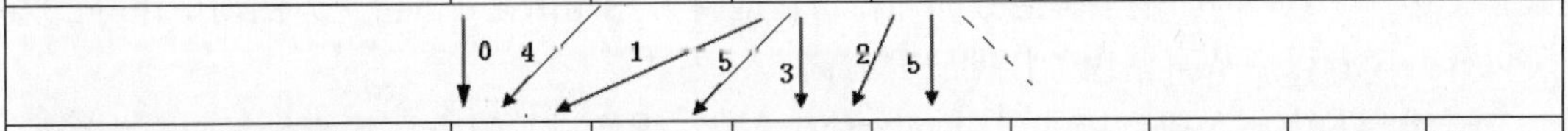

图 6-17

进行均衡化后，每个灰度所分配的像素数应该是 5，即总像素数除以所有灰度之和，也就是 40÷8=5。从原始图像的灰度值大的像素开始，每次取 5 个像素。从灰度为 5 的像素中选取一个像素有两种算法：随机法和从周围像素的平均灰度的较大像素中顺次选取。后者比前者稍微复杂一些，但是后者所得结果的噪声比前者少。这里使用后者。接下来，在原始图像灰度为 5 的剩余 8 个像素中，用前面的方法选取 5 个像素，作为灰度 6 的像素数，以此类推，对所有像素重新进行灰度分配。

直方图均衡化的具体步骤包括如下 3 步：

01 计算每个灰度值的像素个数 n_k，即每个灰度在所有像素中出现了几次。

02 计算原图像的灰度累积分布函数 s_k，并求出灰度变换表。

◆ 计算原图像的灰度累积分布函数 s_k 的公式为：

$$s_k = \sum_{j=0}^{k} p(r_j) = \sum_{j=0}^{k} \frac{n_j}{n}, \quad k = 0,1,2,\cdots,255$$

◆ 求灰度变换表的公式为：

$$g_k = s_k \times 255 / n + 0.5, \quad k = 0,1,2,\cdots,255$$

其中，g_k 为第 k 个灰度级别变换后的灰度值，0.5 的作用是四舍五入。

03 根据灰度变换表将原图像各灰度级映射为新的灰度级，完成直方图均衡化。

大多数自然图像由于其灰度分布集中在较窄的区间，导致图像细节不够清晰。采用直方图均衡化后，可使图像的灰度间距拉开或使灰度均匀分布，从而增大反差，使图像细节清晰，达到增强图像的目的。直方图均衡化方法有以下两个特点：

（1）根据各灰度级别出现频率的大小，对各个灰度级别进行相应程度的增强，即各个级别之间的间距相应增大。

（2）可能减少原有图像灰度级别的个数，即对于出现频率过小的灰度级别可能出现简并现象。当满足公式

$$\left\lfloor \sum_{j=0}^{i+1} n_j \times 256/n \right\rfloor > \left\lfloor \sum_{j=0}^{i} n_j \times 256/n \right\rfloor, \quad i=0,1,2,\cdots,255$$

时，第i+1个灰度才会映射到与第i个灰度不同的灰度级别上，即当第i+1个灰度出现频数小于n/256时，它可能与第i个灰度映射到同一个灰度级别上，这就是简并现象。

直方图均衡化的简并现象不仅使出现频数过大的灰度级别过度增强，还使所关注的目标细节信息丢失，未能达到预期增强的目的。目前，已有很多直方图均衡化的改进算法在一定程度上改善了这一缺点，例如基于幂函数的加权自适应直方图均衡化、平台直方图均衡化等。这些都可以作为读者以后从事图像工作的研究方向。

在一线开发中，一般直接使用equalizeHist函数对图像进行直方图均衡化（归一化图像亮度和增强图像对比度），其声明如下：

```
equalizeHist(src[, dst]) -> dst
```

其中，参数src表示输入图像，即原图像，但需要为8位单通道的图像；dst表示输出结果，需要和原图像有一样的尺寸和类型。

直方图均衡化有3种，分别是灰度图像直方图、彩色图像直方图以及YUV直方图均衡化。

灰度图像直方图均衡化的示例如下：

【例6.12】 灰度图像直方图均衡化

```python
import cv2
import numpy as np

img = cv2.imread("test.jpg", 1)
gray = cv2.cvtColor(img, cv2.COLOR_BGR2GRAY)
cv2.imshow("src", gray)

dst = cv2.equalizeHist(gray)
cv2.imshow("dst", dst)

cv2.waitKey(0)
```

将灰度图像作为参数传进equalizeHist()方法即可。

运行工程，结果如图6-18所示。

图 6-18

下面我们使用OpenCV提供的均衡化函数equalizeHist实现彩色图像的直方图均衡化。彩色图像的直方图均衡化和灰度图像略有不同，需要先用split()方法将彩色图像的三个通道拆分，然后分别进行均衡化，最后使用merge()方法将均衡化后的三个通道合并。

【例 6.13】　实现彩色图像的直方图均衡化

```python
import cv2
import numpy as np

img = cv2.imread("test.jpg", 1)
cv2.imshow("src", img)

# 彩色图像均衡化，需要先分解通道再对每一个通道均衡化
(b, g, r) = cv2.split(img)
bH = cv2.equalizeHist(b)
gH = cv2.equalizeHist(g)
rH = cv2.equalizeHist(r)

# 合并每一个通道
result = cv2.merge((bH, gH, rH))
cv2.imshow("dst", result)
cv2.waitKey(0)
```

运行工程，结果如图 6-19 所示。从结果图片上可以看出，相比原图，直方图均衡化后的图片的对比度和亮度都被增强了不少。

图 6-19

有没有觉得结果图的色彩有点太鲜艳了？直方图均衡化通常是对单通道图像进行的，如果对多通道图像的每个通道分别进行均衡化，可能会出现一些色彩被增强得过分鲜艳的情况。因此，对于多通道彩色图像，经常先将其转换为 YUV 色彩空间，然后只对 Y 通道进行均衡化，此时的效果将更好。

YUV 是一种色彩编码模型，也叫作 YCrCb，其中"Y"表示明亮度（Luminance），"U"和"V"分别表示色度（Chrominance）和浓度（Chroma）。YUV 色彩编码模型，其设计初衷是为了解决彩色电视机与黑白电视机的兼容问题，它利用了人类眼睛的生理特性（对亮度敏感，对色度不敏感），允许降低色度的带宽，从而降低了传输带宽。YUV 在计算机系统中的应用尤为广泛，利用 YUV 色彩编码模型可以降低图片数据的内存占用，提高数据处理效率。另外，YUV 编码模型的图像数据一般不能直接用于显示，还需要将其转换为 RGB（RGBA）编码模型，才能够正常显示图像。YCrCb 色彩空间用亮度 Y，红色 Cr、蓝色 Cb 表示图像。从 BGR 色彩空间转换为 YCrCb 色彩空间的计算公式为：

```
Y = 0.299R + 0.587G + 0.114B
Cr = 0.713(R - Y) + delta
Cb = 0.564(B - Y) + delta
```

其中，delta = 128（8位图像）、delta = 32767（16位图像）、delta = 0.5（单精度图像）。在cv2.cvtColor函数中使用cv2.COLOR_BGR2YCrCb转换码可将图像从BGR色彩空间转换为YCrCb色彩空间；使用cv2.COLOR_YCrCb2BGR转换码可将图像从YCrCb色彩空间转换为BGR色彩空间。

YUV直方图均衡化的例子如下。

【例 6.14】 YUV 直方图均衡化

```python
import cv2
import numpy as np
#OpenCV 默认用 BGR 格式加载图像，因此需要先将其从 BGR 转换为 YUV
img = cv2.imread("test.jpg", 1) #读取图像
#用 cv2.cvtColor 函数将图像色彩空间转换为 YCrCb
imgYUV = cv2.cvtColor(img, cv2.COLOR_BGR2YCrCb)#imgYUV 存放转换后的结果图像
cv2.imshow("src", img) #显示原图像
channelsYUV = cv2.split(imgYUV) #拆分图像通道
channelsYUV=list(channelsYUV) #更改为列表类型
channelsYUV[0] = cv2.equalizeHist(channelsYUV[0]) #对 Y 通道进行均衡化
channels = cv2.merge(channelsYUV) #合并图像通道
#转换色彩空间为 BGR，这样能够正确显示图像
result = cv2.cvtColor(channels, cv2.COLOR_YCrCb2BGR)
cv2.imshow("dst", result) #显示图像
cv2.waitKey(0)
```

在上述代码中，首先使用cvtColor函数将彩色图像转换到YUV颜色空间。然后，使用cv::split()函数分离通道，并对Y通道进行自适应均衡化处理。最后，使用merge函数合并通道，并将图像转换回BGR颜色空间。

要均衡Y通道，需先分解出通道，然后均衡化，最后合并通道。OpenCV提供了一个split方法，直接传入图片就可以分离通道。均衡化后，要将均衡化后的三个通道合并为一张彩色图片，这时需要使用merge方法。merge方法将三个通道传入其中作为参数，返回的结果就是合并后的彩色图像值。

运行工程，结果如图6-20所示。可以看出，均衡化后的图像的亮度和对比度增强了，但颜色没有变得特别鲜艳。因此只对Y通道进行均衡化，效果更好。

图 6-20

第 7 章

图 像 平 滑

一幅图像在获取、传输等过程中会受到各种各样的噪声干扰。图像噪声来自多个方面，既有系统外部的干扰，如电磁波或经电源串进系统内部而引起的外部噪声，也有来自系统内部的干扰，如摄像机的热噪声、电器的机械运动而产生的抖动噪声等。这些噪声干扰使图像退化、质量下降，表现为图像模糊、特征淹没，对图像分析不利。因此，去除噪声、恢复原始图像是图像处理中的一个重要内容。消除噪声的工作称为图像平滑。

7.1　图像平滑基础

图像平滑是一种实用的数字图像处理技术。一个较好的平滑处理方法应该既能消除图像噪声，又不使图像边缘轮廓和线条变模糊，这是数字图像平滑处理要追求的目标。由于噪声源众多，噪声种类复杂，因此相应的平滑方法也多种多样。我们可以将图像平滑技术分为空间域图像平滑技术和频率域图像平滑技术。空间域图像平滑技术有邻域平均法、空间低通滤波、多图像平均、中值滤波等。在频率域，由于噪声频谱通常在高频部分，因此可以采用各种形式的低通滤波器来减少噪声。

图像平滑是一种邻域增强的方法。每幅图像都包含某种程度的噪声，噪声可以理解为由一种或多种原因引起的灰度值随机变化，例如由光子通量的随机性造成的噪声等。在大多数情况下，可以通过平滑技术（通常称为滤波技术）来抑制或去除噪声，其中具备保持边缘（Edge Preserving）特性的平滑技术尤为受到关注。常用的平滑处理算法包括基于二维离散卷积的高斯平滑、均值平滑，以及基于统计学方法的中值平滑等。

平滑也称为模糊，是一种简单而常用的图像处理操作。平滑的主要目的有两个：一个是消除噪声，改善图像质量；另一个是抽出对象特征。平滑处理的用途很多，这里我们仅关注它减少噪声的功能。在进行平滑处理时需要用到一个滤波器。

在空间域，平滑滤波有很多种算法，其中常见的有线性平滑、非线性平滑、自适应平滑。

滤波的意思是对原图像的每个像素周围一定范围内的像素进行运算，运算的范围就称为掩码或领域。运算分两种：如果运算只是对各像素灰度值进行简单处理（如乘一个权值），最后求和，就称为线性滤波；如果对像素灰度值的运算比较复杂，不是最后求和的简单运算，则是非线性滤波。例如，求一个像素周围3×3范围内的最大值、最小值、中值、均值等操作都不是简单的加权，都属于非线性滤波。线性空间滤波和非线性空间滤波如图7-1所示。

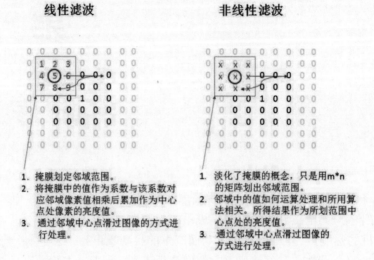

图 7-1

常用的滤波器是线性滤波器，线性滤波处理的输出像素值$g(i,j)$是输入像素值$f(i+k,j+l)$的加权和：

$$g(i, j) = \sum_{k,l} f(i + k, j + l)h(k, l)$$

上面公式中，$h(k,l)$称为核，它仅仅是一个加权系数。不妨把滤波器想象成一个包含加权系数的窗口，当使用这个滤波器平滑处理图像时，就把这个窗口滑过图像。滤波器的种类有很多，这里仅介绍常用的。

线性平滑就是对每一个像素的灰度值用它的邻域值来代替，其邻域的大小为$N×N$，N一般取奇数。图像经过线性平滑滤波，相当于经过了一个二维的低通滤波器，虽然降低了噪声，但同时也模糊了图像边缘和细节，这是这类滤波器的通病。非线性平滑是对线性平滑的一种改进，它不对所有像素都用其邻域平均值来代替，而是取一个阈值，当像素灰度值与其邻域平均值之间的差值大于阈值时，才以均值代替；当像素灰度值与其邻域平均值之间的差值不大于阈值时，取其本身的灰度值。非线性平滑可消除一些孤立的噪声点，对图像的细节影响不大，但会对物体的边缘带来一定的失真。

自适应平滑是一种根据当时、当地情况尽量不模糊边缘轮廓的方法，所以这种算法要有一个适应的目标。根据目标的不同，可以有各种各样的自适应图像处理方法。

下面两节内容按线性平滑（线性滤波）、非线性平滑（非线性滤波）分别介绍几种常见的算法。

7.2 线 性 滤 波

7.2.1 归一化方框滤波器

归一化方框滤波器（Normalized Box Filter）是很简单的滤波器，输出像素值是核窗口内像素值的均值（所有像素加权系数相等）。其核（kernel，用 K 表示）如图7-2所示。

$$K = \frac{1}{K_{width} \cdot K_{height}} \begin{bmatrix} 1 & 1 & 1 & \cdots & 1 \\ 1 & 1 & 1 & \cdots & 1 \\ \vdots & \vdots & \vdots & \vdots & 1 \\ \vdots & \vdots & \vdots & \vdots & 1 \\ 1 & 1 & 1 & \cdots & 1 \end{bmatrix}$$

图 7-2

方框滤波和均值滤波的核基本上是一致的，主要区别是要不要归一化处理。如果使用归一化处理，方框滤波就是均值滤波，实际上均值滤波是方框滤波归一化后的特殊情况。注意：均值滤波不能很好地保护细节。OpenCV提供了blur函数来实现均值滤波操作，该函数声明如下：

```
cv.blur(src, ksize[, dst[, anchor[, borderType]]]) -> dst
```

其中，参数src表示输入图像，图像深度是CV_8U、CV_16U、CV_16S、CV_32F以及CV_64F中的一个；ksize表示滤波模板kernel的尺寸，一般使用Size(w, h)来指定，如Size(3, 3)；dst表示输出图像，深度和类型与输入图像一致；anchor表示锚点，也就是处理的像素位于kernel的什么位置，默认值为(-1,-1)，即位于kernel中心点，如果没有特殊需要则不需要更改；borderType用于推断图像外部像素的某种边界模式，默认值是BORDER_DEFAULT。

【例 7.1】 实现均值滤波

```python
import cv2 as cv

g_nTrackbarMaxValue = 9;                    #定义轨迹条最大值
g_nTrackbarValue=0                          #定义轨迹条初始值
g_nKernelValue=0                            #定义 kernel 尺寸
g_srcImage = cv.imread("cat.png")
g_dstImage=cv.imread("cat.png")
windowName='Mean filtering'

def on_kernelTrackbar(x):
    global g_nKernelValue
    #根据输入值重新计算 kernel 尺寸
    g_nTrackbarValue = cv.getTrackbarPos('res',windowName)
    g_nKernelValue = g_nTrackbarValue * 2 + 1
    #均值滤波函数
```

```
        ksize = (g_nKernelValue,g_nKernelValue)
        cv.blur(g_srcImage,ksize, g_dstImage)
cv.namedWindow('src', cv.WINDOW_AUTOSIZE)        #定义窗口显示属性
cv.imshow('src',g_srcImage)
cv.namedWindow(windowName)
#创建滑块
cv.createTrackbar('res',windowName, 0, 9, on_kernelTrackbar)

while (True):
    cv.imshow(windowName, g_dstImage)
    if cv.waitKey(1) == ord('q'):
        break
cv.destroyAllWindows()
```

其中，on_kernelTrackbar是滑块事件回调函数，blur函数则用来实现均值滤波。滑块的范围是0～9，如果要显示得更模糊些，可以将范围设置得更大一些。

运行工程，结果如图7-3所示。

图 7-3

7.2.2 高斯滤波器

高斯滤波是一种线性平滑滤波，对于除去高斯噪声有很好的效果。高斯滤波是对输入数组的每个点与输入的高斯滤波模板执行卷积计算，然后将这些结果一块组成滤波后的输出数组。通俗地讲，高斯滤波是对整幅图像进行加权平均的过程，每一个像素点的值都由其本身和邻域内的其他像素值经过加权平均后得到。高斯滤波的具体操作是：用一个模板（或称卷积、掩码）扫描图像中的每一个像素，用模板确定的邻域内像素的加权平均灰度值去代替模板中心像素点的值。

在图像处理中，高斯滤波一般有两种实现方式：一种是用离散化窗口滑窗卷积，另一种是通过傅里叶变换。常见的是第一种滑窗实现，只有当离散化的窗口非常大、滑窗计算量非常大的情况下，才会考虑基于傅里叶变换的方法。

学习高斯滤波前，有必要预先学习卷积的知识，并且知道以下几个术语：

- 卷积核（convolution kernel）：用来对图像矩阵进行平滑的矩阵，也称为过滤器。

- 锚点：卷积核和图像矩阵重叠，进行内积运算后，锚点位置的像素点会被计算值取代。一般选取奇数卷积核的中心点作为锚点。
- 步长：卷积核沿着图像矩阵每次移动的长度。
- 内积：卷积核和图像矩阵对应像素点相乘，然后相加得到一个总和（不要和矩阵乘法混淆）。

高斯平滑即采用高斯卷积核对图像矩阵进行卷积操作。高斯卷积核是一个近似服从高斯分布的矩阵，随着与中心点的距离的增加，其值变小。这样进行平滑处理时，图像矩阵中锚点处的像素值权重大，边缘处的像素值权重小。

我们在参考其他文献的时候，会看到高斯模糊和高斯滤波两种说法，其实这两种说法是有一定区别的。我们知道滤波器分为高通、低通、带通等类型，高斯滤波和高斯模糊就是依据滤波器是低通滤波器还是高通滤波器来区分的。比如低通滤波器，像素能量低的通过；而对于像素能量高的部分，将会采取加权平均的方法重新计算像素的值，将能量较高的值变成能量较低的值。对于图像而言，其高频部分展现图像细节，所以经过低通滤波器之后，整幅图像变成低频，造成图像模糊，这就被称为高斯模糊。与之相反，高通滤波器允许高频通过，而过滤掉低频，这样可以对低频像素进行锐化操作，使图像变得更加清晰。简单地讲就是高斯滤波是指用高斯函数作为滤波函数的滤波操作，而高斯模糊是用高斯低通滤波器的滤波操作。

高斯滤波在图像处理中常用来对图像进行预处理，虽然耗时，但是对于除去高斯噪声有很好的效果。数字图像后期应用的最大问题就是噪声，噪声会造成很大的误差，而误差在不同的处理操作中会累积传递。为了得到较好的图像，对图像进行预处理去除噪声是有必要的。

高斯滤波器是一类根据高斯函数的形状来选择权值的线性平滑滤波器，对于服从正态分布的噪声非常有效，如图7-4所示。

假设图像是一维的，那么观察图7-4，不难发现中间像素的加权系数是最大的，周边像素的加权系数随着它们与中间像素的距离增大而逐渐减小。

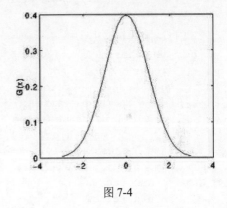

图 7-4

二维高斯函数表达如下：

$$G_0(x, y) = A e^{\frac{-(x-\mu_x)^2}{2\sigma_x^2} + \frac{-(y-\mu_y)^2}{2\sigma_y^2}}$$

其中，μ 为均值（峰值对应位置），σ 代表标准差（变量 x 和变量 y 各有一个均值，也各有一个标准差）。在OpenCV中，函数GaussianBlur可以实现高斯滤波，其声明如下：

```
cv.GaussianBlur(src, ksize, sigmaX[, dst[, sigmaY[, borderType]]]) -> dst
```

其中，参数src表示输入图像；dst表示输出图像；ksize表示内核大小；sigmaX表示高斯核函数在X方向的标准偏差；sigmaY表示高斯核函数在Y方向的标准偏差；borderType表示边界模式，默认值为BORDER_DEFAULT，一般情况下选择默认值即可。

下面我们手工实现高斯滤波，高斯滤波需要用到高斯滤波器，即卷积核，这里用到的是

3×3的卷积核。通过对原理剖析发现高斯卷积核中的具体值仅和自身坐标有关，与图像没有直接联系，故可以先计算卷积核，之后对图像进行高斯滤波。算法步骤如下：

01 根据公式，计算高斯卷积核内的具体值。此处用到建立二维高斯卷积核，在编写过程中省去了系数部分，并且对公式做了小小的修改，最后进行归一化。

02 对输入图像进行灰度化处理。

03 遍历灰度图像素点，对像素点邻域（和高斯卷积核一般大）进行高斯滤波。

【例7.2】 手工实现高斯滤波

```python
import cv2 as cv
import math
import numpy as np

# 灰度化处理
def rgb2gray(img):
    h=img.shape[0]
    w=img.shape[1]
    img1=np.zeros((h,w),np.uint8)
    for i in range(h):
        for j in range(w):
            img1[i,j]=0.144*img[i,j,0]+0.587*img[i,j,1]+0.299*img[i,j,1]
    return img1

# 计算高斯卷积核
def gausskernel(size):
    sigma=1.0
    gausskernel=np.zeros((size,size),np.float32)
    for i in range (size):
        for j in range (size):
            norm=math.pow(i-1,2)+pow(j-1,2)
            gausskernel[i,j]=math.exp(-norm/(2*math.pow(sigma,2)))  #求高斯卷积
    sum=np.sum(gausskernel)                                         # 求和
    kernel=gausskernel/sum                                          # 归一化
    return kernel

# 高斯滤波
def gauss(img):
    h=img.shape[0]
    w=img.shape[1]
    img1=np.zeros((h,w),np.uint8)
    kernel=gausskernel(3)                                           # 计算高斯卷积核
    for i in range (1,h-1):
        for j in range (1,w-1):
            sum=0
            for k in range(-1,2):
                for l in range(-1,2):
                    sum+=img[i+k,j+l]*kernel[k+1,l+1]               # 高斯滤波
            img1[i,j]=sum
    return img1

image = cv.imread("lena.png")
```

```
grayimage=rgb2gray(image)
gaussimage = gauss(grayimage)
cv.imshow("image",image)
cv.imshow("grayimage",grayimage)
cv.imshow("gaussimage",gaussimage)
cv.waitKey(0)
cv.destroyAllWindows()
```

在上述代码中，首先把图片转为灰度图，然后进行高斯滤波，其中计算了高斯卷积核。

运行工程，结果如图7-5所示，左图为灰度图，右图为高斯滤波图。对清晰的图像进行高斯滤波，图像会变模糊，实验结果符合理论依据。

图 7-5

【例 7.3】 库函数实现高斯滤波

```
import cv2

KSIZE = 1
SIGMA = 15
window_name = "GaussianBlurS Demo"

#两个回调函数
def GaussianBlurSize(GaussianBlur_size):
    global KSIZE
    KSIZE = GaussianBlur_size * 2 +3
    print(KSIZE, SIGMA)
    dst = cv2.GaussianBlur(scr, (KSIZE,KSIZE), SIGMA, KSIZE)
    cv2.imshow(window_name,dst)

def GaussianBlurSigma(GaussianBlur_sigma):
    global SIGMA
    SIGMA = GaussianBlur_sigma/10.0
    print(KSIZE, SIGMA)
    dst = cv2.GaussianBlur(scr, (KSIZE,KSIZE), SIGMA, KSIZE)
    cv2.imshow(window_name,dst)

#全局变量
GaussianBlur_size = 1
GaussianBlur_sigma = 15
max_value = 300
max_type = 6
```

```
trackbar_size = "Size*2+3"
trackbar_sigema = "Sigma/10"

#读入图片，模式为灰度图，创建窗口
scr = cv2.imread("lena.jpg",0)
cv2.namedWindow(window_name)

#创建滑动条
cv2.createTrackbar( trackbar_size, window_name, \
                GaussianBlur_size, max_type, GaussianBlurSize )
cv2.createTrackbar( trackbar_sigema, window_name, \
                GaussianBlur_sigma, max_value, GaussianBlurSigma )
#初始化
GaussianBlurSize(1)
GaussianBlurSigma(15)

if cv2.waitKey(0) == 27:
    cv2.destroyAllWindows()
```

在上述代码中，首先以灰度图模式读入原图，然后创建两个滑动条来分别控制高斯核的 size和 σ 大小。

> **注意** 当 σ=0时，OpenCV会根据窗口大小计算出 σ，因此从0滑动 σ 的滑动条时，图像会出现先变清晰又变模糊的现象。

运行工程，结果如图7-6所示。

图 7-6

7.3 非线性滤波

7.3.1 中值滤波

中值滤波（Median Filter）用像素点领域灰度值的中值来代替该像素点的灰度值，也就是说用一片区域的中间值来代替所有值,这可以除去最大值和最小值。中值滤波对除去斑点噪声和椒盐噪声很有用,缺点是中值滤波花费的时间在均值滤波的5倍以上。

中值平滑也有核,但并不进行卷积计算,而是对核中所有像素值排序得到中间值,用该中间值来代替锚点值。中值滤波在数字图像处理中属于空域平滑滤波的内容。

在OpenCV中,可以利用medianBlur()来进行中值平滑,该函数声明如下:

```
medianBlur(src, ksize[, dst]) -> dst
```

其中,参数src为被滤波图片,需要1、3或4通道的图像;dst是滤波后的输出结果;ksize是掩码的大小,比如,若用3×3的模板,ksize就传值3。ksize参数就是孔径的线性尺寸,必须大于1并且必须为奇数,其值越大,滤波就越强。

【例7.4】 实现中值滤波

```
import cv2 as cv
import numpy as np

def blur_demo(src):
    dst = cv.medianBlur(src,  7)
    cv.imshow("medianBlur_res", dst)

if __name__ == "__main__":
    cv.namedWindow("src");
    src = cv.imread("test.jpg")
    cv.imshow("src", src)
    blur_demo(src)

if cv.waitKey(0) == 27:
    cv.destroyAllWindows()
```

在上述代码中,我们对图片进行了孔径为7的中值滤波。

运行工程,结果如图7-7所示。

图 7-7

7.3.2 双边滤波

当前介绍的滤波器都是为了平滑图像,问题是有些时候这些滤波器不仅削弱了噪声,还把边缘也给磨掉了。为了避免这样的情形(至少在一定程度上),我们可以使用双边滤波。类似于高斯滤波器,双边滤波器也给每一个邻域像素分配一个加权系数。这些加权系数包含两部分:第一部分的加权方式与高斯滤波一样,第二部分的权重取决于该邻域像素与当前像素的灰度差值。

双边滤波是一种非线性滤波器，它可以达到保持边缘、降噪平滑的效果。和其他滤波原理一样，双边滤波也采用加权平均的方法，用周边像素亮度值的加权平均代表某个像素的强度，所用的加权平均基于高斯分布。最重要的是，在计算中心像素的时候，双边滤波的权重不仅考虑了像素的欧氏距离（如普通的高斯低通滤波，只考虑了位置对中心像素的影响），还考虑了像素范围域中的辐射差异（如卷积核中像素与中心像素之间的相似程度、颜色强度、深度距离等）。

与高斯滤波相比，双边滤波能够更好地保存图像的边缘信息。其原理为一个与空间距离相关的高斯函数与一个与灰度距离相关的高斯函数相乘。高斯滤波降噪，会较明显地模糊边缘，对于高频细节的保护效果并不明显。

双边滤波主要是通过cv2.bilateralFilter函数来操作的，它能够在保持边界清晰的情况下有效地去除噪声，但是这种操作比较慢。它拥有美颜的效果。该函数声明如下：

```
cv2.bilateralFilter(src, d, sigmaColor, sigmaSpace[, dst[, borderType]]) ->
dst
```

其中，参数src表示输入图像；d表示过滤时周围每个像素领域的直径；sigmaColor表示在color space中过滤sigma，参数值越大，临近像素将会在越远的地方混合；sigmaSpace表示在coordinate space中过滤sigma，参数值越大，对足够相近的颜色影响越大。

【例 7.5】 实现双边滤波

```
import cv2 as cv
import matplotlib.pyplot as plt
import numpy as np
import random
import math

img = cv.imread(r"test.jpg")
img_bilateral = cv.bilateralFilter(img,0,0.2,40)

cv.imshow("img",img)
cv.imshow("img_bilateral",img_bilateral)
cv.waitKey(0)
cv.destroyAllWindows()
```

运行工程，结果如图7-8所示。

图 7-8

第 **8** 章

几 何 变 换

在处理图像时，我们往往会遇到需要对图像进行几何变换的情况。图像的几何变换是图像处理和图像分析的基础内容之一，它不仅提供了产生某些图像的可能，还可以简化图像处理和分析的程序，特别是当图像具有一定的规律性时，一幅图像可以由其他图像通过几何变换来实现。因此，为了提高图像处理和分析程序设计的速度和质量，开拓图像程序应用范围的新领域，对图像进行几何变换是十分必要的。

图像的几何变换不改变图像的像素值，而是改变像素所在的几何位置。从变换的性质来分，图像的几何变换有图像的位置变换（平移、镜像、旋转）、图像的形状变换（放大、缩小、错切）等基本变换，以及图像的复合变换等。其中使用最频繁的是图像的缩放和旋转，不论是照片、图画、书报，还是医学X光影像和卫星遥感图像，都会用到这两项技术。

8.1 几何变换基础

图像的几何变换是指使用户获得或设计的原始图像，按照需要产生大小、形状和位置变化。按图像类型划分，图像的几何变换有二维平面图像的几何变换、三维图像的几何变换以及由三维向二维平面的投影变换。在本章中，我们只讨论二维（2D）图像的几何变换。

二维图像几何变换及变换中心在坐标原点的比例缩放、反射、错切和旋转等各种变换，都可以用2×2的矩阵来表示和实现。一个2×2变换矩阵 $T = \begin{bmatrix} a & b \\ c & d \end{bmatrix}$ 不能实现图像的平移以及绕任意点的比例缩放、反射、错切和旋转等各种变换。因此，为了能够使用统一的矩阵线性变换形式表示和实现这些常见的图像几何变换，就需要引入一种新的坐标，即齐次坐标（Homogeneous Coordinate）。利用齐次坐标来变换处理，才能实现上述各种二维图像的几何变换。

首先了解一下齐次坐标，齐次坐标就是将n维的向量用$n+1$维向量表示，增加了一个维度以后可以表达更多的信息：

（1）在欧氏距离中无法表示无穷远处的点，(∞,∞)是没有意义的。在齐次坐标中，使用$p=(x,y,0)$就可以轻松地表示p点是一个无穷远点。

（2）最后一维度可以区别点和向量。在欧氏距离中，(x,y)可以表示一个点，也可以表示一个向量。在齐次坐标中，如果(x,y)是点，则写成$(x,y,1)$；如果是向量，则写成$(x,y,0)$。

（3）通过升维，在齐次坐标中所有的转换都可以统一成向量乘积的形式。

在空间直角坐标系中，任意一点可用一个三维坐标矩阵$[x\ y\ z]$来表示。如果将该点用一个四维坐标的矩阵$[H_x\ H_y\ H_z\ H]$来表示，则称之为齐次坐标表示方法。在齐次坐标中，最后一维坐标H被称为比例因子。

齐次坐标表示是计算机图形学的重要手段之一，它既能明确区分向量和点，同时也更易用于进行仿射（线性）几何变换。

下面讲解一下如何在普通坐标和齐次坐标之间进行转换：

（1）从普通坐标转换成齐次坐标：

- 如果(x,y,z)是个点，则变为$(x,y,z,1)$。
- 如果(x,y,z)是个向量，则变为$(x,y,z,0)$。

（2）从齐次坐标转换成普通坐标：

- 如果是$(x,y,z,1)$，则知道它是个点，变成(x,y,z)。
- 如果是$(x,y,z,0)$，则知道它是个向量，仍然变成(x,y,z)。

以上是通过齐次坐标来区分向量和点的方式。从中可以得知，对于平移、旋转、缩放这3个最常见的仿射变换，平移变换只对于点才有意义，因为普通向量没有位置概念，只有大小和方向；而旋转和缩放对于向量和点都有意义，可以用类似上面的齐次表示来检测。

对于学习数字图像处理的新手来说，可能会疑惑：数字图像本来是用二维坐标(x, y)表示的，为什么进行图像变换时就要用齐次坐标$(x,y,1)$表示呢？答案很简单，就是为了简便运算，统一操作。对于计算机来说，降低复杂度、提高效率是非常重要的，此处也是如此。

图像的缩放和旋转变换可以用矩阵乘法的形式来表达变换后的像素位置之间的映射关系，那么平移变换呢？平移变换表示的是位置变化的概念。如图8-1所示，一个图像矩形从中心点$[x_1,y_1]$平移到了中心点$[x_2,y_2]$处，整体大小和角度都没有变化。在x方向和y方向上分别平移了t_x和t_y大小。

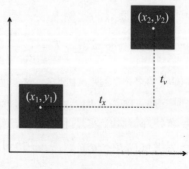

图 8-1

显然有：

$$x_2 = x_1 + t_x$$
$$y_2 = x_2 + t_y$$

这对于图像中的每一个点都是成立的。写成矩阵的形式如下：

$$\begin{bmatrix} x_2 \\ y_2 \end{bmatrix} = \begin{bmatrix} x_1 \\ y_1 \end{bmatrix} + \begin{bmatrix} t_x \\ t_y \end{bmatrix}$$

我们再把前面的缩放变换和旋转变换的矩阵形式写出来：

（1）缩放变换：

$$\begin{bmatrix} x_2 \\ y_2 \end{bmatrix} = \begin{bmatrix} k_x & 0 \\ 0 & k_y \end{bmatrix} + \begin{bmatrix} x_1 \\ y_1 \end{bmatrix}$$

（2）旋转变换：

$$\begin{bmatrix} x_2 \\ y_2 \end{bmatrix} = \begin{bmatrix} \cos\theta & -\sin\theta \\ \sin\theta & \cos\theta \end{bmatrix} + \begin{bmatrix} x_1 \\ y_1 \end{bmatrix}$$

实际上，图像的几何变换通常不是单一的，也就是说经常是缩放、旋转、平移一起变换。例如，先放大2倍，然后旋转45度，再缩小0.5倍，这可以表示成矩阵乘法串接的形式：

$$\begin{bmatrix} x_2 \\ y_2 \end{bmatrix} = \begin{bmatrix} 0.5 & 0 \\ 0 & 0.5 \end{bmatrix} \begin{bmatrix} \cos45 & -\sin45 \\ \sin45 & \cos45 \end{bmatrix} \begin{bmatrix} 2 & 0 \\ 0 & 2 \end{bmatrix} \begin{bmatrix} x_1 \\ y_1 \end{bmatrix}$$

这样，不管有多少次变换，都可以用矩阵乘法来实现。但是平移变换呢？从前面可以看到，平移变换并不是矩阵乘法的形式，而是矩阵加法的形式。

那能不能把缩放变换、旋转变换、平移变换统一成矩阵乘法的形式呢，这样不管进行多少次变换，都可以表示成矩阵连乘的形式，将极大地方便计算和降低运算量。

解决办法就是"升维"，引入"齐次坐标"，将图像从平面2D坐标变成3D坐标，平移变换矩阵就可以表示成如下公式：

$$\begin{bmatrix} x_2 \\ y_2 \\ 1 \end{bmatrix} = \begin{bmatrix} 1 & 0 & t_x \\ 0 & 1 & t_y \\ 0 & 0 & 1 \end{bmatrix} \begin{bmatrix} x_1 \\ y_1 \\ 1 \end{bmatrix}$$

利用矩阵乘法知识可以计算出右边式子的结果，它与前面矩阵相加的结果是一样的。

这样一来，平移变换通过升维后的齐次坐标，也变成了矩阵乘法的形式。当然缩放变换和旋转变换的矩阵形式也得改一改，统一变成三维的形式。

（1）缩放变换：

$$\begin{bmatrix} x_2 \\ y_2 \\ 1 \end{bmatrix} = \begin{bmatrix} k_x & 0 & 0 \\ 0 & k_y & 0 \\ 0 & 0 & 1 \end{bmatrix} \begin{bmatrix} x_1 \\ y_1 \\ 1 \end{bmatrix}$$

（2）旋转变换：

$$
\begin{bmatrix} x_2 \\ y_2 \\ 1 \end{bmatrix} = \begin{bmatrix} \cos\theta & -\sin\theta & 0 \\ \sin\theta & \cos\theta & 0 \\ 0 & 0 & 1 \end{bmatrix} \begin{bmatrix} x_1 \\ y_1 \\ 1 \end{bmatrix}
$$

这样图像几何变换的矩阵形式就统一了。以后所有的变换，不管怎样变换，变换多少次，都可以表示成一连串的矩阵相乘了。

总结一下，齐次坐标主要就有以下两个优点：

- 它提供了用矩阵运算把二维、三维甚至高维空间中的一个点集从一个坐标系变换到另一个坐标系的有效方法。
- 它可以表示无穷远的点。在 $n+1$ 维的齐次坐标中，如果 $h=0$，实际上就表示了 n 维空间的一个无穷远点。对于齐次坐标 $[a,b,h]$，保持 a、b 不变，点沿直线 $ax+by=0$ 逐渐走向无穷远处。

其实在图形学的理论中，很多已经被封装好的API也是很有讲究的，要想成为一名专业的计算机图形学的学习者，除了知其然必须还得知其所以然，这样在遇到问题的时候才能迅速定位问题的根源，从而解决问题。

8.2　图　像　平　移

图像平移是将一幅图像中所有的点都按照指定的平移量在水平、垂直方向移动。平移后的图像上的每一点都可以在原图像中找到对应的点。我们知道，图像是由像素组成的，像素的集合相当于一个二维的矩阵，每一个像素都有一个"位置"，也就是每个像素都有一个坐标。假设原来的像素的位置坐标为 (x_0, y_0)，经过平移量 $(\Delta x, \Delta y)$ 后，坐标变为 (x_1, y_1)，用数学公式表示为：

$$
x_1 = x_0 + \Delta x
$$
$$
y_1 = y_0 + \Delta y
$$

平移变换分为两种：一种是图像大小不改变，这样原图像中会有一部分不在平移后的图像中；另一种是图像大小改变，这样可以保全原图像的内容。

有了OpenCV后，平移图像就不需要如此麻烦了，因为OpenCV提供了函数warpAffine，该函数使用指定的矩阵变换原图像，其声明如下：

```
warpAffine(src, M, dsize[, dst[, flags[, borderMode[, borderValue]]]]) -> dst
```

其中，参数src表示输入的图像；M表示2×3变换矩阵；dsize表示输出图像的大小；dst表示大小为dsize且类型与src相同的输出图像；flags表示插值方法的组合；borderMode表示边界模式；borderValue表示在边界为常量的情况下使用的值，默认值为0。

【例8.1】　实现图像平移

```
import numpy as np
import cv2 as cv

img = cv.imread(r'test.jpg', 1)
rows, cols, channels = img.shape
M = np.float32([[1,0,100],[0,1,50]])
res = cv.warpAffine(img, M, (cols, rows))

cv.imshow('img', res)
cv.waitKey(0)
cv.destroyAllWindows()
```

warpAffine()的第3个参数为输出的图像大小，该参数的形式为(width, height)。

运行工程，结果如图8-2所示。

图 8-2

8.3　图 像 旋 转

图像的旋转是数字图像处理中一个非常重要的环节，是图像的几何变换手法之一。图像的旋转算法是图像处理的基础算法。在数字图像处理过程中经常要用到旋转，比如在进行图像扫描时，需要运用旋转实现图像的倾斜校正；在进行多幅图像的比较和模式识别、对图像进行剪裁和拼接前，都需要进行图像的旋转处理。

一般图像的旋转是以图像的中心为原点的，将图像上的所有像素都旋转一个相同的角度。图像的旋转变换时图像的位置变换，旋转后图像的大小一般会改变。在图像旋转变换中既可以把转出显示区域的图像截去，也可以扩大图像范围以显示所有的图像。

图像旋转后，图像的水平对称轴、垂直对称轴及中心坐标原点都可能会发生变换，因此需要对图像旋转中的坐标进行相应转换，如图8-3所示。

假设图像逆时针旋转θ，根据坐标转换可得旋转转换公式：

$$\begin{cases} x' = r\cos(\alpha - \theta) \\ y' = r\sin(\alpha - \theta) \end{cases}$$

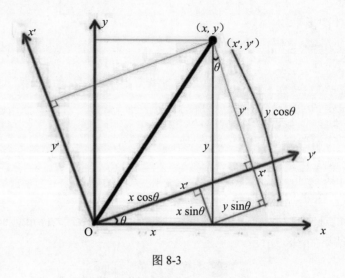

图 8-3

因为：

$$r = \sqrt{x^2 + y^2}, \sin\alpha = \frac{y}{\sqrt{x^2 + y^2}}, \cos\alpha = \frac{x}{\sqrt{x^2 + y^2}}$$

所以：

$$\begin{cases} x' = x\cos\theta + y\sin\theta \\ y' = -x\sin\theta + y\cos\theta \end{cases}$$

即：

$$\begin{bmatrix} x' & y' & 1 \end{bmatrix} = \begin{bmatrix} x & y & 1 \end{bmatrix} \begin{bmatrix} \cos\theta & -\sin\theta & 0 \\ \sin\theta & \cos\theta & 0 \\ 0 & 0 & 1 \end{bmatrix}$$

这个矩阵变换是纯旋转公式。其实，旋转变换的原理就是原图像素坐标乘以旋转矩阵。

旋转后的图片灰度值等于原图中相应位置的灰度值：$f(x', y') = f(x, y)$。同时我们要修正原点的位置，因为图像中的坐标原点在图像的左上角，经过旋转后图像的大小会有所变化，原点也需要修正。

可以利用OpenCV提供的库函数getRotationMatrix2D来实现图像旋转。该函数用来计算出旋转矩阵，其声明如下：

```
getRotationMatrix2D(center, angle, scale) -> retval
```

其中，参数center表示旋转的中心点；angle表示旋转的角度；scale表示图像缩放因子。该函数的返回值为一个2×3的矩阵，其中矩阵前两列代表旋转，最后一列代表平移。

计算出旋转矩阵后，还需要把旋转应用到仿射变换的输出。仿射变换函数是warpAffine，将在8.4节介绍。

【例 8.2】　　实现图像的旋转

```
import cv2
import numpy as np

img=cv2.imread('test.jpg')

rows,cols=img.shape[:2]
#第一个参数是旋转中心，第二个参数是旋转角度，第三个参数是旋转后的缩放因子
M=cv2.getRotationMatrix2D((cols/2,rows/2),60,1.2)

#第三个参数是输出图像的尺寸中心，图像的宽和高
shuchu=cv2.warpAffine(img,M,(2*cols,rows))
while(1):
    cv2.imshow('Result',shuchu)
    if cv2.waitKey(1)&0xFF==27:
        break
cv2.destroyAllWindows()
```

运行工程，结果如图8-4所示。旋转完成的图片都是原始大小。

图 8-4

【例 8.3】　　不出现裁剪的旋转

```
import cv2
import numpy as np
img=cv2.imread('test.jpg')

def rotate_bound(image, angle):
    # 抓取图像的尺寸，然后确定中心
    (h, w) = image.shape[:2]
    (cX, cY) = (w // 2, h // 2)

    # 抓取旋转矩阵（应用角度的负数顺时针旋转），然后抓取正弦和余弦
    # （即矩阵的旋转分量）
    M = cv2.getRotationMatrix2D((cX, cY), -angle, 1.0)
    cos = np.abs(M[0, 0])
    sin = np.abs(M[0, 1])

    # 计算图像的新边界尺寸
    nW = int((h * sin) + (w * cos))
    nH = int((h * cos) + (w * sin))

    #调整旋转矩阵以考虑平移
```

```
    M[0, 2] += (nW / 2) - cX
    M[1, 2] += (nH / 2) - cY

    # 执行实际旋转并返回图像
    shuchu=cv2.warpAffine(image, M, (nW, nH))
    while (1):
        cv2.imshow('shuchu', shuchu)
        if cv2.waitKey(1) & 0xFF == 27:
            break

rotate_bound(img,45)
```

在上述代码中，首先抓取图像的尺寸，然后确定中心，接着抓取旋转矩阵、正弦和余弦，再计算图像的新边界尺寸，调整旋转矩阵以考虑平移，最后执行实际旋转并返回图像。

运行工程，结果如图8-5所示。

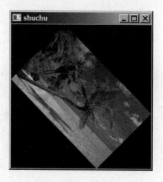

图 8-5

8.4 仿射变换

仿射变换是一种常用的图像几何变换。平移、旋转、缩放、翻转、剪切等变换都属于仿射变换，如图8-6所示。使用仿射变换矩阵，能够方便地描述图像的线性变换以及平移等非线性变换。

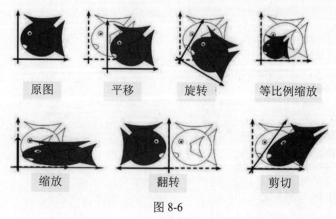

图 8-6

仿射变换可以通过一系列的原子变换复合来实现。这类变换可以用一个3×3的矩阵M来表示，最后一行为(0,0,1)。该变换矩阵将原坐标(x,y)变换为新坐标(x',y')：

$$\begin{bmatrix} x' \\ y' \\ 1 \end{bmatrix} = \begin{bmatrix} m_{00} & m_{01} & m_{02} \\ m_{10} & m_{11} & m_{12} \\ 0 & 0 & 1 \end{bmatrix} \begin{bmatrix} x \\ y \\ 1 \end{bmatrix}$$

仿射变换保持二维图形的"平直性"（变换后直线还是直线，圆弧还是圆弧）和"平行性"（保持二维图形间的相对位置关系不变，平行线还是平行线，而直线上的点位置顺序不变，注意向量间夹角可能会发生变化）。事实上，仿射变换代表的是两幅图之间的关系。

在OpenCV中，用于仿射变换的函数是warpAffine，其声明如下：

```
warpAffine(src, M, dsize[, dst[, flags[, borderMode[, borderValue]]]]) -> dst
```

其中，src表示输入图像；dst表示输出图像，尺寸由dsize指定，图像类型与原图像一致；M表示2×3的变换矩阵；dsize指定图像输出尺寸；flags表示插值算法标识符，如果为WARP_INVERSE_MAP，则有默认值INTER_LINEAR；borderMode表示边界像素模式，有默认值BORDER_CONSTANT；borderValue表示边界取值，有默认值Scalar()，即0。

对于较复杂的仿射变换，OpenCV提供了函数 getAffineTransform来生成仿射函数warpAffine所使用的转换矩阵M。该函数的语法格式为：

```
retval=cv2.getAffineTransform(src, dst)
```

其中，src代表输入图像的3个点坐标；dst代表输出图像的3个点坐标。上述参数通过函数cv2.getAffineTransform()定义了两个平行四边形。src和dst中的3个点分别对应平行四边形的左上角、右上角、左下角3个点。函数cv2.warpAffine()以函数cv2.getAffineTransform()获取的转换矩阵M为参数，将src中的点仿射到dst中。函数getAffineTransform对所指定的点完成映射后，将所有其他点的映射关系按照指定点的关系计算确定。

【例8.4】　实现图像的仿射变换

```
import numpy as np
import cv2 as cv

img = cv.imread(r'test.jpg', 1)
rows, cols, channels = img.shape
#定义3个点
p1 = np.float32([[0,0], [cols-1,0], [0,rows-1]])
#定义3个点的变换位置
p2 = np.float32([[0,rows*0.3], [cols*0.8,rows*0.2], [cols*0.15,rows*0.7]])
#生成变换矩阵
M = cv.getAffineTransform(p1, p2)
#进行仿射变换
dst = cv.warpAffine(img, M, (cols,rows))
cv.imshow('original', img)
cv.imshow('result', dst)
cv.waitKey(0)
cv.destroyAllWindows()
```

上面代码首先构造了两个三分量的点集合p1和p2，分别指代原始图像和目标图像内平行四边形的3个顶点（左上角、右上角、左下角）；再使用M=cv2.getAffineTransform(p1,p2)获取转换矩阵M；最后通过dst=cv2.warpAffine(img,M, (cols,rows))完成了从原始图像到目标图像的仿射。

仿射变换中的平移、旋转、缩放、翻转（翻转镜像除了用三点法求仿射变换矩阵外，还可以用flip函数实现）和错切主要是一个仿射映射矩阵的设置，灵活地设置不同的变换矩阵可以得到不同的变换效果。如果这里的仿射变换要想得到很好的效果，比如旋转以后图像的大小不变而且图像位于窗口中心，就需要进行窗口大小的调整和旋转后图像的平移操作。

运行工程，结果如图8-7所示。

图 8-7

8.5 图 像 缩 放

8.5.1 缩放原理

图像按比例缩放是指将给定的图像在x轴方向按比例缩放f_x倍，在y轴方向按比例缩放f_y倍，从而获得一幅新的图像。如果$f_x=f_y$，即在x轴和y轴方向缩放的比例相同，则称这样的比例缩放为图像的全比例缩放；如果$f_x \neq f_y$，图像的比例缩放则会改变原始图像的像素间的相对位置，产生几何畸变。

设原图像中的点$P_0(x_0,y_0)$按比例缩放后，在新图像中的对应点为$P(x,y)$，则按比例缩放前后两点$P_0(x_0,y_0)$、$P(x,y)$之间的关系用矩阵形式可以表示为：

$$\begin{bmatrix} x \\ y \\ 1 \end{bmatrix} = \begin{bmatrix} f_x & 0 & 0 \\ 0 & f_y & 0 \\ 0 & 0 & 1 \end{bmatrix} \begin{bmatrix} x_0 \\ y_0 \\ 1 \end{bmatrix}$$

其逆运算为：

$$\begin{bmatrix} x_0 \\ y_0 \\ 1 \end{bmatrix} = \begin{bmatrix} \dfrac{1}{f_x} & 0 & 0 \\ 0 & \dfrac{1}{f_x} & 0 \\ 0 & 0 & 1 \end{bmatrix} \cdot \begin{bmatrix} x \\ y \\ 1 \end{bmatrix}$$

即 $\begin{cases} x_0 = \dfrac{x}{f_x} \\ y_0 = \dfrac{y}{f_y} \end{cases}$ ，按比例缩放所产生的图像中的像素可能在原图像中找不到相应的像素点，这样就

必须进行插值处理。有关插值的内容在后面介绍。下面首先介绍图像的比例缩小。最简单的比例缩小是当 $f_x = f_y = \dfrac{1}{2}$ 时，图像被缩到一半大小，此时缩小后图像中的(0,0)像素对应原图像中的(0,0)像素，(0,1)像素对应原图像中的(0,2)像素，(1,0)像素对应原图像中的(2,0)像素，以此类推。图像缩小之后，因为承载的数据量小了，所以画布可相应缩小。此时，只需在原图像的基础上，每行隔一个像素取一点，每隔一行进行操作，即取原图的偶（奇）数行和偶（奇）数列构成新的图像。如果图像按任意比例缩小，就需要计算选择的行和列。

如果 $M \times N$ 大小的原图像 $F(x,y)$ 需要缩小为 $kM \times kN$ 大小（ $k < 1$ ）的新图像 $I(x,y)$ ，则 $I(x,y) = F(\mathrm{int}(c \times x), \mathrm{int}(c \times y))$ ，其中 $c = \dfrac{1}{k}$ 。由此公式可以构造新图像。

当 $f_x \neq f_y \left(f_x, f_y > 0 \right)$ 时，图像不按比例缩小，这种操作因为在 x 轴方向和 y 轴方向的缩小比例不同，一定会带来图像的几何畸变。图像不按比例缩小的方法是：若 $M \times N$ 大小的旧图像 $F(x,y)$ 缩小为 $k_1 M \times k_2 N$ （ $k_1 < 1$, $k_2 < 1$ ）大小的新图像 $I(x,y)$ ，则 $I(x,y) = F(\mathrm{int}(c_1 \times x), \mathrm{int}(c_2 \times y))$ ，其中 $c_1 = \dfrac{1}{k_1}$, $c_2 = \dfrac{1}{k_2}$ 。由此公式可以构造新图像。

图像的缩小操作是在现有的信息中挑选出所需的有用信息；而图像的放大操作则需要对放大后多出来的空格填入适当的像素值，这是信息的估计问题，所以较图像的缩小要难一些。当 $f_x = f_y = 2$ 时，图像按全比例放大两倍，放大后图像中的(0,0)像素对应原图中的(0,0)像素；(0,1)像素对应原图中的(0,0.5)像素，该像素不存在，可以近似为(0,0)，也可以近似为(0,1)；(0,2)像素对应原图像中的(0,1)像素；(1,0)像素对应原图中的(0.5,0)像素，该像素近似于(0,0)或(1,0)像素；(2,0)像素对应原图中的(1,0)像素，以此类推。其实这是将原图像每行中的像素重复取值一遍，然后每行重复一次。

按比例将原图像放大 k 倍时，如果按照最近邻域法，就需要将一个像素值添在新图像的 $k \times k$ 子块中。显然，如果放大倍数太大，按照这种方法处理会出现马赛克效应。当 $f_x \neq f_y$ （ $f_x, f_y > 0$ ）时，图像在 x 轴方向和 y 轴方向不按比例放大，此时由于 x 轴方向和 y 轴方向的放大倍数不同，一定会带来图像的几何畸变。放大的方法是将原图像的一个像素添加到新图像的一个 $k_1 \times k_2$ 子块中。为了提高几何变换后的图像质量，常采用线性插值法。该方法的原理是，当求出的分数地址与像素点不一致时，求出周围4个像素点的距离比，根据该比率，由4个邻域的像素灰度值进行线性插值。

8.5.2 OpenCV 中的缩放

在OpenCV中，实现图像缩放的函数是resize，该函数声明如下：

```
resize(src, dsize[, dst[, fx[, fy[, interpolation]]]]) -> dst
```

其中，参数src表示原图像；dst表示输出图像；dsize表示目标图像的大小；fx表示在x轴上的缩放比例；fy表示在y轴上的缩放比例；interpolation表示插值方式，包括INTER_NN（最近邻插值）、INTER_LINEAR（默认值，双线性插值）、INTER_AREA（使用像素关系重采样，当图像缩小时，该方法可以避免波纹出现；当图像放大时，类似INTER_NN方法）、INTER_CUBIC（立方插值）。注意：dsize、fx和fy不能同时为0。

【例8.5】 实现图像的缩放

```python
import numpy as np
import cv2

def resizeImage(image,width=None,height=None,inter=cv2.INTER_AREA):
    newsize = (width,height)
    #获取图像尺寸
    (h,w) = image.shape[:2]
    if width is None and height is None:
        return image
    #高度算缩放比例
    if width is None:
        n = height/float(h)
        newsize = (int(n*w),height)
    else :
        n = width/float(w)
        newsize = (width,int(h*n))
    # 缩放图像
    newimage = cv2.resize(image, newsize, interpolation=inter)
    return newimage

imageOriginal = cv2.imread("lakeWater.jpg")
cv2.imshow("Original", imageOriginal)
#获取图像尺寸
w = width=imageOriginal.shape[1]
h = width=imageOriginal.shape[2]
print ("Image size:",w,h)
#放大2倍
newimage = resizeImage(imageOriginal,w*2,h*2,cv2.INTER_LINEAR)
cv2.imshow("New", newimage)
#保存缩放后的图像
cv2.imwrite('newimage.jpg',newimage)
#缩小为原来的1/5
newimage2 = resizeImage(imageOriginal,int(w/5),int(h/5),cv2.INTER_LINEAR)
cv2.imwrite('newimage2.jpg',newimage2)
```

在上述代码中，首先显示了原图，然后利用resize函数对图像分别进行放大2倍和缩小为原来的1/5的处理。

运行工程，结果如图8-8所示。

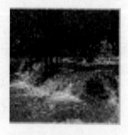

图 8-8

第**9**章

图像边缘检测

边缘检测是图像处理与计算机视觉中的重要技术之一，目的是检测识别出数字图像中亮度变化剧烈的像素点构成的集合。图像边缘检测可以用于定位二维或三维图像中对象的边缘，这些边缘通常是图像中亮度或灰度值发生显著变化的地方，对应着物体的轮廓、不同区域的边界等。

图像边缘检测在图像分割、目标识别、图像分析等领域具有广泛的应用。

9.1 概　　述

图像属性中的显著变化通常反映了属性的重要事件和变化，包括深度上的不连续、表面方向不连续、物质属性变化和场景照明变化。边缘检测是图像处理和计算机视觉，尤其是特征提取中的一个研究领域。图像边缘检测大幅度地减少了数据量，并且剔除了不相关的信息，保留了图像重要的结构属性。有许多方法用于边缘检测，它们大致可以划分为两类：基于查找和基于零穿越。基于查找的方法通过寻找图像一阶导数中的最大值和最小值来检测边界，通常将边界定位在梯度最大的方向。基于零穿越的方法通过寻找图像二阶导数零穿越来寻找边界，通常是拉普拉斯算子（Laplacian Operator）过零点或者非线性差分表示的过零点。

人类视觉系统认识目标的过程分为两步：第一步是把图像边缘与背景分离出来；第二步是感受图像的细节，辨认出图像的轮廓。计算机视觉正是模仿人类视觉的这个过程。因此，在检测物体边缘时，先对其轮廓点进行粗略检测，然后通过链接规则把原来检测到的轮廓点连接起来，同时也检测和连接遗漏的边界点及去除虚假的边界点。图像的边缘是图像的重要特征，是计算机视觉、模式识别等的基础，因此边缘检测是图像处理中的一个重要环节。然而，边缘检测又是图像处理中的一个难题，因为实际景物图像的边缘往往是各种类型的边缘及其模糊化后结果的组合，且实际图像信号存在噪声。噪声和边缘都属于高频信号，很难用频带进行取舍。

锐化的概念可以从锐度谈起。很多人都以为锐度就是Sharpness，其实在数字图像领域，锐度更准确的说法是acutance，就是边缘的对比度（这里的边缘指的是图像中的物件的边缘）。一组锐度变化图如图9-1所示。

图 9-1

从图9-1中可以看出，锐度从左到右逐渐提高了。锐度的提高会在不增加图像像素的基础上造成提高清晰度的假象。那么这样的锐化效果如何实现呢？一个传统的算子是如何工作的呢？我们慢慢来展开。回到锐度的本意来看，锐度就是边缘的对比度，提高锐度就是把边缘的对比度提高了，所以我们的工作就变成了：

- 找到有差异的相邻的像素（这就是边缘检测）。
- 增加有差异的像素的对比度（这就是图像锐化）。

在图像增强过程中，通常会利用各类图像平滑算法去消除噪声，图像的常见噪声有加性噪声、乘性噪声和量化噪声等。一般来说，图像的能量主要集中在其低频部分，噪声所在的频段主要在高频段，同时图像边缘信息也主要集中在高频部分。这将导致原始图像在平滑处理之后，图像边缘和图像轮廓变得模糊。为了减少这类不利效果的影响，就需要利用图像锐化技术使图像的边缘变得清晰。

经过平滑的图像变得模糊的根本原因是图像受到了平均或积分运算，因此可以对其进行逆运算（如微分运算），就可以使图像变得清晰。图像锐化的方法分为高通滤波和空域微分法。图像的边缘或线条的细节（边缘）部分与图像频谱的高频分量相对应，因此采用高通滤波让高频分量顺利通过，并适当抑制中低频分量，使图像的细节变得清楚，从而实现图像的锐化。

在智能化的人机交互过程和对计算机图像边缘检测的研究中，边缘检测可以提供大量有价值的信息，也可以作为一个友好的交互接口。于是产生了许多新的研究热点，例如图像的处理、人脸的识别、视频的监控、身份的验证以及网络传输中基于图像的压缩与检索等。数字图像作为一个崭新的学科在科学研究、工业生产、军事技术和医疗卫生等领域发挥着越来越重要的作用，对它的研究也日益受到人们的重视。

边缘是指图像周围像素灰度有阶跃变化或屋顶状变化的像素的集合，它存在于目标与背景、目标与目标、区域与区域、基元与基元之间。边缘具有方向和幅度两个特征，沿边缘走向，像素值变化比较平缓；垂直于边缘走向，像素值变化比较剧烈，可能呈现阶跃状，也可能呈现斜坡状。因此，边缘可以分为两种：一种为阶跃性边缘，它两边的像素灰度值有着明显的不同；另一种为屋顶状边缘，它位于灰度值从增加到减少的变化转折点。对于阶跃性边缘，二阶方向导数在边缘处呈零交叉；对于屋顶状边缘，二阶方向导数在边缘处取极值。

图像处理的主要内容是在图像边缘检测的基础上，对物体背景灰度和纹理特征进行一种无损检测。这也是图像分割、模式识别、机器视觉和区域形状提取领域的基础，同时也是图像分析和三维重建的重要环节。

图像边缘检测技术是图像处理和计算机视觉等领域的基本技术，如何快速、精确地提取图像边缘信息一直是国内外的研究热点，同时也是图像处理中的一个难题。早期的经典算法包括边缘算子方法、曲面拟合方法、模板匹配方法、阈值法等。近年来，随着数学理论与人工智能技术的发展，出现了许多新的边缘检测方法，如Roberts、Laplacian、Canny等图像的边缘检测方法。这些方法的应用对于高水平的特征提取、特征描述、目标识别和图像理解有重大的影响。

虽然图像边缘检测方法已经有很多，但每种方法都有不足之处，有的难以获得合理的计算复杂度，有的需要人为地调节各种参数，有的甚至难以实时运行，在某种情况下仍不能检测到目标物体的最佳边缘，因此仍未形成普遍适用的边缘检测方法。

数字图像边缘检测是图像分割、目标区域识别和区域形状提取等图像分析领域十分重要的基础，是图像识别中提取图像特征的一个重要方法。边缘中包含图像物体有价值的边界信息，这些信息可以用于图像的理解和分析，并且通过边缘检测可以极大地降低后续图像分析和处理的数据量。

边缘检测目的是检测并识别出由图像中亮度变化剧烈的像素点构成的集合。图像边缘的正确检测有利于分析、定位及识别目标物体。通常目标物体形成边缘存在以下几种情形：

- 目标物体呈现在图像的不同物体平面上，深度不连续。
- 目标物体本身平面不同，表面方向不连续。
- 目标物体材料不均匀，表面反射光不同。
- 目标物体受外部场景光影响不一。

根据边缘形成的原因，对图像的各像素点进行求微分或二阶微分，可以检测出灰度变化明显的点。边缘检测大大减少了原图像的数据量，剔除了与目标不相干的信息，保留了图像重要的结构属性。边缘检测算子是利用图像边缘的突变性质来检测边缘的，通常将边缘检测分为以下3个类型：

（1）一阶微分为基础的边缘检测，通过计算图像的梯度值来检测图像边缘，如Sobel算子、Prewitt算子、Roberts算子及差分边缘检测。

（2）二阶微分为基础的边缘检测，通过寻求二阶导数中的过零点来检测边缘，如拉普拉斯算子、高斯拉普拉斯算子、Canny算子边缘检测。

（3）混合一阶与二阶微分为基础的边缘检测，综合利用一阶微分与二阶微分的特征，如Mar-Hildreth边缘检测算子。

9.2　边缘检测研究的历史现状

由于边缘检测在图像处理中的应用十分广泛，因此其研究多年来一直受到人们的高度重视，到现在各种类型的边缘检测算法已经有成百上千种。到目前为止，国内外关于边缘检测的研究主要以下面两种方式为主。

（1）不断提出新的边缘检测算法。一方面，人们对于传统的边缘检测技术的掌握已经十分成熟；另一方面，随着科学的发展，传统的方法越来越难以满足某些情况下不断增加或更加严格的要求，如性能指标、运行速度等方面。针对这种情况，人们提出了许多新的边缘检测方法。这些新的方法大致可以分为两类：一类是结合特定理论工具的检测技术，如基于数学形态学的检测技术、借助统计学方法的检测技术、利用神经网络的检测技术、利用模糊理论的检测技术、基于小波分析和变换的检测技术、利用信息论的检测技术、利用遗传算法的检测技术等；另一类是针对特殊的图像提出的边缘检测方法，如将二维的空域算子扩展为三维算子，可以对三维图像进行边缘检测、对彩色图像进行边缘检测、对合成孔径雷达图像进行边缘检测、对运动图像进行边缘检测（实现对运动图像的分割）等。

（2）将现有的算法应用于实际工程中，如车牌识别、虹膜识别、人脸检测、医学或商标图像检索等。

尽管人们很早就提出了边缘检测的概念，而且近年来研究成果越来越多，但由于边缘检测本身所具有的难度，使得研究没有太大的突破性进展。仍然存在的问题主要有两个：一是没有一种普遍适用的检测算法，二是没有一个好的通用的检测评价标准。

从边缘检测研究的历史来看，对边缘检测的研究有几个明显的趋势：

（1）对原有算法的不断改进。

（2）新方法、新概念的引入和多种方法的有效综合利用。人们逐渐认识到现有的任何一种单独的边缘检测算法都难以从一般图像中检测到令人满意的边缘图像，因而很多人不断地把新方法和新概念引入边缘检测领域，同时也更加重视各种方法的综合运用。在新出现的边缘检测算法中，基于小波变换的边缘检测算法是一种很好的方法。

（3）交互式检测研究的深入。由于很多场合需要对目标图像进行边缘检测分析，例如对医学图像的分析，因此需要进行交互式检测研究。事实证明，交互式检测技术有着广泛的应用。

（4）对特殊图像边缘检测的研究越来越得到重视。目前有很多针对立体图像、彩色图像、多光谱图像以及多视场图像分割的研究，也有对运动图像及视频图像中目标分割的研究，还有对深度图像、纹理（Texture）图像、计算机断层扫描（CT）、磁共振图、共聚焦激光扫描显微镜图像、合成孔径雷达图像等特殊图像的边缘检测技术的研究。

（5）对图像边缘检测评价的研究和对评价系数的研究越来越得到关注。

相信随着研究的不断深入，相信目前存在的两个问题很快就能得到圆满的解决。

9.3　边缘定义及类型分析

边缘是指图像中灰度发生急剧变化的区域，即图像局部亮度变化最显著的部分，主要存在于目标与目标、目标与背景、区域与区域（包括不同色彩）之间。两个具有不同灰度值的相邻区域之间总存在着边缘，这是灰度值不连续的结果。这种不连续通常可以利用求导数的方法方便地检测到，一般常用一阶和二阶导数来检测边缘。

如图9-2所示，第一排是一些具有边缘的图像示例，第二排是沿图像水平方向的一个剖面图，第三排和第四排分别为剖面的一阶导数和二阶导数。常见的边缘剖面有3种：①阶梯状，如图9-2中（a）和（b）所示；②脉冲状，如图9-2中（c）所示；③屋顶状，如图9-2中（d）所示。阶梯状的边缘处于图像中两个具有不同灰度值的相邻区域之间，脉冲状主要对应细条状的灰度值突变区域，而屋顶状的边缘上升下降沿都比较缓慢。由于采样的缘故，数字图像的边缘总有一些模糊，因此这里将垂直上下的边缘剖面都表示成一定坡度。

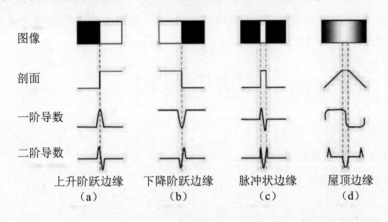

图 9-2

在图9-2（a）中，对灰度值剖面的一阶导数在图像由暗变明的位置处有一个向上的阶跃，而在其他位置为零。这表明可用一阶导数的幅度值来检测边缘的存在，幅度峰值一般对应边缘位置。对灰度值剖面的二阶导数在一阶导数的阶跃上升区有一个向上的脉冲，而在一阶导数阶跃下降区有一个向下的脉冲。在这两个阶跃之间有一个过零点，它的位置正对原始图像中边缘的位置。所以可用二阶导数过零点检测边缘位置，而二阶导数在过零点附近的符号可以确定边缘像素在图像边缘的暗区或明区。

分析图9-2（b）可得到相似的结论，这里的图像由明变暗，所以与图（a）相比，剖面左右对称，一阶导数上下对称，二阶导数左右对称。

在图9-2（c）中，脉冲状的剖面边缘与图9-2（a）的一阶导数形状相同，所以图（c）的一阶导数形状与图（a）的二阶导数形状相同，而图（c）的两个二阶导数过零点正好分别对应脉冲的上升沿和下降沿。通过检测剖面的两个二阶导数过零点就可以确定脉冲的范围。

在图9-2（d）中，屋顶状边缘的剖面可看作将脉冲边缘展开得到的，所以它的一阶导数是将图9-2（c）脉冲剖面的一阶导数的上升沿和下降沿展开得到的，而它的二阶导数是将脉冲剖面二阶导数的上升沿和下降沿拉开得到的。通过检测屋顶状边缘剖面的一阶导数过零点可以确定屋顶位置。

如果读者对一阶导数和二阶导数不明其意，建议翻阅相关书籍。

9.4　梯度的概念

多元函数是指一个函数具有多个变量。例如，图像可以视为具有两个变量x和y的函数f。当函数涉及多个变量时，可以计算偏导数，即x或y方向的导数。梯度向量由这些偏导数组成，表示函数在各个方向上的变化率。

边缘检测是检测图像局部显著变化的基本运算。在一维的情况下，阶跃边缘同图像的一阶导数局部峰值有关。梯度是函数变化的一种度量，而一幅图像可以看作图像强度连续函数的采样点序列。梯度是一阶导数的二维等效式，定义为矢量：

$$G(x,y) = \begin{bmatrix} G_x \\ G_y \end{bmatrix} = \begin{bmatrix} \dfrac{\partial x}{\partial y} \end{bmatrix} \tag{9-1}$$

有两个重要性质与梯度有关：

- 矢量$G(x,y)$的方向就是函数$f(x,y)$增大时的最大变化率方向。
- 梯度的幅值由下面公式给出：

$$|G(x,y)| = \sqrt{G_x^2 + G_y^2}$$

由矢量分析可知，梯度的方向定义为：

$$a(x,y) = \arctan(G_y / G_x)$$

其中，a角是相对于x轴的角度。

对于数字图像，公式（9-1）的导数可用差分来近似。最简单的梯度近似表达式为：

$$G_x = f[i, j+1] - f[i, j]$$
$$G_y = f[i, j] - f[i+1, j]$$

9.5　图像边缘检测的应用

图像是人类访问和交换信息的主要来源。因此，图像边缘处理应用必然涉及人类生活和工作的各个方面。当人类活动范围不断扩大时，图像边缘检测和提取处理应用也将不断扩大。数字图像边缘检测又称为计算机图像边缘检测，是指将图像信号转换成数字信号并利用计算机对其加工的过程。数字图像边缘检测首先出现在20世纪50年代，当电子计算机发展到一定水平时，人们开始利用计算机来处理图形和图像信息。在数字图像边缘检测中，输入的是低质量的图像，输出的是改善质量后的图像。常用的图像边缘检测处理方法有图像增强、锐化、复原、编码、压缩、提取等。下面介绍数字图像边缘检测与提取处理的主要应用领域。

1）航天和航空技术方面的应用

数字图像边缘检测技术在航天和航空技术中的应用不仅限于月球和火星照片的处理，还广泛应用于飞机遥感和卫星遥感技术。自20世纪60年代末以来，美国及一些国际组织发射了多颗资源遥感卫星（如LANDSAT系列）和天空实验室（如SKYLAB）。由于成像条件受飞行器位置、姿态和环境条件等多种因素的影响，这些图像的质量往往不尽如人意。现在，采用配备有高级计算机的图像边缘检测系统进行判读和分析，首先提取出图像边缘，这不仅节省了人力，提高了处理速度，还能从照片中提取出人眼难以发现的大量有用信息。

2）生物医学工程方面的应用

数字图像边缘检测在生物医学工程方面的应用十分广泛，而且很有成效。除了CT技术之外，还有一类是对医用显微图像的处理与分析，如红细胞和白细胞分类检测、染色体边缘分析、癌细胞特征识别等，都要用到边缘的判别。此外，在X光肺部图像增强、超声波图像边缘检测、心电图分析、立体定向放射治疗等医学诊断等方面，也广泛地应用了图像边缘分析处理技术。

3）公安军事方面的应用

公安业务图片的判读分析、指纹识别、人脸鉴别、不完整图片的复原等，都用到了边缘检测。在军事方面，图像边缘检测和识别主要用于导弹的精确制导，各种侦察照片的判读，对不明来袭武器性质的识别，具有图像传输、存储和显示的军事自动化指挥系统，飞机、坦克和军舰模拟训练系统等。

4）交通管理系统的应用

随着我国大力发展经济建设，城市的人口和机动车辆急剧增长，交通堵塞、交通事故时有发生。交通问题已经成为城市管理工作的重要问题，它严重阻碍和制约了城市经济建设的发展。要解决城市交通问题就必须准确地把握交通信息。目前国内常见的交通流检测方法有人工监测、地理感应线圈、超声波探测器、视频监测等。其中，视频监测方法比其他方法更具优越性。

视频交通流检测和车辆识别系统是一种利用图像边缘检测技术实现目标探测和识别的交通处理系统。通过对道路交通信息和交通目标活动（如超速、停车、超车等）的实时检测，该系统能够自动统计在特定路段上行驶的车辆的速度和类别等相关交通参数，从而有效监控道路交通状况并提供信息支持。车辆的自动识别是计算机视觉、图像边缘检测与模式识别技术在智能交通领域中的一个重要研究课题，也是实现交通管理智能化的关键环节。这一过程主要包括车牌定位、车牌字符分割和车牌字符识别三个关键步骤。发达国家的车牌识别（LPR）系统已成功应用于实际交通管理中，而我国在这一领域的开发和应用进展相对缓慢，仍基本停留在实验室阶段。

计算机图像边缘检测主要由图像输入、图像存储、图像显示、影像输出和计算机接口等几个主要部件构成，这些部件的总体结构方案及各部分的性能质量直接影响处理体系的质量。图像边缘检测的目标是代替人去处理和理解图像，所以实时性、灵活性、准确性是对系统的基本要求。

9.6 目前边缘检测存在的问题

图像边缘检测是图像处理和理解的基本课题之一。长期以来，人们一直关注着它的发展。理想的边缘检测应当正确解决边缘的有无、真假和定位方向。它的基本要求是低误判率和高定位精度。低误判率要求不漏掉实际边缘，不虚报边缘。高定位精度要求把边缘以等于或小于一个像素的宽度确定在它的实际位置上，但真正实现这一目标尚有较大的难度。

目前常用的边缘检测方法都存在一些不足的地方，例如Roberts算子虽然简单直观，对具有陡峭的低噪声图像的响应最好，但边缘检测图中有伪边缘；Sobel算子和Prewitt算子虽然能检测更多的边缘，但也存在伪边缘且检测出来的边缘线比较粗，并放大了噪声；拉普拉斯算子和改进的拉普拉斯算子利用二阶差分来进行检测，不但可以检测出比较多的边缘，而且在很大程度上消除了伪边缘的存在，定位精度比较高，但同时受噪声的影响比较大，且会丢失一些边缘，有一些边缘不够连续，对噪声敏感且不能获得边缘方向等信息。因此，至今图像边缘检测仍有很多问题尚待解决。

虽然在近几十年中，图像边缘检测技术得到了广泛的关注和长足的发展，国内外许多研究人员提出了很多方法，并在不同的领域取得了一定的成果，但是对于寻找一种能够普遍适用于各种复杂情况、准确率很高的检测算法，还有很大的探索空间。具体来讲，目前存在以下挑战：虽然在近几十年中，图像处理技术得到了广泛关注和长足发展，国内外许多研究人员提出了多种方法，并在不同领域取得了一定成果，但仍然存在寻找一种能够普遍适用于各种复杂情况且具有高准确率的检测算法的巨大探索空间。具体来说，目前面临以下挑战：

（1）实际图像都含有噪声，并且噪声的分布、方差等信息也都是未知的，而噪声和边缘都是高频信号。

（2）由于物理和光照等原因，实际图像中的边缘常常发生在不同的尺度范围，并且每一边缘像素点的尺度信息是未知的。

（3）在边缘检测处理的过程中，通常会出现3种误差：丢失的有效边缘、边缘定位误差和将噪声误判为边缘。

（4）在边缘检测的过程中，噪声消除与边缘定位是两个互相矛盾的部分，是一个"两难"的问题。有的方法边缘检测定位精度高，但抗噪声性能较差；有的边缘检测方法解决了抗噪声性能差的问题，但检测定位精度又不够。

（5）在含噪图像中，边缘检测需要先对图像进行平滑去噪，但在平滑噪声时，很容易丢失图像的高频信息，处理的效果不理想。

（6）大多数边缘检测算子所处理的都是阶跃边缘，但在实际的图像边缘中多数是斜坡阶跃边缘。斜坡阶跃边缘的特征使得针对阶跃的边缘检测算子难以得到良好的检测效果。

（7）图像的边缘通常在不同的尺度范围内，使用传统单一的尺度算子不能同时正确检测所有的边缘，需要使用许多不同尺度的边缘进行更好的检测。

（8）好的边缘定位是边缘检测的一个要求，在有些应用中，对定位的精度要求甚至达到亚像素级，然而传统的边缘检测方法的定位精度一般只能达到像素级。

因此，寻求算法简单、能较好解决边缘检测精度与抗噪声性能协调问题的边缘检测算法，依然是图像处理与分析的重点，还有很多工作有待进一步研究。

9.7　边缘检测的基本思想

边缘检测的基本思想是先利用边缘增强算子，突出图像中的局部边缘，然后定义像素的"边缘强度"，通过设置阈值强度来提取边缘点。由于是在灰度急剧变化的地方产生轮廓，因此可用微分运算提取图像的轮廓，并且因为数字图像数据是分开排列的，所以在实际运算的过程中可以用差分运算来代替微分操作。

最理想的边缘检测应该是能够正确解决边缘有无、真假和定位的。长期以来人们一直关注这一问题的研究，除了常用的算子以及后来在这个基础上发展起来的各种改进方法外，人们又提出了许多新技术。在讨论边缘检测方法之前，首先介绍一些术语的定义：

- 边缘点：图像中灰度显著变化的点。
- 边缘段：边缘点坐标及方向的总和，边缘的方向可以是梯度角。
- 轮廓：边缘列表，或者是一条边缘列表的曲线模型。
- 边缘检测器：从图像抽取边缘（边缘点或边线段）集合的算法。
- 边缘连接：从无序边缘形成有序边缘表的过程。
- 边缘跟踪：一个用来确定轮廓图像（滤波后的图像）的搜索过程。

要做好边缘检测，初步准备条件如下：

（1）清楚待检测图像特性变化的形式，从而使用适应这种变化的检测方法。

（2）想知道特性是否在一定的空间范围内改变，不能指望用一种边缘检测算子就能检测出在图像中发生的所有特性变化。当需要提取更多空间范围内的变化特征时，就需要考虑多种算子的综合应用。

（3）要考虑噪声的影响，其中一种方法就是通过滤波器将噪声滤除，但是这有一定的局限性；或者考虑在信号和噪声同时存在的条件下进行检测，运用统计信号分析；或者通过图像区域的建模，从而进一步使检测参数化。

（4）可以考虑各种方法的结合，如找出它的边缘，然后用函数近似法，通过插值等得到准确的定位。

（5）在正确的图像边缘检测的基础上，要考虑定位精确的问题。经典的边缘检测方法得到的往往是不连续的、不完整的结构信息，对噪声很敏感。为了有效地抑制噪声，一般先对原图像进行平滑，再进行边缘检测，就能成功地检测到真正的边缘。

9.8　图像边缘检测的步骤

边缘检测分为彩色图像边缘检测和灰度图像边缘检测两种。如果输入的是彩色图像

$p(x,y)$，就可以利用公式对彩色图像进行灰度图像处理：$P(x,y)=0.3R+0.59G+0.11B$，其中R、G、B分别为红、绿、蓝三基色。

图像边缘检测主要包括以下5个步骤：

1）图像获取

边缘信息是图像的一种描述，图像的大部分信息都存在于图像的边缘中，主要表现为图像局部特征的不连续性，即图像中灰度变化比较剧烈的地方。要进行图像的边缘检测，先要进行图像的获取，再根据相应的条件转换为灰度图像，进而进行图像边缘检测的分析。

2）图像滤波

图像滤波边缘检测算法主要是基于图像亮度的一阶导数和二阶导数，但是由于导数计算对噪声比较敏感，因此必须使用滤波器来改善与噪声有关的边缘检测器的性能。由于但大多数滤波器在降噪的同时，也会导致边缘强度损失，因此图像降噪和边缘增强之间需达到一种平衡。

3）图像增强

我们已经了解到，图像增强的目的是提高图像的质量，比如去除噪声、提高图像的清晰度等；图像增强不考虑图像降质的原因，只突出图像中感兴趣的部分。边缘增强是图像增强的一种，它的基础是确定图像各点邻域强度的变化值。边缘增强可以将邻域（或局部）强度有显著变化的点突显出来，边缘以外的图像区域通常被削弱甚至被完全去掉，最终使得图像的轮廓更加突出。边缘增强一般都是通过计算梯度幅值来完成的。

4）图像检测

在图像中，很多点的梯度幅值变化比较大，但是这些点在特定的应用领域中并不都是边缘，所以应该用一些方法来确定哪些是边缘点。最简单的边缘检测标准就是梯度幅值的阈值。

5）图像定位

若某一应用场合要求确定边缘位置，则边缘的位置可从子像素分辨率来估计，边缘的方位也可以被估计出来。图像边缘定位是对边缘图像进行处理后，得到单像素的二值边缘图像，常使用的技术是阈值法和零交叉法。

一般来说，对检测出的边缘有以下几个要求：

（1）边缘的定位精度要高。

（2）检测的响应最好是单像素的。

（3）对不同尺度的边缘都能较好地响应并尽可能减少漏检。

（4）边缘检测对噪声不敏感。

（5）检测灵敏度受边缘的方向影响小。

图像是最直接的视觉信息载体，蕴含着丰富的原始信息，其中最重要的信息通常由其边缘和轮廓提供。图像的基本特点在于其边缘包含有价值的目标边界信息，这些信息可用于图像分析、目标识别以及各种图像滤波方法的结合。图像边缘检测是图像处理与图像分析的基本内容之一，但由于成像处理过程中可能出现的投影、混合、失真和噪声等因素，往往导致图像模糊和变形，从而给边缘检测带来很大困难。这些因素常常相互矛盾，很难在单一的边缘检测方法中实现完全统一，因此需要根据具体情况进行权衡和折中处理。

　　针对图像边缘检测，寻求算法简单且能够有效解决边缘检测精度与抗噪性能协调问题的算法，一直是图像处理与分析研究中的主要挑战之一。

9.9　经典图像边缘检测算法

　　边缘检测的实质是采用某种算法提取出图像中对象与背景间的交界线。我们将边缘定义为图像中灰度发生剧烈变化的区域边界。图像灰度的变化情况可以用图像灰度分布的梯度来反映，因此可以用局部图像微分技术来获得边缘检测算子。经典的边缘检测方法是对原始图像中像素的某个邻域构造边缘检测算子，其过程如图9-3所示。

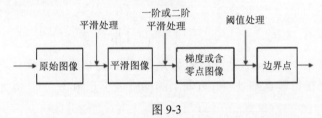

图 9-3

　　首先通过平滑来滤除图像中的噪声，然后进行一阶微分或二阶微分运算，求得梯度最大值或二阶导数的过零点，最后选取适当的阈值来提取边界。

　　图像的局部边缘定义为两个强度明显不同的区域之间的过渡，图像的梯度函数，即图像灰度变化的速率将在这些过渡边界上存在最大值。早期的边缘检测是通过基于梯度算子或一阶导数的检测器来估计图像灰度变化的梯度方向，增强图像中的这些变化区域，然后对该梯度进行阈值运算，如果梯度值大于某个给定的阈值，则存在边缘。

　　一阶微分是图像边缘和线条检测的基本方法，目前应用比较多的也是基于微分的边缘检测算法。图像函数 $f(x,y)$ 在点 (x,y) 的梯度（一阶微分）是一个具有大小和方向的矢量，即：

$$\nabla f(x,y) = \left[Gx, Gy\right]^{\mathrm{T}} = \left[\frac{\partial f}{\partial x}, \frac{\partial f}{\partial y}\right]^{\mathrm{T}}$$

$\nabla f(x,y)$ 的幅度为：

$$\mathrm{mag}(\nabla f) = g(x,y) = \sqrt{\frac{\partial^2 f}{\partial x^2}} + \sqrt{\frac{\partial^2 f}{\partial y^2}}$$

方向角为：

$$\varphi(x,y) = \arctan\left|\frac{\partial f}{\partial y} \Big/ \frac{\partial f}{\partial x}\right|$$

　　以上述理论为依据，人们提出了许多算法，常用的方法有Roberts边缘检测算子、Sobel边缘检测算子（索贝尔算子）、Prewitt边缘检测算子、Kirsch算子、Robinson边缘检测算子、Laplace

边缘检测算子（拉普拉斯算子）等。所有基于梯度的边缘检测器之间的根本区别有如下3点：

（1）算子应用的方向。

（2）在这些方向上逼近图像一维导数的方式。

（3）将这些近似值合成梯度幅值的方式。

9.9.1　Roberts 算子

Roberts算子又称为交叉微分算法，是基于交叉差分的梯度算法，通过局部差分计算检测边缘线条。常用来处理具有陡峭的低噪声图像，当图像边缘接近于正45度或负45度时，该算法处理效果更理想。其缺点是对边缘的定位不太准确，提取的边缘线条较粗。

Roberts算子的模板分为水平方向和垂直方向：

$$d_x = \begin{bmatrix} -1 & 0 \\ 0 & 1 \end{bmatrix} \quad d_y = \begin{bmatrix} 0 & -1 \\ 1 & 0 \end{bmatrix}$$

从其模板可以看出，Roberts算子能较好地增强正负45度的图像边缘。在图9-4所示的Roberts算子模板中，在像素点P5处x和y方向上的梯度大小g_x和g_y的计算如下：

P₁	P₂	P₃
P₄	P₅	P₆
P₇	P₈	P₉

-1	0
0	1

0	-1
1	0

图 9-4

$$g_x = \frac{\partial f}{\partial x} = P_9 - P_5$$

$$g_y = \frac{\partial f}{\partial y} = P_8 - P_6$$

Roberts算子的实现主要通过OpenCV中的filter2D函数来完成。这个函数的主要功能是通过卷积核实现对图像的卷积运算，其声明如下：

```
def filter2D(src, ddepth, kernel, dst=None, anchor=None, delta=None,
borderType=None)
```

其中，参数src为输入图像，ddepth表示目标图像所需的深度，kernel表示卷积核。

【例 9.1】　Roberts 算子边缘检测

```
import cv2 as cv
import numpy as np
import matplotlib.pyplot as plt

# 读取图像
img = cv.imread('test.jpg', cv.COLOR_BGR2GRAY)
rgb_img = cv.cvtColor(img, cv.COLOR_BGR2RGB)

# 灰度化处理图像
grayImage = cv.cvtColor(img, cv.COLOR_BGR2GRAY)
```

```
# Roberts 算子
kernelx = np.array([[-1, 0], [0, 1]], dtype=int)
kernely = np.array([[0, -1], [1, 0]], dtype=int)

x = cv.filter2D(grayImage, cv.CV_16S, kernelx)
y = cv.filter2D(grayImage, cv.CV_16S, kernely)

# 转 uint8，图像融合
absX = cv.convertScaleAbs(x)
absY = cv.convertScaleAbs(y)
Roberts = cv.addWeighted(absX, 0.5, absY, 0.5, 0)

# 显示图形
titles = ['src', 'Roberts operator']
images = [rgb_img, Roberts]

for i in range(2):
    plt.subplot(1, 2, i + 1), plt.imshow(images[i], 'gray')
    plt.title(titles[i])
    plt.xticks([]), plt.yticks([])
plt.show()
```

在上述代码中，我们定义了函数Roberts，用来实现Roberts算子，其方法通过公式来实现。在调用Roberts之前，先利用库函数GaussianBlur进行高斯滤波。

运行工程，结果如图9-5所示。

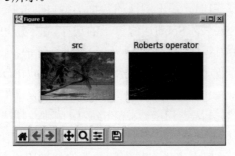

图 9-5

9.9.2　Sobel 算子边缘检测

Sobel算子（索贝尔算子）利用像素的上、下、左、右邻域的灰度加权算法，根据在边缘点处达到极值这一原理进行边缘检测。该方法不但产生较好的检测效果，而且对噪声具有平滑作用，可以提供较为精确的边缘方向信息。然而，由于它在技术上是以离散型的差分算子来计算图像亮度函数的梯度的近似值，因此其缺点是并没有将图像的主题和背景严格地区分开。换句话说，Sobel算子并不是基于图像灰度进行处理的，因为Sobel算子并没有严格地模拟人的视觉生理特性，所以图像轮廓的提取有时并不能让人满意。算法具体实现很简单，就是3×3的两个不同方向上的模板运算。Sobel算子在抗噪声的同时增加了计算量，而且会检测伪边缘，定位精度不高。如果检测中对精度的要求不高，该方法较为适用。

Sobel算子是通过离散微分方法求取图像边缘的边缘检测算子，其求取边缘的原理与前文介绍的一致。除此之外，Sobel算子还结合了高斯平滑滤波的思想，将边缘检测滤波器的尺寸由ksize×1改进为ksize×ksize，提高了对平缓区域边缘的响应，因此比前文的算法边缘检测效果更加明显。使用Sobel边缘检测算子提取图像边缘的过程大致可以分为以下3个步骤：

01 提取 x 方向的边缘，x 方向一阶 Sobel 边缘检测算子如图 9-6 所示。

02 提取 y 方向的边缘，y 方向一阶 Sobel 边缘检测算子如图 9-7 所示。

03 综合两个方向的边缘信息得到整幅图像的边缘。由两个方向的边缘得到整体的边缘有两种计算方式：第一种是求取两幅图像对应像素的像素值的绝对值之和；第二种是求取两幅图像对应像素的像素值的平方和的二次方根。这两种计算方式如图 9-8 所示。

$$\begin{bmatrix} -1 & 0 & 1 \\ -2 & 0 & 2 \\ -1 & 0 & 1 \end{bmatrix} \qquad \begin{bmatrix} -1 & -2 & -1 \\ 0 & 0 & 0 \\ 1 & 2 & 1 \end{bmatrix} \qquad \begin{aligned} I(x,y) &= \sqrt{I_x(x,y)^2 + I_y(x,y)^2} \\ I(x,y) &= \left| I_x(x,y)^2 \right| + \left| I_y(x,y) \right| \end{aligned}$$

图 9-6　　　　　　　　　　图 9-7　　　　　　　　　　　　图 9-8

OpenCV提供了对图像提取Sobel边缘的Sobel函数，该函数声明如下：

```
Sobel(src, ddepth, dx, dy[, dst[, ksize[, scale[, delta[, borderType]]]]]) ->
dst
```

其中，参数src表示待提取边缘的图像；dst表示输出图像，与输入图像src具有相同的尺寸和通道数；ddepth表示输出图像的数据类型（深度），根据输入图像的数据类型的不同而拥有不同的取值范围，当其赋值为−1时，输出图像的数据类型自动选择；dx表示x方向的差分阶数；dy表示y方向的差分阶数；ksize表示Sobel边缘算子的尺寸，必须是1、3、5或者7；scale表示对导数计算结果进行缩放的缩放因子，默认系数为1，不进行缩放；delta表示偏值，在计算结果中加上偏值；borderType表示像素外推法选择标志，默认参数为BORDER_DEFAULT，表示不包含边界值倒序填充。

Sobel()函数的使用方式与分离卷积函数sepFilter2D()相似。需要注意的是，由于提取边缘信息时有可能会出现负数，因此不使用CV_8U数据类型的输出图像，与Sobel算子方向不一致的边缘梯度会在CV_8U数据类型中消失，使得图像边缘提取不准确。函数中第2个、第3个和第4个参数是控制图像边缘检测效果的关键参数，这三者存在的关系是任意一个方向的差分阶数都需要小于滤波器的尺寸，特殊情况是当ksize=1时，任意一个方向的阶数都需要小于3。一般情况下，差分阶数的最大值为1时，滤波器尺寸选3；差分阶数的最大值为2时，滤波器尺寸选5；差分阶数最大值为3时，滤波器尺寸选7。当滤波器尺寸ksize=1时，程序中使用的滤波器尺寸不再是正方形，而是3×1或者1×3。最后3个参数为图像缩放因子、偏移量和图像外推填充方法的标志，多数情况下并不需要设置，只需要采用默认参数即可。

为了更好地理解Sobel函数的使用方法，下面将给出利用Sobel函数提取图像边缘的示例程序，程序中分别提取x方向和y方向的一阶边缘，并利用两个方向的边缘求取整幅图像的边缘。

【例 9.2】 Sobel 算子边缘检测

```python
import cv2 as cv
import matplotlib.pyplot as plt

# 读取图像
```

```
img = cv.imread('test.jpg', cv.COLOR_BGR2GRAY)
rgb_img = cv.cvtColor(img, cv.COLOR_BGR2RGB)

# 灰度化处理图像
grayImage = cv.cvtColor(img, cv.COLOR_BGR2GRAY)

# Sobel 算子
x = cv.Sobel(grayImage, cv.CV_16S, 1, 0)
y = cv.Sobel(grayImage, cv.CV_16S, 0, 1)

# 转 uint8，图像融合
absX = cv.convertScaleAbs(x)
absY = cv.convertScaleAbs(y)
Sobel = cv.addWeighted(absX, 0.5, absY, 0.5, 0)

# 用来正常显示中文标签
plt.rcParams['font.sans-serif'] = ['SimHei']

# 显示图形
titles = ['原始图像', 'Sobel 算子']
images = [rgb_img, Sobel]

for i in range(2):
    plt.subplot(1, 2, i + 1), plt.imshow(images[i], 'gray')
    plt.title(titles[i])
    plt.xticks([]), plt.yticks([])
plt.show()
```

运行工程，结果如图9-9所示。

图 9-9

　　Sobel算子根据像素点上、下、左、右邻点灰度加权差在边缘处达到极值这一现象来检测边缘，对噪声具有平滑作用，提供了较为精确的边缘方向信息，只是边缘定位精度不够高。当对精度要求不是很高时，它是一种较为常用的边缘检测方法。

9.9.3　Prewitt 算子边缘检测

　　Prewitt（普利维特）边缘算子是一种边缘样板算子。样板算子由理想的边缘子图像构成，依次用边缘样板去检测图像，与被检测区域最为相似的样板给出最大值，用这个最大值作为算子的输出：

$$Gx = \{f(x+1,y-1) + f(x+1,y) + f(x+1,y+1)\} - \{f(x-1,y-1) + f(x-1,y) + f(x-1,y+1)\}$$
$$Gy = \{f(x-1,y+1) + f(x,y+1) + f(x+1,y+1)\} - \{f(x-1,y-1) + f(x,y-1) + f(x+1,y-1)\}$$

Prewitt算子与Sobel算子差不多，也是一种一阶微分算子，利用像素点上、下、左、右邻点灰度差在边缘处达到极值来检测边缘，对噪声具有平滑的作用，但定位精度不够高。其原理是在图像空间利用两个方向模板与图像进行邻域卷积，这两个方向模板一个检测水平边缘，另一个检测垂直边缘。

相比Roberts算子，Prewitt算子对噪声有抑制作用，其卷积核如图9-10所示。Prewitt抑制噪声的原理是通过像素平均，因此对噪声较多的图像处理得比较好，但是像素平均相当于对图像进行低通滤波，所以Prewitt算子对边缘的定位不如Roberts算子。

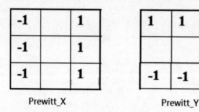

图 9-10

图像与Prewitt_X卷积后可以反映图像的垂直边缘，与Prewitt_Y卷积后可以反映图像的水平边缘。最重要的是，这两个卷积是可分离的，如图9-11所示。

$$\text{Prewitt}_X = \begin{bmatrix} 1 \\ 1 \\ 1 \end{bmatrix} \times \begin{bmatrix} -1 & 0 & 1 \end{bmatrix}, \quad \text{Prewitt}_Y = \begin{bmatrix} 1 & 1 & 1 \end{bmatrix} \times \begin{bmatrix} 1 \\ 0 \\ -1 \end{bmatrix}$$

图 9-11

从分离的结果来看，Prewitt_X算子实际上是先对图像进行垂直方向的非归一化的均值平滑，然后进行水平方向的差分；而Prewitt_Y算子实际上是先对图像进行水平方向的非归一化的均值平滑，然后进行垂直方向的差分。这就是Prewitt算子能够抑制噪声的原因。同理，我们也可以得到对角上的Prewitt算子。

【例9.3】 Prewitt 算子边缘检测

```python
import cv2 as cv
import numpy as np
import matplotlib.pyplot as plt

# 读取图像
img = cv.imread('test.jpg', cv.COLOR_BGR2GRAY)
rgb_img = cv.cvtColor(img, cv.COLOR_BGR2RGB)

# 灰度化处理图像
grayImage = cv.cvtColor(img, cv.COLOR_BGR2GRAY)

# Prewitt 算子
```

```
kernelx = np.array([[1,1,1],[0,0,0],[-1,-1,-1]],dtype=int)
kernely = np.array([[-1,0,1],[-1,0,1],[-1,0,1]],dtype=int)

x = cv.filter2D(grayImage, cv.CV_16S, kernelx)
y = cv.filter2D(grayImage, cv.CV_16S, kernely)

# 转 uint8，图像融合
absX = cv.convertScaleAbs(x)
absY = cv.convertScaleAbs(y)
Prewitt = cv.addWeighted(absX, 0.5, absY, 0.5, 0)

# 正常显示中文标签
plt.rcParams['font.sans-serif'] = ['SimHei']

# 显示图形
titles = ['原始图像', 'Prewitt 算子']
images = [rgb_img, Prewitt]

for i in range(2):
    plt.subplot(1, 2, i + 1), plt.imshow(images[i], 'gray')
    plt.title(titles[i])
    plt.xticks([]), plt.yticks([])
plt.show()
```

运行工程，结果如图9-12所示。

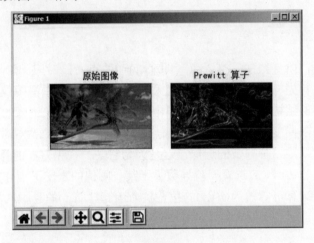

图 9-12

9.9.4　LoG 边缘检测算子

LoG边缘检测算子是David Courtnay Marr和Ellen Hildreth（1980）共同提出的，因此也称为边缘检测算法或Marr&Hildreth算子。该算法首先对图像进行高斯滤波，然后求其拉普拉斯二阶导数，即图像与高斯—拉普拉斯函数（Laplacian of the Gaussian function）进行滤波运算。最后，通过检测滤波结果的零交叉（zero crossings）以获得图像或物体的边缘。因此，它也被业界简称为Laplacian-of-Gaussian（LoG）算子。

LoG算子常用于数字图像的边缘提取和二值化。LoG算子源于D.Marr计算视觉理论中提出的边缘提取思想，它把Gauss平滑滤波器和Laplacian锐化滤波器结合起来，首先对原始图像进行最佳平滑处理，最大程度地抑制噪声，再对平滑后的图像求取边缘。由于噪声点（灰度与周围点相差很大的像素点）对边缘检测有一定的影响，因此LoG算子的效果更好。

LoG边缘检测器的基本特征如下：

- 平滑滤波器是高斯滤波器。
- 增强步骤采用二阶导数（二维拉普拉斯函数）。
- 边缘检测判断依据是二阶导数零交叉点并对应一阶导数的较大峰值。
- 使用线性内插方法在子像素分辨率水平上估计边缘的位置。

该算法的主要思路和步骤如下：

1）滤波

对图像 $f(x,y)$ 进行平滑滤波，其滤波函数根据人类视觉特性选为高斯函数，即：

$$G(x,y) = \frac{1}{2\pi\sigma} \exp\left(-\frac{1}{2\pi\sigma^2}(x^2 + y^2)\right)$$

其中，$G(x,y)$ 是一个圆对称函数，其平滑的作用是可通过 σ 来控制的。将图像与其进行卷积，可以得到一个平滑的图像，即 $g(x,y) = f(x,y) \times G(x,y)$。

2）增强

对平滑图像进行拉普拉斯运算，即 $h(x,y) = \nabla^2(f(x,y) \times G(x,y))$。

3）检测

边缘检测依据是二阶导数的零交叉点（即h(x,y)=0的点），对应一阶导数的较大峰值。这种方法的特点是图像首先与高斯滤波器进行卷积，这样不仅能够平滑图像，还能降低噪声，孤立的噪声点和比较小的结构组织将被滤除。但由于平滑会导致图像边缘的延伸，因此边缘检测器只考虑那些具有局部梯度最大值的点是边缘点，这个点可以用二次导数的零交叉点来实现。拉普拉斯函数使用了二维二阶导数的近似，这是因为它是一种无方向的算子。在实际应用中，为了避免检测出非显著边缘，应选择一阶导数大于某一阈值的零交叉点作为边缘点。由于对平滑图像进行拉普拉斯运算可等效为G(x,y)的拉普拉斯运算与f(x,y)的卷积，故上式变为：

$$h(x,y) = f(x,y) \times \nabla^2 G(x,y)$$

其中$\nabla^2 G(x,y)$称为LoG滤波器，其表达式为：

$$\nabla^2 G(x,y) = \frac{\partial^2 G}{\partial x^2} + \frac{\partial^2 G}{\partial y^2} = \frac{1}{\pi\delta^4}\left(\frac{x^2+y^2}{2\delta^2} - 1\right)\exp\left(-\frac{1}{2\delta^2}(x^2+y^2)\right)$$

这样就有两种方法求图像边缘：

（1）先求图像与高斯滤波器的卷积，再求卷积的拉普拉斯变换，然后进行过零判断。
（2）先求高斯滤波器的拉普拉斯变换，再求与图像的卷积，然后进行过零判断。

这两种方法在数学上是等价的。拉普拉斯算子对图像中的噪声相当敏感，而且它常产生双像素宽的边缘，不能提供边缘方向的信息。LoG算子是效果较好的边缘检测器，常用的5×5模板的LoG算子如图9-13所示。

$$
\begin{bmatrix}
-2 & -4 & -4 & -4 & -2 \\
-4 & 0 & 8 & 0 & -4 \\
-4 & 8 & 24 & 8 & -4 \\
-4 & 0 & 8 & 0 & -4 \\
-2 & -4 & -4 & -4 & -2
\end{bmatrix}
$$

图 9-13

【例 9.4】　LoG 算子边缘检测

```python
import cv2 as cv
import matplotlib.pyplot as plt

# 读取图像
img = cv.imread("test.jpg")
rgb_img = cv.cvtColor(img, cv.COLOR_BGR2RGB)

gray_img = cv.cvtColor(img, cv.COLOR_BGR2GRAY)

# 先通过高斯滤波降噪
gaussian = cv.GaussianBlur(gray_img, (3, 3), 0)

# 再通过拉普拉斯算子做边缘检测
dst = cv.Laplacian(gaussian, cv.CV_16S, ksize=3)
LOG = cv.convertScaleAbs(dst)

# 正常显示中文标签
plt.rcParams['font.sans-serif'] = ['SimHei']

# 显示图形
titles = ['原始图像', 'LoG 算子']
images = [rgb_img, LOG]

for i in range(2):
    plt.subplot(1, 2, i + 1), plt.imshow(images[i], 'gray')
    plt.title(titles[i])
    plt.xticks([]), plt.yticks([])
plt.show()
```

该算法首先对图像做高斯滤波，然后求拉普拉斯二阶导数，根据二阶导数的过零点来检测图像的边界，即通过检测滤波结果的零交叉来获得图像或物体的边缘。LoG算子实际上是把Gauss滤波和Laplacian滤波结合起来，先平滑掉噪声，再进行边缘检测。

运行工程，结果如图9-14所示。

图 9-14

LoG算子与视觉生理中的数学模型相似，因此在图像处理领域中得到了广泛的应用。它具有抗干扰能力强、边界定位精度高、边缘连续性好、能有效提取对比度弱的边界等特点。LoG算子到中心的距离与位置加权系数的关系曲线像墨西哥草帽的剖面，所以LoG算子也叫墨西哥草帽滤波器，如图9-15所示。

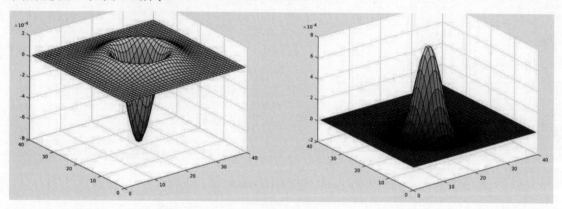

图 9-15

9.9.5 边缘检测的最新技术与方法

1. 基于小波与分形理论边缘检测技术

小波分析已经成为当前应用数学和工程学科快速发展的一个新领域。小波变换是时域与频域的变换，因此能更有效地提取信号局部变化的有用信息。在图像工程中，需要分析的图像结构复杂且形态各异。图像边缘的提取不仅要反映目标的总体轮廓，同时也不能忽视目标的细节。这就需要多尺度边缘检测，而小波变换天然具有对信号放大和平移的能力。因此，小波变换非常适合复杂的图像边缘检测。

随着小波分析理论和分形理论的广泛应用，在20世纪90年代早期，关于小波理论的边缘检测方法、基于分形特征和边缘检测的提取方法相继出现。基于小波理论的边缘检测方法和小波分析理论的时频分析方法具有明显的优越性，所以小波图像边缘检测可以超越传统的图像边缘检测方法，这种方法能有效地检测不同尺度下的图像边缘特征。

小波变换在时域和频域中均展现出优良的局部特性，它能够将信号或图像分解为交织在一起的多尺度组成成分，并根据不同尺度的成分使用相应粗细的时域或空域采样步长。通过对高频信号进行细致处理和对低频信号进行粗略处理，小波变换能够不断聚焦于对象的微小细节。边缘检测的任务在于准确找出信号突变的部分，这在数学中通常表现为不连续点或尖点。在图像信号中，一些特异点即为图像的边缘点。由于真实图像的空间频率成分十分复杂，使用传统方法直接提取边缘往往效果不佳，而小波变换则能有效地对图像进行分解，将其转化为不同频率成分的小波分量。通过分析这些不同层次的小波特征，可以更好地捕捉信号本身的特征，从而更有效地提取出边缘像素。

尽管小波正交基的应用广泛，但仍存在一些明显的不足，尤其在结构复杂的图像中，其能量大部分集中在低频和中频部分，而图像的边缘和噪声则对应于高频部分。基于小波的边缘检测原理是利用小波函数对图像进行有效分解。在小波变换过程中，通常只对图像的低频部分进行分解，而高频部分则未被充分处理。相比之下，小波包变换不仅对低频部分进行分解，还对高频部分进行处理。选择的小波包尺度越大，小波系数所对应的空间分辨率就越低。因此，小波包分解是一种更为精确的分解方法，可以满足不同分辨率下对边缘提取的局部细节需求。特别是在处理含噪图像时，小波包变换对噪声具有良好的抑制效果，从而有助于更有效地提取图像边缘。

2. 基于数学形态学的边缘检测技术

数学形态学是图像处理和模式识别领域的一门新兴科学，具有严格的数学理论基础，现在已经在图像工程中得到了广泛的应用。数学形态学是20世纪60年代由法国科学家Serra和德国的科学家Matheron提出的，到20世纪70年代中期完成了理论论证。基于数学形态学的边缘检测技术的基本思想是：用具有一定形态的结构元素去度量和提取图像中的对应形状，以达到对图像进行分析和识别的目的。获得的图像结构信息与结构元素的尺度和形状都有关系，构造不同的结构元素便可以完成不同的图像分析。

数学形态学是一种分析几何形状和结构的数学方法，建立在集合代数的基础上，通过集合论的方式定量描述几何结构。数学形态学由一组形态学代数运算子组成，常用的有七种基本变换：膨胀、腐蚀、开运算、闭运算、击中、薄化和厚化。其中，膨胀和腐蚀是两种基本且重要的变换，其他变换则是由这两种基本变换的组合定义而来。这些算子及其组合用于图像形态和结构的分析处理，包括图像分割、特征提取和边缘检测等。因此，数学形态学不同于其他图像处理方法（如空间域和频率域的变换方法），是一种在图像处理领域应用的新方法和新理论。

基于数学形态学的图像边缘检测方法与微分算子法、模板匹配法等常用的边缘检测方法相比，具有算法简便、速度快、效果好等特点。基于数学形态学边缘检测方法得到的图像结果，在图像边缘连续性和各向同性方面都优于传统方法，而且对图像细节和边缘定位也有不错的效果。用形态学算法来提取图像的边缘，结构元素的选择是关键。当元素的结构尺度增大时，检测出来的边缘宽带也会随之增加。因此，合理地调节元素结构尺寸，可以有效地去除噪声，并能很好地对细节进行保护。目前二进制形态方法的应用越来越成熟，灰度和彩色形态学在边缘检测的应用中也越来越引起人们的关注，并且有逐渐成熟的趋势。

3. 基于模糊学的边缘检测技术

模糊综合评判理论是1965年由美国加州大学伯克利分校的模糊电气工程教授L.A.zadeh在模糊焦合理论的基础上提出的一种理论。这种理论的特点是不会对事物做简单的肯定或者否定的判断，只是用来反映某一个事物属于某一个范畴的程度。由于在成像系统中，视觉造成图像本身的模糊性，再加上边缘区分的模糊性，使得人们在处理图像的时候会很自然地想起模糊理论的作用。其中比较有代表性的是外国学者Pal和King提出的模糊边缘检测算法，其核心思想是：利用模糊增强技术增加不同区域的对比度，从而能够提取出模糊的边缘。基于模糊理论的边缘检测的优势是它的数学基础，缺点是计算涉及变换和矩阵来求逆等较为复杂的操作。另外，在增加对比的时候，模糊理论也增加了噪声。

图像处理实际上是图像灰度矩阵的处理。图像像素灰度值是一些准确的值，图像模糊化就是将图像灰度值转换到模糊集中，用一个模糊值代表图像的明暗程度。模糊梯度的方法是在图像灰度的基础上产生的。利用模糊理论来反映图像灰度梯度变化的不确定性，并根据像素的灰度来确定边缘的位置，这样就可以使边缘检测更为准确。但由于它的算法比较困难，因此实现起来也很困难。

4. 基于神经网络的边缘检测技术

人工神经网络广泛应用于模式识别、信号与图像处理、人工智能和自动控制等领域。神经网络面临的主要问题包括输入和输出层的设计、网络数据的准备、网络权值的确定、隐层和节点的配置，以及网络的训练过程。图像边缘检测本质上属于模式识别问题，而神经网络在解决模式识别任务方面表现出色。因此，可以通过样本图像对神经网络进行训练，并使用训练后的网络来检测图像的边缘。在网络训练过程中，提取的特征需要考虑噪声点以及实际过程中的差异。去除噪声点的可能会导致虚假边缘的形成。因此，基于神经网络的边缘检测技术展现出强大的抗噪声能力。

在学习算法设计的过程中，传统的对图像进行混合结构训练对神经网络的性能具有非常重要的影响。利用神经网络的方法得到的边缘图像边界连续性和边界封闭性都比较好，并且对于任何灰度图检测都能得到良好的效果。

5. 基于遗传算法的边缘检测技术

遗传算法（Genetic Algorithm）是一种基于自然选择和遗传原理的有效搜索方法，许多领域都成功地应用遗传算法来得到满意的答案。遗传算法通常是在并行计算机上实现的，大规模并行计算机的普及为它在算力方面奠定了基础。在图像边缘提取中，使用二阶边缘检测算子处理后的结果需要进行过零点检测。这一过程不仅计算量很大，而且对硬件实时资源的占用空间要求高，速度也较慢。通过遗传算法自动选择边缘提取阈值，可以显著地提高阈值的选取速度。此外，它也可以对视觉系统所产生的边缘图像进行阈值的自动选择，进而提高整个视觉系统的实时性。

第 10 章

图 像 分 割

随着计算机技术的发展，尤其是多媒体技术和数字图像处理及分析理论的成熟，图像作为一种更直接、丰富的信息载体，已成为人类获取和利用信息的重要来源和手段，正日益成为重要的研究对象。图像分割是图像处理中的一项关键技术，也是图像分析和理解的重要步骤。

图像分析主要针对图像中感兴趣的目标进行监测和测量，以获取客观信息，从而建立对图像的描述。为了识别和分析图像中的目标，需要将相关区域进行分离，只有在此基础上才能对目标进行进一步的利用，进行特征提取和测量。这个过程就是所谓的图像分割。图像分割则是图像分析的重要组成部分。

10.1 图像分割概述

在物体识别、计算机视觉、人工智能、生物医学、遥感、军事导航与制导、气象预测等多个领域的图像处理中，图像分割扮演着至关重要的角色。自数字图像处理问世以来，图像分割的研究便吸引众多研究人员，他们投入大量精力，在不同领域取得了显著的进展与成就。人们至今还在努力发展新的、更有潜力的分割算法，以实现更通用、更完美的分割结果。目前，针对各种具体问题提出了许多不同的图像分割算法，对图像分割的效果也有很好的分析结论。图像分割问题所面向的领域具有特殊性，而且问题本身具有一定的难度和复杂性，到目前为止还不存在一个通用的方法，也不存在一个判断图像分割是否成功的客观标准。对于寻找一种能够普遍适用于各种复杂情况的、准确率很高的分割算法，还有很大的探索空间。

图像分割是一种重要的图像处理技术，多年来一直得到人们的高度重视，至今已提出了上千种类型的分割算法，主要分为阈值分割方法和边缘检测等方法。其中，阈值分割方法是提出最早的一种方法。在过去的几十年里，人们为图像灰度阈值的自动选择付出了巨大的努力，提出了很多方法。边缘检测方法是被研究得最多的一种分割方法，它试图通过检测包含不同区域的边缘来解决图像分割问题。根据检测边缘所采用的方式，人们已经提出了许多边缘检测方法，比如微分算子边缘检测。

总之，图像分割是数字图像分析中的重要环节，在整个研究中起着承前启后的作用，既是对所有图像预处理效果的一个检验，也是后续进行图像分析与解译的基础。

10.2　图像分割技术现状

图像分割是将一幅数字图像按照特定目的划分为两个或多个子区域的过程。关于图像分割的研究一直是机器视觉和图像处理领域的热点，每年都有大量的研究成果涌现。理想的图像分割算法应能够自动将所有图像划分为有意义的子区域，但这一目标目前仍显得遥不可及，目前尚无一种图像分割算法适用于所有图像。基本上，对于每种图像分割算法，我们可以选择一个图像集合，对于该集合中的所有图像，算法的效果往往表现良好，而对于集合之外的图像，其效果则较难预测。目前的算法所适用的图像集合相对于整个图像空间仍然较小，但随着研究的深入，这一集合正在逐渐扩大。

图像分割是从图像处理到图像分析的关键步骤。通过图像分割、目标分离、特征提取和参数测量等技术，原始图像可以转换为更抽象、更紧凑的形式，从而使得更高层次的图像分析和理解成为可能。图像分割的算法很多，基本上所有的图像处理专著上都会列出很多种图像分割的算法，一般还不包括最近几年出现的算法。

分析分割过程，我们可以将图像分割划分为两部分：目标图像的识别定位和目标图像的特征提取。这两部分缺一不可。根据分割过程中人的参与程度的不同，可将现有的算法大致分为3种类型：自动分割、手工分割和交互式分割。

常见的自动分割方法有基于灰度信息的投影分割法和直方图分割法，以及基于细节特征的边缘检测法。由于图像种类繁多，自动分割方法对多目标或背景复杂的图像很难奏效，并且图像理解要求识别图像中所包含的目标，即要对图像进行语义层次的分解。虽然自动分割技术很先进，但并不能达到这一要求，往往需要一定的人工干预。手工图像分割是一项极为耗时和枯燥的工作，而且分割结果不精确、不可重复。尤其当图像尺寸较大或数目较多时，如遥感图像、医学图像序列等，手工方法是不可取的。可见自动分割和手工分割都有其局限性。

从目标定位与提取的角度出发，我们可以发现一个特点：人擅长于目标的识别定位，而计算机算法则擅长精确地进行目标的提取。人可以很容易地发现感兴趣的目标的空间位置，并且定性地给出目标的大小和几何形状。这种定性能力是计算机所不具备的，将这种能力转换为计算机可以应用的数学模型目前也不可能做到，这正是造成图像分割问题难以圆满解决的问题所在。然而，计算机基于数学模型精确地提取目标特征的能力是人望尘莫及的。将人的作用有机地融入图像分割过程中，一种新的图像分割方法就诞生了，即当要解决定性问题时（如目标的定位），由人给出适当的提示，精确的计算处理工作则由计算机执行。这样人与计算机可以达到取长补短的效果，这就是交互式分割。

交互式分割方法的优点体现在以下两个方面：

（1）高精度：在减少人工干预的情况下，该方法既弥补了自动分割的不足，又比手工分割要精确得多。

（2）可重复性：对同一幅图像进行分割时，分割的结果不会因为操作者不同和分割过程不同而产生差异。

从另一种意义上来说，图像中目标的定义依赖于用户的主观性，也就是语义层级、测度因子等。因此，在分割过程中必须考虑用户的参与，使用户的主观测度因子作为一个重要的组织参数。由此新的图像分割技术——基于Kohonen网络的Snake图像分割法，通过用户的参与可以很好地解决分割的不适定性问题。

10.3 图像分割的应用

图像分割是一种重要的图像分析技术。在对图像的研究和应用中，人们往往仅对图像中的某些部分感兴趣。这些部分常被称为目标或前景（其他部分被称为背景），一般对应图像中特定的、具有独特性质的区域。为了辨识和分析图像中的目标，需要将它们从图像中分离出来，在此基础上才有可能进一步对目标进行测量和对图像进行利用。

图像分割后，对图像的分析才成为可能。图像分割的应用非常广泛，几乎出现在有关图像处理的所有领域，并涉及各种类型的图像，主要表现在下面几个方面。

（1）医学影像分析：通过图像分割将医学图像中的不同组织分成不同区域，以便更好地分析病情，或进行组织器官的重建等。例如脑部MR图像分割，将脑部图像分割成灰质、白质、脑脊髓等脑组织；细胞分割，将细胞分割成细胞核、白细胞和红细胞；血管图像分割，通过分割重建血管三维图像；腿骨CT切片的分割等。

（2）军事研究领域：通过图像分割为目标自动识别并提供特征参数，为飞行器或者武器的精确导航和制导提供依据。精确制导是指在武器（比如导弹）的飞行过程中，利用预先存储的飞行路线的某些特征数据，与实际飞行过程中探测到的相关数据不断进行比较，来修正飞行路线的制导方式。图像分割是图像匹配技术的核心之一，它关系到精确制导的关键技术指标。

（3）遥感气象服务：通过遥感图像分析获得城市地貌、作物生长状况等，云图中不同云系的分析、气象预报等都离不开图像的分割。

（4）交通图像分析：通过分割把交通监控获得的图像中的车辆目标从背景中分割出来，以及进行车牌识别等。

（5）面向对象的图像压缩和基于内容的图像数据库查询：将图像分割成不同的对象区域，以提高压缩编码效率；通过图像分割提取特征，以便于进行网页分类和搜索。

图像分割的应用领域远不止这些方面，正是由于图像分割的广泛应用，才使得众多学者不断地致力于图像分割理论的研究。

10.4　图像分割的数学定义

图像分割是由图像处理转到图像分析的关键。一方面，它是目标图像表达的基础，对图像的分析和测量有重要的影响；另一方面，图像分割及其基于分割的目标表达、特征提取和参数测量等将原始图像转换为更抽象、更紧凑的形式，使得更高层的图像分析和理解成为可能。自对数字图像处理研究以来，人们对图像分割提出了不同解释和表达，这里借助集合概念对图像分割给出如下比较正式的定义：

令集合 R 代表整幅图像的区域，对 R 分割可看成将 R 分割成 n 个满足以下 5 个条件的非空子集（子区域）：$R_1, R_2, \cdots, R_n$：

（1）完备性：$\bigcup\limits_{i=1}^{n} R_i = R$ 。

（2）独立性：对于所有的 i 和 j，当 $i \neq j$ 时，$R_i \cap R_j = \varnothing$ 。

（3）单一性：对于 $i=1,2,\cdots,N$，有 $P(R_i)=1$ 。

（4）互斥性：当 $i \neq j$ 时，$P(R_i \cup R_j)=0$ 。

（5）连通性：对于 $i=1,2,\cdots,N$，R_i 是连通区域。

其中，$P(R_i)$ 是所有在集合 R_i 中的元素的逻辑谓词，$\varnothing$ 代表空集。条件（1）指出对一幅图像分割所得到的全部子区域的总和（并集）应能包括图像中所有的像素（也就是原始图像）；或者说分割应将图像中的每一个像素都分进某个子区域中。条件（2）指出在分割的结果中各个子区域互不重叠，也就是相互独立，或者说在分割结果中一个像素不能同时属于两个子区域。条件（3）指出在分割结果中每一个子区域都有独特的特性，或者说属于同一个区域中的像素应该具有某些相同的特性。条件（4）指出在分割结果中，不同的子区域具有不同的特性，没有公共的元素，或者说属于不同区域的像素应该具有一些不同的特性。条件（5）要求分割结果中同一个子区域内的像素是连通的，即同一个子区域内的任何两个像素在该子区域内互相连通，或者说分割得到的区域是一个连通单元。另外，上述这些条件不仅定义了分割，也对如何分割有指导作用。对图像的分割总是根据一些分割准则进行的。条件（1）和条件（2）说明正确的分割准则应能适用于所有区域和所有像素；条件（3）和条件（4）说明合理的分割准则应能帮助确定各区域像素具有代表性的特征；条件（5）说明完整的分割准则应直接或者间接地对区域内像素的连通性有一定的要求或者限定。

最后需要指出的是，在图像分割的实际应用中，图像分割不仅要把一幅图像分成满足上面 5 个条件的、各具特性的区域，而且要把其中感兴趣的目标区域提取出来。只有这样才算真正完成了图像分割的任务。

10.5　图像分割方法的分类

　　图像分割算法的研究一直受到人们的高度重视。随着统计学理论、模糊集理论、神经网络、形态学理论、小波理论等在图像分割的应用日渐广泛，遗传算法、尺度空间、多分辨率方法、非线性扩散方程等近期涌现的新方法和新思想也不断被用于解决图像分割问题，国内外学者提出了不少针对具体应用的好的分割方法。

　　Fu和Mu从细胞学图像处理的角度，将图像分割技术分为3类：特征阈值或聚类、边缘检测和区域提取。

　　Haralick和Shapiro将所有算法更加细致地分为6类：测度空间导向的空间聚类、单一连接区域生长策略、混合连接区域生长策略、中心连接区域生长策略、空间聚类策略和分裂合并策略。

　　依据算法所使用的技术或针对的图像，Paland pal也把图像分割算法分成了6类：阈值分割、像素分割、深度图像分割、彩色图像分割、边缘检测和基于模糊集的方法。但是，该分类方法中，各个类别的内容有重叠。

　　为了涵盖不断涌现的新方法，有的研究者将图像分割算法分为以下6类：并行边界分割技术、串行边界分割技术、并行区域分割技术、串行区域分割技术、结合特定理论工具的分割技术和特殊图像分割技术。

　　更有学者将图像分割简单地分为基于数据驱动的分割和基于模型驱动的分割两类：基于数据驱动的图像分割技术就是直接对当前图像数据进行操作，例如微分算子、阈值化和区域生长；基于模型驱动的图像分割技术建立在先验知识基础上对图像进行分割，如目标几何、统计模型和活动轮廓模型等。

　　本节将图像分割算法分为基于阈值化的分割方法、边缘的分割方法、区域的分割方法、神经网络的分割方法和聚类的分割方法，并分别进行简单的介绍。

10.5.1　基于阈值化的分割方法

　　基于阈值化的分割方法是一种应用十分广泛的图像分割技术。所谓值分割方法的实质是利用图像的灰度直方图信息得到用于分割的阈值。它使用一个或几个阈值将图像的灰度级分为几个部分，认为属于同一个部分的像素是同一个物体。它不仅可以极大地压缩数据量，而且也大大简化了图像信息的分析和处理步骤。阈值分割方法是图像分割中最简单也是最常用的一种方法，在过去的几十年间备受重视。这种方法基于对灰度图像的一种假设：目标或背景的相邻像素间的灰度值是相似的，而不同目标或背景的像素在灰度上有差异，反映在直方图上，不同目标和背景对应不同的峰，选取的阈值应位于两峰的峰谷处。如果图像中具有多类目标，则直方图将呈现多峰特性，相邻两峰之间的谷即为多阈值分割的阈值。

　　通常阈值分割方法根据某种测度准则确定分割阈值。根据使用的是图像的整体信息还是局部信息，可以分为上下文相关（Contextual）方法和上下文无关（Non-contextual）方法；根据对全图使用统一阈值还是对不同区域使用不同阈值，可以分为全局阈值方法（Global

Threshold）和局部阈值方法（Local Threshold，也叫作自适应阈值方法（Adaptive Threshold）。另外，还可以分为单阈值方法和多阈值方法。

阈值分割的核心问题是如何选择合适的阈值。其中，最简单和常用的方法是从图像的灰度直方图出发，先得到各个灰度级的概率分布密度，再依据某一准则选取一个或多个合适的阈值，以确定每个像素点的归属。选择的准则不同，得到的阈值化算法就不同。常见的准则有如下几种：

1）P-分位数（即是P-title法）

它的阈值分割准则是分割得到的目标和背景的概率应该等于其先验概率。该分割方法的优点是无须任何迭代和搜索，缺点是严重依赖对先验概率的估计。

2）最频值法（也称Mode法）

它的阈值分割准则是最优阈值位于目标和背景两个概率分布的交叠处。该分割方法的优点是计算简单，缺点是要求图像的直方图具有明显的双峰特性。

3）Ostu法

它的阈值分割准则是使目标类和背景类的类内方差最小、类间方差最大。该分割方法的优点是计算简单，效果稳定，缺点是要求目标与背景的面积相似。

4）最大熵方法

图像最大熵阈值分割的原理是使选择的阈值分割图像目标区域、背景区域两部分灰度统计的信息量为最大。该方法的优点是计算比较简单，缺点是对直方图模型有一定的要求。

5）最小误差法

它的阈值分割准则是Bayes判别误差最小。该分割方法的优点是计算简单，适用于目标和背景很不均衡的图像，缺点是和熵方法一样，对直方图模型有一定的要求。

6）矩量保持法

它的阈值分割准则是分割前后图像的矩量保持不变。该分割方法的优点是无须任何迭代和搜索，缺点是稳定性不佳。

上述方法大多对灰度直方图模型有要求，遗憾的是很多图像并不满足这些要求。虽然人们提出了许多改进方法，试图得到所需要的直方图，例如，计算直方图时只统计特定的像素点，或者用关于像素梯度的某种函数对直方图加权等，但是这些改进并不总能得到预期的效果。

10.5.2　基于边缘的分割方法

这类方法主要基于图像灰度级的不连续性，通过检测不同均匀区域之间的边界来实现对图像的分割。这与人的视觉过程有些相似。基于边缘的分割方法与边缘检测理论密切相关，此类方法大多是基于局部信息，一般利用图像一阶导数的极大值或二阶导数的过零点信息来提供判断边缘点的基本依据，进一步还可以采用各种曲线拟合技术获得划分不同区域边界的连续曲线。根据检测边缘执行方式的不同，边缘检测法大致可分为以下两类：串行边缘检测技术和并行边缘检测技术。

串行边缘检测技术首先要检测出一个边缘起始点，然后根据某种相似性准则寻找与前一点同类的边缘点，这种确定后继相似点的方法称为跟踪。根据跟踪方法的不同，这类方法又可分为轮廓跟踪、光栅跟踪和全向跟踪3种。全向跟踪可以克服由于跟踪的方向性造成的边界丢失，但其搜索过程会付出更大的时间代价。串行边缘检测技术的优点在于可以得到连续的单像素边缘，但是它的效果严重依赖初始边缘点：不恰当的初始边缘点可能得到虚假边缘；较少的初始边缘点可能导致边缘漏检。

并行边缘检测技术通常借助空域微分算子，通过其模板与图像卷积完成，因而可以在各个像素上同时进行，从而大大降低了时间复杂度。常见并行边缘检测方法有如下几种：Roberts算了、Laplacian算子、Sobel算子、Prewitt算子、Kirsh算子、wlil算子、LoG算子、Cany算子等。

10.5.3　基于区域的分割方法

常见的基于区域的图像分割方法有区域生长与分裂合并法、基于图像的随机场模型法和有监督的分类分割法等。

1）区域生长和分裂合并法

区域生长和分裂合并是两种典型的串行区域分割方法，其特点是将分割过程分解为多个有序的步骤，后续的步骤要根据前面步骤结果的判断而确定。区域生长的基本思想是将具有相似性质的像素集合起来构成区域。具体做法是先对每个需要分割的区域选取一个种子像素作为生长的起点，然后将种子像素邻域中与种子像素有相同或相似性质的像素（根据某种事先定义的生长或相似准则来判断）合并到种子像素所在的区域中，再将这些新像素当作新的种子像素继续进行上述过程，直到没有满足条件的像素可被包括进来为止。实际应用区域生长法时要解决3个主要问题：

- 选择或确定一个能正确代表所需区域的种子像素。
- 确定在生长过程中能将相邻像素包括进来的准则。
- 指定生长停止的条件或准则。

种子像素的选取常可借助具体问题的特点。如果对具体问题没有先验知识，则常可借助生长所用准则对每个像素进行相应计算。如果计算结果呈现聚类的情况，则接近聚类中心的像素可作为种子像素。生长准则的选取不仅依赖具体问题本身，也和所用图像数据的种类有关。另外还需要考虑像素间的连通性和邻近性，否则有时会出现无意义的分割结果。

与阈值方法不同，区域生长和分裂合并方法不但考虑了像素的相似性，还考虑了空间上的邻接性，因此可以有效消除孤立噪声的干扰，具有很强的鲁棒性。此外，无论是合并还是分裂，它都能够将分割深入到像素级，因此可以保证较高的分割精度。

在区域生长和分裂合并方法中，整个图像先被看作一个区域，然后区域不断地被分裂为四个矩形子区域，直到每个子区域内部都是相似的，然后按照某种准则将相邻的相似子区域进行合并，得到分割的结果。分裂合并方法不需要预先指定种子点，但可能会导致分割区域的边界遭到破坏。这种方法虽然没有选择种子点的麻烦，但也有自身的不足：一方面，分裂如果不能深达像素级，就会降低分割精度；另一方面，深达像素级的分裂会增加合并的工作量，从而大大提高其时间复杂度。

避免种子点选择给算法带来不稳定的另一个思路是：先用一种简单的分割方法得到几个

粗分割，再对其中的噪声和边缘像素使用区域增长的方法细分割。值得注意的是，粗分割中应当使用像素的邻域信息，否则不足以准确分割出噪声和边缘点；细分割中的合并准则应该是逐步松弛的，这样才能在无遗漏像素的同时保证分割的精度。

分水岭算法是一种较新的基于区域的图像分割方法。该算法的思想来源于洼地积水的过程：首先，求取图像梯度；然后，将图像梯度视为一个高低起伏的地形图，原图上较平坦区域的梯度值较小，构成盆地，原图上边界区域的梯度值较大，构成分割盆地的山脊；接着，水从盆地内最低洼的地方渗入，随着水位不断长高，有的洼地将被连通，为了防止两块洼地被连通，就在分割两者的山脊上筑起水坝，水位越涨越高，水坝也越筑越高；最后，当水坝达到最高的山脊的高度时，算法结束，每一个孤立的积水盆地对应一个分割区域。分水岭算法有着较好的鲁棒性，但是往往会形成过分割。

2）基于图像的随机场模型法

基于图像的随机场模型法主要以Markov随机场（Markov Random Field，MRF）作为图像模型，并假定该随机场符合Gibbs分布。该模型法的实质就是从统计学的角度出发对数字图像进行建模，把图像中各个像素点的灰度值看作具有一定概率分布的随机变量。从观察到的图像中恢复实际物体或正确分割观察到的图像，从统计学的角度看，就是找出最有可能（即以最大的概率）得到该图像的物体组来；从贝叶斯定理的角度看，就是要求得出具有最大后验概率的分布。

使用MRF模型进行图像分割的主要问题有：邻域系统的定义、能量函数的选择和其参数的估计，以及极小化能量函数从而获得最大后验概率的策略等。Geman等人首次将基Gibbs分布的Markov随机场模型用于图像处理，详细讨论了MRF模型的邻域系统、能量函数、Gibbs采样方法等问题，提出用模拟退火算法来极小化能量函数的方法，并给出了模拟退火算法收敛性的证明。Geman D等人又提出了一种用于纹理图像分割的、带限制条件的优化算法。该算法直接被认为是一种较好的纹理图像分割方法。在此基础上人们提出了大量基于MRF模型的图像分割算法。

3）有监督的分类分割法

有监督的分类分割法是模式识别领域中一种基本的学习分析方法，其目的是利用已知类别的训练样本集，在图像的特征空间（或其变换空间）找到分类决策的点、线、面或超平面，以实现对图像像素的分类，从而实现图像分割。

有监督的分类方法根据学习的形式可以分为非参数分类法和参数分类法。

典型的非参数分类法包括K近邻及Parzen窗，它们不依赖假设特征的分布，而仅依赖训练样本自身的分布情况，同时对图像数据的统计结构也没有要求。

参数分类法的代表是贝叶斯分类器、神经网络分类器以及最近发展起来的支持向量机（Support Vector Machine，SVM）分类器。

贝叶斯分类器是利用训练样本估计类概率分布及类条件概率密度，然后估计未知样本的后验概率，从而实现分类。该分类器具有不需要迭代运算、计算量相对较小，且可用于多通道图像等优点；缺点是分割效果严重依赖于训练样本的数量和质量。另外，该方法没有考虑图像的空间信息，对灰度不均匀的图像分割效果不好。

神经网络分类器是利用训练样本集根据某种准则迭代确定节点间的连接权值，利用训练好的模型来分类未知类别的像素,从而实现图像分割。尽管神经网络方法在图像分割中得到了广泛的应用,但目前遇到了网络模型难以确定,容易出现过学习、欠学习以及局部最优等问题。

Vapnik等人开发的支持向量机方法建立在统计学习理论的VC（Vapnik-Chervonenkis）维理论和结构风险最小化原理的基础上,根据有限样本信息在模型的复杂性和学习能力之间寻求最佳折中,以期获得最好的泛化性能。它克服了包括神经网络方法在内的传统学习分类方法可能出现的大部分问题,已经被看作对传统学习分类器的一个好的替代。特别是在小样本、高维非线性情况下,支持向量机具有较好的泛化性能,是目前机器学习领域研究的热点。

10.5.4 基于神经网络的分割方法

在20世纪80年代后期,图像处理、模式识别和计算机视觉的主流领域受到人工智能发展的影响,出现了将更高层次的推理机制用于识别系统的做法。这种思路也开始影响图像分割方法,出现了基于神经网络模型的方法。

神经网络模拟生物特别是人类大脑的学习过程,它由大量并行的节点构成,每个节点都能执行一些基本的计算。学习过程通过调整节点之间的连接关系以及连接的权值来实现。神经网络技术也许是为了满足对噪声的鲁棒性以及实时输出要求而提出的,一些研究人员也尝试利用神经网络技术来解决图像分割问题,典型方法如Blanz和Gish利用前向三层网络来解决分割问题。在该方法中,输入层的各个节点对应了像素的各种属性,输出层结果为分割的类别数。Babaguchi N等人则使用多层网络并且用反向传播方法对网络进行训练,在他们的方法中,输入为图像的灰度直方图,输出为用于阈值分割的阈值。这种方法的实质是利用神经网络技术来获取用于图像分割的阈值,进而进行图像分割。

这些神经网络方法的出发点是将图像分割问题转换为诸如能量最小化、分类等问题,从而借助神经网络技术来解决问题。其基本思想是用训练样本集对神经网络模型进行训练,以确定节点间的连接和权值,再用训练好的神经网络模型去分割新的图像数据。这种方法的一个缺陷是网络的构造问题,它需要大量的训练样本集,然而收集这些样本在实际应用中非常困难。神经网络模型同样也能用于聚类或形变模型,这时神经网络模型的学习过程是无监督的。由于神经网络存在巨量的连接,所以很容易引入空间信息,但是使用目前的串行计算机去模拟神经网络模型的并行操作,计算时间往往达不到要求。

10.5.5 基于聚类的分割方法

聚类是一个将数据集划分为若干组或类的过程,并使得同一个组内的数据对象具有较高的相似度,而不同组中的数据对象则是不相似的。相似或不相似的度量是基于数据对象描述的取值来确定的,通常就是利用（各对象间）距离来进行描述。一个类就是由彼此相似的一组对象所构成的集合,不同类对象之间通常是不相似的。当用距离来表示两个类间的相似度时,这样做的结果就把特征空间划分为若干个区域,每一个区域相当于一个类别。一些常用的距离度量都可以作为这种相似度量,我们之所以常常用距离来表示样本间的相似度,是因为从经验看,凡是同一类的样本,其特征向量应该相互靠近;而不同类的样本,其特征向量之间的距离要大得多。

通常聚类方法具有以下3个要点:

（1）选定某种距离度量作为样本间的相似性度量。

（2）确定某个评价聚类结果质量的准则函数。

（3）给定某个初始分类，然后选择算法找出使准则函数取极值的最好聚类结果。

按照聚类结果表现方式的不同，现有的聚类分析算法可以分为：硬聚类算法、模糊聚类算法和可能性聚类算法。

（1）在硬聚类算法中，分类结果用样本表示对各类的隶属度。样本对某个类别的隶属度只能是0或1。样本对某个类别的隶属度为1，表示样本属于该类；样本对某个类别的隶属度为0，则表示样本不属于该类。样本只能属于所有类别中的某一个类别。早期的聚类算法都是硬聚类算法。硬聚类算法容易陷入局部极值。

（2）在模糊聚类算法中，分类结果仍旧用样本表示各类的隶属度，只是样本对某个类别的隶属度在区间[01]内取值，样本对所有类别的隶属度之和为1。模糊聚类产生于20世纪70年代末，是聚类分析与模糊集理论相结合的产物。模糊聚类算法与硬聚类算法相比，提高了算法的寻优概率，但速度要比硬聚类慢。

（3）在可能性聚类算法中，分类结果以样本对各类的典型程度表示。样本对某个类别的典型程度在区间[0,1]内取值。可能性聚类算法是聚类分析与可能性理论的结晶。第一个可能性聚类算法是R. Krishnapuram和J.M. Keller在1993年提出的。可能性聚类算法也容易陷入局部极值，但可能性聚类算法抑制噪声的能力很强。

10.6　使用OpenCV进行图像分割

图像阈值化分割是一种最常用的、传统的图像分割方法，因其实现简单、计算量小、性能较稳定而成为图像分割中最基本和应用最广泛的分割技术。它特别适用于目标和背景占据不同灰度级范围的图像。它不仅可以极大地压缩数据量，而且也大大简化了分析和处理步骤，因此在很多情况下，是进行图像分析、特征提取与模式识别之前所必要的图像预处理过程。

图像阈值化的目的是要按照灰度级对像素集合进行一个划分，得到的每个子集形成一个与现实景物相对应的区域，各个区域内部具有一致的属性，而相邻区域不具有这种一致属性。这样的划分可以通过从灰度级出发，选取一个或多个阈值来实现。

阈值分割的基本原理是：通过设定不同的特征阈值，把图像像素点分为若干类。常用的特征包括直接来自原始图像的灰度或彩色特征，以及由原始灰度或彩色值变换得到的特征。

设原始图像为f(x,y)，按照一定的准则在f(x,y)中找到特征值T，将图像分割为两个部分，分割后的图像为：黑（用0表示）和白（用1表示），即为我们通常所说的图像二值化。

阈值分割方法实际上是输入图像f到输出图像g的如下变换：

$$g(i,j) = \begin{cases} 1 & f(i,j) \geqslant T \\ 0 & f(i,j) < T \end{cases}$$

其中，T为阈值；对于物体的图像元素，g(i,j)=1；对于背景的图像元素，g(i,j)=0。由此可见，阈值分割算法的关键是确定阈值，如果能确定一个合适的阈值，就可以准确地将图像分割开来。在阈值确定之后，将该阈值与每个像素点的灰度值逐一比较。由于像素分割可以并行进行，因此分割结果能够快速生成，直接呈现出图像的各个区域。

阈值分割的优点是计算简单、运算效率较高、速度快。目前存在各种各样的阈值处理技术，包括固定阈值分割（也称全局阈值分割）、自适应阈值分割、最佳阈值分割等。

1. 固定阈值分割

固定阈值最简单，只需选取一个全局阈值，就可以把整幅图像分成非黑即白的二值图像。图像的二值化就是将图像上的像素点的灰度值设置为0或255，这样将使整个图像呈现出明显的黑白效果。在数字图像处理中，二值图像占有非常重要的地位，图像的二值化使图像中的数据量大为减少，从而能凸显出目标的轮廓。例如，以160为阈值对图像矩阵进行阈值分割，如下所示：

$$\begin{bmatrix} 101 & 201 & 255 \\ 87 & 56 & 159 \\ 0 & 5 & 170 \end{bmatrix} \Rightarrow \begin{bmatrix} 0 & 255 & 255 \\ 0 & 0 & 0 \\ 0 & 0 & 255 \end{bmatrix}$$

可以看到，小于160的输出为0，大于160的输出为255。

在OpenCV中，固定阈值化函数为threshold，该函数声明如下：

```
threshold(src, thresh, maxval, type[, dst]) -> retval
```

其中，参数src表示输入图像（单通道，8位或32位浮点型），dst表示输出图像（大小和类型都与输入相同），thresh表示阈值；maxval表示最大灰度值，一般设为255；type表示阈值化类型，具体说明如下：

- THRESH_BINARY：灰度值超过阈值的像素设置为最大灰度值，不超过的设置为 0。
- THRESH_BINARY_INV：灰度值不超过阈值的像素设置为最大灰度值，超过的设置为 0。
- THRESH_TRUNC：灰度值超过阈值的像素设为阈值的灰度值。
- THRESH_TOZERO：灰度值低于阈值的像素设为 0 灰度值。
- THRESH_TOZERO_INV：灰度值高于阈值的像素设为 0 灰度值。
- THRESH_MASK：掩码。
- THRESH_OTSU：使用 Otsu 算法来选择最佳阈值，只支持 8 位单通道图像。
- THRESH_TRIANGLE：使用 TRIANGLE 算法来选择最佳阈值，只支持 8 位单通道图像。

其中前5个最常用，其含义如图10-1所示。

需要注意的是，THRESH_OTSU 和 THRESH_TRIANGLE 是作为优化算法配合THRESH_BINARY、THRESH_BINARY_INV、THRESH_TRUNC、THRESH_TOZERO以及THRESH_TOZERO_INV来使用的。当使用了THRESH_OTSU和THRESH_TRIANGLE两个标志时，输入图像必须为单通道。

THRESH_BINARY	$dst(x,y) = \begin{cases} \textbf{maxval} & \textbf{if } \mathbf{src}(x,y) > \textbf{thresh} \\ \textbf{0} & \textbf{otherwise} \end{cases}$
THRESH_BINARY_INV	$dst(x,y) = \begin{cases} \textbf{0} & \textbf{if } \mathbf{src}(x,y) > \textbf{thresh} \\ \textbf{maxval} & \textbf{otherwise} \end{cases}$
THRESH_TRUNC	$dst(x,y) = \begin{cases} \textbf{threshold} & \textbf{if } \mathbf{src}(x,y) > \textbf{thresh} \\ \mathbf{src}(x,y) & \textbf{otherwise} \end{cases}$
THRESH_TOZERO	$dst(x,y) = \begin{cases} \mathbf{src}(x,y) & \textbf{if } \mathbf{src}(x,y) > \textbf{thresh} \\ \textbf{0} & \textbf{otherwise} \end{cases}$
THRESH_TOZERO_INV	$dst(x,y) = \begin{cases} \textbf{0} & \textbf{if } \mathbf{src}(x,y) > \textbf{thresh} \\ \mathbf{src}(x,y) & \textbf{otherwise} \end{cases}$

图 10-1

函数threshold返回当前阈值。

【例 10.1】 threshold 实现图像阈值分割

```python
import cv2
import matplotlib.pyplot as plt

img = cv2.imread('kt.jpg')
gray = cv2.cvtColor(img,cv2.COLOR_BGR2GRAY)
#将灰度图 gray 中灰度值小于 175 的点设置为 0，灰度值大于 175 的点设置为 255
ret,thresh1 = cv2.threshold(gray,127,255,cv2.THRESH_BINARY)
#将灰度图 gray 中灰度值小于 127 的点设置为 255，灰度值大于 127 的点设置为 0
ret,thresh2 = cv2.threshold(gray,127,255,cv2.THRESH_BINARY_INV)
ret,thresh3 = cv2.threshold(gray,127,255,cv2.THRESH_TRUNC)
ret,thresh4 = cv2.threshold(gray,127,255,cv2.THRESH_TOZERO)
ret,thresh5 = cv2.threshold(gray,127,255,cv2.THRESH_TOZERO_INV)
titles = ['img','BINARY','BINARY_INV','TRUNC','TOZERO','TOZERO_INV']
images = [img,thresh1,thresh2,thresh3,thresh4,thresh5]
for i in range(6):
    plt.subplot(2,3,i+1),plt.imshow(images[i],'gray')
    plt.title(titles[i])
    plt.xticks([]),plt.yticks([])
plt.show()
```

在上述代码中，调用了OpenCV库函数threshold，并通过其不同的参数来达到不同的效果。运行工程，结果如图10-2所示。

2. 自适应阈值分割

前面所讲的固定阈值分割是一种全局分割，但是当一幅图的不同部分具有不同的亮度时，这种全局阈值分割的方法会显得苍白无力，如图10-3所示。

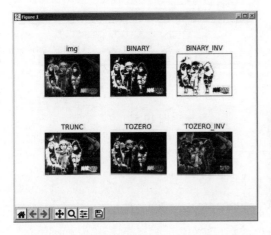

图 10-2　　　　　　　　　　　　　　　　　　　　　　　图 10-3

　　显然，这样的阈值处理结果不是我们想要的，那就需要一种方法来应对这样的情况。这种方法就是自适应阈值法。它的思想不是计算全局图像的阈值，而是根据图像不同区域的亮度分布计算其局部阈值，所以对于图像不同区域，能够自适应计算不同的阈值，因此被称为自适应阈值法（其实就是局部阈值法）。自适应阈值分割就是对图像中的各个部分进行分割，即采用邻域分割，在一个邻域范围内进行图像阈值分割。如何确定局部阈值呢？可以通过计算某个邻域（局部）的均值、中值、高斯加权平均（高斯滤波）来确定阈值。值得注意的是，如果用局部的均值作为局部的阈值，就是常说的移动平均法。

　　在OpenCV中，采用adaptiveThreshold函数进行自适应阈值分割。该函数声明如下：

```
adaptiveThreshold(src, maxValue, adaptiveMethod, thresholdType, blockSize, C[,
dst]) -> dst
```

　　其中，src表示原图像；dst表示输出图像，与原图像大小一致；maxValue表示预设满足条件的最大值；adaptiveMethod表示指定自适应阈值算法，可选择ADAPTIVE_THRESH_MEAN_C或 ADAPTIVE_THRESH_GAUSSIAN_C ； thresholdType 指 定 阈 值 类 型 ， 可 选 择THRESH_BINARY（二进制阈值）或者THRESH_BINARY_INV（反二进制阈值）；blockSize表示邻域块大小，用来计算区域阈值，一般选择为3、5、7等；C表示与算法有关的参数，是一个从均值或加权均值提取的常数，可以是负数。

　　自适应阈值化计算是为每一个像素点单独计算阈值，即每个像素点的阈值都是不同的，就是将该像素点周围$B \times B$区域内的像素加权平均，然后减去一个常数C，从而得到该点的阈值。B由参数blockSize指定，常数C由参数C指定。

　　ADAPTIVE_THRESH_MEAN_C为局部邻域块的平均值，该算法是先求出块中的均值，再减去常数C。ADAPTIVE_THRESH_GAUSSIAN_C为局部邻域块的高斯加权和，该算法把区域中(x, y)周围的像素根据高斯函数按照它们离中心点的距离进行加权计算，再减去常数C。

　　举个例子：如果使用平均值方法，平均值mean为190，差值delta（即常数C）为30。那么灰度小于160的像素为0，大于或等于160的像素为255，如图10-4所示。如果是反向二值化，则如图10-5所示。这里delta（常数C）选择负值也是可以的。

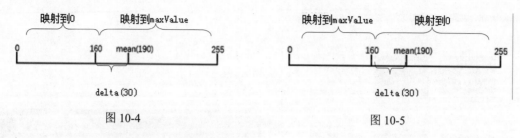

图 10-4   图 10-5

【例 10.2】 建筑物图像自适应阈值风格

```
import cv2 as cv
srcImage = cv.imread('kt.jpg')
srcGray = cv.cvtColor(srcImage,cv.COLOR_BGR2GRAY)   #灰度转换
cv.imshow("Src Image", srcImage);
cv.imshow("Gray Image", srcGray);
#初始化相关变量
#初始化自适应阈值参数
maxVal = 255;
blockSize = 3;    #取值 3,5,7,...
constValue = 10;
#自适应阈值算法
adaptiveMethod = 0;#0:ADAPTIVE_THRESH_MEAN_C, 1:ADAPTIVE_THRESH_GAUSSIAN_C
thresholdType = 1;   #阈值类型，0:THRESH_BINARY, 1:THRESH_BINARY_INV
#---------------图像自适应阈值操作----------------------
dstImage=cv.adaptiveThreshold(srcGray, maxVal, adaptiveMethod, thresholdType,
blockSize, constValue);
cv.imshow("Adaptive threshold", dstImage);
cv.waitKey(0);
```

在上述代码中，首先读取一幅建筑物图片kt.jpg；然后利用函数cvtColor进行灰度变换，并显示灰度图；接着初始化自适应阈值函数 adaptiveThreshold 的相关变量；最后调用adaptiveThreshold函数对图像进行自适应阈值分割。

运行工程，结果如图10-6所示。

图 10-6

通过本例可以发现，自适应阈值能很好地观测到边缘信息。阈值的选取是算法自动完成的，很方便。

【例 10.3】 对比固定阈值和自适应阈值分割

```
import cv2 as cv

srcImage = cv.imread('kt.jpg')
img = cv.cvtColor(srcImage,cv.COLOR_BGR2GRAY) #灰度转换
cv.imshow("Src Image", srcImage);
img=cv.medianBlur(img, 5);#中值滤波
ret,dst1=cv.threshold(img, 127, 255, cv.THRESH_BINARY);#固定阈值分割
 #自适应阈值分割，邻域均值
dst2=cv.adaptiveThreshold(img, 255, cv.ADAPTIVE_THRESH_MEAN_C,
cv.THRESH_BINARY, 11, 2);
 #自适应阈值分割，高斯邻域
dst3=cv.adaptiveThreshold(img, 255, cv.ADAPTIVE_THRESH_GAUSSIAN_C,
cv.THRESH_BINARY, 11, 2);
cv.imshow("dst1", dst1);
cv.imshow("dst2", dst2);
cv.imshow("dst3", dst3);
cv.imshow("img", img);
cv.waitKey(0);
```

在上述代码中，首先对图片kt.jpg进行灰度处理和中值滤波；然后通过threshold函数进行固定阈值分割来得到dst1；最后通过函数adaptiveThreshold进行邻域均值的自适应分割和高斯邻域的自适应阈值分割来得到dst2和dst3。

运行工程，结果如图10-7所示，可以发现自适应分割的效果大大优于固定阈值分割。

图 10-7

10.7 彩色图像分割

灰度图像大多通过算子寻找边缘和区域生长融合来分割图像。彩色图像增加了色彩信息，可以通过不同的色彩值来分割图像。常用彩色空间HSV/HIS、RGB、LAB等都可以用于分割图像。本节使用inRange函数来实现阈值化，它跟前面的阈值化方法一样，只不过在实现时用阈

值范围来替代固定阈值。inRange函数提供了一种物体检测的手段，用基于像素值范围的方法，在HSV色彩空间检测物体，从而达到分割的效果。

图10-8所示是HSV（Hue、Saturation、Value的首字母，分别表示颜色的色相、饱和度、强度）圆柱体，表示HSV的颜色空间。HSV色彩空间是一种类似于RGB的颜色表示方式。Hue通道是颜色类型，在需要根据颜色来分割物体的应用中非常有效。Saturation的变化从不饱和到完全饱和，对应图10-8所示的灰色过渡到阴影（没有白色成分）。Value描述了颜色的强度或者亮度。

图 10-8

HSV是一种比较直观的颜色模型，在许多图像编辑工具中应用广泛。这个模型中颜色的参数分别是：色调（H，Hue）、饱和度（S，Saturation）、明度（V，Value）。

色调用角度度量，取值范围为0°～360°，从红色开始按逆时针方向计算，红色为0°，绿色为120°，蓝色为240°。它们的补色是黄色为60°，青色为180°，品红为300°。

饱和度表示颜色接近光谱色的程度。一种颜色可以看作某种光谱色与白色混合的结果。其中光谱色所占的比例愈大，颜色接近光谱色的程度就愈高，颜色的饱和度也就愈高。饱和度高，颜色则深而艳。光谱色的白光成分为0，饱和度达到最高。通常饱和度取值范围为0%～100%，值越大，颜色越饱和。

明度表示颜色明亮的程度。对于光源色，明度值与发光体的光亮度有关；对于物体色，此值和物体的透射比或反射比有关。通常明度取值范围为0%（黑）~100%（白）。

HSV颜色空间模型（圆锥模型）如图10-9所示。

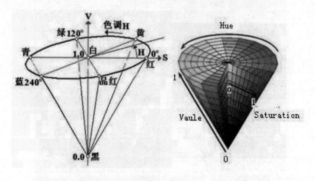

图 10-9

由于RGB色彩空间是由3个通道来编码颜色，因此难以根据颜色来分割物体。而HSV中只有Hue一个通道表示颜色，此时可以用函数cvtColor将BGR转换到HSV色彩空间，然后用函数inRange根据HSV设置的范围检测目标。inRange函数声明如下：

```
inRange(src, lowerb, upperb[, dst]) -> dst
```

其中，src表示输入图像；lowerb表示H、S、V的最小值；upperb表示H、S、V的最大值；dst表示输出图像，要和输入图像有相同的尺寸且为CV_8U类。

OpenCV中的inRange()函数可实现二值化功能（这点类似threshold函数），更关键的是可以同时针对多通道进行操作。通俗来讲，这个函数就是判断src中每一个像素是否在[lowerb， upperb]区间，注意区间的开闭。如果结果为是，那么在dst相应像素位置填上255，反之填0。一般我们把dst当作一个mask来用。对于单通道图像，如果一幅灰度图像的某个像素的灰度值在指定的高、低阈值范围之内，则在dst图像中令该像素值为255，否则令其为0，这样就生成了一幅二值化的输出图像。对于三通道图像，每个通道的像素值都必须在规定的阈值范围内。下面看一个用函数inRange进行颜色分割的例子。

【例 10.4】 直接用 HSV 体系进行颜色分割

```python
import cv2 as cv
import numpy as np

def color_seperate(image):
    hsv = cv.cvtColor(image, cv.COLOR_BGR2HSV)          #对目标图像进行色彩空间转换
    lower_hsv = np.array([100, 43, 46])                 #设定蓝色下限
    upper_hsv = np.array([124, 255, 255])               #设定蓝色上限
    #依据设定的上下限对目标图像进行二值化转换
    mask = cv.inRange(hsv, lowerb=lower_hsv, upperb=upper_hsv)
    #将二值化图像与原图进行"与"操作；实际是提取前两个 frame 的"与"结果，
    #然后输出 mask 为 1 的部分
    dst = cv.bitwise_and(src, src, mask=mask)           #注意：括号中要写 mask=xxx
    cv.imshow('result', dst)                            #输出

src = cv.imread('test.jpg')                             #导入目标图像，获取图像信息
color_seperate(src)
cv.imshow('image', src)
cv.waitKey(0)
cv.destroyAllWindows()
```

在上述代码中，首先载入图像，然后利用函数cvtColor将其转换为HSV颜色空间，接下来依据设定的上下限对目标图像进行二值化转换，最后将二值化图像与原图像进行"与"操作。

运行工程，结果如图10-10所示。

图 10-10

10.8　grabCut算法分割图像

10.8.1　基本概念

使用grabCut算法可以用最小程度的用户交互来分解前景。从用户角度来看，grabCut算法是怎么工作的呢？首先画一个矩形方块把前景图圈起来，前景区域应该完全在矩形内；然后算

法反复进行分割以达到最好的效果。但是，有些情况下分割得不是很好，比如把前景标成背景了，这种情况下用户需要再润色，就是在图像上有缺陷的地方画几笔。这几笔的意思是说"嘿，这个区域应该是前景，你把它标成背景了，下次迭代改过来"或者是反过来。那么下次迭代的结果会更好。比如图10-11所示的图像。

图 10-11

首先将球员和足球包含在蓝色矩形框里，然后用白色笔（指出前景）和黑色笔（指出背景）来做一些润色。后台会发生什么呢？

（1）用户输入矩形，矩形外的所有东西都被确认是背景，矩形内的所有东西都是未知的。同样地，任何用户输入指定的前景和背景也都被认为是硬标记，在处理过程中不会变。

（2）计算机会根据我们给的数据做初始标记，它会标记出前景和背景像素。

（3）现在会使用高斯混合模型（GMM）来为前景和背景建模。

（4）根据我们给的数据，GMM学习和创建新的像素分布，未知像素被标为可能的前景或可能的背景（根据其他硬标记像素的颜色统计和它们之间的关系）。根据这个像素分布创建一幅图，图中的节点是像素。另外还有两个节点，即源节点和汇节点，每个前景像素和源节点相连，每个背景像素和汇节点相连。

（5）源节点和汇节点连接的像素的边的权重由像素是前景或者背景的概率决定。像素之间的权重是由边的信息或者像素的相似度决定。如果像素颜色有很大差异，它们之间的边的权重就比较低。

（6）最小分割算法是用来分割图的，它用最小成本函数把图切成两个分开的源节点和汇节点，成本函数是被切的边的权重之和。切完以后，所有连到源节点的像素称为前景，所有连到汇节点的像素称为背景。

（7）过程持续进行，直到分类覆盖。

整个过程如图10-12所示。

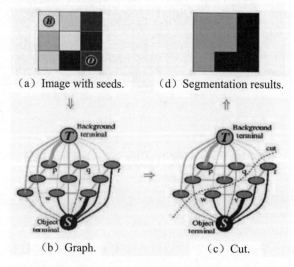

图 10-12

10.8.2 grabCut 函数

grabCut算法是Graphcut算法的改进，Graphcut是一种直接基于图割算法的图像分割技术，只需确认前景和背景的输入，该算法就可以完成前景和背景的最优分割。grabCut算法利用图像中的纹理（颜色）信息和边界（反差）信息，只需少量的用户交互操作，即可获得较好的分割结果。与分水岭算法相比，grabCut的计算速度较慢，但能够提供更精确的分割结果。如果要从静态图像中提取前景物体（如从一幅图像剪切物体到另一幅图像），采用grabCut算法是最好的选择。其用法很简单，只需输入一幅图像，并对一些像素进行标记，指明其属于背景或前景，算法就会根据这些局部标记计算出整个图像中前景和背景的分割线。现在我们用OpenCV来实现grabCut算法。OpenCV中有一个函数grabCut，其声明如下：

```
grabCut(img, mask, rect, bgdModel, fgdModel, iterCount[, mode]) -> None
```

其中，参数img表示输入原图像。mask表示输出掩码，如果使用掩码进行初始化，那么mask保存初始化掩码信息，在执行分割的时候也可以将用户交互所设定的前景与背景保存到mask中，再传入grabCut函数。在处理结束之后，mask中会保存结果。mask只能取4种值：GCD_BGD（=0）表示背景；GCD_FGD（=1）表示前景；GCD_PR_BGD（=2）表示可能的背景；GCD_PR_FGD（=3）表示可能的前景。如果没有手工标记GCD_BGD或者GCD_FGD，那么结果只能是GCD_PR_BGD或GCD_PR_FGD。rect表示用户选择的前景矩形区域，包含分割对象的矩形ROI，矩形外部的像素为背景，矩形内部的像素为前景，当参数mode=GC_INIT_WITH_RECT时使用这个参数。bgModel表示输出背景图像。fgdModel表示输出前景图像。iterCount表示迭代次数。mode表示用于指示grabCut函数进行什么操作，可选的值有GC_INIT_WITH_RECT（=0）表示用矩形窗初始化grabCut；GC_INIT_WITH_MASK（=1）表示用掩码图像初始化grabCut；GC_EVAL（=2）表示执行分割。

可以按以下方式来使用grabCut函数：

- 用矩形窗或掩码图像初始化 grabCut。
- 执行分割。
- 如果对结果不满意，就在掩码图像中设定前景或背景，再次执行分割。
- 使用掩码图像中的前景或背景信息。

利用grabCut函数做图像分割时，通常还需要和compare函数联合使用。compare函数主要用于在两个图像之间进行逐像素的比较，并输出比较的结果，该函数声明如下：

```
cv2.compare(src1, src2, cmpop[, dst]) -> dst
```

其中，参数src1表示原始图像1（必须是单通道）或者一个数值，比如是一个Mat或者一个单纯的数字n；src2表示原始图像2（必须是单通道）或者一个数值，比如是一个Mat或者一个单纯的数字n；dst表示结果图像，类型是CV_8UC1，即单通道8位图，大小和src1和src2中最大的一样，比较结果为True的地方值为255，否则为0；cmpop表示操作类型，有以下几种类型：

```
enum { CMP_EQ=0,        //相等
    CMP_GT=1,           //大于
    CMP_GE=2,           //大于或等于
```

```
    CMP_LT=3,                //小于
    CMP_LE=4,                //小于或等于
    CMP_NE=5 };              //不相等
```

从参数的要求可以看出，compare函数只对以下3种情况进行比较：

（1）array和array：此时输入的src1和src2必须是相同大小的单通道图，否则没有办法进行比较。计算过程如下：

```
dst(i) = src1(i) cmpop src2(i)
```

也就是对src1和src2逐像素进行比较。

（2）array和scalar：此时array仍然要求是单通道图，大小无所谓，因为scalar只是一个单纯的数字。比较过程是把array中的每个元素逐个地和scalar进行比较，所以此时的dst大小和array是一样的。计算过程如下：

```
dst(i) = src1(i) cmpop scalar
```

（3）scalar和array：是scalar和array的反过程，比较运算符cmpop左右的参数顺序不一样了。计算过程如下：

```
dst(i) = scalar cmpop src2(i)
```

这个函数有一个很有用的地方就是从一幅图像中找出具有特定像素值的像素，类似于threshold()函数，但是threshold()函数是对某个区间内的像素值进行操作，compare()函数则可以只对某一个单独的像素值进行操作。比如从图像中找出像素值为50的像素点：

```
result = cv2.compare(image,50, cv2.CMP_EQ);
```

通常情况下，我们需要对图像的前景、背景进行分离，有时也许仅仅是需要前景。下面将介绍如何使用grabCut算法进行交互式前景提取。具体的实现原理如下：

（1）通过直接框选目标来得到一个初始的trimap T，即方框外的像素TB全部作为背景像素，而方框内的像素TU全部作为"可能是目标"的像素。

（2）对TB内的每一像素n，初始化其标签$\alpha_n = 0$，即为背景像素；对TU内的每个像素n，初始化其标签$\alpha_n = 1$，即作为"可能是目标"的像素。

（3）经过上面两个步骤，就可以得到属于目标（$\alpha_n = 1$）的一些像素，剩下的为背景（$\alpha_n = 0$）的像素，这时就可以通过这个像素来估计目标和背景的GMM（高斯混合模型）了。

我们可以通过k-mean算法分别把属于目标和背景的像素聚类为K类，即GMM中的K个高斯模型，这时GMM中每个高斯模型就有了一些像素样本集了，它的参数均值和协方差就可以通过RGB值估计得到，而该高斯分量的权值可以通过像素个数与总的像素个数的比值来确定。

【例 10.5】　利用 grabCut 做图像前景分割

```
import numpy as np
import cv2
from matplotlib import pyplot as plt
import warnings

warnings.filterwarnings("ignore", module="matplotlib")
```

```python
imgpath = "girl.jpg"
img = cv2.imread(imgpath)

Coords1x, Coords1y = 'NA', 'NA'
Coords2x, Coords2y = 'NA', 'NA'

def OnClick(event):
    #获取鼠标被"按下"时的位置
    global Coords1x, Coords1y
    if event.button == 1:
        try:
            Coords1x = int(event.xdata)
            Coords1y = int(event.ydata)
        except:
            Coords1x = event.xdata
            Coords1y = event.ydata
        print("####左上角坐标: ", Coords1x, Coords1y)

def OnMouseMotion(event):
    #获取鼠标被"移动"时的位置
    global Coords2x, Coords2y
    if event.button == 3:
        try:
            Coords2x = int(event.xdata)
            Coords2y = int(event.ydata)
        except:
            Coords2x = event.xdata
            Coords2y = event.ydata
        print("####   右下角坐标: ", Coords2x, Coords2x)

def OnMouseRelease(event):
    if event.button == 2:
        fig = plt.gca()
        img = cv2.imread(imgpath)
        #创建一个与所加载图像同形状的 Mask
        mask = np.zeros(img.shape[:2], np.uint8)
        #算法内部使用的数组，必须创建两个np.float64类型的0数组，大小为(1, 65)
        bgdModel = np.zeros((1, 65), np.float64)
        fgdModel = np.zeros((1, 65), np.float64)
        #计算人工前景的矩形区域  (rect.x,rect.y,rect.width,rect.height)
        if (Coords2x - Coords1x) > 0 and (Coords2y - Coords1y) > 0:
            try:
                rect = (Coords1x, Coords1y, Coords2x - Coords1x, Coords2y
-Coords1y)
                print('####   分割区域:  ', rect)
                print('####  等会儿  有点慢  ...')
                iterCount = 5
                cv2.grabCut(img, mask, rect, bgdModel, fgdModel, iterCount,
cv2.GC_INIT_WITH_RECT)
                mask2 = np.where((mask == 2) | (mask == 0), 0, 1).astype('uint8')
                img = img * mask2[:, :, np.newaxis]
                plt.subplot(121), plt.imshow(cv2.cvtColor(img,
```

```
cv2.COLOR_BGR2RGB))
                    plt.subplot(122), plt.imshow(cv2.cvtColor(cv2.imread(imgpath),
cv2.COLOR_BGR2RGB))
                    fig.figure.canvas.draw()
                    print('May the force be with me!')
                except:
                    print('####  先左键  后右键  ')
            else:
                print('#### 左下角坐标值必须大于右上角坐标值  ')

#预先绘制图片
fig = plt.figure()
plt.imshow(cv2.cvtColor(img, cv2.COLOR_BGR2RGB))

#鼠标左键，选取分割区域（长方形）的左上角点
fig.canvas.mpl_connect('button_press_event', OnClick)
#鼠标右键，选取分割区域（长方形）的右下角点
fig.canvas.mpl_connect('button_press_event', OnMouseMotion)
#鼠标中键，在所选区域执行分割操作
fig.canvas.mpl_connect('button_press_event', OnMouseRelease)
plt.show()
```

代码实现的基本步骤如下：

01 在图片中定义含有一个或者多个物体的矩形。

02 矩形外的区域被自动认为是背景。

03 对于用户定义的矩形区域，可用背景中的数据来区别里面的前景和背景区域。

04 用高斯混合模型来对背景和前景建模，并将未定义的像素标记为可能的前景或背景。

05 图像中的每一个像素都被看作通过虚拟边与周围像素相连，而每条边都有一个属于前景或背景的概率，这基于它与周围颜色上的相似性而定。

06 每一个像素（算法中的节点）会与一个前景或背景节点链接。

07 在节点完成链接后，若节点之间的边属于不同终端，则会切断它们之间的边，这就能将图像各部分分割出来。

08 保存工程并运行，这时用鼠标左键单击分割区域左上角、用鼠标右键单击分割区域右下角，之后单击鼠标中键进行生成，运行结果如图 10-13 所示。可以看到，前景和背景都已经被分离出来了。

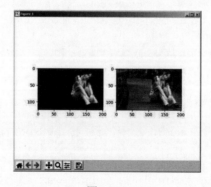

图 10-13

10.9　floodFill漫水填充分割

10.9.1　基本概念

lood Fill（漫水填充）算法是一种在许多图形绘制软件中常用的填充算法。通常情况下，该算法会自动选中与种子像素相连的区域，并利用指定颜色对该区域进行填充。这个算法常用于标记或分离图像的特定部分，以便进行进一步的分析和处理。Windows 画图工具中的油漆桶功能和Photoshop 的魔术棒选择工具，都是 Flood Fill 算法的改进和延伸。

漫水填充算法的原理很简单，就是从一个点开始遍历附近的像素点，并填充成新的颜色，直到封闭区域内所有像素点都被填充成新颜色为止。floodFill 的实现方法常见的有 4 邻域像素填充法、8 邻域像素填充法、基于扫描线的像素填充方法等。

在 OpenCV 中，漫水填充是填充算法中最通用的方法。使用 C++重写过的 floodFill 函数有两个版本，一个是不带 mask 的版本，另一个是带 mask 的版本。这个 mask 就是用于进一步控制哪些区域将被填充颜色（比如对同一图像进行多次填充时）。这两个版本的 floodFill，都必须在图像中选择一个种子点，然后把临近区域所有相似点填充上同样的颜色；不同之处在于，不一定将所有的邻近像素点都染上同一颜色。漫水填充操作的结果总是某个连续的区域。当邻近像素点位于给定的范围（从 loDiff 到 upDiff）内或在原始 seedPoint 像素值范围内时，floodFill 函数就会为这个点涂上颜色。

10.9.2　floodFill 函数

在OpenCV中，漫水填充算法由floodFill函数实现，其作用是用指定的颜色从种子点开始填充一个连接域，连通性由像素值的接近程度来衡量。floodFill函数声明如下：

```
floodFill(image, mask, seedPoint, newVal[, loDiff[, upDiff[, flags]]]) ->
retval, image, mask, rect
```

其中，参数image是一个输入/输出参数，表示一通道或三通道、8位或浮点图像，具体取值由之后的参数指明。参数mask也是输入/输出参数，是第二个版本的floodFill独享的，表示操作掩码，它应该为单通道、8位、长和宽上都比输入图像image大两个像素点的图像。第二个版本的floodFill需要使用以及更新掩码，所以这个mask参数我们一定要准备好并填在此处。需要注意的是，漫水填充不会填充mask的非零像素区域。例如，一个边缘检测算子的输出可以用来作为掩码，以防止填充到边缘。同样地，也可以在多次的函数调用中使用同一个掩码，以保证填充的区域不会重叠。另外需要注意的是，mask会比需填充的图像大，所以mask中与输入图像(x,y)像素点相对应的点的坐标为$(x+1,y+1)$。参数seedPoint表示漫水填充算法的起始点。参数Scalar类型的newVal表示像素点被染色的值，即像素在重绘区域的新值。参数rect的有默认值为0，一个可选的参数，用于设置floodFill函数将要重绘区域的最小边界矩形区域；参数loDiff的默认值为Scalar()，表示当前观察像素值与其部件邻域像素值或者待加入该部件的种子像素之间的亮度或颜色之负差（lower brightness/color difference）的最大值。参数upDiff的默认值为Scalar()，表示当前观察像素值与其部件邻域像素值或者待加入该部件的种子像素之间的亮度或颜色之正差（lower brightness/color difference）的最大值。参数flags表示操作标志符，此参数包含3个部分：

（1）低八位部分（第0~7位）用于控制算法的连通性，可取4（4为默认值）或者8。如果设为4，表示填充算法只考虑当前像素水平方向和垂直方向的相邻点；如果设为 8，除上述相邻点外，还会包含对角线方向的相邻点。

（2）高八位部分（16~23位）可以为0或者如下两种选项标识符的组合：

- FLOODFILL_FIXED_RANGE：如果设置为这个标识符，就会考虑当前像素与种子像素之间的差，否则就考虑当前像素与其相邻像素的差。也就是说，这个范围是浮动的。
- FLOODFILL_MASK_ONLY：如果设置为这个标识符，函数不会去填充改变原始图像（也就是忽略第三个参数 newVal），而是去填充掩码图像（mask）。这个标识符只对第二个版本的 floodFill 有用，因为第一个版本里面没有 mask 参数。

（3）中间8位是符合要求的掩码，在高8位FLOODFILL_MASK_ONLY标识符中已经说明。如果flags中间八位的值为0，则掩码会用1来填充。而所有flags可以用or操作符（即"|"）连接起来。例如，如果想用8邻域填充，并填充固定像素值范围，即填充掩码而不是填充原图像，以及设填充值为38，那么输入的参数是这样的：

```
flags=8 | FLOODFILL_MASK_ONLY | FLOODFILL_FIXED_RANGE | （38<<8）
```

下面看一个关于floodFill的简单调用范例。

【例 10.6】 使用 floodFill 函数进行图像分割

```python
import numpy as np
import cv2  as cv

def fill_color_demo(image):
    copyIma = image.copy()
    h, w = image.shape[:2]
    print(h, w)
    mask = np.zeros([h+2, w+2], np.uint8)
    cv.floodFill(copyIma, mask, (30, 30), (0, 255, 255), (100, 100, 100), (50,
50, 50), cv.FLOODFILL_FIXED_RANGE)
    cv.imshow("fill_color", copyIma)

src = cv.imread("test.jpg")
cv.namedWindow("input image", cv.WINDOW_AUTOSIZE)
cv.imshow("input image", src)
fill_color_demo(src)

cv.waitKey(0)
cv.destroyAllWindows()
```

代码很简单，主要就是floodFill函数的调用，可以根据实际参数对照floodFill的原型调用方法。其中，(30,30)为种子点的位置，(0,255,255)为RGB颜色中的黄色，并且种子点周边的颜色都接近黄色，因此填充为黄色，但是靠近中心的地方变成了绿色，那么就不再往中心进行判断。具体的判断准则为：

```
src(seed.x', seed.y') - loDiff <= src(x, y) <= src(seed.x', seed.y') +upDiff
```

运行工程，结果如图10-14所示。

下面通过一个实例演示CV_FLOODFILL_MASK_ONLY。

【例10.7】 基于 CV_FLOODFILL_MASK_ONLY 的效果

```python
import numpy as np
import cv2  as cv

def fill_binary():
    image = np.zeros([400, 400, 3], np.uint8)
    image[100:300, 100:300, : ] = 255
    cv.imshow("fill_binary", image)
    mask = np.ones([402, 402, 1], np.uint8)
    mask[101:301, 101:301] = 0
    cv.floodFill(image, mask, (200, 200), (0, 0, 255), cv.FLOODFILL_MASK_ONLY)
    cv.imshow("filled binary", image)

fill_binary()
cv.waitKey(0)
cv.destroyAllWindows()
```

如果flags参数设置为FLOODFILL_MASK_ONLY这个标识符，那么函数不会去填充改变原始图像（忽略参数newVal），而是去填充掩码图像（mask）。

运行工程，结果如图10-15所示。

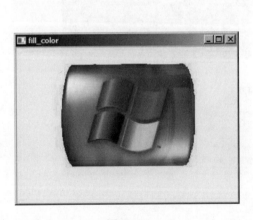

图 10-14

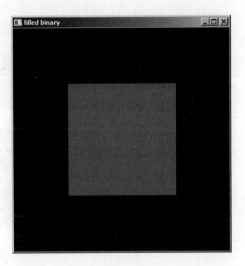

图 10-15

10.10 分水岭分割法

任何灰度图像都可以视为一个地形表面，其中高强度对应着山峰和丘陵，而低强度则对应着山谷。我们可以想象，从每个孤立的山谷（局部最小值）开始，用不同颜色的水（标记）

来填充。随着水位上升，依据附近不同的山峰（梯度），来自不同山谷、带有不同的颜色的水将会开始融合。为了避免这种情况发生，我们必须在水开始汇合的地方建立起屏障。我们持续进行填充水和构建屏障的工作，直到所有的山峰都被水覆盖。此时，建立的这些屏障就构成了分割的结果。

然而，这种方法会因为图像中的噪声或其他不规则性而导致过度分割的结果。因此，OpenCV实现了一种基于标记的分水岭算法，其中指明了哪些山谷点应该被合并，哪些不应该被合并。这是一种交互式的图像分割方式。我们所做的就是给已知的对象赋予不同的标记。将我们确信属于前景或对象的区域标记为一种颜色（或强度），将我们确信属于背景或非对象的区域标记为另一种颜色，而对于那些不确定的区域，将其标记为0。这就是标记的过程。接着应用分水岭算法，随后我们的标记将被更新为我们给予的标签，而对象的边界将拥有一个值为－1的特殊标记。

10.10.1 基本概念

在做图像处理时，可能会遇到一个问题：只需要图片的一部分区域，如何把图片中的某部分区域提取出来，或者把图像中想要的区域用某种颜色（与其他区域颜色不一致）标记出来。这个问题在图像处理领域被称为图像分割。

图10-16所示就是图像分割的一个应用，通过前后对比可以看到人物通过算法被清晰地分割了出来，方便后续物体的识别和跟踪。

图 10-16

图像分割是按照一定的原则，将一幅图像分为若干个互不相交的小局域的过程，是图像处理中最为基础的研究领域之一。目前有很多图像分割方法，其中分水岭算法是一种基于区域的图像分割算法，实现起来比较方便，已经在医疗图像、模式识别等领域得到了广泛的应用。

分水岭算法是一种图像区域分割法，在分割的过程中会把跟临近像素间的相似性作为重要的参考依据，从而将在空间位置上相近并且灰度值相近的像素点互相连接起来，构成一个封闭的轮廓。封闭性是分水岭算法的一个重要特征。其他图像分割方法，如阈值、边缘检测等都不会考虑像素在空间关系上的相似性和封闭性，彼此像素间互相独立，没有统一性。分水岭算法较其他分割方法更具有思想性，更符合人眼对图像的印象。

　　图像的灰度空间很像地球表面的整个地理结构，每个像素的灰度值代表高度。其中的灰度值较大的像素连成的线可以看作山脊，也就是分水岭。水就是用于二值化的gray level threshold（灰度阈值），二值化的阈值可以理解为水平面，比水平面低的区域会被淹没。刚开始用水填充每个孤立的山谷（局部最小值），当水平面上升到一定高度时，水就会溢出当前山谷。可以通过在分水岭上修大坝，从而避免两个山谷的水汇集，这样图像就被分成两个像素集，一个是被水淹没的山谷像素集，一个是分水岭线像素集。最终这些大坝形成的线就对整个图像进行了分区，实现了对图像的分割，如图10-17所示。

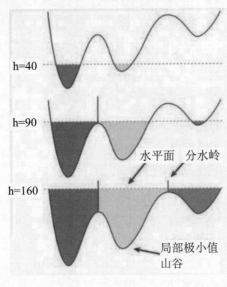

图 10-17

　　在分水岭算法中，空间上相邻并且灰度值相近的像素被划分为一个区域。分水岭算法的整个过程如下：

　　（1）把梯度图像中的所有像素按照灰度值进行分类，并设定一个测地距离阈值。所谓测地距离就是地球表面两点之间的最短路径，也就是沿途实线段距离之和的最小值。

　　（2）找到灰度值最小的像素点（默认标记为灰度值最低点），让threshold从最小值开始增长，这些点为起始点。

　　（3）水平面在增长的过程中，会碰到周围的邻域像素，测量这些像素到起始点（灰度值最低点）的测地距离，如果测地距离小于设定阈值，则将这些像素淹没，否则在这些像素上设置大坝。这样就对这些邻域像素进行了分类。

　　（4）随着水平面越来越高，会设置更多更高的大坝，直到灰度值的最大值，此时所有区域都在分水岭线上相遇，这些大坝就对整个图像像素进行了分区。

　　用上面的算法对图像进行分水岭运算，由于噪声点或其他因素的干扰，可能会得到密密麻麻的小区域，即图像被分得太细（over-segmented，过度分割），这是因为图像中有非常多的局部极小值点，每个点都会自成一个小区域。相应的解决方法：

（1）对图像进行高斯平滑操作，抹除很多小的最小值，这些小分区就会合并。

（2）不从最小值开始增长，可以将相对较高的灰度值作为起始点（需要用户手动标记），从标记处开始进行淹没，则很多小区域会被合并为一个区域。这被称为基于图像标记的分水岭算法，也是cv2.watershed函数所使用的方法。

如图10-18所示，这三幅图从左到右分别是原图、分水岭过度分割的图以及基于图像标记的分水岭算法得到的图。

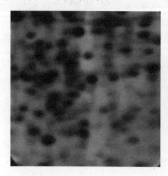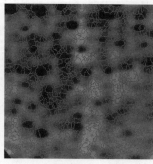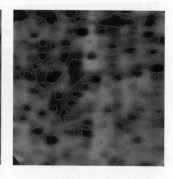

图 10-18

可以看到中间的图被过度分割了，这样的分割是毫无用处的。为了解决过度分割的问题，可以使用基于标记图像的分水岭算法，就是通过先验知识来指导分水岭算法，以便获得更好的图像分割效果。通常的mark图像都是在某个区域定义了一些灰度层级，在这个区域的洪水淹没过程中，水平面都是从定义的高度开始的，这样可以避免一些很小的噪声极值区域的分割。

另外，图像中需要分割的区域太多了，手动标记很麻烦，此时我们可以使用距离变换的方法进行标记。也就说，距离变换的方法可以用来代替手动标记的方法。

距离变换的基本含义是计算一个图像中非零像素点到最近的零像素点的距离，也就是到零像素点的最短距离。最常见的距离变换算法就是通过连续的腐蚀（第12章会讲解腐蚀）操作来实现的，腐蚀操作的停止条件是所有前景像素都被完全腐蚀。这样根据腐蚀的先后顺序，我们就得到各个前景像素点到前景中心骨架像素点的距离。根据各个像素点的距离值，设置不同的灰度值，这样就完成了二值图像的距离变换。稍后会讲到距离变换的函数。

OpenCV中的分水岭就是基于距离变换的，即先基于距离变换找到一些种子点（mark），然后从种子点出发，根据像素的梯度变换找到它的边缘，接着用分水岭将边缘标记出来。标记出来后，图像中就会显示出很多分水岭的水坝。

总结一下，分水岭算法是一种基于拓扑形态学的图像分割方法，它适用于以下两个场景：

- 粘连目标的分割（如硬币、细胞、种子），将图像分割成纹理块，从而识别材质。
- 边界模糊的目标分割，比如在医学图像分析中分割 MRI 或 CT 图像中的不同结构，如肿瘤、器官等。

该算法的核心思想是将灰度图像看作"地形图"，亮度高的区域代表山峰，亮度低的区域代表山谷。在山谷中注入水，随着水面上升，不同的"水池"会相遇，相遇处形成"坝"，这条"坝"就是分割边界。也就是说，把图像看作拓扑地貌，图像中每一点像素的灰度值表示该点的海拔高度,每一个局部极小值及其影响区域称为集水盆,而集水盆的边界则形成分水岭。分水岭的概念和形成可以通过模拟浸入过程来说明:在每一个局部极小值表面刺穿一个小孔,然后把整个模型慢慢浸入水中,随着浸入的加深,每一个局部极小值的影响域慢慢向外扩展,在两个集水盆汇合处构筑大坝,即形成分水岭。

在解决图像分割问题方面,关键概念是把起始图像变为另一幅图像,在变换后的图像中,集水盆地就是我们要识别的物体或区域。其核心思路是每一幅灰度图都可以表示为一个地形图,比如图10-19所示的例子。

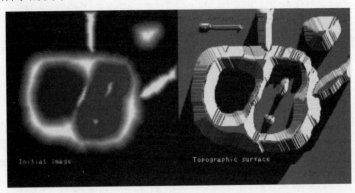

图 10-19

如果我们从它的最小值开始淹没这个形状,可以将图像分割成两个不同的集合:集水区和分水岭。淹没过程可以参考本章源码目录文件夹下的"淹没过程.mp4"。

10.10.2 距离变换函数 distanceTransform

距离变换是图像处理中常用的一种图像变换算法,它计算出每个像素离图像中满足某个特定条件的像素的距离,然后使用这个计算出的距离进行灰度值的变换。常用的距离有欧氏距离、棋盘距离、街区距离(曼哈顿距离)。距离变换的应用非常广泛,以下是几个常见的应用:

- 形态学分割:距离变换可以用于形态学分割,通过计算图像中每个像素到离它最近的背景像素的距离,可以得到一幅距离图像,再通过应用阈值分割,可以得到一个二值图像。其中距离小于阈值的像素会被标记为前景,距离大于或等于阈值的像素会被标记为背景,从而实现图像分割。

- 图像形态学:距离变换可以用于图像形态学操作,如骨架提取、形态学梯度等。通过计算图像中每个像素到其周围像素的距离,可以得到一幅距离图像,再通过应用形态学操作,如膨胀和腐蚀等,可以得到不同的形态学变换结果。

- 边缘检测:距离变换可以用于边缘检测,通过计算图像中每个像素到最近的边缘像素的距离,可以得到一幅距离图像,再通过应用非极大值抑制和阈值分割等操作,可以得到图像的边缘。

- 模板匹配:距离变换可以用于模板匹配,通过计算图像中每个像素到模板像素的距离,可以得到一幅距离图像,再通过应用阈值分割等操作,可以得到匹配结果。

以上关于其应用的描述，估计初学者看着也不知道是怎么回事，没关系，这里先有个大体印象即可。

OpenCV中的cv2.distanceTransform函数是距离变换函数，用于计算二值图像内任意点到最近背景点的距离。一般情况下，该函数计算的是图像内非零值像素点到最近的零值像素点的距离，即计算二值图像中所有像素点距离其最近的值为 0 的像素点的距离。当然，如果像素点本身的值为 0，则这个距离也为 0。该函数原型如下：

```
distanceTransform(src: UMat, distanceType: int, maskSize: int, dst: UMat | None
= ..., dstType: int = ...) -> UMat
```

其中参数src 是 8 位单通道的二值图像；distanceType为距离类型参数，取值如下：

- cv2.DIST_USER：用户自定义距离。
- cv2.DIST_L1：街区距离，两个像素点 X 方向和 Y 方向的距离之和。欧氏距离表示的是从一个像素点到另一个像素点的最短距离，然而有时我们并不能朝着两个点之间连线的方向前进。例如，在一个城市内两点之间的连线可能存在障碍物，从一个点到另一个点需要沿着街道行走。因此这种距离的度量方式被称为街区距离。街区距离就是由一个像素点到另一个像素点需要沿着 X 方向和 Y 方向一共行走的距离，数学表示形式为：$d = |x_1 - x_2| + |y_1 - y_2|$。
- cv2.DIST_L2：欧氏距离，两个像素点之间的直线距离。与直角坐标系中两点之间的直线距离求取方式相同，分别计算两个像素在 X 方向和 Y 方向上的距离，之后利用勾股定理得到两个像素之间的距离，数学表示形式为：$d = \sqrt{(x_1 - x_2)^2 + (y_1 - y_2)^2}$。
- cv2.DIST_C：棋盘距离，两个像素点 X 方向距离和 Y 方向距离的最大值。与街区距离相似，棋盘距离也是假定两个像素点之间不能够沿着连线方向靠近，像素点只能沿着 X 方向和 Y 方向移动，但是棋盘距离并不是由一个像素点移动到另一个像素点之间的距离，而是两个像素点移动到同一行或者同一列时需要移动的最大距离，数学表示形式为：$d = \max(|x_1 - x_2|, |y_1 - y_2|)$。

参数 maskSize 为掩模的尺寸，一般取值为cv2.DIST_MASK_3（对应值为3）和cv2.DIST_MASK_5（对应值为5）。需要注意，当distanceType =cv2.DIST_L1或cv2.DIST_C时，maskSize强制为3（因为设置为3和设置为5或者更大值没有什么区别）。

参数dst表示计算得到的目标图像，可以是8位或32位浮点数，尺寸和src相同。参数dstType为目标图像的类型，默认值为CV_32F。

距离变换函数cv2.distanceTransform的计算结果反映了各个像素与背景（值为0的像素点）的距离关系。通常情况下，如果前景对象的中心（质心）距离值为0的像素点距离较远，会得到一个较大的值；如果前景对象的边缘距离值为0的像素点较近，会得到一个较小的值；如果对上述计算结果进行阈值化，就可以得到图像内子图的中心、骨架等信息。距离变换函数cv2.distanceTransform可以用于计算对象的中心，还能细化轮廓、获取图像前景等，有多种功能。

比如构造一幅200×200大小的图片，其中在(50,60)和(120,120)处分别有半径为15和12的圆，如图10-20所示。对其进行距离变换，得到如图10-21所示图像。

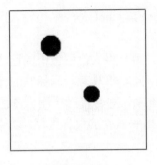 

图 10-20   图 10-21

越亮代表与最近的零点像素的距离越大,越暗代表距离越小。距离变换再加上合适的阈值,接下来我们要找到肯定不是目标的区域。膨胀可以将对象的边界延伸到背景中去,剩下的区域就是我们不知道该如何区分的,而这就是分水岭算法要做的工作。这些区域通常是前景与背景的交界处(或者两个前景的交界),我们称之为边界。

10.10.3 区域标记函数 connectedComponents

现在知道哪些是背景、哪些是目标了,那接下来我们就可以创建标签(一个与原图像大小相同的数组),并标记其中的区域了。对已经确定分类的区域(无论是前景还是背景)使用不同的正整数标记,对不确定的区域使用0标记。我们可以使用函数cv2.connectedComponents()来做这件事,它会把将背景标记为0,其他的区域使用从1开始的正整数标记。但是,如果背景标记为0,那分水岭算法就会把它当成未知区域,所以我们要使用不同的整数来标记它们,而对不确定的区域(函数cv2.connectedComponents输出的结果中使用unknown定义未知区域)则标记为0。

函数cv2.connectedComponents背后的原理是连接组件标记算法(Connected Component Labeling Algorithm),该算法是图像分析中常用的算法之一,其实质是扫描二值图像的每个像素点,将像素值相同而且相互连通的像素分为相同的组(group),最终得到图像中所有的像素连通组件。总的来说,connectedComponents函数仅仅创建了一个标记图(图中不同连通域使用不同的标记,和原图宽高一致)。那什么是连通域?连通域一般是指由图像中具有相同像素值且位置相邻的前景像素点组成的图像区域。连通域分析是指将图像中的各个连通域找出并标记。连通域分析是一种在CVPR和图像分析处理领域中较为常用和基本的方法。例如,OCR识别中字符分割提取(车牌识别、文本识别、字幕识别等),视觉跟踪中的运动前景目标分割与提取(行人入侵检测、遗留物体检测、基于视觉的车辆检测与跟踪等)、医学图像处理(感兴趣目标区域提取)等。也就是说,在需要将前景目标提取出来以便后续进行处理的应用场景中,都能够用到连通域分析方法。通常连通域分析处理的对象是一幅二值化后的图像。

connectedComponents函数原型如下:

```
retval, labels = cv2.connectedComponents(image[, connectivity[, ltype]])
```

其中参数image表示输入的二值图像,黑色背景;connectivity表示连通域,默认是8连通;ltype表示输出的labels类型(即函数返回的标签图像labels的数据类型),默认是CV_32S输出。

函数返回两个值：retval表示所有连通域的数目（包括背景），labels是一个与输入图像大小相同的标签图像，每个像素点的值表示所属的连通域。

总之，connectedComponents是OpenCV中的一个函数，用于将二值图像中的连通域进行标记和分割。它可以将图像中的每个像素点分配唯一的标签，同时将具有相同标签的像素点组成一个连通域。connectedComponents函数的应用场景包括图像分割、目标检测、图像分析等。通过将图像中的连通域进行分割和标记，可以方便地提取出感兴趣的目标区域，以便进行后续的处理和分析。

10.10.4　分水岭函数 wathershed

OpenCV中的分水岭算法利用的不是原算法，而是在原算法基础上改进了一下，加了一步预处理。因为原算法经常会造成图像过度分割，所以在分割之前要设置哪些山谷会出现汇合，哪些不会出现。如果能够确定该点代表的是要分割的对象，就用某个颜色或者灰度值标签标记，否则就利用另一种颜色去标记，随后的过程就是分水岭算法。当所有山谷区域都分割完毕之后，将得到的边界对象值设置为−1。

也就是说，在OpenCV中，我们需要给不同区域贴上不同的标签。用大于1的整数表示确定为前景或对象的区域，用1表示确定为背景或非对象的区域，用0表示无法确定的区域。然后应用分水岭算法，更新标记图像。更新后的标记图像的边界像素值为−1。

在OpenCV中，执行分水岭算法（找出图像边界）的函数是watershed，其声明如下：

```
cv2.watershed(image, markers) -> markers
```

其中，参数image是一个输入参数，它必须是一个8位3通道图像矩阵序列；markers是标记的32位单通道图像，它是一个与原始图像大小相同的矩阵，表示哪些是前景，哪些是背景。

使用watershed函数实现图像自动分割的基本步骤如下：

（1）输入图像，有噪声的话，先进行去噪。

（2）转成灰度图像。

（3）二值化处理、形态学操作（将在第12章详述）。

（4）距离变换。

（5）寻找种子，生成marker。

（6）实施分水岭算法，输出分割后的图像。

【例 10.8】　使用分水岭函数完成对硬币图像的分割

原图是一幅包含多个硬币的图像，其文件位于源码目录下，文件名是coin.png，限于篇幅这里不给出图像。首先我们使用Otsu的二值化找到硬币的近似估计值，添加如下代码：

```
import numpy as np
import cv2 as cv
from matplotlib import pyplot as plt

img = cv.imread('coin.png')
if img is None:
    print('Could not open or find the image ')
```

```
        exit(0)
gray = cv.cvtColor(img, cv.COLOR_BGR2GRAY)  # 转成灰度图像
ret, thresh = cv.threshold(gray, 0, 255, cv.THRESH_BINARY_INV + cv.THRESH_OTSU)
cv.imshow("threshold", thresh)              # 阈值处理后会有紧挨着（粘连）的情况
cv.waitKey(0)
```

threshold函数的作用是进行阈值处理，阈值处理通常涉及将图像像素的灰度值与预设的阈值进行比较，并根据比较结果将像素值设置为0或最大值。此时显示的二值图像如图10-22所示。

现在需要去除图像中的小的白噪声，所以要使用形态学开运算（将在第12章详述）；为了去除物体上的小洞，要使用形态学闭运算。因此，我们可以确定，靠近物体中心的区域是前景，远离物体的区域是背景，只有硬币的边界区域是不确定的区域。

为此，我们对结果进行膨胀，将对象边界增加为背景。通过这种方法，可以确保背景中的任何区域都是真正的背景，因为边界区域被移除了。

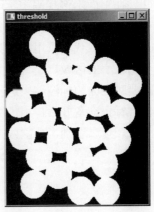

图 10-22

剩下的区域是我们不知道的区域，无论是硬币还是背景，分水岭算法应该找到它，这些区域通常围绕着前景和背景相遇的硬币边界（甚至两个不同的硬币相遇），它可以通过从sure_bg区域中减去sure_fg区域获得。继续添加如下代码：

```
# 去噪处理
kernel = np.ones((3, 3), np.uint8)
opening = cv.morphologyEx(thresh, cv.MORPH_OPEN, kernel, iterations=2)# 开运算
# 确定背景区域
sure_bg = cv.dilate(opening, kernel, iterations=3)                    # 膨胀操作

# 确定前景区域
dist_transform = cv.distanceTransform(opening, cv.DIST_L2, 5)         # 距离变换
# 距离背景点足够远的点被认作前景
ret, sure_fg = cv.threshold(dist_transform, 0.7*dist_transform.max(),255, 0)

# 寻找未知区域
sure_fg = np.uint8(sure_fg)
unknown = cv.subtract(sure_bg, sure_fg)                   # 确定未知区域：减法运算
cv.imshow("threshold", unknown)                           # 看一下处理之后的图像
cv.waitKey(0)
```

现在可以确定哪些是硬币的区域，哪些是前景，哪些是背景。因此，我们创建标记（它是一个与原始图像大小相同的数组，但使用int32数据类型）并对其内部的区域进行标记。继续添加如下代码：

```
# 区域标记
ret, markers = cv.connectedComponents(sure_fg)    # 连通区域
markers = markers + 1                             # 为所有标签添加一个,以确保背景不是 0 而是 1
# 现在，用 0 标记未知区域
markers[unknown == 255] = 0
# 标记已经准备好了，现在应用分水岭函数
```

```
markers = cv.watershed(img, markers)          # 分水岭变换
img[markers == -1] = [255, 0, 0]              # 被标记的区域设为红色
plt.imshow(img)                                # 显示最终结果图像
plt.show()
```

在上面示例代码中，morphologyEx函数的作用是去除噪声，dilate函数（这个函数将在第12章详述）的作用是用膨胀的方式获取背景。distanceTransform函数用于进行距离变换，cv.DIST_L2代表采用欧氏距离计算公式，5代表掩码尺寸，用来确定前景；然后通过阈值处理得到核心的区域，超过最大值的70%才留下来。在分水岭算法中，标注0代表未知区域，所以需要对上面的标注结果进行调整。

标记准备好后，用函数watershed实现分水岭算法。保存工程并运行，分割效果如图10-23所示。可以看到，分割效果很完美。

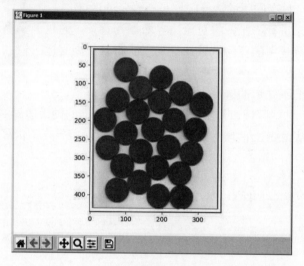

图 10-23

第 **11** 章

图像金字塔

图像金字塔是一种以多个分辨率来表示图像的有效且概念简单的结构。图像金字塔最初用于机器视觉和图像压缩，一个图像金字塔是一系列以金字塔形状排列、分辨率逐步降低的图像集合。

图像金字塔背后的思想是，在一种分辨率下可能无法检测到的特征，可以在其他分辨率下轻松检测到。例如，如果感兴趣区域尺寸较大，则低分辨率图像或粗略视图就足够了；而对于小物体，以高分辨率检查它们是有意义的。如果图像中同时存在大型和小型物体，以多种分辨率分析图像可能是有益的。

11.1 基本概念

一般情况下，我们要处理的是具有固定分辨率的图像。但是在有些情况下，我们需要对同一图像的不同分辨率的子图像进行处理。比如，需要在一幅图像中查找某个目标，如脸，我们不知道目标在图像中的大小。在这种情况下，我们需要创建一组图像，这些图像是具有不同分辨率的原始图像。我们把这组图像叫作图像金字塔（简单来说，就是同一图像的不同分辨率的子图集合）。如果把最大的图像放在底部，最小的放在顶部，看起来就像一座金字塔，故而得名图像金字塔，如图11-1所示。

图 11-1

图像金字塔是以多个分辨率来表示图像的一种有效且概念简单的结构。图像金字塔最初用于机器视觉和图像压缩。一个图像金字塔是一系列以金字塔形状排列的、分辨率逐步降低的图像集合。在图11-2中，包括了4层图像，可以将这一层一层的图像比喻成金字塔。图像金字塔可以通过梯次向下采样获得，直至达到某个终止条件才停止采样；在向下采样中，层级越高，图像越小，分辨率越低。

图像金字塔其实就是同一图像的不同分辨率的子图集合。生成图像金字塔主要包括两种方式：向下采样和向上采样。向下采样是将图像从G_0转换为G_1、G_2、G_3，图像分辨率不断降低的过程；向上采样是将图像从G_3转换为G_2、G_1、G_0，图像分辨率不断增大的过程，如图11-3所示。

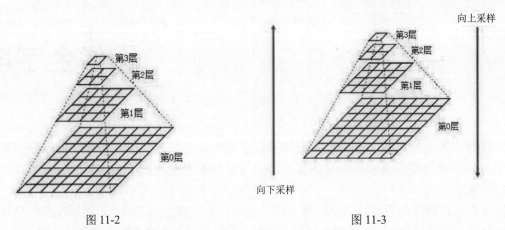

图 11-2   图 11-3

图像金字塔有两种，第一种是高斯金字塔（Gaussian Pyramid），第二种是拉普拉斯金字塔（Laplacian Pyramid）。高斯金字塔用来向下采样，是主要的图像金字塔。拉普拉斯金字塔用来从金字塔低层图像重建上层未采样图像，在数字图像处理中就是预测残差，可以对图像进行最大程度的还原，它配合高斯金字塔一起使用。

两者的简单区别：高斯金字塔用来向下采样图像，而拉普拉斯金字塔则用来从金字塔底层图像中向上采样以重建图像。

11.2   高斯金字塔

高斯金字塔是由底部的最大分辨率图像逐次向下采样得到的一系列图像。最下面的图像分辨率最高，越往上图像分辨率越低。高斯金字塔的向下采样过程是：对于给定的图像先做一次高斯平滑处理，也就是使用一个卷积核对图像进行卷积操作，然后对图像取样，去除图像中的偶数行和偶数列，就得到一幅图片，对这幅图片再进行上述操作，就可以得到高斯金字塔。

$$\frac{1}{256}\begin{bmatrix} 1 & 4 & 6 & 4 & 1 \\ 4 & 16 & 24 & 16 & 4 \\ 6 & 24 & 36 & 24 & 6 \\ 4 & 16 & 24 & 16 & 4 \\ 1 & 4 & 6 & 4 & 1 \end{bmatrix}$$

图 11-4

OpenCV官方推荐的卷积核如图11-4所示。

假设原先的图片的长和宽分别为M和N，经过一次取样后，图像的长和宽会分别变成$[M+1]/2$、$[N+1]/2$。由此可见，图像的面积变为了原来的1/4，图像的分辨率变成了原来的1/4。

我们可以使用函数pyrDown()和pyrUp()构建图像金字塔。函数pyrDown()构建从高分辨率到低分辨率的金字塔，也称向下采样。函数pyrUp()构建从低分辨率到高分辨率的金字塔（尺寸变大，但分辨率不变），也称向上采样。如果一幅图片经过下采样，那么图片的分辨率就会降低，图片里的信息就会损失。向上采样与向下采样的过程相反，向上采样先在图像中插入值为0的行与列，再进行高斯模糊。高斯模糊所使用的卷积核等于向下采样中使用的卷积核乘以4，也就是上面给出的卷积核乘以4。

11.2.1　向下采样

在图像向下采样中，一般分两步：

（1）对图像G_i进行高斯卷积核（高斯滤波）。

（2）删除所有的偶数行和列，如图11-5所示。

其中，高斯核卷积运算（高斯滤波）就是对整幅图像进行加权平均的过程，每一个像素点的值都由其本身和邻域内的其他像素值（权重不同）经过加权平均后得到。常见的3×3和5×5高斯核如图11-6所示。

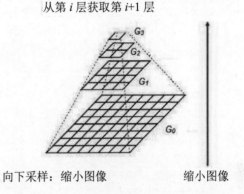

从第 i 层获取第 $i+1$ 层

向下采样：缩小图像　　　　　　缩小图像

图 11-5

$$K(3,3) = \frac{1}{16} \times \begin{bmatrix} 1 & 2 & 1 \\ 2 & 4 & 2 \\ 1 & 2 & 1 \end{bmatrix} \qquad K(5,5) = \frac{1}{273} \times \begin{bmatrix} 1 & 4 & 7 & 4 & 1 \\ 4 & 16 & 26 & 16 & 4 \\ 7 & 26 & 41 & 26 & 7 \\ 4 & 16 & 26 & 16 & 4 \\ 1 & 4 & 7 & 4 & 1 \end{bmatrix}$$

图 11-6

原始图像G_i具有$M \times N$个像素，进行向下采样之后，所得到的图像G_{i+1}具有$M/2 \times N/2$个像素，只有原图的四分之一。通过对输入的原始图像不停迭代以上步骤，就会得到整个金字塔。

在OpenCV中，向下采样使用的函数为pyrDown()，其声明如下：

```
pyrDown(src,dst = None,dstsize = None, borderType = None)
```

其中，参数src表示输入图像；dst表示输出图像（和输入图像具有一样的尺寸和类型）；dstsize表示输出图像的大小，默认值为Size()；borderType表示像素外推方法（仅支持BORDER_DEAFULT）。

【例 11.1】　对图像进行一次向下采样

```
import cv2 as cv

img = cv.imread(r"test.jpg")
down=cv.pyrDown(img)                    #图像向下采样
cv.imshow("original", img);            #显示图像
cv.imshow("PyrDown", down);
```

```
cv.waitKey(0);
cv.destroyAllWindows();          #销毁所有窗口
```

在上述代码中，使用函数pyrDown进行了向下采样。可以看到，pyrDown函数的使用非常简单。

运行工程，结果如图11-7所示。

在例11.1中是对图像进行一次向下采样，下面再看一个对图像进行多次向下采样的例子。

图 11-7

【例 11.2】 对图像进行多次向下采样

```
import cv2 as cv

img = cv.imread(r"img.jpg")
r1=cv.pyrDown(img);
r2=cv.pyrDown(r1);
r3=cv.pyrDown(r2);
cv.imshow("PyrDown1", r1);
cv.imshow("PyrDown2", r2);
cv.imshow("PyrDown3", r3);
cv.waitKey(0);
cv.destroyAllWindows();  #销毁所有窗口
```

在上述代码中，我们连续做3次向下采样，然后把3次结果都显示出来。

运行工程，结果如图11-8所示。

图 11-8

11.2.2 向上采样

图像向上采样是由小图像不断放大图像的过程。首先，它将图像在每个方向上扩大为原图像的2倍，新增的行和列均用0来填充。如图11-9所示，它在原始像素45、123、89、149之间各新增了一行和一列值为0的像素。

$$\begin{vmatrix} 45 & 123 \\ 89 & 149 \end{vmatrix} \Rightarrow \begin{vmatrix} 45 & 0 & 123 & 0 \\ 0 & 0 & 0 & 0 \\ 89 & 0 & 149 & 0 \\ 0 & 0 & 0 & 0 \end{vmatrix}$$

图 11-9

然后使用与"向下采样"相同的卷积核乘以4,再与放大后的图像进行卷积运算,以获得"新增像素"的新值。所有元素都被规范化为4,而不是1。值得注意的是,放大后的图像比原始图像要模糊,如图11-10所示。

1:向下采样　2:向上采样

图 11-10

向上采样和向下采样不是互逆操作。经过两种操作后,无法恢复原有图像。

在OpenCV中,向上取样使用pyrUp函数,该函数声明如下:

```
pyrUp (src,dst = None,dstsize = None, borderType = None)
```

其中,参数src表示输入图像;dst表示输出图像(和输入图像具有一样的尺寸和类型);dstsize表示输出图像的大小,默认值为Size();borderType表示像素外推方法。

【例 11.3】　对图像进行向上采样

```
import cv2 as cv

img = cv.imread(r"img.jpg")
r1=cv.pyrDown(img);
r2=cv.pyrUp(r1);
cv.imshow("PyrDown1", r1);
cv.imshow("PyrDown2", r2);
cv.waitKey(0);
cv.destroyAllWindows(); #销毁所有窗口
```

在上述代码中,我们先对一幅图像做向下采样,再进行向上采样。

运行工程,结果如图11-11所示。从得到的结果图像中可以发现,向上采样后图像变模糊了。

图 11-11

11.3 拉普拉斯金字塔

拉普拉斯金字塔可以从高斯金字塔计算得来。OpenCV 4版本中的拉普拉斯金字塔位于 imgproc模块的Image Filtering子模块中。拉普拉斯金字塔主要应用于图像融合。

拉普拉斯金字塔是高斯金字塔的修正版，目的是还原到原图。它通过计算残差图来达到还原。拉普拉斯金字塔第*i*层的数学定义如下：

$$L(i) = G(i) - \text{PyrUp}\big(G(i+1)\big)$$

将向下采样之后的图像再进行向上采样操作，然后与之前还没向下采样的原图做差，以得到残差图，为还原图像做信息的准备。也就是说，拉普拉斯金字塔是通过原图像减去先缩小再放大的图像的一系列图像构成的，保留的是残差。在OpenCV中拉普拉斯金字塔的函数原型：

```
Laplacian(src, ddepth[, dst[, ksize[, scale[, delta[, borderType]]]]]) -> dst
```

其中，参数src表示原图；dst表示目标图像；ddepth表示目标图像的深度；ksize表示用于计算二阶导数滤波器的孔径大小，必须为正数和奇数；scale用于计算拉普拉斯值的可选比例因子，默认情况下，不应用缩放；delta表示在将结果存储到dst之前添加到结果中的可选增量值；borderType用于决定在图像发生几何变换或者滤波操作（卷积）时边沿像素的处理方式。

【例 11.4】 实战拉普拉斯

```python
import cv2 as cv
import numpy as np

# 拉普拉斯算子
def Laplace_demo(image):
    dst = cv.Laplacian(image, cv.CV_32F)
    lpls_1 = cv.convertScaleAbs(dst)
    cv.imshow("Laplace_1", lpls_1)
    # 自定义拉普拉斯算子
    kernel = np.array([[1, 1, 1], [1, -8, 1], [1, 1, 1]])
    dst = cv.filter2D(image, cv.CV_32F, kernel)
    lpls_2 = cv.convertScaleAbs(dst)
    cv.imshow("Laplace_2", lpls_2)

if __name__ == "__main__":
    src = cv.imread(r"test.jpg")
    src = cv.resize(src, None, fx=0.5, fy=0.5)
    cv.imshow("image", src)
    Laplace_demo(src)
    cv.waitKey(0)
    cv.destroyAllWindows()
```

在上述代码中，我们先利用函数Laplacian进行了拉普拉斯边缘计算，然后实现了自定义拉普拉斯算子。

运行工程，结果如图11-12所示。

图 11-12

第 12 章

图像形态学

图像形态学是一种数学理论和技术，用于分析和处理图像中的形状和结构。它主要基于数学形态学的概念，通过操作图像中的形状和结构元素（也称为内核或模板），来实现图像的分析、增强、去噪和特征提取等目的。图像形态学通常用于数字图像处理、计算机视觉和模式识别等领域。

12.1　图像形态学基本概念

图像的形态学处理是以数学形态学（Mathematical Morphology，也称图像代数）为理论基础，借助数学方法对图像进行形态处理的技术。在图像的形态学处理中，图像所具有的几何特性将成为算法中最让人关心的信息。因此，在几何层面上对图像进行分析和处理，也就成了图像形态学所研究的中心内容。由于图像形态学算法大多通过集合的思想实现，在实践中具有处理速度快、算法思路清晰等特点，被广泛应用于许多领域。

图像形态学的基本思想是用具有一定形态的结构元素去度量和提取图像中的对应形状，以达到对图像进行分析和识别的目的。形态学图像处理的数学基础和所用的语言是集合论。形态学图像处理的应用可以简化图像数据，保持它们基本的形状特性，并除去不相干的结构。

形态学图像处理的基本运算有：膨胀、腐蚀、开运算和闭运算、击中与击不中变换、TOP-HAT变换、黑帽变换等。

12.2　形态学的应用

形态学在图像处理上有以下应用：

- 消除噪声、边界提取、区域填充、连通分量提取、凸壳、细化、粗化等。
- 分割出独立的图像元素，或者图像中相邻的元素。
- 求取图像中明显的极大值区域和极小值区域。
- 求取图像梯度。

12.3　数学上的形态学

数学形态学是一门建立在格论和拓扑学（topology，或意译为位相几何学）基础之上的图像分析学科，是数学形态学图像处理的基本理论。其基本的运算包括：腐蚀和膨胀、开运算和闭运算、骨架抽取、极限腐蚀、击中击不中变换、形态学梯度、Top-hat变换、颗粒分析、流域变换等。

数学形态学是由法国巴黎矿业学院博士生赛拉及其导师马瑟荣于1964年提出的，他们在理论层面上第一次引入了形态学的表达式，并建立了颗粒分析方法。数学形态学最初应用于铁矿核的定量岩石学分析及预测其开采价值的研究，它是以集合代数为基础、用集合论的方法定量描述几何结构的科学。1985年后，数学形态学开始应用于数字图像处理领域，成为分析图像几何特征的工具，它的基本思想是用具有一定形态的结构元素去度量和提取图像中的对应形状，以达到分析和识别图像的目的。

数学形态学具有完备的数学基础，这为形态学用于图像分析和处理、形态滤波器的特性分析和系统设计奠定了坚实的基础。数学形态学的应用可以简化图像数据，保持它们基本的形状特性，并除去不相关的结构。数学形态学的算法具有天然的并行实现的结构，实现了形态学分析和处理算法的并行，具有很高的图像分析和处理速度。

数学形态学的基本思想及方法广泛应用于医学诊断、地质探测、食品检验及细胞分析等领域。由于它在理论上的坚实性和应用上的灵活性，被很多学者称为是最严谨却又优美的科学。

12.3.1　拓扑学

在数学里，拓扑学是一门研究拓扑空间的学科，主要研究空间在连续变化（如拉伸或弯曲，但不包括撕开或黏合）下维持不变的性质。在拓扑学里，重要的拓扑性质包括连通性与紧致性。

拓扑学是从几何学与集合论中发展出来的学科，研究空间、维度与变换等概念。这些术语的起源可追溯至17世纪，哥特佛莱德·莱布尼兹提出"位置的几何学"（Geometria Situs）和"位相分析"（Analysis Situs）的说法。莱昂哈德·欧拉的柯尼斯堡七桥问题与欧拉示性数被认为是该领域最初的定理。"拓扑学"一词由利斯廷于19世纪提出，但直到20世纪初，拓扑空间的概念才开始发展起来。到了20世纪中叶，拓扑学已成为数学的一大分支。拓扑学有许多子领域：

（1）一般拓扑学：建立拓扑的基础，并研究拓扑空间的性质，以及与拓扑空间相关的概念。一般拓扑学也被称为点集拓扑学，用于其他数学领域（如紧致性与连通性等主题）之中。

（2）代数拓扑学：运用同调与同伦群等代数结构量测连通性的程度。

（3）微分拓扑学：研究在微分流形上的可微函数，与微分几何密切相关，并一起组成微分流形的几何理论。

（4）几何拓扑学：主要研究流形及其对其他流形的嵌入。几何拓扑学中一个特别活跃的领域为"低维拓扑学"，研究四维以下的流形。几何拓扑学也包括"纽结理论"，主要研究数学上的纽结。

12.3.2　数学形态学的组成与操作分类

数学形态学是由一组形态学的代数算子组成的，它的基本运算有4个：膨胀（或扩张）、腐蚀（或侵蚀）、开启和闭合。它们在二值图像和灰度图像中各有特点。基于这些基本运算还可推导和组合成各种数学形态学实用算法，用它们可以进行图像形状和结构的分析及处理，包括图像分割、特征抽取、边缘检测、图像滤波、图像增强和恢复等。

数学形态学方法利用一个被称作结构元素的"探针"来收集图像的信息。当探针在图像中不断移动时，便可考察图像各个部分之间的相互关系，从而了解图像的结构特征。数学形态学基于探测的思想，与人的FOA（Focus Of Attention）的视觉特点有类似之处。作为探针的结构元素，可直接携带知识（形态、大小，甚至加入灰度和色度信息）来探测和研究图像的结构特点。

数学形态学操作可以分为二值形态学和灰度形态学。灰度形态学由二值形态学扩展而来。二值形态学的基本操作有腐蚀、膨胀、开运算和闭运算。开运算和闭运算是由腐蚀和膨胀通过结合而成的。

12.3.3　数学形态学的应用

数学形态学的基本思想及方法适用于与图像处理有关的各个方面，比如基于击中/击不中变换的目标识别、基于流域概念的图像分割、基于腐蚀和开运算的骨架抽取及图像编码压缩、基于测地距离的图像重建、基于形态学滤波器的颗粒分析等。迄今为止，还没有一种方法能像数学形态学那样既有坚实的理论基础，简洁、朴素、统一的基本思想，又有如此广泛的实用价值。有人称数学形态学在理论上是严谨的，在基本观念上却是简单和优美的。

数学形态学是一门建立在严格数学理论基础上的学科，其基本思想和方法对图像处理的理论和技术产生了重大影响。事实上，数学形态学已经构成一种新的图像处理方法和理论，成为计算机数字图像处理及分形理论的一个重要研究领域，并且已经应用在多门学科的数字图像分析和处理的过程中。这门学科在计算机文字识别、计算机显微图像分析（如定量金相分析、颗粒分析）、医学图像处理（如细胞检测、心脏的运动过程研究、脊椎骨癌图像自动数量描述）、图像编码压缩、工业检测（如食品检验和印刷电路自动检测）、材料科学、机器人视觉、汽车运动情况监测等方面都取得了非常成功的应用。另外，数学形态学在指纹检测、经济地理、合成音乐和断层X光照像等领域也有良好的应用前景。形态学方法已成为图像应用领域工程技术人员的必备工具。目前，有关数学形态学的技术和应用正在不断地研究和发展。

12.4　结 构 元 素

假设有两幅图像A和B。若A是被处理的对象，而B是用来处理A的图像，则称B为结构元素（Structure Element），也被形象地称作刷子。结构元素通常是一些比较小的图像。在OpenCV中，结构元素生成函数是getStructuringElement，用于返回指定形状和尺寸的结构元素（内核矩阵）。该函数声明如下：

```
getStructuringElement(shape, ksize[, anchor]) -> retval
```

其中，参数shape表示形状，可选值如表12-1所示。

表 12-1　参数 shape 的可选值

宏	值	含 义
MORPH_RECT	0	矩形结构元素，所有元素都为 1
MORPH_CROSS	1	十字结构元素，中间的列和行元素为 1
MORPH_ELLIPSE	2	椭圆结构元素，矩形的椭圆内接元素为 1

参数ksize表示内核的尺寸；anchor表示锚点的位置，默认参数为结构元素的几何中心点。getStructuringElement函数相关的调用示例代码如下：

```
g_nStructElementSize = 3; //结构元素(内核矩阵)的尺寸
element =getStructuringElement(MORPH_RECT,  //获取自定义核
        Size(2*g_nStructElementSize+1,2*g_nStructElementSize+1),
        Point(g_nStructElementSize, g_nStructElementSize ));
```

12.5　膨 　 胀

膨胀是一种增加像素强度的操作。它通过将结构元素与图像进行逐像素的按位"或"运算来实现。膨胀操作会使边界扩张，并可以用于填充空隙、图像重建等应用。

膨胀是图像处理中常用的操作之一，可以用来增加图像中亮区域的像素值。在OpenCV中，膨胀操作可以通过dilate函数来实现。膨胀操作的基本思想是，如果结构元素中的至少一个像素与图像中的像素匹配，那么输出图像中对应位置的像素值将被设置为最大值。

膨胀操作将图像A与任意形状的内核B（通常为正方形或圆形）进行卷积。内核B有一个可定义的锚点，通常定义为内核中心点。进行膨胀操作时，将内核B划过图像，提取内核B覆盖区域的最大像素值，并代替锚点位置的像素。显然，膨胀就是求局部最大值的操作，这一最大化操作将会导致图像中的亮区开始"扩展"（因此有了术语——膨胀），如图12-1所示。这就是膨胀操作的初衷。

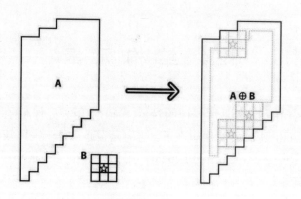

图 12-1

  膨胀操作原理是首先初始化一个核（初始化大小和尺寸），类似于一个滑动窗口，将这个滑动窗口在目标图像上面进行遍历，若这个窗口内的目标图像的像素都大于或者都小于窗口图像元素（都为前景或者背景），则不进行操作；否则，将窗口内对应的目标图像像素进行膨胀操作（将窗口内的目标图像元素替换为窗口图像元素的最大值）。腐蚀膨胀操作一般应用于灰度图或者二值图，最大值与最小值一般分别为1和0。

  根据这个操作原理，我们用图示来说明，如图12-2所示。

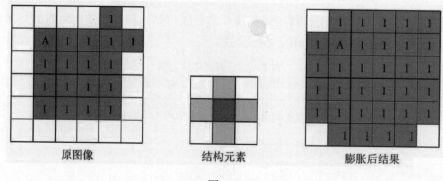

原图像   结构元素   膨胀后结果

图 12-2

  首先给出结构元素，这里以十字形结构元素为例，结构元素中间红色区域就是锚点。图像膨胀就是将结构元素与原图像中非0像素进行重合，如图12-3所示。然后对没有像素值的区域进行填充。之后移动结构元素的中心位置，再次覆盖下一个像素值，得到一个新覆盖结果，如图12-4所示。

  在图12-4中，我们发现结构元素上方没有覆盖像素值为1的像素，因此将这个位置也填充为1。再次移动中心位置，如图12-5所示。重复上述操作，直到中心位置覆盖了原图像中所有非0像素，就可以得到膨胀后的结果。注意，在图12-5中，当我们把结构元素覆盖在了最边缘位置时，发现有一个像素超出了图像尺寸，而膨胀后的图像尺寸要与原图保持一致，因此这里不需要对原图像进行扩充。

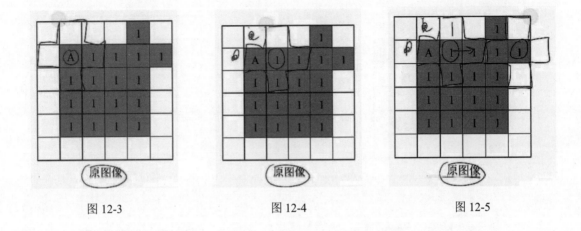

图 12-3　　　　　　　　　图 12-4　　　　　　　　　图 12-5

12.6　腐　　蚀

腐蚀是一种减少像素强度的操作。它通过将结构元素与图像进行逐像素的按位"与"运算来实现。腐蚀操作会使边界变得更加清晰，并可以用于消除噪声和细化图像。图像腐蚀的主要目的就是去除图像中的微小物体，或者分离较近的两个物体。

膨胀和腐蚀是相反的一对操作，所以腐蚀就是求局部最小值的操作。我们一般都会把腐蚀和膨胀对应起来理解和学习。腐蚀的原理图如图12-6所示。

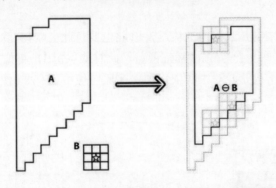

图 12-6

腐蚀操作（膨胀的逆操作）原理是首先初始化一个核（初始化大小和尺寸），类似于一个滑动窗口，将这个滑动窗口在目标图像上面进行遍历，若窗口内目标图像的像素都大于或者都小于窗口图像元素（都为前景或者背景），则不进行操作；否则，将窗口内对应的目标图像像素进行腐蚀操作（将窗口内的目标图像元素替换为窗口图像元素的最小值）。

根据这个操作原理，我们用图示来演示过程，如图12-7所示。

首先给出一个结构元素，结构元素可以任意指定，这里以十字形结构为例。将此结构元素放置在原图像中像素值为1的区域，即将结构元素的中心像素放在A区域，得到如图12-8所示的形式，可以看到部分元素被结构元素覆盖。这种情况我们就将像素A删除，之后将结构元素平移，如图12-9所示。

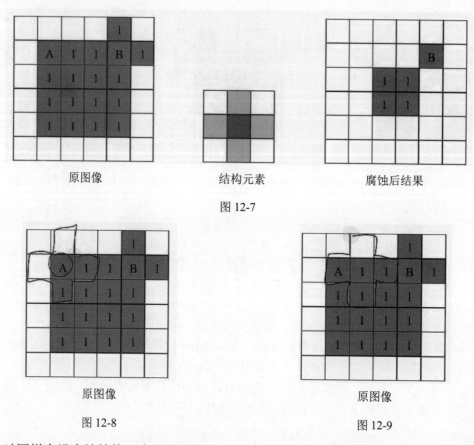

原图像　　　　　　　结构元素　　　　　　　腐蚀后结果

图 12-7

原图像　　　　　　　　　　　　原图像

图 12-8　　　　　　　　　　　　图 12-9

此时同样有没有被结构元素覆盖的情况，因此也要将此像素1删除。依次进行此操作，当把结构元素放置到B时，能够把所有像素都覆盖，此时就保留B，将像素B放置在腐蚀结果中。依次移动结构元素，将结构元素的中心依次覆盖在原图像中所有非0像素中，最终可得到如图12-10所示的腐蚀后结果。

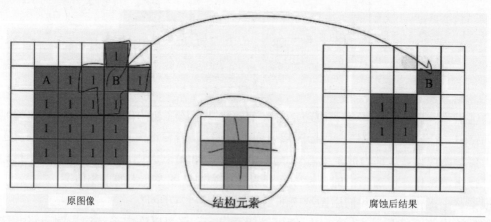

原图像　　　　　　　结构元素　　　　　　　腐蚀后结果

图 12-10

整个图像腐蚀操作可以是一个并行运算的程序。

12.7　开　运　算

　　开运算通过先进行腐蚀操作，再进行膨胀操作得到。它在移除小的对象时很有用（假设物品是亮色，前景色是黑色），可用来去除噪声。

　　我们先以二值图为例。如图12-11所示，左侧是原始图像，右侧是应用开运算之后的图像。可以看到左侧图像小的黑色空间被填充消失，所以开运算可以进行白色的孔洞填补。可以想象，我们先将黑色区域变大，然后填充部分白色区域，白色小区域这时就会被抹去，然后膨胀，再将黑色区域变回，但是抹去的部分会消失，则会达到这样的效果。

图 12-11

　　对于彩色图而言，则是将一些小的偏白色孔洞或者区域用周围的颜色进行填补，整体的图像也会模糊化，宛如一幅水彩画。例如，图12-12和图12-13分别是卷积核为10和50像素开运算处理后的效果，可以发现眼部与羽毛中的白色部分均被填充，地面上的气泡接近模糊消失了。

图 12-12　　　　　　　　　　　　　　　图 12-13

　　开运算其实就是先腐蚀运算再膨胀运算（看上去把细微连在一起的两块目标分开了），如图12-14所示。

　　开运算能够除去孤立的小点、毛刺和小桥，而总的位置和形状不变。开运算是一个基于几何运算的滤波器，结构元素大小的不同将导致滤波效果的不同。不同的结构元素的选择导致了不同的分割，即提取出不同的特征。

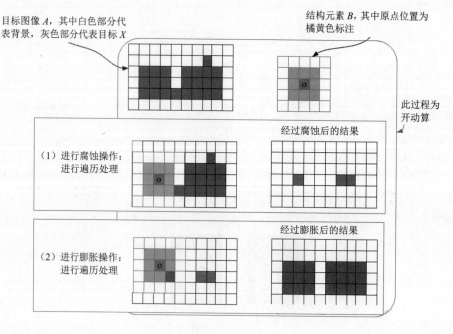

目标图像 A，其中白色部分代表背景，灰色部分代表目标 X

结构元素 B，其中原点位置为橘黄色标注

此过程为开动算

（1）进行腐蚀操作：进行遍历处理

经过腐蚀后的结果

（2）进行膨胀操作：进行遍历处理

经过膨胀后的结果

图 12-14

12.8 闭 运 算

闭运算是开运算的相反操作，是先进行膨胀再进行腐蚀操作，通常用来填充前景物体中的小洞，或者抹去前景物体上的小黑点。可以想象，它就是先将白色部分变大，把小的黑色部分挤掉，然后将一些大的、黑色的部分还原回来，整体得到的效果就是抹去前景物体上的小黑点了。

二值图进行闭运算后得到的效果如图12-15所示，左侧是原图，右侧是进行闭运算之后的图。

图12-16和图12-17分别是卷积核为10和50像素闭运算处理后的效果，可以发现小鸟左眼的黑色部分变小了，双腿在大卷积核进行处理时直接消失，这是因为腿比较细。另外，图像整体会变白一些。

图 12-15

图 12-16

图 12-17

闭运算其实就是先进行膨胀运算，再进行腐蚀运算（看上去将两个细微连接的图块封闭在一起），如图12-18所示。

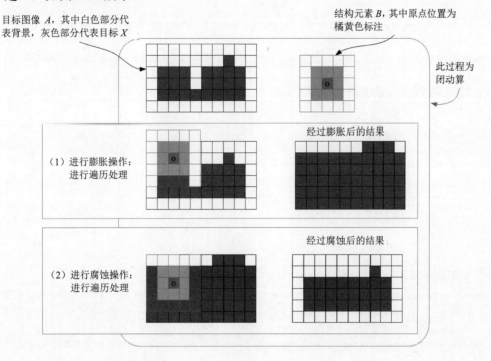

图 12-18

闭运算能够填平小湖（小孔），弥合小裂缝，而总的位置和形状不变。闭运算是通过填充图像的凹角来滤波图像的。结构元素大小不同，将导致滤波效果不同。不同结构元素的选择导致了不同的分割。

12.9　实现腐蚀和膨胀

在OpenCV中，函数erode可以对输入图像用特定结构元素进行腐蚀操作，该结构元素确定腐蚀操作过程中的邻域形状，各点像素值将被替换为对应邻域上的最小值。该函数声明如下：

```
erode(src, kernel[, dst[, anchor[, iterations[, borderType[, borderValue]]]]])
-> dst
```

其中，参数src表示原图像；dst表示腐蚀后的目标图像；kernel表示腐蚀操作的内核，如果不指定，则默认为一个简单的3×3的方形结构矩阵，否则就要明确指定它的形状（可以使用函数getStructuringElement）；anchor表示内核中心点，默认为Point(-1,-1)；iterations表示腐蚀次数；borderType表示边缘类型；borderValue表示边缘值。

使用erode函数时，一般只需要填前面的3个参数，后面的4个参数都有默认值，而且往往会结合getStructuringElement一起使用。

在OpenCV中，函数dilate使用像素邻域内的局部极大运算符来膨胀一幅图片，并且支持就地（in-place）操作。该函数声明如下：

```
dilate(src, kernel[, dst[, anchor[, iterations[, borderType[, borderValue]]]]])
-> dst
```

腐蚀和膨胀的参数完全一样。下面我们通过实例来熟悉这两个函数。

【例 12.1】 实现图像的膨胀

```
import cv2
import numpy as np

#构建一个 6×6 的二维图像
src = np.array([[0, 0, 0, 0, 255, 0],
        [0, 255, 255, 255, 255, 255],
        [0, 255, 255, 255, 255, 0],
        [0, 255, 255, 255, 255, 0],
        [0, 255, 255, 255, 255, 0],
        [0, 0, 0, 0, 0, 0]],dtype=np.uint8)
#定义 2 个结构元素
struct1 = cv2.getStructuringElement(cv2.MORPH_RECT, (3, 3))  #矩形结构元素
struct2 = cv2.getStructuringElement(cv2.MORPH_CROSS, (3, 3))  #十字形结构元素

dilateSrc = cv2.dilate(src,struct2)  #膨胀图像
#显示图像
cv2.namedWindow("src", cv2.WINDOW_GUI_NORMAL);
cv2.namedWindow("dilateSrc", cv2.WINDOW_GUI_NORMAL);
cv2.imshow("src", src);
cv2.imshow("dilateSrc", dilateSrc);

cv2.waitKey(0)  #等待用户按键后再继续

LearnCV_black = cv2.imread('test.png',0)  #读取一个图像文件

#白色字体膨胀
dilate_black1=cv2.dilate(LearnCV_black, struct1);
dilate_black2=cv2.dilate(LearnCV_black, struct2);
cv2.imshow("LearnCV_black", LearnCV_black);
cv2.imshow("dilate_black1", dilate_black1);
cv2.imshow("dilate_black2", dilate_black2);

cv2.waitKey(0)  #等待按键
cv2.destroyAllWindows()
```

运行工程，结果如图12-19和图12-20所示。

通过以上结果可以发现，图像膨胀可以填充某些缺失的区域，使区域变成一个整体，并且将两个邻近的区域连接在一起，进而也形成一个整体。

在实现了膨胀程序后，再实现腐蚀程序就比较简单了，只要把膨胀函数替换为腐蚀函数即可。

图 12-19

图 12-20

【例 12.2】　实现图像的腐蚀

```
import cv2
import numpy as np

#构建一个 6×6 的二维图像
src = np.array([[0, 0, 0, 0, 255, 0],
        [0, 255, 255, 255, 255, 255],
        [0, 255, 255, 255, 255, 0],
        [0, 255, 255, 255, 255, 0],
        [0, 255, 255, 255, 255, 0],
        [0, 0, 0, 0, 0, 0]],dtype=np.uint8)
#定义 2 个结构元素
struct1 = cv2.getStructuringElement(cv2.MORPH_RECT, (3, 3)) #矩形结构元素
struct2 = cv2.getStructuringElement(cv2.MORPH_CROSS, (3, 3)) #十字形结构元素

dilateSrc = cv2.dilate(src,struct2) #腐蚀图像
#显示图像
cv2.namedWindow("src", cv2.WINDOW_GUI_NORMAL);
cv2.namedWindow("dilateSrc", cv2.WINDOW_GUI_NORMAL);
cv2.imshow("src", src);
cv2.imshow("dilateSrc", dilateSrc);
```

```
cv2.waitKey(0)  #等待用户按键后再继续

LearnCV_black = cv2.imread('test.png',0)  #读取一个图像文件

#黑背景图像腐蚀
dilate_black1=cv2.dilate(LearnCV_black, struct1);
dilate_black2=cv2.dilate(LearnCV_black, struct2);
cv2.imshow("LearnCV_black", LearnCV_black);
cv2.imshow("dilate_black1", dilate_black1);
cv2.imshow("dilate_black2", dilate_black2);

cv2.waitKey(0)  #等待按键
cv2.destroyAllWindows()
```

运行工程，结果如图12-21和图12-22所示。

图 12-21

图 12-22

下面我们把腐蚀和膨胀放在一个实例中。

【例 12.3】 实现图像的腐蚀和膨胀

```
import cv2
import numpy as np

img = cv2.imread('test.jpg',0)
#OpenCV 定义的结构元素
```

```
kernel = cv2.getStructuringElement(cv2.MORPH_RECT,(3, 3))

#腐蚀图像
eroded = cv2.erode(img,kernel)
#显示腐蚀后的图像
cv2.imshow("Eroded Image",eroded);

#膨胀图像
dilated = cv2.dilate(img,kernel)
#显示膨胀后的图像
cv2.imshow("Dilated Image",dilated);
#原图像
cv2.imshow("Origin", img)

#numpy 定义的结构元素
NpKernel = np.uint8(np.ones((3,3)))
Nperoded = cv2.erode(img,NpKernel)
#显示腐蚀后的图像
cv2.imshow("Eroded by numpy kernel",Nperoded);

cv2.waitKey(0)
cv2.destroyAllWindows()
```

在上述代码中，API函数cv2.erode用来实现腐蚀效果，API函数cv2.dilate用来实现膨胀效果。我们首先装载图像（可以是RGB图像或者灰度图），然后用OpenCV定义的结构元素来腐蚀和膨胀图像，再用NumPy定义的结构元素腐蚀图像。

运行工程，结果如图12-23所示。

图 12-23

12.10　实现开闭运算和顶帽/黑帽

除了最基本的腐蚀和膨胀两种形态学操作外，还有开运算、闭运算、形态学梯度、顶帽和黑帽等形态学操作。开运算就是先腐蚀再膨胀，可清除一些小的干扰物（亮点），放大局部低亮度的区域。闭运算就是先膨胀再腐蚀，可清除小黑点，弥合小裂缝。形态学梯度就是膨胀图与腐蚀图之差，用于提取物体边缘。顶帽（礼帽）：原图–开运算，用于分离邻近点亮一些的斑块，进行背景提取。黑帽：闭运算–原图，用于分离比邻近点暗一些的斑块。

为了方便，OpenCV将这些操作集合到一个函数morphologyEx中。要实现不同的操作，仅需改变形态学的运算标识符。函数声明如下：

```
morphologyEx(src, op, kernel[, dst[, anchor[, iterations[, borderType[,
borderValue]]]]]) -> dst
```

其中，参数src表示输入图像，即原图像，图像位深应该为CV_8U、CV_16U、CV_16S、CV_32F或CV_64F之一；dst表示目标图像，函数的输出参数，需要和原图像有一样的尺寸和类型；op表示形态学运算的类型，可以是如下标识符之一：

```
enum MorphTypes{
    MORPH_ERODE    = 0,  //腐蚀
    MORPH_DILATE   = 1,  //膨胀
    MORPH_OPEN     = 2,  //开操作
    MORPH_CLOSE    = 3,  //闭操作
    MORPH_GRADIENT = 4,  //梯度操作
    MORPH_TOPHAT   = 5,  //顶帽操作
    MORPH_BLACKHAT = 6,  //黑帽操作
    MORPH_HITMISS  = 7   //击中和非击中
};
```

参数kernel表示形态学运算的内核，若为NULL，则表示使用参考点位于中心的3×3的核。我们一般使用函数getStructuringElement来配合这个参数的使用，getStructuringElement函数会返回指定形状和尺寸的结构元素（内核矩阵）；参数anchor表示锚的位置，默认值为(-1,-1)，表示锚位于中心；参数iterations表示迭代使用函数的次数，默认值为1；参数borderType用于推断图像外部像素的某种边界模式，默认值为BORDER_CONSTANT；参数borderValue表示当边界为常数时的边界值，默认值为morphologyDefaultBorderValue()。

【例 12.4】　实现开、闭运算

```
import cv2
import numpy as np

img = cv2.imread('test.jpg',0)
#定义结构元素
kernel = cv2.getStructuringElement(cv2.MORPH_RECT,(5, 5))

#闭运算
closed = cv2.morphologyEx(img, cv2.MORPH_CLOSE, kernel)
#显示腐蚀后的图像
cv2.imshow("Close",closed);

#开运算
opened = cv2.morphologyEx(img, cv2.MORPH_OPEN, kernel)
#显示腐蚀后的图像
cv2.imshow("Open", opened);

cv2.waitKey(0)
cv2.destroyAllWindows()
```

闭运算用来连接被误分为许多小块的对象，开运算用于移除由图像噪声形成的斑点。因此，某些情况下可以连续运用这两种运算。例如，对一幅二值图连续使用闭运算和开运算，将获得图像中的主要对象。如果想消除图像中的噪声（图像中的"小点"），也可以对图像先用开运算再用闭运算，不过这样也会消除一些破碎的对象。

运行工程，结果如图12-24所示。

图 12-24

图像的顶帽（Top Hat）和黑帽（Black Hat）变换是数学形态学图像处理中的两个重要操作。它们分别用于检测图像中的局部亮度变化和暗度变化，常用于图像增强和物体识别等应用。

形态学操作中最基本的两个操作是腐蚀和膨胀。礼帽和黑帽变换都基于这些基本操作，并添加了额外的步骤来检测亮度和暗度变化。

图像顶帽运算又称为图像礼帽运算，它是用原始图像减去图像开运算后的结果，常用于解决由于光照不均匀而导致图像分割出错的问题。其效果如图12-25所示。

（a）原始图像　　　（b）开运算　　　（c）顶帽运算

图 12-25

黑帽变换与礼帽变换相反，它用于检测图像中的暗度变化。黑帽变换的步骤如下：先对输入图像执行膨胀操作，找到局部最大像素值；然后，用膨胀操作的结果减去原始图像。这将突出暗度增加的区域，即比周围更暗的区域。

礼帽和黑帽变换在图像处理中有多种应用，部分应用包括：

- 背景减除：用于分离前景物体和背景，检测移动物体或跟踪对象。
- 文本检测：用于检测图像中的文本区域，特别是在复杂背景下。
- 纹理分析：用于分析纹理特征，如检测图像中的纹理缺陷或特征。
- 医学图像分析：在医学影像中，用于检测和分析病变、血管、斑点等。
- 图像增强：用于增强图像中的局部细节，使其更容易分析和识别。

礼帽和黑帽变换的选择取决于具体的应用场景和所需的目标。例如，在文本检测中，黑帽变换可能用于检测文本的边缘，而礼帽变换可能用于突出文本的光亮区域。在背景减除中，礼帽和黑帽变换可以用于检测前景对象和背景之间的亮度和暗度变化。

【例 12.5】　实现顶帽和黑帽

```
import cv2 as cv
import numpy as np
```

```python
def hat_gray_demo(image):  #基于灰度图像的顶帽操作
    gray = cv.cvtColor(image, cv.COLOR_BGR2GRAY)  #将彩色图像转换为灰度图像
    #返回指定形状和尺寸的结构元素，MORPH_RECT 表示矩形
    kernel = cv.getStructuringElement(cv.MORPH_RECT, (15, 15))
    dst = cv.morphologyEx(gray, cv.MORPH_TOPHAT, kernel)  #顶帽操作
    cimage = np.array(gray.shape, np.uint8)  #创建数组
    cimage = 120;  #为了增加亮度，数组每个数都赋值为 120
    dst = cv.add(dst, cimage)  #通过 add 实现图像的加法运算
    cv.imshow("tophat_gray", dst)  #显示结果图像

def hat_binary_demo(image):  #基于二值图像的黑帽操作
    gray = cv.cvtColor(image, cv.COLOR_BGR2GRAY)
    ret, binary = cv.threshold(gray, 0, 255, cv.THRESH_BINARY | cv.THRESH_OTSU)
    kernel = cv.getStructuringElement(cv.MORPH_RECT, (15, 15))
    dst = cv.morphologyEx(binary, cv.MORPH_BLACKHAT, kernel)
    cv.imshow("blackhat_binary", dst)

def gradient_demo(image):  #基本梯度
    gray = cv.cvtColor(image, cv.COLOR_BGR2GRAY)  #转为灰度图
    ret, binary = cv.threshold(gray, 0, 255, cv.THRESH_BINARY | cv.THRESH_OTSU)
    kernel = cv.getStructuringElement(cv.MORPH_RECT, (3, 3))
    dst = cv.morphologyEx(binary, cv.MORPH_GRADIENT, kernel)
    cv.imshow("gradient", dst)

def gradient2_demo(image):
    kernel = cv.getStructuringElement(cv.MORPH_RECT, (3, 3))
    dm = cv.dilate(image, kernel)
    em = cv.erode(image, kernel)
    dst1 = cv.subtract(image, em)  # 内部梯度
    dst2 = cv.subtract(dm, image)  # 外部梯度
    cv.imshow("internal", dst1)
    cv.imshow("external", dst2)

src = cv.imread("test.jpg")
cv.namedWindow("input image", cv.WINDOW_AUTOSIZE)
cv.imshow("input image", src)
hat_gray_demo(src)
hat_binary_demo(src)
gradient_demo(src)
gradient2_demo(src)
cv.waitKey(0)
cv.destroyAllWindows()
```

上述代码中，hat_gray_demo是基于灰度图像的顶帽操作方法；hat_binary_demo(image)是基于二值图像的黑帽操作方法；gradient_demo和gradient2_demo都是梯度方法。顶帽是原图像与开操作图像的差值图像，黑帽是闭操作图像与原图像的差值图像。用膨胀后的图像减去腐蚀后的图像得到的差值图像，称为梯度图像。这也是OpenCV中支持的计算形态学梯度的方法，而此方法得到的梯度又被称为基本梯度。原图像减去腐蚀之后的图像得到的差值图像，称为图像的内部梯度。外部梯度图像膨胀之后再减去原来的图像得到的差值图像，称为图像的外部梯度。

运行工程，结果如图12-26所示。

图 12-26

12.11　用形态学运算检测边缘

形态学检测边缘的原理很简单，在膨胀时，图像中的物体会向周围"扩张"；在腐蚀时，图像中的物体会"收缩"。比较膨胀和腐蚀后的两幅图像，其变化的区域只发生在边缘。将两幅图像相减，得到的就是图像中物体的边缘。

【例 12.6】　用形态学检测边缘

```
import cv2
import numpy

image = cv2.imread("test2.jpg",0);
#构造一个 3×3 的结构元素
element = cv2.getStructuringElement(cv2.MORPH_RECT,(3, 3))
dilate = cv2.dilate(image, element)
erode = cv2.erode(image, element)

#将两幅图像相减获得边缘，第一个参数是膨胀后的图像，第二个参数是腐蚀后的图像
result = cv2.absdiff(dilate,erode);

#上面得到的结果是灰度图，将其二值化以便更清楚地观察结果
retval, result = cv2.threshold(result, 40, 255, cv2.THRESH_BINARY);
#反色，即对二值图每个像素取反
result = cv2.bitwise_not(result);
#显示图像
cv2.imshow("result",result);
cv2.waitKey(0)
cv2.destroyAllWindows()
```

运行工程，结果如图12-27所示，一幅建筑物图像的边缘基本被检测出来了。

图 12-27

12.12　击中击不中

击中击不中（Hit-or-Miss）就是根据给定的结构元素（模式）来寻找二值图像中特定的结构。击中击不中变换是更高级形态学变换的基础，例如图像细化、剪枝等。击中击不中变换是形态检测的一个工具，通过定义形状模板可以在图像中获取同一形状物体的位置坐标。击中击不中变换的算法如下：

（1）用击中结构去腐蚀原始图像，得到击中结果X（这个过程可以理解为在原始图像中寻找和击中结构完全匹配的模块，匹配上了之后，保留匹配部分的中心元素，作为腐蚀结果的一个元素）。

（2）用击不中结构去腐蚀原始图像的补集，得到击不中结果Y（即在原始图像上找到击不中结构与原始图像没有交集的位置，保留这个位置的元素，作为腐蚀结果的一个元素）。

（3）X和Y的交集就是击中击不中的结果。

通俗理解就是用一个小的结构元素（击中结构）去射击原始图像，击中的元素保留；再用一个很大的结构元素（击不中，一般取一个环状结构）去射击原始图像，击不中原始图像的位置保留。满足击中元素能击中和（交集）击不中元素不能击中的位置的元素，就是最终的形状结果。

形态学算子都是基于形状来处理图像的，这些算子用一个或多个结构元素来处理图像。前面讲过，最基础的两个形态学操作是腐蚀与膨胀。通过两者的结合，有了更高级的形态学变换、开运算、闭运算、形态学梯度、顶帽变换、黑帽变换等。击中击不中变换用于寻找二值图像A中存在的某些结构（模式），即寻找邻域匹配第一个结构元素B_1，同时不匹配第二个结构元素B_2的像素。用数学公式来表达上述操作：

$$A \circledast B = A(A \ominus B_1) \cap (A^c \ominus B_2)$$

因此，击中击不中变换由下面3步构成：

（1）用结构元素B_1来腐蚀图像A。
（2）用结构元素B_2来腐蚀图像A的补集。
（3）前两步结果的与运算。

结构元素B_1和B_2可以结合为一个元素B，如图12-28所示。

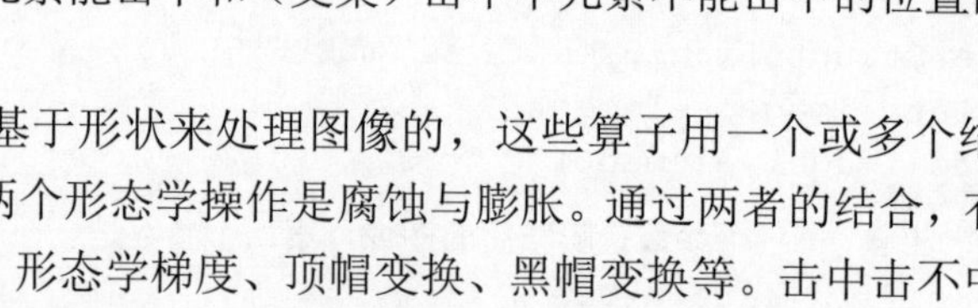

0	1	0
1	0	1
0	1	0

0	0	0
0	1	0
0	0	0

0	1	0
1	-1	1
0	1	0

结构元素：左 B_1（击中元素），中 B_2（击不中元素），右 B（两者结合）

图 12-28

这里我们寻找一种结构模式：中间像素属于背景，上下左右属于前景，其余领域像素忽略不计（背景为黑色，前景为白色）。用上面的核在输入图像中找这种结构。从输出图像（见图12-29）中可以看到，输入二值图像（见图12-30）中只有一个位置满足要求。

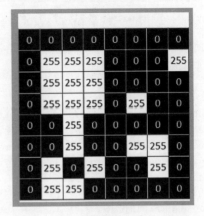

图 12-29　　　　　　　　　　　　　　　　图 12-30

击中击不中变换实际上是先在图像中寻找满足第一个结构元素模式的结构，找到之后相当于"击中"，然后用第二个结构元素直接在原图击中的位置进行匹配，如果不匹配，就是"击不中"。如果满足以上两点，就是我们要找的结构，把中心像素置为255作为输出（这里结构元素中表示结构的值都为1）。

在OpenCV中，实现击中击不中变换的函数是morphologyEx，而且该函数的参数op要设置为 MORPH_HITMISS， 比 如 morphologyEx(input_image, output_image, MORPH_HITMISS, kernel)。该函数在前面介绍过，这里不再赘述。

【例 12.7】　击中击不中变换

```python
import cv2 as cv
import numpy as np

#创建输入图像
input_image = np.array((
    [0, 0, 0, 0, 0, 0, 0, 0],
    [0, 255, 255, 255, 0, 0, 0, 255],
    [0, 255, 255, 255, 0, 0, 0, 0],
    [0, 255, 255, 255, 0, 255, 0, 0],
    [0, 0, 255, 0, 0, 0, 0, 0],
    [0, 0, 255, 0, 0, 255, 255, 0],
    [0,255, 0, 255, 0, 0, 255, 0],
    [0, 255, 255, 255, 0, 0, 0, 0]), dtype="uint8")

#创建核
kernel = np.array((
      [0, 1, 0],
      [1, -1, 1],
      [0, 1, 0]), dtype="int")

#创建输出图像并进行变换
```

```
output_image = cv.morphologyEx(input_image, cv.MORPH_HITMISS, kernel)
#为便于观察，将输入图像、输出图像、核放大 50 倍显示
#一个小方块表示一个像素
rate = 50
kernel = (kernel + 1) * 127
kernel = np.uint8(kernel)
kernel = cv.resize(kernel, None, fx = rate, fy = rate, interpolation =
cv.INTER_NEAREST)
cv.imshow("kernel", kernel)
cv.moveWindow("kernel", 0, 0)
input_image = cv.resize(input_image, None, fx = rate, fy = rate, interpolation
= cv.INTER_NEAREST)
cv.imshow("Original", input_image)
cv.moveWindow("Original", 0, 200)
output_image = cv.resize(output_image, None, fx = rate, fy = rate, interpolation
= cv.INTER_NEAREST)
cv.imshow("Hit or Miss", output_image)
cv.moveWindow("Hit or Miss", 500, 200)
cv.waitKey(0)
cv.destroyAllWindows()
```

在上述代码中，为了便于观察，将输入图像、输出图像、核放大50倍显示，一个小方块表示一个像素。

运行工程，结果如图12-31所示。

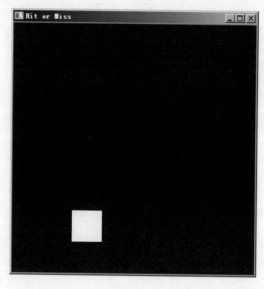

图 12-31

用不同的核处理同一幅图像得到的结果不同，核的值为1时表示图像中的白色结构，为−1时表示黑色结构，为0时表示忽略位置。例如，核表示在原图中找白色的角（右上角），有两个位置满足要求，如图12-32所示；核表示找一个向左突出的白点，有3个位置满足要求，如图12-33所示。

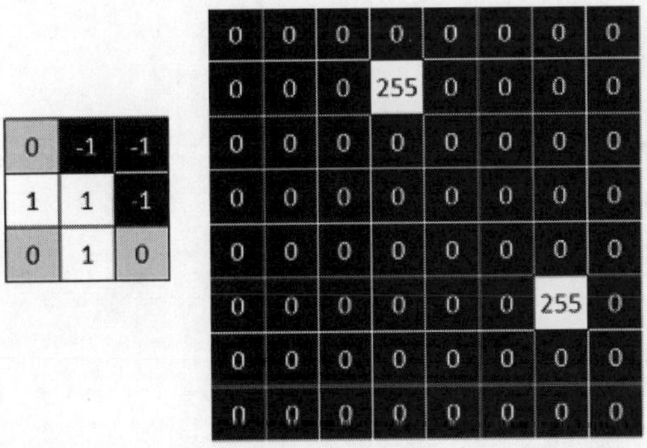

图 12-32

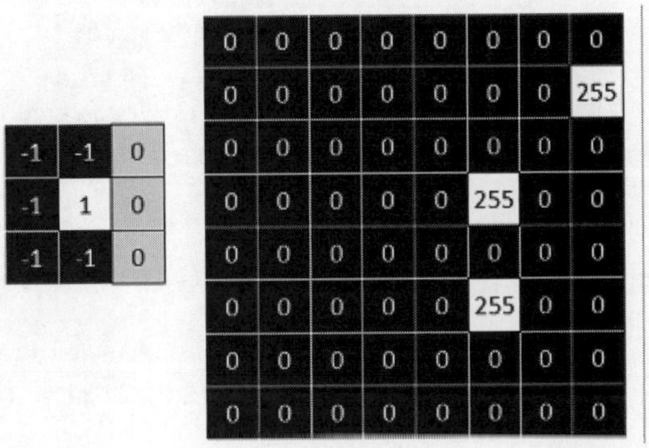

图 12-33

12.13　利用形态学运算提取水平线和垂直线

在图像形态学操作中，可以通过自定义的结构元素来实现对输入图像中一些对象敏感，而对另一些对象不敏感，这样就会让敏感的对象改变，而不敏感的对象保留输出。通过两个基本的形态学操作——膨胀和腐蚀，使用不同的结构元素实现对输入图像的操作，可以得到想要的结果。对于水平线，可以通过定义水平线的结构元素来去除垂直线的干扰；对于垂直线，可以通过定义垂直线的结构元素来去除水平线的干扰。

膨胀和腐蚀可以使用任意形状的结构元素。常见的形状有：矩形、圆、直线、磁盘形状、砖石形状等。提取水平线与垂直线的基本步骤如下：

01 利用函数 imread 输入彩色图像。

02 利用函数 cvtColor 转换为灰度图像。

03 利用函数 adaptiveThreshold 转换为二值图像。

04 定义结构元素。

05 使用形态学操作中的开操作（腐蚀+膨胀）提取水平与垂直线。

其中，转换为二值图像的adaptiveThreshold函数声明如下：

```
adaptiveThreshold(src, maxValue, adaptiveMethod, thresholdType, blockSize, C[,
dst]) -> dst
```

参数src表示输入的灰度图像；maxValue表示二值图像的最大值；adaptiveMethod表示自适应方法，只能是DAPTIVE_THRESE_MEAN_C和ADAPTIVE_ THRESH_GAUSSIAN_C之一；blockSize表示块大小；C可以是正数、0或负数，实际上是一个偏移值调整量，用均值和高斯计算阈值后，再减或加这个值就是最终阈值。该函数返回一个二值图像。

【例 12.8】　提取水平线、垂直线

```
import cv2
src = cv2.imread("test3.jpg")
gray_src = cv2.cvtColor(src, cv2.COLOR_BGR2GRAY)
```

```
cv2.imshow("input image", src)
cv2.imshow("gray image", gray_src)
gray_src = cv2.bitwise_not(gray_src)
binary_src = cv2.adaptiveThreshold(gray_src, 255, cv2.ADAPTIVE_THRESH_MEAN_C,
cv2.THRESH_BINARY, 15, -2)
cv2.namedWindow("result image", cv2.WINDOW_AUTOSIZE)
cv2.imshow("result image", binary_src)


# 提取水平线
hline = cv2.getStructuringElement(cv2.MORPH_RECT, ((src.shape[1] // 16), 1),
(-1, -1))
# 提取垂直线
vline = cv2.getStructuringElement(cv2.MORPH_RECT, (1, (src.shape[0] // 16)),
(-1, -1))
# 这两步就是形态学的开操作——先腐蚀再膨胀
# temp = cv2.erode(binary_src, hline)
# dst = cv2.dilate(temp, hline)
#vline 改成 hline 可以看到水平线
dst = cv2.morphologyEx(binary_src, cv2.MORPH_OPEN, vline)
dst = cv2.bitwise_not(dst)
cv2.imshow("vline image", dst)
cv2.waitKey(0)
```

上述代码的基本流程就是先把输入图像转换为二值图像，然后利用形态学函数先腐蚀后膨胀得到水平线或垂直线。提取垂直线的开操作可以调用morphologyEx函数，其参数值MORPH_OPEN表示开运算，就是对图像先腐蚀再膨胀。水平线提取时使用水平结构元素hline，垂直线提取时使用垂直结构元素vline。

运行工程，结果如图12-34所示。

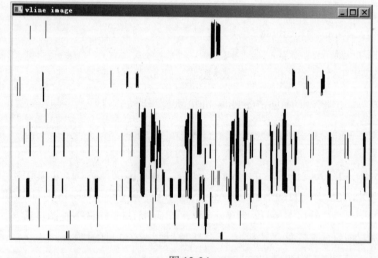

图 12-34

第 13 章

视 频 处 理

OpenCV的视频模块是其核心组成部分之一，主要负责视频文件的读取、处理、分析以及视频流的捕获和输出。这一模块使得开发者能够轻松地处理来自摄像头、文件或其他视频源的视频数据，进行实时或离线的图像处理和计算机视觉任务。

13.1　OpenCV视频处理架构

OpenCV的视频I/O模块提供了一组用于读写视频或图像序列的类和函数。该模块将cv::VideoCapture和cv::VideoWriter类作为一层接口面向用户，这两个类下面是很多不同种类的后端视频I/O API，有效地屏蔽了后端视频I/O的差异性，简化了用户层的编程。整个视频I/O架构如图13-1所示。

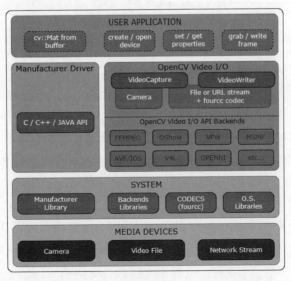

图 13-1

我们可以看到，用户层（USER APPLICATION）主要和VideoCapture和VideoWriter两个类打交道，而无须和底层打交道。在OpenCV中，视频的读操作是通过VideoCapture类来完成的，视频的写操作是通过VideoWriter类来实现的。

13.2　捕获视频类VideoCapture

类VideoCapture是OpenCV中最基本的视频输入输出接口，可以用来读取视频文件或打开摄像头，提取视频帧，并提供多个函数来获取视频的属性信息，比如帧数。类VideoCapture常用的成员函数如表13-1所示。

表 13-1　类 VideoCapture 常用的一些成员函数

类 VideoCapture 常用成员函数	描　　述
open	打开一个视频文件或者打开一个捕获视频的设备（也就是摄像头）
isOpened	判断视频读取或者摄像头调用是否成功，成功则返回 True
release	关闭视频文件或者摄像头
grab	从视频文件或捕获设备中抓取下一帧，调用成功就返回 True
retrieve	解码并且返回刚刚抓取的视频帧，如果没有视频帧被捕获（相机没有连接或者视频文件中没有更多的帧），就返回 False
read	该函数结合 grab() 和 retrieve() 其中之一被调用，用于捕获、解码和返回下一个视频帧。用于读取视频文件、从解码中捕获数据以及返回刚刚捕获的帧。这是一个最方便的函数，如果没有视频帧被捕获（相机没有连接或者视频文件中没有更多的帧），则返回 False
get	一个视频有很多属性，比如帧率、总帧数、尺寸、格式等，VideoCapture 的 get 方法可以获取这些属性，其参数为属性的 ID
set	设置 VideoCapture 类的属性，设置成功则返回 True，失败则返回 False

13.2.1　构造 VideoCapture 对象

类VideoCapture既支持从视频文件（.AVI、*.MP4、.MPG等格式）读取，也支持直接从摄像机（比如计算机自带的摄像头）中读取。要想获取视频，需要先创建一个VideoCapture对象。创建VideoCapture对象有以下3种方式：

（1）从视频文件中读取视频。如果是从文件（.MPG或.AVI格式）中读取视频，那么在定义对象的时候可以把视频文件的路径作为参数传给构造函数。对象创建以后，OpenCV将会打开该视频文件并做好准备读取它。如果打开成功，就可以开始读取视频的帧。VideoCapture提供了成员函数isOpened来判断是否成功打开，若成功，则返回True（建议在打开视频或摄像头时都使用该成员函数判断是否成功打开）。下面的构造函数用于读取视频文件：

```
VideoCapture(filename) -> <VideoCapture object>
```

其中，参数filename是视频文件的文件名（可以包含路径），如果不包含路径，就在当前路径下打开文件。比如，我们定义一个VideoCapture对象并打开d盘上的test.avi文件：

```
cv2.VideoCapture capture("d:/test.avi");  //从视频文件读取
```

（2）从摄像机中读取视频。如果是从摄像机中读取视频，那么会给出一个标识符，用于表示我们想要访问的摄像机，及其与操作系统的握手方式。对于摄像机而言，这个标志符就是一个标志数字：如果只有1个摄像机，那么标志数字就是0；如果系统中有多个摄像机，那么只要将数字向上增加即可。标识符的另外一部分是摄像机域（camera domain），用于表示摄像机的类型。读取摄像头中的视频的构造函数如下：

```
cv2.VideoCapture(device) -> <VideoCapture object>
```

其中，参数device表示要打开的视频捕获设备（摄像头）的ID，如果使用默认后端的默认摄像头，就只需传递0。

（3）不带参数构造一个VideoCapture对象。使用类VideoCapture的不带参数的构造函数来创建一个VideoCapture对象，然后用成员函数open来打开一个视频文件或摄像头。open函数声明如下：

```
VideoCapture.open(filename) -> retval
VideoCapture.open(device) -> retval
```

两个open函数的参数和前面的两个构造函数的参数含义一样，这里不再赘述。

13.2.2　判断打开视频是否成功

当我们打开一个视频文件或摄像头视频后，可以用成员函数isOpened来判断是否打开成功。该函数声明如下：

```
VideoCapture.isOpened() -> retval
```

打开成功就返回True，否则返回False。
比如：

```
import cv2
cap = cv2.VideoCapture("./Demo.avi")
if cap.isOpened():  # 当成功打开视频时 cap.isOpened()返回 True，否则返回 False
...
```

13.2.3　读取视频帧

要播放视频，肯定要先读取每一帧的视频图像再显示出来。读取方法是使用函数read，该函数声明如下：

```
VideoCapture.read([image]) -> retval, image
```

其中，参数image用来存放读取到的当前视频帧。如果读取成功就返回True，否则返回False。
比如：

```
vc = cv2.VideoCapture("my.mp4")
success, frame = vc.read()
while success:
    cv2.setWindowTitle("test", "MyTest")        # 设置标题
```

```
        frame = cv2.resize(frame, (960, 540))        # 根据视频帧大小进行缩放
        cv2.imshow('test', frame)                     # 显示
        cv2.waitKey(int(1000 / int(fps)))             # 设置延迟时间
        success, frame = video.read()                 # 获取下一帧
    video.release()
```

13.2.4　播放视频文件

播放视频文件的基本步骤就是先构造VideoCapture对象，然后打开视频文件，接着用一个循环逐帧读取并显示读取到的视频帧，再间隔一段时间读取下一个视频帧并显示，依次循环，直到全部视频帧读取完毕。

【例 13.1】　播放 MP4 视频文件

```
import numpy as np
import cv2

video = cv2.VideoCapture('sea.mp4')
# 获得码率及尺寸
fps = video.get(cv2.CAP_PROP_FPS)
size = (int(video.get(cv2.CAP_PROP_FRAME_WIDTH)),
int(video.get(cv2.CAP_PROP_FRAME_HEIGHT)))
fNUMS = video.get(cv2.CAP_PROP_FRAME_COUNT)            #获得帧数
# 读帧
success, frame = video.read()                         #读取第一帧
while success:
    cv2.setWindowTitle("test", "I love sea.")         # 设置标题
    frame = cv2.resize(frame, (960, 540))             # 根据视频帧大小进行缩放
    cv2.imshow('test', frame)                         # 显示
    cv2.waitKey(int(1000 / int(fps)))                 # 设置延迟时间
    success, frame = video.read()                     # 获取下一帧
video.release()
```

在上述代码中，我们首先定义了一个VideoCapture对象video，并传入了视频文件的文件名，因为没有加路径，所以sea.mp4要放在当前工程目录下才会被找到。然后利用成员函数get获得码率及尺寸，再用read读取帧，并用一个while不停地读取下一帧。当success为False时，说明视频帧没有了，也就是播放完毕了，此时跳出循环。每一帧其实就是一幅图片，可以用imshow函数把图片显示出来，速度快了以后多幅图片连续显示，看起来就是视频了。这里我们设置每个帧显示之间的时间间隔是int(1000/int(fps))毫秒。

运行工程，结果如图13-2所示。

值得注意的是，OpenCV是一个视觉库，目前不支持视频中的声音处理，因此播放的视频没有声音。如果需要声音，则需要使用ffpyplayer。

图 13-2

【例 13.2】 保存视频中的图片

```
import os
import pdb
import cv2
# 初始化，并读取第一帧
# rval 表示是否成功获取帧
# frame 是捕获到的图像
vc = cv2.VideoCapture('sea.mp4')
rval, frame = vc.read()

# 获取视频 fps
fps = vc.get(cv2.CAP_PROP_FPS)
# 获取视频总帧数
frame_all = vc.get(cv2.CAP_PROP_FRAME_COUNT)
print("[INFO] 视频 FPS: {}".format(fps))
print("[INFO] 视频总帧数: {}".format(frame_all))
print("[INFO] 视频时长: {}s".format(frame_all/fps))

outputPath = "./out/"
if os.path.exists(outputPath) is False:
    print("[INFO] 创建文件夹，用于保存提取的帧")
    os.mkdir(outputPath)

# 每隔 100 帧保存一幅图片
frame_interval = 100
# 统计当前帧
frame_count = 1
# 保存图片
count = 0
while rval:
    rval, frame = vc.read()
    if frame_count % frame_interval == 0:
        filename = os.path.sep.join([outputPath, "test_{}.jpg".format(count)])
        cv2.imwrite(filename, frame)
```

```
        count += 1
        print("保存图片:{}".format(filename))
    frame_count += 1
# 关闭视频文件
vc.release()
print("[INFO] 总共保存: {}张图片".format(count))
```

运行工程，结果如图13-3所示。

图 13-3

此时在工程目录下多了一个out子文件夹，里面存放的是从视频中截取的4幅图片，如图13-4所示。

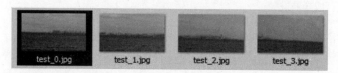

图 13-4

下面我们讲解摄像头视频播放，主要流程与视频文件播放类似，只不过打开时传入的是整型数据。可以准备一个USB接口的计算机摄像头，然后把USB口插入计算机的USB插槽中，通常是不需要安装驱动程序的。

13.2.5　获取和设置视频属性

类VideoCapture的成员函数get可以用来获取视频文件的一些属性，比如帧数。该函数声明如下：

```
VideoCapture.get(propId) -> retval
```

其中，参数 propId 表示要获取的属性 ID，通常取值是一个宏，比如 CAP_PROP_FRAME_COUNT表示获取视频帧数，宏CAP_PROP_FRAME_COUNT的值是7。其他常用属性及其用法如下：

```
cv2.VideoCapture.get(0);    //视频文件的当前位置（播放）以毫秒为单位
cv2.VideoCapture.get(1);    //基于以 0 开始的被捕获或解码的帧索引
cv2.VideoCapture.get(2);    //视频文件的相对位置（播放）：0 表示电影开始，1 表示影片的结尾
cv2.VideoCapture.get(3);    //在视频流的帧的宽度
cv2.VideoCapture.get(4);    //在视频流的帧的高度
```

```
cv2.VideoCapture.get(5);        //帧速率
cv2.VideoCapture.get(6);        //编解码的 4 字符代码
cv2.VideoCapture.get(7);        //视频文件中的帧数
cv2.VideoCapture.get(8);        //返回对象的格式
cv2.VideoCapture.get(9);        //返回后端特定的值, 指示当前捕获模式
cv2.VideoCapture.get(10);       //图像的亮度(仅适用于照相机)
cv2.VideoCapture.get(11);       //图像的对比度(仅适用于照相机)
cv2.VideoCapture.get(12);       //图像的饱和度(仅适用于照相机)
cv2.VideoCapture.get(13);       //色调图像(仅适用于照相机)
cv2.VideoCapture.get(14);       //图像增益(仅适用于照相机)（Gain 在摄像中表示白平衡提升）
cv2.VideoCapture.get(15);       //曝光(仅适用于照相机)
cv2.VideoCapture.get(16);       //指示是否应将图像转换为 RGB 布尔标志
MyVideoCapture.get(17);         //暂时不支持
cv2.VideoCapture.get(18);       //立体摄像机的矫正标注（DC1394 v.2.x 后端支持这个功能）
```

有获取属性的函数，自然也有设置属性的函数，即set，该函数声明如下：

```
VideoCapture.set(propId, value) -> retval
```

其中，参数propId表示要设置的属性ID；value表示要设置的属性值。

比如设置起始播放的帧：

```
cv2.VideoCapture.set(CAP_PROP_POS_FRAMES, 300);   //从 300 帧开始播放
```

下面用get获取视频帧数和帧率，并用set设置起始播放帧，而且播放过程中支持暂停和退出。

【例 13.3】　获取和设置属性并支持暂停和退出

```
import cv2
cap = cv2.VideoCapture("sea.mp4")
if cap.isOpened():  # 当成功打开视频时, cap.isOpened()返回 True, 否则返回 False

    rate = cap.get(5)                #帧速率
    FrameNumber = cap.get(7)         #视频文件的帧数
    duration = FrameNumber/rate      #视频总帧数/帧速率是时间, 单位为秒
    print(duration)                  #15.333

#先设置参数，然后读取参数
cap.set(3,1280)
cap.set(4,1024)
cap.set(15, 0.1)
print("width={}".format(cap.get(3)))
print("height={}".format(cap.get(4)))
print("exposure={}".format(cap.get(15)))

while True:
    ret, img = cap.read()
    cv2.imshow("input", img)
#按 Esc 键退出
    key = cv2.waitKey(10)
    if key == 27:
        break

cv2.destroyAllWindows()
```

在上述代码中，我们用get函数获取了帧数和帧率，然后计算视频总帧数/帧速率，得到播放时间（单位为秒），接着用set设置参数，最后在while循环中开始播放，并在播放过程中支持暂停和退出。按Esc键则会退出播放。

运行工程，结果如图13-5所示。

图 13-5

13.2.6　播放摄像头视频

播放摄像头视频和播放视频文件类似，也是通过类VideoCapture来实现的，只不过打开时传入的是摄像头的索引号。如果计算机中插入一个摄像头，那么open的第一个参数通常是700，比如：

```
cap=cv2.VideoCapture.open(700, CAP_DSHOW);
```

或者更简单，直接用构造函数打开摄像头：

```
cap = cv2.VideoCapture(700)
```

打开摄像头成功后，就可以一帧一帧地读取并一帧一帧地播放了，其实就是在一个循环里间隔地显示一幅一幅的视频帧图片，间隔时间短，就像是在看视频。

播放完毕后，释放资源，比如：

```
cap.release()
```

【例 13.4】　播放摄像头视频

```
import cv2 as cv
#打开摄像头，默认为700
cap = cv.VideoCapture(700)
cap.set(cv.CAP_PROP_FRAME_WIDTH,320)
cap.set(cv.CAP_PROP_FRAME_HEIGHT,240)
while True:
    #每次读取一帧摄像头或者视频
    ret,frame = cap.read()
```

```
    #将一帧显示出来，第一个参数为窗口名
    cv.imshow('frame',frame)
    #每次等待1ms，当Esc键被按下时退出显示
    #Esc键对应的键值为27
    if(cv.waitKey(1)&0xff) == 27:
        break
#常规操作，释放资源
cap.release()
cv.destroyAllWindows()
```

代码非常简洁，一目了然。

运行工程，结果如图13-6所示。

图 13-6

这个视频是彩色的，下面我们来播放黑白视频。

【例 13.5】 摄像头视频转黑白视频并截图

```
import numpy as np
import cv2

capture = cv2.VideoCapture(700)

# 获取Capture的一些属性
frame_width = capture.get(cv2.CAP_PROP_FRAME_WIDTH)
frame_height = capture.get(cv2.CAP_PROP_FRAME_HEIGHT)
fps = capture.get(cv2.CAP_PROP_FPS)
print(frame_width, frame_height, fps)

if capture.isOpened() is False:
    print('Error openning the camera')

frame_index = 0
while capture.isOpened():
    ret, frame = capture.read()

    if ret:
        # 显示摄像头捕获的帧
        cv2.imshow('Input frame from the camera', frame)

        # 把摄像头捕捉到的帧转换为灰度
```

```
        gray_frame = cv2.cvtColor(frame, cv2.COLOR_BGR2GRAY)
        # 显示处理后的帧
        cv2.imshow('Grayscale input camera', gray_frame)

        # cv2.waitKey()函数是在一个给定的时间内(单位为毫秒)等待用户按键触发
        # 如果用户没有按下键，就继续等待(循环)
        if (cv2.waitKey(10) & 0xFF) == ord('q'):
            break

        if (cv2.waitKey(10) & 0xFF) == ord('c'):
            frame_name = f'camera_frame_{frame_index}.png'
            gray_frame_name = f'grayscale_camera_frame_{frame_index}.png'
            cv2.imwrite(frame_name, frame)
            cv2.imwrite(gray_frame_name, gray_frame)
            frame_index += 1
    else:
        break
capture.release()
cv2.destroyAllWindows()
```

运行工程，结果如图13-7所示。

图 13-7

如果按C键，则可以在工程目录下看到截取的图片，如图13-8所示。

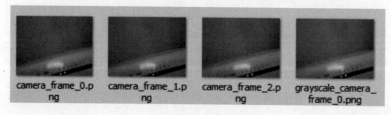

图 13-8

第 14 章

停车场车牌识别案例实战

本章将综合前面章节所讲的知识，通过机器视觉的相关技术实现一个车牌自动识别软件。为了本章案例的完整性，也会对前面的知识做个总结性的回顾。本章所实现的车牌自动识别系统所用的开发软件是PyCharm，可在Windows 7、Windows 10、Windows 11平台运行。

14.1 需求分析

近年来，随着社会经济的不断发展，汽车数量也呈逐年上升的态势并变得越来越普及。不难想象，迅猛增长的车辆数目必然导致急剧增大的道路交通流量，以及日益繁忙的道路交通运输状况。因此，我们经常看到公路上会出现交通堵塞的现象，交通事故也经常发生，交通环境变得越来越差，交通运输问题正在变得越发明显和严重。日益严重的交通状况引起了管理部门的高度重视，修建更加长和宽的道路成为人们考虑得最多的解决该问题的主要措施和途径，但是这种方法的有效性也存在着很多不足，主要是受到了城市空间以及资金的限制。同时，科技在近些年也取得了日益明显的发展，自动化的信息处理水平以及信息处理能力在计算机网络技术、通信技术和计算机技术不断发展的同时，也在不断提高。

因此，在节省能源、保护环境、紧急处理交通事故以及解决交通拥挤问题的过程中，人们开始逐步利用这些新技术并取得了显著的效果。在这种大环境下，利用各种高新技术解决道路交通运输管理和监控等问题，越来越受到人们的关注。同时，各国政府及其交通管理部门也十分重视如何在道路交通问题的解决与处理上运用各种高科技手段。在这种背景下，产生了智能交通系统（Intelligent Transport System，ITIS）。该系统以缓和道路堵塞和减少交通事故，提高交通者的方便、舒适为目的，是交通信息系统、通信网络、定位系统和智能化分析与选线的交通系统的总称。当车辆经过某一特定地点时，系统自动识别出车辆的身份证（车牌号码）以及其他诸如汽车类型、颜色、速度等属性，将得出的结果与在线数据库信息进行比较，从而根据历史记录来处理真假车牌、一车多牌、交通肇事、缴费记录等道路交通管理中的诸多问题。智能交通系统已成为被普遍认可的改善交通状况的有效技术途径。

目前，智能交通系统在无须停车进行缴费、交通信息收集与统计、停车场管理以及车路间通信等领域正获得越来越广泛的应用。无人化、智能化和信息化逐渐成为停车场和公路的发展方向，因此，对仪器智能化程度的要求也日益提高。特别是在收费路段和停车场的无人化管理中，要准确识别汽车身份及建立相应的数据库管理系统，精确的汽车牌照识别至关重要。

近年来，许多国家开始试行无人停车收费和停车场无人管理系统，主要依靠无线通信手段。然而，许多未装载通信装置的车辆无法参与，同时也出现了大量无线卡与车辆信息不符的现象。为了解决这些问题，一些国家开始采用基于机器视觉技术的方法，即通过摄像机录像，并依赖事后人工观察进行识别，但这反而导致无人化管理系统需要大量人工辅助操作的问题。为了提高工作效率和实时识别车辆，在ITS系统中衍生了一个重要的研究领域——基于机器视觉的车牌自动识别（Automatic License Plate Recognition，ALPR）技术。

目前，车牌自动识别系统应用的主要技术包括图像处理相关技术、一维条形码相关技术、二维数字识别码相关技术、三维立体识别码相关技术，以及IC卡识别相关技术等。基于机器视觉技术的车牌自动识别技术的主要任务包括汽车牌照号码的自动识别、汽车监控图像的处理和分析以及相关数据库的智能化管理。其中，图像处理技术的应用是其核心。在监控公路流量、控制出入、管理停车场车辆、黑牌机动车的监测、查询失窃车辆、违章车辆监控以及稽查公路的电子警察等需要进行汽车牌照认证的情况下，可以广泛采用该方法。同时，该方法也可广泛用于高速公路电子收费站，以提高公路系统的运行效率。

车牌自动识别系统的两个关键子系统分别是车牌定位和字符识别。对于车牌定位，国内外的学者提出了很多的理论以及实验，而且这些方法在实验室一般都达到了很高的准确率。然而，由于现实中应用环境不同，这些算法在实际应用中的效果并不是很理想。比如某些倾斜严重、光照不足、表面污浊的车牌都无法正确定位，再加上诸如天气、广告牌等外界因素的影响，使得车牌定位成为一项挑战。

字符识别则是在准确定位的基础上，对车牌上的字符进行逐一识别的过程。由于国内的车牌含有汉字，这就使识别的任务具有很大的难度，这也正是国外很多较为成熟的车牌识别软件无法打入中国市场的原因。因此，字符识别的现实意义十分明显：开发基于机器视觉技术的车牌识别系统，以及研究基于机器视觉技术的车牌识别技术。

14.2 技术可行性分析

14.2.1 国外技术分析

国外相对较早地研究和发展了基于机器视觉技术的车牌识别技术：一些用于车牌自动识别的图像处理方法出现于20世纪80年代。对车牌自动识别的研究则兴起于20世纪90年代，但只是应用了一些比较简单的图像处理技术，其中对图像之间的灰度进行比较是主要手段，对汽车牌照具体区域的获得主要基于差分算法来实现。

这些研究成果中，比较有代表性的工作为"综合地面交通效率方案"，该方案经过了美国国会的认可，对于全美ITMS（Integrated Terminal Management System，终端综合管理系统）的开发工作，则由美国交通部负责运作。从此以后，很多发达国家与美国一样，在自动化管理道路交通的过程中使用了图像处理的相关技术，原因主要是为了适应其国家现代化建设的发展需要。同时，这些国家也开始研究汽车牌照的识别技术，检测车流量以及检测车辆速度是当时主要的两个研究方向。

与美国相比，其他国家的开发则要晚一些，他们对道路交通运输信息化领域的研究直到20世纪的80年代才开始，但也得取得了一定的成效。

（1）YuntaoCuil提出了一种具有较高准确率的汽车牌照识别系统，在完成汽车牌照定位之后，该系统依靠马尔科夫随机场对汽车牌照进行二值化处理和特征提取。

（2）R.Mulot等人开发了一套共享硬件且可用于识别集装箱以及汽车牌照的系统，该系统对汽车牌照的定位以及识别，主要依靠车辆图像中的文字纹理共性来实现。

（3）EunRyung等人提出并采用了一种进行汽车牌照定位与识别的方法，该方法主要依靠颜色的分量来进行，它运用了3种方法对采集所得的几十副样本进行了识别：

- 准确率为 91.25%，基于 HLS 彩色模式的识别方法。
- 准确率为 85%，基于灰度变换的识别方法。
- 准确率为 81.25%，基于 Hough 变换的边缘检测的定位识别方法。

（4）Nijhuis提出的汽车牌照的提取方法主要基于颜色来实现，汽车牌照成像时有着不同表现的区域颜色特征，不同颜色背景和不同颜色的汽车牌照字符构成了汽车牌照区域，这也是该方法的主要依据。但是，该方法也有一定的不足之处：只能适用于某些彩色图像，这些图像中要有不错的光照条件。

（5）Yi主要依据汽车牌照反光原理开发出了一套汽车牌照识别系统，该系统只能够识别出5种英国车牌。

（6）J.Bulas.Cruz提出一种只能适用于含有较简单背景，并且车辆图像中不含有相似字符结构信息的汽车牌照提取方法，该方法主要基于行扫描实现。

（7）Luis开发了一套具有90%汽车牌照识别正确率的汽车牌照识别系统，可运用于公路收费站。

（8）R.Parisi开发了一套效果不错、运用DFT（Design for Test，设计用于测试）技术进行字符识别的汽车牌照识别系统，该系统主要利用数字信号处理技术以及神经网络技术来实现。

（9）Paolo开发出了一套只能适用于意大利的汽车牌照识别系统，该系统具有91%的识别正确率。

（10）以色列Hi-tech公司的see/car system系列车牌识别系统，可以适用于不同国家汽车牌照识别的需要，并且有较好的汽车牌照识别效果。该系列产品有一个很显著的特点：在不同国家的不同汽车牌照字符方面，多种汽车牌照识别系统均能简单地识别出来。然而，该系统也存在一定的缺点：不能识别中国汽车牌照中的汉字，且其只有93%的汽车牌照识别正确率。

（11）新加坡Optasia公司的VLPRS系统有着高达97%的汽车牌照识别正确率，但是它有一个很大的缺点：无法适用于非新加坡的车牌，即只能适用于新加坡的车牌识别。

14.2.2　国内技术分析

目前，伴随着急剧增加的汽车数量，我国的道路交通中已出现越来越多的问题，因此对汽车牌照自动识别系统的需求越来越迫切。相对于发达国家来说，我国车牌的识别研究起步较晚。自20世纪80年代国外提出汽车牌照识别之后，大量的应用以及研究就已经得以实现与实施，同时一些将汽车牌照识别应用于自动收费以及交通管理的系统也已经被研究和开发出来。然而，阿拉伯数字以及英文字母是当时汽车牌照识别的主要对象，由于我国的车牌有特殊性，因此我国车牌的识别研究和其他国家存在着非常大的差异，具体有以下6个方面：

（1）汉字、字母以及数字是我国汽车牌照的组成部分，而字母和数字是国外大部分汽车牌照的组成部分，所以我国的汽车牌照在识别上来说相对复杂。一般我国车牌由两个部分组成：由一个用以表示省份的汉字加上一个字母构成第一部分，由一个黑点和阿拉伯数字、英文字母构成第二部分。由于汉字的识别与数字、字母有着很大的不同，因而大大增加了识别难度。

（2）仅底色我国汽车牌照就选用了多种颜色，例如黄色、蓝色、白色、黑色等。同时，对于字符颜色，我国汽车牌照也有若干种，例如白色、红色、黑色。因此，从某一种程度上来讲，我国的汽车牌照有着相对丰富的色彩组合，而在国外，一般只有对比度较强的两种颜色存在于汽车牌照中。

（3）根据车辆的用途以及车辆的类型，我国的汽车牌照有多种格式（如汽车牌照上的字符排列、汽车牌照的尺寸等），而在很多其他国家，一般只有一种汽车牌照格式。

（4）国外拍摄的条件相对来说比较理想。国内拍摄的条件则比较复杂。一方面，运动模糊以及失真、天气条件和照明情况会影响采集所得车辆图像中的车身背景信息；另一方面，有时有着十分丰富的自然背景存在于采集所得的车辆图像中。因此，通常采集所得的车辆图像无法获得很高的质量。同时，在汽车牌照图像提取的过程中直接使用颜色特征相关的方法，也不一定能够取得令人满意的效果，主要原因在于颜色对天气光线十分敏感，容易受到不可预期的影响。

（5）我国汽车牌照的规范悬挂位置不唯一，有时由于拍摄位置不恰当，有些车牌边缘被固定的后盖遮住。

（6）由于环境、道路或人为因素造成汽车牌照污损严重，这种情况下国外发达国家不允许上路，而在我国仍可上路行驶。

我国研究如何在车辆管理以及高速公路中使用数字图像处理、通信处理以及计算机的相关技术始于1980年。与汽车牌照识别技术研究相关的课题呈现出一个逐年增加的态势。对于基于机器视觉技术的车牌识别相关技术的研究，也有大量的科研人员在从事这方面的工作。

（1）中国科学院的刘智勇开发出一套相当不错的汽车牌照识别系统，该系统具有94.52%的字符切分正确率以及99.42%的汽车牌照定位正确率。

（2）浙江大学的张引提出了一种汽车牌照的定位方法，该方法结合使用了彩色边缘检测以及区域生成。

（3）对于车辆牌照定位以及去除车辆图像的噪声，广东工业大学的陈景航采用小波变换的方法来实现。对于汽车牌照内的字符的识别，他在结合线性感知器的基础上通过BP神经网络来实现。

（4）对于汽车牌照的定位以及汽车牌照内字符的分割，清华大学的陈寅鹏提出了相应的算法。对于汽车牌照定位的算法，主要基于综合多种特征的方法来实现；对于汽车牌照内字符的分割，主要基于模板匹配的方法来实现。

（5）采用光学字符识别算法的"汉王眼"系统由北京汉王公司开发并已经得到广泛应用。"汉王眼"系统的汽车牌照识别率比较高，主要是因为优化了汽车牌照字符的特征。

（6）亚洲视觉科技有限公司自主研发的VECON（慧光）产品为智能交通系统、港口和集装箱码头管理、停车场管理提供了整体解决方案。这些解决方案包括交通和道路巡逻、收费和检查点管理以及超速车辆监控等。基于慧光技术的原理，该产品通过CCD摄像机采集影像，利用计算机视觉技术将影像转换为数据，然后通过亚洲视觉科技有限公司开发的软件进行内容（包括各类物体、文字和数字等）分析。对于停泊或行驶中的车辆，VECON能够实现汽车牌照号码的自动验证与识别。无论是数字还是文字（包括中文、韩文、英文等），该产品均能轻松辨认。该产品的汽车牌照识别准确率高达95%，识别时间不超过1秒，同时要求非车牌宽度在整个图像宽度中的占比不能超过4/5。

（7）在最新的识别技术和数字图像处理技术基础上，上海高德威智能交通系统有限公司研发了GWPR9902T汽车牌照识别器系统。该系统结合了定向反射和自然光的识别原理，能够在复杂环境下实时完成汽车牌照的定位、分割和识别。该产品具备高识别率和稳定性，已通过交通部、公安部等质检部门的检测，并成功应用于公路收费系统和公安交通管理部门。

（8）此外，深圳吉通电子有限公司研发了"车牌通"车牌识别机系统。还有其他公司推出了相应的汽车牌照识别系统产品，例如中智交通用户有限公司也有自己的汽车牌照识别系统，该公司隶属于中国信息产业部。

14.2.3 车牌识别技术的难点

目前，已经有越来越多的汽车牌照识别算法使用基于机器视觉图像处理技术来实现，但很多算法无法满足现实的需求，主要是因为这些算法自身的局限性。误定位一直是汽车牌照定位方面的研究重点。在汽车牌照分割方面，主要研究方向一直是如何获得良好的汽车牌照分割基础，以及快速实现汽车牌照倾斜度的校正。在车牌字符识别方面，如何降低相似字符之间的误识别率和缺损字符的误识别率，是字符识别算法需要进一步完善之处。因此，车牌识别技术的重点是完善和优化汽车牌照识别的算法。

14.2.4 车牌识别系统概述

原始车辆图像采集、汽车牌照区域定位、汽车牌照内字符的分割和汽车牌照内字符的识别，这四部分组成了基于机器视觉技术的车牌识别系统，这四部分的工作有一个先后次序的关系。原始车辆图像采集是第一步，汽车牌照内字符的识别是最后一步。基本开发思路如下：

（1）采集原始车辆图像，主要是通过摄像设备（CCD工业相机，当然学习阶段不需要购买如此昂贵的设备，只需准备普通的USB计算机摄像头即可）。

（2）计算机接收上一步采集所得车辆图像，并在基于机器视觉技术的车牌识别系统图像预处理模块中进行相应处理。

（3）在基于机器视觉技术的车牌识别系统牌照定位模块中实现汽车牌照区域的定位。

（4）在基于机器视觉技术的车牌识别系统牌照内字符分割模块中实现汽车牌照区域内字符的分割。

（5）在基于机器视觉技术的车牌识别系统牌照内字符识别模块实现汽车牌照区域内字符的识别。

（6）给出最终的汽车牌照识别结果。例如所属省份、号码、牌照底色等。

本章案例从车牌定位、车牌字符分割和车牌字符识别这三个方面依次进行研究和开发，并在Qt平台上进行实验，实验图片均来自网络或真实照片。

14.3　车牌定位技术

基于机器视觉技术的车牌识别系统的关键技术之一是车牌定位技术，其主要目的是从汽车图像中确定车牌的具体位置，为之后的字符分割和字符识别做准备。也就是通过运行某个定位算法，确定车牌子区域的对角坐标。车牌的定位准确率直接影响字符识别的准确率。由此可见在汽车牌照识别系统中，车牌定位所占的地位是至关重要的，后期汽车牌照字符分割和字符识别要想取得比较好的效果，只有在车牌定位达到一定准确性的基础上才能实现。近年来，如何对现有车牌定位算法进行改进，一直是研究的重点，造成这种现状的主要原因有：对复杂背景下车牌定位的需要越来越高，以及仍有很多相应的问题存在于现有的车牌定位算法中。因此，在对改进的汽车牌照定位技术进行研究之前，分析一下传统的车牌定位研究算法的相关内容就很有必要了。

14.3.1　车牌特征概述

现行的《中华人民共和国机动车号牌》（GA36-2007）标准是我国目前所使用的车牌的制作依据。根据这个标准可知，目前我国所使用的车牌具有以下4点特征：

（1）字符特征：字符数在标准的汽车牌照（外交用车、教练用车、警用车、军用车除外）中为7位；各省、自治区、直辖市的简称用字符首位来表示，形式为汉字；车辆登记机关代号，即发牌机关代号用字符次位来表示，形式为英文字母；其余五位字符为阿拉伯数字和英文字母的组合或者为全阿拉伯数字，用来表示车牌序号。这些字符水平排列，字符边缘信息在矩形内部比较丰富。基于上述信息，可将待识别的字符模板划分为3类：①英文字母；②阿拉伯数字；③汉字。在匹配识别字符、切分字符以及字符特征数据库的构建方面，经常需要利用该部分特征。

（2）形状特征：由线段按照一定规则组合而成的矩形，可以用来表征车牌边缘。通常情况下，由于用于车辆图像采集的摄像机的安装位置一般不变，同时，它在车辆图像采集过程中一般不会随意改变分辨率，而且汽车牌照也具有统一的高宽比例以及尺寸大小，例如一般汽车车牌尺寸都是 440mm×140mm，特殊的大型汽车后牌和挂车号牌尺寸是 440mm×220mm，因此车牌在原始图像中的相对位置比较集中，最大长度和最大宽度是存在的，也就是大小的变化在一定的范围内。在汽车牌照的定位分割方面，经常利用该部分特征。

（3）颜色特征：在我国的汽车牌照中，字符颜色以及车牌底色搭配方式，有 4 种类型。白框线白字黑底为国外驻华使馆、领馆车牌，白框线白字蓝底为小功率汽车车牌，黑框线黑字白底为军车车牌，黑框线黑字黄底为大功率的汽车车牌。以黑字白底作为二值化处理后的结果主要体现在黑字白底车牌和黑字黄底车牌上，而以白字黑底作为二值化处理后的结果则主要体现在白字黑底车牌和白字蓝底车牌上。在对彩色图像汽车牌照的定位中，经常利用该部分特征。

（4）灰度变化特征：汽车车身颜色、汽车牌照边缘颜色及汽车牌照底色的灰度级在图像中的表现是互不相同的，主要因为这些颜色的信息各不相同，这样，灰度突变边界在车牌边缘上就形成了。从实质上来讲，屋脊状是汽车牌照边缘在灰度上的具体表现，而较均匀的波峰波谷是车牌底以及字符在汽车牌照区域内灰度上的具体表现。在对汽车牌照灰度图像中的字符进行分割以及对车辆图像中车牌区域的定位方面，经常利用该部分特征。

14.3.2　车牌定位方法

车牌定位的方法主要分为基于灰度图像的车牌定位方法和基于彩色图像的车牌图像定位方法两大类。其中基于灰度图像的车牌定位方法主要按基于边缘检测的相关原理、基于遗传算法的相关原理、基于纹理特征的相关原理、基于数学形态学的相关原理、基于小波分析和变换的相关原理、基于神经网络的相关原理和基于彩色图像信息的相关原理分为 7 种。

1）基于边缘检测的车牌定位方法

在车辆图像中，牌照区域内含有水平边缘、斜向边缘和垂直边缘，可见边缘信息相当丰富，而这个特点在其他区域内都是不具备的。因此，可以通过查找含有丰富边缘信息区域的方法来实现汽车牌照的准确定位，其核心主要是边缘检测技术的使用。

学者杨蕾等人比较了各种二值化算法和边缘检测算法，首先将图像的灰度图进行二值化，然后运用 Robert 算子进行边缘检测，最后使用基于形状特征的分割法将车牌分割出来。学者王锋等人基于车牌区域丰富的特征边缘，提出了一种改进的定位方法，首先增强原始图像，并对原始图像和增强图像分别利用 Sobel 算子进行边缘提取；然后基于车牌区域边缘均匀、长短有限等特征，滤除背景及噪声边缘点；最后通过投影搜索出车牌区域。

边缘检测的车牌定位方法的优点在于，其不仅能够有效地实现噪声的消除，还具有较短的反应时间以及较高的汽车牌照定位准确率；同时，该方法对于处理一幅图像中含有好几个汽车牌照的情况，处理速度也是比较快的。但是，该方法也存在一定的缺点：定位在褪色明显以及严重的情况下有时会失败，主要原因是对于字符边缘的检测有时无法实现；有时还会得到比实际汽车牌照稍微大一些的汽车牌照区域，主要原因是受到了外界干扰以及车牌倾斜的影响。

2）基于遗传算法的车牌定位方法

20 世纪 60 年代初，学者 Holand J.H 首先提出了遗传算法的基本原理，该算法的数学框架于 20

世纪60年代后期被建立起来。Goldberg于20世纪80年代将该算法应用于各种类型的优化问题中。

解决问题时有两个关键是遗传算法所特有的：首先需要进行个体编码以及相应基因串编码，个体对象是待解决的问题；继而对个体的好坏进行评价，主要利用合适的适应度函数返回值，同时模拟生物的进化，主要通过选择、交叉和变异这3个基本操作来实现。综合前面两点来看，遗传算法是基于一种新的全局优化搜索思想来实现的。

在图像的阈值分割中，有两方面的问题需要在引入遗传算法之前解决：一方面在于如何构造一个适应度函数来度量每条基因串对问题的适应度；另一方面在于如何在基因串中对问题进行解编码操作。假定$N+1$为一幅图像被分割成的类的总数，$t_1,t_2,\cdots,t_N$为待求的N个阈值，$a=t_1,t_2,\cdots,t_N$为一个基因串，该基因串由这些阈值按一定顺序排列起来所构成，二进制被用以表示每个参数。用8位二进制代码就可以表示一个256级灰度图像的阈值，主要原因在于对于256级灰度图像有$0< t_1< t_2<\cdots<t_N<256$。这时，长度为一定数量的比特位的串构成了每个基因串，这里的数量为$8\times M$个，所以形成的搜索空间大小为$2^{8\times M}$。

在灰度图像分割中，设M表示繁衍代数，N表示种群数。由于灰度值的范围是0到255，因此某个阈值可以用8位二进制码（0和1的组合）来表示。这些二进制码是通过对每个基因串进行编码而得出的。随机性是N个阈值初始值的一个典型特征。为了实现个体的优胜劣汰，采用相应的适应度进行选择，父代个体即为被选中的个体。具有更高适应度值的个体将在第一代循环后逐渐被新一代个体所取代。基因串经过多代循环后，最终达到基本收敛，此时最佳值体现在适应度上，所获得的阈值即为最佳阈值。经过该阈值处理后，汽车图像将被分割为一幅二值化图像，该图像中仅包含目标和背景。

车牌的提取本质上是一个在参数空间中寻找最优定位参数的问题。这是因为车牌提取的过程实质上是在复杂图像中查找最符合牌照特征的区域，而遗传算法擅长于在参数空间中寻找全局最优解。遗传算法是一个迭代过程，每次迭代时会保留一组候选解。在这一过程中，变异（mutation）和交叉（crossover）等遗传算子会被应用于这些候选解，从而生成新一代候选解。当达到某种收敛指标时，迭代过程将停止。

从计算模型的角度来看，遗传算法模仿了人类智能处理的特征，具备并行结构和自适应计算原理这两个特点。这与常规的数学优化技术不同。例如，基于梯度的优化技术虽然计算速度较快，但对优化问题有一定要求，通常只能求得局部最优解，并且需要满足可微性条件。而遗传算法则具有更高的概率能够找到全局最优解，并且对优化问题没有可微性的要求。对于复杂的函数优化问题和困难的组合优化问题，遗传算法能够有效求解，因此在汽车牌照定位技术的研究中采用该算法将非常有效。当然，构造一个适当的适应度函数是遗传算法成功应用的关键。读者可能对遗传算法不太熟悉，这里只需了解它可以应用于车牌定位，未来在需要时能想到这一点即可。

该方法不用搜索全部图像就能寻找到牌照，具有很广的适用范围，拥有很强的噪声抵抗能力。同时，经该方法提取出的车牌信息的实用价值很好，不仅完整，而且准确。

3）基于纹理特征的车牌定位方法

车辆牌照含有排列有序的字符，在图像内往往会形成明显区别于背景的纹理特征。有学者就此提出了一种根据汽车车牌区域纹理来确定车牌位置的算法，该方法首先在水平方向利用扫描法确定车牌图像的水平范围，然后在垂直方向利用投影法确定车牌图像的垂直范围，从而得到车牌定位。又有学者通过利用车牌纹理特征来实现车牌定位，对于边缘增强，分别采用一种改进的Sobel算子和一种Canny算子使得汽车牌照内丰富的纹理特征得以突出，继而汽车牌照位置的确定通过垂直定位和水平定位来实现。简单实用是该方法的一个优点，但是汽车牌照定位在光照不均匀以及环境复杂的情况下则不一定能够做到十分准确。由于车辆牌照含有排列有序的字符，因此在图像中通常会形成明显区别于背景的纹理特征。一些学者提出了一种基于汽车车牌区域纹理来确定原始图像中车牌位置的算法。该方法首先在水平方向上利用扫描法确定车牌图像的水平范围，然后在垂直方向上利用投影法确定车牌图像的垂直范围，从而实现车牌定位。另一些学者则通过利用车牌的纹理特征来进行车牌定位。为了增强边缘特征，他们分别采用了一种改进的Sobel算子和Canny算子，以突出汽车牌照中的丰富纹理特征，进而通过垂直和水平定位来确定汽车牌照的位置。这种方法的一个优点是简单实用，但在光照不均匀或环境复杂的情况下，汽车牌照的定位准确性可能会受到影响。

对于汽车牌照变形、汽车牌照倾斜、光照强度不均匀、光照强度偏强或者光照强度偏弱等情况，利用字符纹理特征进行汽车牌照的定位所取得的效果比较理想。但在将该方法应用于背景复杂的图像时，一些纹理分布比较丰富的其他非车牌区域也很容易被定位成车牌，较多的汽车牌照候选区域也随之产生，当然，真车牌也包含在内。由于真车牌区域的灰度垂直投影满足一些特殊的统计规律，而这些特殊的统计规律为绝大多数伪车牌区域所不具有，因此纹理分析方法的不足之处可以通过结合垂直投影的方法来弥补。

基于纹理分析的方法一般都是对灰度图像进行处理，它通过车牌区域特点进行分析，如在文字和车牌背景的部分会出现灰度值的跳变等。通常的纹理分析算法实现思路为：

- 行扫描，找出每一行的车牌线段，并记录位置。
- 如果有连续若干行含有车牌线段，就认为找到了车牌的行可能区域。
- 行和列扫描，确定宽度、高度。
- 根据车牌特点的约束条件排除非车牌区域。

基于纹理分析方法的优点在于，可以利用车牌区域内字符纹理丰富的特征定位车牌，它对光照偏弱、偏强、不均匀以及车牌倾斜和变形等情况不敏感。对于纹理分析法的一些缺点与不足，可结合采用垂直投影的方法进行弥补。

4）基于数学形态学的车牌定位方法

两种数学形态（膨胀和腐蚀）是基于数学形态学的车牌定位算法的主要基础。该方法的展开主要通过闭、开运算来进行。若要将其显示出来，只需进行开、闭运算即可，当然，运算需要在目标区域内进行。类似地，对于边缘子图像和空间分辨率的分析，也可以利用数学形态学的基础来实现，如将小波变换与该方法结合使用，目的是得到高频分量和低频分量。高频分量体现在垂直方向上，低频分量体现在水平方向上，目标区域在最后得以定位。尽管在使用数学形态学的情况下能够获得较好的定位效果，但是它对图像背景有一些要求，需要背景相对简单。由此可见，该方法不适用于车辆图片中含有大量复杂背景的汽车牌照定位，同时该方法的处理速度相对较慢，主要是因为受到所拍字符大小的限制。这样，在该方法应用的过程中，就无法很好地去除许多干扰噪声，进而直接影响车牌区域定位的准确性。

目前，已经提出一种基于数学形态学的汽车牌照定位方法，首先对图像进行膨胀运算，将车牌区域横向的峰、谷和峰的纹理特征相互融合，转变为具有一定宽度的脉冲，并检查是否满足评价函数，再进行数学形态学的线性运算，最后对处理以后的车辆图像进行水平和垂直投影，定位出牌照区域。该方法定位效果好、速度快，适用于对有噪声及复杂背景的车牌图像进行分割。

5）基于小波分析和变换的车牌定位方法

该方法主要通过小波多尺度分解来对边缘子图像进行提取。这些边缘子图像的特征为：方向不同、分辨率不同以及纹理清晰。汽车牌照的目标区域用一分量来代表，该分量的水平方向呈现低频，垂直方向呈现高频。继而对小波分解后的细节图像进行一系列的形态运算，主要使用数学形态学对噪声和无用的信息进行进一步的消除，从而准确地定位出汽车牌照的位置。这种汽车牌照定位方法不仅拥有很高的分割精度，而且还有很好的定位效果。当用于被分割定位的汽车牌照图像中含有大量噪声和无用的干扰信息时，采用该方法显然是一个很好的选择。

在对小波的一些特性进行分析的基础上，国内张海燕等人提出了一种基于多分辨率分析的快速车牌定位算法，将分解出的高频图像经过后继处理，即可定位出车牌。这种算法提高了车牌定位的速度和准确率。

6）基于神经网络的车牌定位方法

近年来，神经网络被广泛地应用于诸多领域。它具有组合优化计算能力、模式分类能力以及自适应的学习能力，因此在处理语音、处理图像以及识别文字等方面的应用效果非常明显。

Michael Raus等人提出，采用神经网络对汽车图像进行滤波操作。该神经网络为三层结构，其中输出神经元的个数为1，输入神经元的个数为M，像素在所用"结构模板"内的个数也使用M来代表。同时，当变化出现在"结构模板"的尺寸上时，处于隐含层内部的神经元个数也将随之发生变化。

7）基于图像彩色信息的车牌定位方法

前面讲解的几种方法都是基于灰度图像，因此在一定程度上会受到阴影和光照的影响。研究表明，人眼能够分辨的灰度级别仅有20多级，而可分辨的色彩种类却高达35000种，这表明人类的视觉系统对色彩非常敏感。更多的视觉信息可以通过彩色图像机型提供，这不仅有利于提取目标，还有利于分割图像。与车身颜色特征以及背景颜色特征有所不同，汽车牌照在汽车图像中具有特殊的颜色特征。因此，对于汽车牌照区域的检测，可以依据牌照区域独特的颜色特征来进行。

对彩色汽车图像牌照定位方法的研究，浙江大学的张引等人做了很多工作，他们提出了一种称为ColorLP的汽车牌照定位算法，该算法结合使用了区域生长以及彩色边缘检测的方法。这里的彩色边缘检测利用一种被称为ColorPrewitt的彩色图像边缘检测算子来进行，用以解决彩色汽车图像牌照定位的问题。首先，对于区域连通的实现，运用了数学形态学中的相关技术，主要是膨胀技术。然后，对于一些候选区域的选取以及标记，主要采用区域生长法来实现。最后，对于真正汽车牌照的最终确定以及伪汽车牌照区域的剔除，主要利用汽车牌照的先验知识来实现。检测彩色图像中汽车牌照区域的ColorLP算法的步骤如下：

01 输入彩色汽车图像 I。

02 I_e 通过 ColorPrewitt 算子进行计算，I_e 表示二值边缘图像。

03 I_{area} 通过形态学方法来生成，其中，对 S（结构元素）的选择为该方法的关键，I_{area} 为 I_e 的连通区域图像。

04 n 个候选汽车牌照区域在采用候选车牌区域标记的方法后得到，主要依靠轮廓跟踪。

05 真正的车牌区域在分解和分析候选区域后被确定，汽车牌照最终被提取出来。

基于多级混合集成分类器以及彩色分割的结合使用，赵雪春等人提出了一种汽车牌照定位算法。在他们的研究中，首先对HIS图像进行色彩饱和度调整，该HIS由16位RGB彩色图像转换所得；然后使用彩色神经网络分割彩色图像，该彩色图像经过了模式转换处埋；最后合理的汽车牌照区域通过投影法被分割出来。该投影法结合了相应的汽车牌照先验知识，例如汽车牌照的长宽比以及汽车牌照的底色等。但不可回避的是，存储量以及计算量在基于彩色图像的定位算法中一般都比较大，这是该方法的最大缺点，会造成定位误差在汽车图像其他部分与汽车牌照有着相似颜色信息的情况下会被放大。同时，在汽车颜色受到光照、天气等条件影响时，汽车牌照定位的难度会增加。

14.3.3　车牌图像预处理

通常情况下，人为因素、气候、光照都会对汽车图像的成像质量造成影响。一般来说，各种复杂的背景环境是汽车牌照图像采集的常见情况，后期车牌图像的处理工作会受到前期采集所得图像质量的严重影响。因此，预处理的相关工作必须在进行汽车牌照定位之前就要完成好。这一点至关重要，做好这一点，最后得到的汽车牌照图像就会相对准确、清晰。

原始图像中的基本特征信息是图像预处理过程的主要对象。之所以要进行预处理，主要是为了得到一个比较准确、清晰的图像，以便进行后期相关的图像分析工作。该过程是一个针对性强的过程，它要相应处理图像中的基本特征信息。滤除干扰噪声的影响以及增强对比度，是预处理过程的目的。

14.3.4　车牌图像的灰度化

在定位汽车牌照时，通过数码相机、摄像机等设备采集得到的汽车图像大部分是彩色的。在进行车牌定位之前，灰度化处理车辆图像是必须进行的步骤，这样做是因为彩色图像处理需要耗费比较多的时间，以及彩色图像需要占用有较大的空间。在图像的RGB模型空间中，当分量$R=G=B$时，灰度值可以用此值来表示，此时，一种灰度颜色可以表示彩色。因此，对于每个像素在灰度图像中且在0和255之间进行值选取的灰度值（又称作亮度值或者强度值）的存放，仅需要1字节。

一般有以下4种方法能对彩色图像进行灰度化处理。

1）分量法

将彩色图像中3个分量的亮度作为3个灰度图像的灰度值，可根据应用需要选取一种灰度图像。

$$p_1=R(x,y) \qquad p_2=G(x,y) \qquad p_3=G(x,y)$$

其中，$P_t(x,y)$（$t=1,2,3$）为转换后的灰度图像在(x,y)处的灰度值。我们看一下彩色图像转为3种灰度图的效果：首先是彩色图像原图，如图14-1所示；其次是R分量灰度图，如图14-2所示；再次是G分量灰度图，如图14-3所示；最后是B分量灰度图，如图14-4所示。

图 14-1

图 14-2

图 14-3

图 14-4

2）最大值法

灰度图的灰度值选用彩色图像中R、G、B分量亮度的最大值。

$$p(x,y) = \max\left(R(x,y), G(x,y), B(x,y)\right)$$

3）平均值法

灰度图通过彩色图像中R、G、B分量亮度平均值的求解实现。

$$p(x,y) = \left(R(x,y) + G(x,y) + B(x,y)\right)/3$$

彩色图像按平均值法转换后的灰度图如图14-5所示。

图 14-5

4）加权平均法

加权平均处理在综合相关指标和重要性的基础上，对R、G、B分量分别采用有所差别的权值后进行。低敏感于蓝色而高敏感于绿色的特性，是人眼的特性，故一幅比较合理的灰度图像可通过下式运算后得到：

$$p(x,y) = 0.30R(x,y) + 0.59G(x,y) + 0.11B(x,y)$$

本章案例没有用到该方法，所以灰度图不再演示。

14.3.5　车牌图像的直方图均衡化

在进行汽车牌照定位之前，可以采用直方图均衡化的方法，实现车牌图像亮度的标准化处理。这样做的原因在于拍摄所得的车牌图像亮度在实际中有一定的差异。通过均匀分布灰度值并拉开灰度间距，直方图均衡化可以增大图像的对比度，从而增强图像细节，使其更加清晰。

灰度值的调整主要依赖于累计分布函数，这是直方图均衡化的核心方法。通过在图像的各个灰度区间上均匀分布灰度值，可以改善这些区间的表现，使得图像的整体亮度更加均匀。对于同一辆汽车，在不同光照条件下采集的图像可能会出现明显的差异，这主要是因为彩色图像的构建依赖于灰度图像。从汽车牌照图像本身来看，其对比度通常较高，这对图像分析非常有利。直方图均衡化方法能够调整图像在采集过程中因光照条件、环境色差和拍摄角度等因素造成的影响，从而增强图像的对比度。

设x，y分别表示原图像灰度和经过直方图修正后的图像灰度，即$0 \leq x, y \leq 255$。对于任意一个x，经过增强函数产生一个y值，即$y = T(x)$。

增强函数必须满足下列条件：

（1）在$0 \leq x \leq 255$区间内，有$0 \leq T(x) \leq 255$。

（2）在$0 \leq x \leq 255$区间内为单值单调增加函数。

在允许的范围以外找不到任何映射后的像素灰度值通过条件（1）得以保证，灰度级的次序（从黑到白）通过条件（2）得以保证。

对于一幅总像素为P的图像，令灰度x的像素数目为$P(x)$。为使灰度均衡化，采取如下思路：对于直方图中的灰度x，根据其左右两边$\sum_{t=0}^{x-1} p_t$和$\sum_{t=x+1}^{255} p_t$的比值来修正处理后的灰度值，即$s(255-s) = \sum_{t=0}^{x-1} p_t / \sum_{t=x+1}^{255} p_t$。汽车图像灰度化和直方图均衡化后的对比图如图14-6所示，经过灰度化处理后的汽车图像和经过直方图均衡化处理后的图像的直方图如图14-7所示。

图 14-6

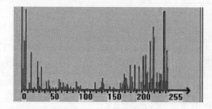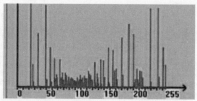

图 14-7

从对比图上可以看出，未经均衡化处理的图像的像素值分布较为不均匀，同时图像的对比度也不高。

14.3.6 车牌图像的滤波

通常情况下，图像会受到多种因素的影响，如大气湍流、相对运动和光学系统失真等，导致图像变得模糊。此外，在图像传输过程中，噪声的干扰也会影响观察效果，无法获得令人满意的结果。此外，缺失或错误的信息有时会在图像处理过程中被提取出来，这种情况通常发生在图像的转换和传送过程中（例如显示、扫描、传输、成像和复制等），从而使图像质量在一定程度上受到损害。因此，有必要改进处理质量受到损害的图像。

改进的方法一般分为两类：第一类是图像复原技术，这种方法旨在对降质因素进行补偿，使改进后的图像尽可能接近原图像；第二类是图像增强技术，这种方法通过抑制不需要的特征并有选择地突出图像中感兴趣的特征来实现。与图像复原不同，图像增强不考虑图像降质的原因，因此改进后的图像不必严格接近原图像，这类方法也被称为图像改善方法。图像增强处理中一种常见的手段是图像滤波。

图像滤波法是一种实用的图像处理技术，一般情况下在空间域内用邻域平均来减少噪声。操作模板是数字图像处理中的一种重要运算方式。例如，数字图像处理中的一种常见的平滑方法是，将原图像中各像素的灰度值和它周围邻近的8个像素的灰度值进行加法运算；然后，该像素在新图中的灰度值用求得的平均值来表示。此时操作模版的形式为：

$$\frac{1}{9}\begin{bmatrix} 1 & 1 & 1 \\ 1 & 1 & 1 \\ 1 & 1 & 1 \end{bmatrix}$$

另外，由线性滤波器造成的图像细节模糊，可以在一定条件下利用中值滤波技术来解决。常见的线性滤波器有均值滤波以及最小均方滤波等。同时，对于图像中校验噪声以及脉冲干扰的抑制，中值滤波的作用效果非常明显。中值滤波法通常采用一个滑动窗口来表示，该窗口内含有奇数个像素点。在这个过程中，窗口中心像素原来的灰度值使用经过排序后的该滑动窗口内的像素灰度值的中值来代替，即局部平均值采用局部中值进行代替。如前所述，一个含有奇数个像素点的滑动的窗口，可以用来表示在一维情况下的中值滤波器。灰度在位于滑动窗口正中间的像素点上的值，经过处理后可以用一个数值来表示，该数值取位于滑动窗口中所有像素强度值1/2处的数值。例如，若窗口长度为5，它们的灰度值为（80 90 190 110 120）。按照从小到大排序后，第3位为110，所以中值为110。于是原来窗口正中的灰度值190由中值110来代替，即灰度值为（80 90 110 120 190）。如果190是一个噪声的尖峰，则它将被滤除；然而，如果它是一个信号，滤波后被消除了，则降低了分辨率。因此，中值滤波在某些情况下能抑制噪声，而在另一些情况下却会抑制信号。与局部平均的方法相比，该方法可以保护图像的边界。

对于二维情况的适应，中值滤波器很容易做到。二维中值滤波中，滤波效果很容易受到窗口尺寸以及窗口形状的影响。一个二维的1×1中值滤波器比用1×1和1×1的两个滤波器分别顺序进行垂直和水平的处理更能抑制噪声，但同时也带来了对信号的更大的抑制。

在应用要求不同和图像不同的场合下，通常采用有差别的窗口尺寸以及窗口形状。近似圆形、正方形、十字形、线状等为常用的中值滤波窗口。根据一般经验可知，近似圆形窗口和正方形窗口适用于含有缓变的较长轮廓线物体的图像；而十字形窗口适用于含有尖顶角物体的图像。对于窗口大小的选择与确定的原则为：小于或等于图像中最小有效的细线状物体。中值滤波不适用于含有比较多的尖角细节、线以及点的图像。

对汽车图像进行中值滤波，是为了消除噪声，突出车牌区域。由于孤立噪声占汽车牌照中背景噪声的绝大部分，同时由许多竖直方向且短的线构成了汽车牌照内的字符，因此采用这个模板：$(1,1,1,1,1)^T$。对图像进行中值滤波，得到消除了大部分噪声的图像，如图14-8所示。

图 14-8

14.3.7　车牌图像的二值化

确定一个合适的阈值，是对图像进行二值化处理的主要目的。待研究的区域经过二值化处理后，将被分为背景和前景两个部分。而汽车牌照经过二值化处理后，要能做到再现原字符，这是对应用于汽车牌照识别的二值化处理算法的基本要求。同时，不允许出现字符粘连的情况以及字符笔画断裂的情况。另外，二值化还取决于车牌边缘的清晰与否，这些都对后面的分割工作产生决定意义，所以二值化是一个不容忽视的环节。二值化最简单的方法之一就是利用直方图和阈值，但是如果一幅图像直方图的谷不是很明显，就可能需要多个值，而不只是一个。

常见的二值化方法有全局阈值分割法、局部阈值分割法和动态阈值分割法。全局阈值分割方法在整幅图像内采用固定的阈值分割图像。Otsu算法是全局阈值分割方法中较为经典的算法，对于它的推导，主要依据判别最小二乘法来进行与实现。这些二值法在前面章节已经详述过了，这里不再赘述。

由于分割出的车牌可能区域的尺寸较小，采用局部阈值分割法继续分割，很可能使得有的子图像落在目标区域或背景区域，就会出现上述的缺点。故本系统中不考虑局部阈值分割法。当图像中有阴影、光照不均匀、各处的对比度不同、突发噪声、背景灰度变化等情况时，全局阈值法由于不能兼顾图像各处的情况而使得分割效果受到影响。这时应该考虑动态阈值法，用与坐标相关的一组阈值（即阈值是坐标的函数）来对图像各部分进行分割。动态阈值法也叫变化阈值法或自适应阈值法，这类算法的时空复杂度比较大，但抗噪能力强，对一些用全局阈值法不易分割的图像（如目标和背景的灰度有梯度变化的图像）有较好的效果。

14.3.8　车牌图像的边缘检测

两个灰度值不同的相邻区域之间总会存在边缘，也就是图像中亮度函数发生急剧变化的位置。边缘检测是图像分割、纹理和形状特征提取等图像分析的基础。图像匹配的特征点可选用图像的边缘，主要由于图像的边缘不会因为灰度发生了变化而随便发生变化。同时，图像的边缘可以用作位置的标志。由此可见，图像匹配基础中的另外一个成员便是图像的边缘提取。幅度以及方向是边缘所具有的两个典型特征，利用图像的区域以及边缘等特征可以求解的图像的其他特征。可以通过求导数的方法，方便地解决检测汽车牌照边缘两侧的灰度急剧变化的问题。边缘检测的方法用来使得目标轮廓更加清晰，便于我们后面的开发。

边缘检测利用求亮度函数的导数来得到边缘。在二维的连续函数中，偏导数表示函数在两个方向上的变化。因此，对于离散的图像函数的变化，使用指向图像最大增长方向的梯度来表示。通常情况下，我们用梯度算子来计算图像的一阶导数，用拉普拉斯算子来计算图像的二阶导数。一种非常有效的方法为零交叉边缘检测方法，该方法由 Hildreth 和 Marr 提出，他们认为图像中出现强度变化可以认定为尺度是不同的。同时，图像的强度突变被认定为一个峰将产生在其一阶导数中，或者等价于一个零交叉产生于其二阶导数中。因此，如果想取得较为理想的检测效果，则需要使用若干算子才可以实现。当然，这些算子的大小各不相同。

在数字图像处理中，图像局部特性的不连续性用来定义图像边缘。这些图像局部特性的不连续性包括纹理结构的突变、颜色的突变以及灰度级的突变等。因此，另一个区域的开始和一个区域的终结，是边缘给人的最为直观的感觉。边缘信息对图像分析和人的视觉来说都是十分重要的。

边缘检测是用于进行图像提取和分割的一种重要手段，也是用于进行图像分析的一种方法。分析图像的边界在图像分割过程中所起的作用尤为重要，是边缘检测的主要工作。图像局部亮度变化最显著的部分是边缘，同时如前所述，边缘的出现形式是图像的局部特征不连续。对于像素点的寻找，是边缘检测的主要思想，这些像素点在像素值上的特征为剧烈变化。这样，图像局部的边缘就可以用这些像素点来表征。在边缘检测过程中，边缘算子经常用来对边缘点集进行提取，以便于后期对边界进行分析。一些边缘点在有间断的情况将被剔除，而另外一些边缘点将通过边缘算子进行添加，最终突显出边界。对于最实用的算子的寻找是边缘检测最重要的工作之一。常用的检测算子有 Sobel 算子、Prewitt 算子、Laplace 算子、LoG 算子、Roberts 算子、Cany 算子和 Krisch 算子。这些算子前面章节已经介绍过，这里不再赘述。

14.3.9　车牌图像的灰度映射

灰度映射是一种对像素点的操作，即根据原始图像中每个像素的灰度值，按照某种映射规则，将其转换为另外一个灰度值。通过对原始图像中每个像素点赋予一个新的灰度值，来达到增强图像的目的。灰度映射的效果主要由映射的规则来决定的。本章考虑的是折线型灰度映射，即获取原始图像中像素点的最小灰度值及最大灰度值，分别标记为 x_1、x_2，之后将 $[x_1, x_2]$ 区间范围的像素值线性拉升至 $[0,255]$ 区间。

14.3.10　车牌图像的改进型投影法定位

投影法对于目标位置的确定，主要采用分析图像投影值的方法来实现。投影值有来自垂直方向的，也有来自水平方向的，是一种常用且实用的方法。对于灰度面积在垂直方向上的值，汽车牌照区域在被二值化处理之后所表现出来的特征为峰、谷、峰。对于灰度面积在水平方向上的值，汽车牌照区域在被二值化处理之后所表现出来的特征为跳变，而且该跳变表现得非常频繁，也非常明显。对于汽车牌照区域的定位，可以依据这种特征来实现。

1）水平投影

水平投影是在已经被二值化处理后的图像中，在宽度范围内计算每一列上的0或者255的个数。图像在水平方向上的投影结果有点类似灰度直方图。由于车牌中的号码有等高、等宽的特点，不管车牌是否倾斜，车牌在水平方向上的投影都具有明显的规律。对于汽车牌照水平方向上大概位置的确定，可以依据汽车牌照在水平投影后在投影值上表现出来的特征来进行。

- 第一个特征是：水平投影值表现谷点，即表现出较小值与汽车牌照下行和上行附近的位置，而表现出较大值与汽车牌照区域位置。因此，对于汽车牌照搜索范围的缩小以及汽车牌照位置的初步确定，可以通过查找这两个谷点的具体位置来实现。
- 第二个特征是：水平投影值在低于汽车牌照区域的横栏处的值最大。因此，对于汽车牌照位置的进一步确定，可以依据该特征进行。

水平投影的具体步骤如下：

01 对汽车牌照图像进行一阶差分运算，该运算在水平方向上进行。
02 累加位于水平差分图像中的像素，累加沿水平方向进行。
03 产生水平投影表，利用该表并集合如前所述的汽车牌照在水平投影后在投影值上表现出来的特征，以确定汽车牌照的大概位置。

2）垂直投影

垂直投影的方法与水平投影类似，首先对图像做垂直方向的差分运算，然后对得到的差分运算结果用均值法进行平滑，最后得到车牌的左右边界。

3）传统车牌投影顺序

车牌的投影顺序是指车牌水平投影与垂直投影的顺序。传统的车牌投影顺序是水平投影、水平搜索、水平提取、垂直投影、垂直搜索和垂直提取。

4）改进型车牌投影顺序

根据我国车牌特点以及多次实验，发现在车牌区域内，水平灰度频率的变化显著且频繁，因此在投影时可以利用累加一阶差分值的方式来进行，这些一阶差分值处于水平方向上。与在常规的水平投影图中进行比较可知，使用该方法后的车牌区域在形成的投影图中显得更加明显。该方法的具体算法如下：

$$S(i,j) = \left| f(i,j+1) - f(i,j) \right| \qquad A(i) = \sum_{j=1}^{n} s(i,j)$$

其中$i=1,2,\cdots,m$。m为图像的高度；$j=1,2,\cdots,n$，n为图像的宽度。

另外，与水平边缘相比，垂直边缘在车牌区域中比较密集，而在车身的其他部分则不太明显，水平边缘相对比较多。假如在进行垂直投影和分割之前首先进行水平投影和分割，则较多的虚假车牌区将会因为边缘断裂等因素的影响而出现；反之，一些虚假车牌在进行水平投影和分割之前首先进行垂直投影和分割，可以被有效剔除。

改进后的投影顺序是垂直投影、垂直搜索、垂直提取、水平投影、水平搜索和水平提取。

基于投影法的车牌定位算法，定位准确，原理简单，定位时间比其他的方法更短，受天气、光照等因素的影响也较小，是一种比较理想的定位方法。

14.4　车牌字符分割技术

在汽车牌照识别系统中，一个十分关键和重要的组成部分是汽车牌照内的字符分割。在正确提取出车牌区域图片的基础上，将车牌区域图像分为7个独立的字符子图像，即通过一定的方法及途径，从整个汽车牌照图像中将每个字符分割出来，使之成为单个字符，这是汽车牌照内字符分割的目的。汽车牌照识别结果的准确性直接受到车牌字符分割效果的影响。

图像分割在图像处理中表现为一种技术及过程，其中包含将图像分成各具特色的区域和将感兴趣的目标从这些分割而成的区域中提取出来这两个方面。依据特征（例如纹理信息、颜色信息、像素的灰度信息等）也是图像分割相关算法的核心内容。与此同时，不仅有多个区域与预先定义的目标相对应，还有单个区域与预先定义的目标相对应。因此，对于如何实现车牌字符的有效分割，可以采用图像处理中的图像分割思想的相关方法。

14.4.1　常用车牌字符分割算法

对于汽车牌照内字符分割过程中相关目标的预先定义，经常采用字符的基本特征。同时，图像中一般仅有某些部分内容会令人感兴趣。因此，分离提取出字符的基本特征，主要是为了方便后续工作过程中的分析和辨别。只有做好这一基本工作，对目标的下一步分析才能顺利进行。当前，存在很多字符分类的方法，也有很多字符分割的方法，一般情况下，不同的方法对应于不同的情况，这些方法的划分主要依据处理对象。例如，金融相关部门分割识别支票上的签名所使用的方法，邮政相关部门识别邮政地址以及邮政编码所使用的方法，处理多行文本所使用的方法等，都是不一样的，主要是由于所需要处理的对象不同，即不同的算法应用于不同的具体对象的研究。对于字符自动分割实现过程中相应控制决策以及相应判决准则的定制，主要根据图像中含有的信息进行的。由此可见，与景物相关的一些先验信息以及总体知识在实现字符更好分割过程中所起的作用非常关键。我们的研究对象是车牌，就要依据车牌的结构分割车牌字符。在字符分割方面经常使用的算法通常有如下几个分类。

1）基于识别基础的车牌字符分割法

将识别和分割有效地结合在一起，这是基于识别基础的车牌字符分割法的核心。其中，识别被作为基础，而分割则被作为目的。该方法先进行识别操作，其对象是待分割的图像，继而基于图像识别操作的结果，实现对图像的分割。由此可见，图像识别操作的准确性直接决定着分割结果的质量。从上面的分析可以看出，高准确性的识别对于该方法的应用尤为重要。与此同时，识别和分割的耦合程度也影响着该方法的使用，依据不同的耦合程度，该方法的划分也不同。

例如，高性能的印刷体文字识别系统中的字符分割算法是基于多知识综合判决思想的，字符分割被看作一个决策过程，该过程主要对如何正确切分字符边界位置进行决策，全局的上下文关系以及字符局部识别情况是该决策需要同时考虑的两个关键点。

2）直接分割法

垂直投影分割方法是直接分割法中最常见的一种分割方法，该方法在字符具有固定宽度和固定间隙的情况下被广泛采用，字符的纹理特点经一系列的判决函数和特征函数处理之后得以突出，而这些设计实现的基础是字体、字符数、字符间距等纹理特征的统一性。利用垂直投影实现汽车牌照内字符分割的方法，其主要依据是垂直方向上形成的投影，其实现基础是经过二值化处理后的图像。汽车牌照识别中垂直投影法的原理如下：

（1）二值化处理经过灰度变换后的汽车牌照灰度图。在经过二值化处理后的汽车牌照图像中，只有两个单一的图像像素值，一个是0，用以代替黑色的图像像素值；一个是1，用以代替白色的图像像素值。

（2）取得一个值，该值将被用作在汽车牌照字符分割过程中字符尺寸的限制值。这个值主要通过计算和比较汽车牌照中每两个字符之间的距离确定出来，可表述为字符间距局部的最小值。

（3）进行垂直投影，即在列方向上垂直累加车牌像素的灰度值。灰度值在字符之间的部分上都为0，因为这些部分都是黑色的；同时，投影处的值在完成垂直投影后也为0。此时，字符部分的投影在投影图上就会以曲线来表征，谷底将会形成在字符处，或者说波峰将会形成在字符之间。因此，汽车牌照内两个字符之间距离的大小，可以作为汽车牌照内字符分割的实现依据。

像素值在字符间距区域的变化相对较弱，这在经过二值化处理后的图像中很容易就能看出来。同时，噪声也会对投影后的图像产生一定程度上的干扰。因此，去除噪声干扰是字符分割前一般要进行的前提性工作。大部分的噪声干扰主要由汽车牌照四角上的铆钉，以及汽车牌照四周的边框所产生。同时，在进行垂直投影的过程中，图像分割会由于内部灰度值在铆钉及边框上为1而受到不可预料的干扰。因此，汽车牌照四角上的铆钉以及汽车牌照四周的边框在做垂直投影前一般都要进行去除处理。综合以上分析可知，直接分割法一个明显的不足之处在于其在实施过程中容易因为噪声的干扰而受到较大的影响，从而导致分割的准确性不高，但该方法相对来说比较简单，这是它的一个优点。

3）自适应分割线聚类法

自适应分割线聚类法其实就是一种神经网络，该神经网络主要根据训练样本来进行自适应。顺利建立分类器并得到相应的学习训练，这是利用自适应分割线聚类法完成图像分割的两个前提。

自适应分割线聚类法的实现有以下两步：

第一，设定定义的分割线为图像中的每列。

第二，对分割线进行判断，该步主要使用分类器进行。

但是，对于字符之间有粘连或者断裂的情况来说，字符训练相对来说有些困难，因为无法做到完全正确的分割。因此，这类方法从使用上来说是有局限性的；同时，这类方法相对较复杂，运算量也较大。

基于汽车牌照的先验知识，应用一种基于聚类分析的字符分割算法，该算法遵循连通域由同一字符像素构成的原则，可以有效解决复杂背景条件下的汽车牌照字符分割问题。

另外，目前已有相关算法直接将由字符组成的单词作为一个整体来进行识别。在这些算法中，字符分割被看作没有必要进行的步骤。例如，用于实现文本识别的马尔可夫数学模型方法就是如此。

同时，还有些算法将直接处理应用于灰度图像上，这样做的原因在于考虑到二值化处理可能会造成图像中的字符出现断裂或者粘连模糊的情况，同时还考虑到很多信息有可能会在二值化处理的过程中被丢失。但是这些算法相对复杂，主要是因为它们采用了非线性的分割方法。

14.4.2 车牌倾斜问题

我们拍摄的车牌图像可能会受到一些不确定因素的影响而产生车牌字符倾斜的问题。比如，拍摄所得的车辆图片，由于摄像机的摆放角度偏移而导致在某一方向上存在着一定角度的倾斜，从而对字符的分割造成了影响。

从我们提取到的汽车牌照区域的图像中可以看出，汽车牌照图像发生的倾斜主要分为垂直方向上的倾斜和水平方向上的倾斜。

汽车牌照图像在垂直方向呈现一定角度的倾斜，即为垂直方向上的倾斜。其形成原因主要是汽车牌照所在的平面与用于车辆图像采集的摄像机镜头的中心射线在垂直方向上存在一定的夹角。其实就是汽车图像中的车牌图像在竖直方向上由于车辆图像采集的摄像机的光轴直线与车体前进方向不平行而造成畸变，从而使得牌照中的每个字符看上去都有一定程度向右或者一定程度向左的扭曲，但是车牌的边缘在这种畸变情况下基本是水平的。

车牌图像在水平方向呈现一个倾斜角度，即为水平方向上的倾斜。采集车辆图像时由于摄像机架设的原因而导致一定的角度呈现在水平方向上，就造成采集所得的图像中的车辆从水平方向上来看整体倾斜，从而使得提取出来的车牌图像在水平方向上存在着一个倾斜角度。从直观上来看，就好比绕坐标原点将整个车牌旋转了一个角度，这个旋转可能按逆时针方向进行，也可能按顺时针方向进行。两种倾斜方式如图14-9所示。

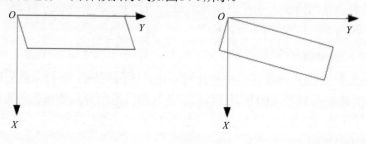

图 14-9

因此，汽车牌照图像的倾斜校正主要分为垂直倾斜校正和水平倾斜校正，如此划分的依据就是汽车牌照图像倾斜的类型。

14.4.3 车牌倾斜度检测方法

我们采用基于行扫描的灰度值跳变点数目变化率来判断车牌是否水平。基于行扫描的跳变点数目变化率判别车牌是否水平的算法说明如下：

首先对二值化的车牌从下向上做行扫描，同时记录每行中像素灰度值从0到1或者从1到0的跳变次数，当某一行的跳变次数大于9（7个字符和两条垂直边框）时，认为找到字符串的下边界（先假设车牌水平）。将该行的跳变次数与其前3行的平均跳变次数按照下式计算并做出判别：

$$\frac{n_i}{\displaystyle\sum_{k=i+1}^{i+3}\frac{n_k}{3}} \begin{cases} \geqslant 2 & \text{车牌水平} \\ < 2 & \text{车牌倾斜} \end{cases}$$

其中，n_i表示第i行的跳变次数。判断的依据是如果车牌水平，则水平布局的字符串下边界的下面是没有纹理特征的，因此跳变次数应该是突变的，而倾斜的车牌跳跃点的数目是渐变的。其中，阈值2是经验值。

经过上述的车牌倾斜度检测，如果车牌水平，就进入字符分割阶段；如果车牌倾斜，就检测倾斜角度并进行几何校正。

14.4.4　车牌倾斜的校正方法

对于车牌倾斜度的校正，经常采用的方法是Hough变换。Hough变换是一种形状匹配技术，由Hough于1962年提出。该方法对于平面内有规律的曲线及直线的检测，主要是运用两个坐标系之间的变换来实现的；同时，对于倾斜角度在整幅图像上的设定，主要是对图像中直线的倾斜角度进行判断实现的。首先，对原始图像中所有的点进行Hough变换。然后，对所有点进行角度转换运算，主要通过旋转公式实现。最后，在转换后的空间内找到一个点，该点与原始图像中那些被转换的点集相对应。在转换后的空间上进行一个点的搜寻即为该运算的整个过程。由此可见，在预先知道区域形状的条件下，对于二值图像，利用Hough变换可以方便地得到边界直线或曲线。

Hough变换有很多的优点，其中有两个最主要的优点：一是可以做到不受曲线断裂的影响而抑制干扰噪声，这主要是通过将边缘像素点连接起来实现的；二是对于图像的边界曲线的定位可以很迅速地做到。

Hough变换的数学原理限于篇幅这里就不展开了，读者只需知道这个变换可以用来对车牌倾斜度进行矫正。

14.4.5　车牌边框和铆钉的去除

由于铆钉和边框的存在会影响字符的分割效果，因此在对字符进行分割前需先去除铆钉和边框的干扰。对车牌图像进行逐行的扫描，当扫描到某一行白色像素点宽度大于某一个阈值时，则可以认为是字符边沿处，去除这一行以下或以上的所有行，就可以消除铆钉和边框的干扰。

14.4.6　车牌字符分割

为了兼顾算法的适用性和实时性，在经过仔细分析比较后，我们最终选用以垂直投影法为主要内容的直接分割法。同时，对于粘连字符的分割以及对于断裂字符的合并，采用特殊方法来完成。

垂直投影法对汽车牌照内字符的分割，实质上是对于某个或者某些对象的查找（这里的某个或者某些对象就是汽车牌照内每个字符的边界），以便于识别工作能够顺利进行到对单个字符的识别上。虽然汽车图像上的一些变形在车辆图像采集的过程中无法避免，但是由于国家已经十分详细地对汽车牌照中字符的排列、字体等进行了规定，基本上很难看到汽车牌照的字符字体有很大的变化。因此，汽车牌照图像中存在字符断裂和字符粘连的现象，就成为汽车牌照中字符分割的主要困难，所以在对这些特殊情况下的字符进行分割的过程中，要采用合并处理和拆分处理的方法。在字符分割过程需要考虑如下问题：

（1）初步垂直切分后的结果和字符尺寸应该基本一致。这个先验条件可以作为合并拆分处理的重要前提条件。

（2）字符拆分。在初步垂直切分所切分出的所有"字符"中，是否存在两个或多个字符粘连的情况，这可以根据求出的字符宽度信息来进行分析。如果确实存在字符粘连的情况，则需要在仔细分析考虑的基础上将其合理拆分开来。

（3）字符合并。在初步垂直切分所切分出的所有"字符"中，是否存在一个字符被错误切分为两个或多个字符的情况，这同样可以根据求出的字符宽度信息来进行分析。如果确实存在字符断裂的情况，则需要在仔细分析考虑的基础上将其合理合并起来。

（4）估计字符间距、字符中心距离等信息。对于字符间距、字符中心距离等系列有用信息的估算，可以以车牌本身的尺寸特点为依据，求出字符的宽度之后进行估算。

14.4.7　基于垂直投影和先验知识的车牌字符分割

对车牌垂直投影的分析要充分利用一些先验知识。例如，了解并利用我国车牌字符的规律：共7位字符，第1位是汉字，大写的英文字符处于第2位，其次是一个圆点间隔，其余5位是数字或英文字母。字符的总长度为409mm，其中，单个子符的宽度为45mm，第2、3个字符间隔宽度为34mm，小圆点的宽度为10mm，小圆点与第2和第3个字符的间隔宽度为12mm。

1）计算垂直投影

字符区域图像的垂直投影可以按照下面的公式计算：

$$Q(t) = \sum_{s=0}^{N} p(s,t)$$

公式中 P 表示已经经过预处理的车牌图像， N 是图像 P 的行数，得到车牌字符区域的垂直投影曲线，如图14-10所示。

经过二值化处理后的汽车牌照图像中的背景用"0"来表示，字符用"1"来表示。某一行或者某一列的垂直投影在该

图 14-10

行或者该列是背景的情况下，其值一定为0。由图14-10不难看出，位于汽车牌照两字符之间的列的纵向投影值为0，即满足下列公式：

$$\sum_{s=0}^{N} p(s,t) = 0$$

波谷的值为0，这是在理想的情况下的值。同时，相应的波谷都应该存在于每两个字符之间。汽车牌照内字符的间隙，可以根据这个重要的特征来确定，这样汽车牌照上的字符块也就很容易被分离开来。前面所述的理想情况是指车辆图像照片已不存在变形和噪声，这种理想情况

主要是指车辆图像质量好，变形和噪声在经过定位以及字符分割前的预处理相关的一些操作后基本上被消除。不过，由于在实际拍摄时，车辆图像照片会受到各方面的影响，字符断裂或者字符之间粘连的现象时常会发生。字符间出现粘连现象的另一个原因则是字符间出现的大量伪影，这些伪影是因为汽车牌照褪色现象严重而造成的。此时，字符间隙处就不能满足该式的要求了。

2）初步垂直切分

初步垂直切分用于候选字符区域的提取，主要是根据字符串区域的垂直投影来进行的。在初步垂直切分中，字符的断裂和粘连现象先不考虑，进行提取的只是在投影图中已经分离的那些区域。

观察图14-10，"峰－谷"交替分布明显，字符之间的分割位置用波谷位置与之对应。可以通过搜索每一个波峰的结束位置和起始位置来得到一个字符的切分位置。在图14-11中，上部为车牌字符区域图像，下部为垂直投影图。

图 14-11

由于牌照字符串是按一定间隙排列的，因此当图像中某列白像素点的数目小于字符序列高度的1/20时，我们就可以认为这一列为字符的间隙。需要注意，在有些汉字的垂直投影内部也会有这种情况，这就需要进行字符合并。

一般来说，常规字符的高度是其宽度的两倍左右。因此，在初步切分时也要考虑到这个关系。例如，对于字符"1"，其字符宽度还不到常规字符宽度的1/4，而且与其他字符的间距也较大，这些都要考虑到。

14.4.8　粘连车牌字符的分割

在低质量车牌图像中，二值化处理后出现的字符粘连现象，有时无法被任何一种分割方法消除。同样，有时利用垂直投影也无法分隔开那些粘连的字符。造成这种状况的原因主要在于有时存在大量的噪声，尤其是污迹存在于汽车牌照字符之间。由于投影块的中心区域经常性地成为字符发生粘连现象的位置，因此通过求取垂直投影最小值的方法，可以实现准确地对字符的粘连处进行定位。这个方法的基础思想是基于垂直投影值在字符粘连处最小这一特性，以及区域阈值的设定。首先求得经过垂直投影处理后的区域块的个数，然后在区域块的个数小于车牌字符个数的情况下计算每一个区域块的宽度ω_i。在ω_i大于一定阈值的情况下，求垂直投影的最小值等于第i个块的中心区域，同时在最小值处分割该块。重复上述过程，直到宽度均在阈值范围内且块数为7。

14.4.9　断裂车牌字符的合并

字符不连续或者字符断裂的现象经常会出现在部分车牌图像中，这些车牌图像由于某些原因而出现了缺损的现象。像"苏""沪"这些汉字，其本身就是不连续的，有时就是分开的，这增加了汽车牌照字符分割的难度。但是，在中国的汽车牌照中，不可能发生固有断裂字符出现在阿拉伯数字和英文字母上的现象，同时，中国汽车牌照中正常情况下只有一个汉字，所以固有断裂字符出现在两个以上字符中的现象基本不存在。

一些固定的、关于汽车牌照的先验知识可以根据国家标准获得，例如，汽车牌照中两个相邻字符的中线之间的距离是固定的，汽车牌照中字符宽度是固定的，等等。根据这些先验知识，先将每两个相邻块之间的距离计算出来，在一定的阈值大于这个距离的情况下，可以认为这两个块属于同一个字符并执行块合并过程。

首先求得经过垂直投影处理后的投影块的个数。然后在车牌的字符个数小于投影块个数的情况下，计算每一个块的中线坐标，并将相邻两个投影块之间的最小距离d求出来，进而在字符的宽度大于相邻两个投影块之间的最小距离d的情况下，合并块t和块$t+1$，同时将块的个数减1。重复该过程，直到块的宽度均在阈值范围内以及块的个数等于7。

每个字符的宽在合并的过程中用相邻块的中点中线坐标之间的距离进行取代，这样做的原因在于字符的变化会相应地引起字符宽度的变化，比如其他字符都要比阿拉伯数字1来得宽。因此，一种不可靠的做法就是单纯依靠字符宽度来进行分割。图14-12所示是汽车牌照经过二值化处理后的图像。该图像中存在着断裂的字符，右图是它的垂直投影图。其中，第二个字符"0"被分为两个投影块，因此需要对它进行相应的合并处理。这两个投影块在合并后将被看作同一个字符。

图 14-12

14.4.10 对车牌字符的切分结果进行确认

本章前面所设计的基于垂直投影以及先验知识的汽车牌照字符分割方法，在某些情况下并不能完全准确地对字符进行分割，例如字符的一小片在字符的分割过程中可能被切去，造成这个问题的原因在于对于字符分割门限值的选取（例如，确定字符宽度的合理范围）是依据先验知识来进行的。对于前述字符分割方法这一明显不足的弥补，采用了基于连通域思想的字符切分结果确认机制，主要原因是字符区域的准确性由于良好的连通区域分割算法性能以及字符本身所具有的连通性，能够得到很好的保持。当然，这里要排除汉字。该字符结果确认机制的具体实现步骤如下：

01 搜索连通字符区域：对于字符连通区域的搜索，可以选取一个种子点进行，该种子点可以取在每个字符中的任意一个白色像素上，如此就可以得到 7 个连通字符区域的左右位置以及上下位置。

02 对字符的垂直切分进行更新和确认：对于字符垂直切分结果的重新分析确认，可以依据连通字符搜索结果以及字符切分结果来进行。

本章为了避免一种方法可能造成的不足，综合了两种方法的优点。由此可见，字符切分位置的偏差问题（主要由于在投影波谷检测的过程中，投影法切分选择不当的阈值所造成）可以通过应用连通法来进行弥补。

14.5　车牌字符识别技术

影响并导致汽车牌照内字符出现缺损、污染、模糊情况的常见因素，包括照相机的性能、采集车辆图像时光照的差异、汽车牌照的清洁度等，它们会导致汽车牌照字符识别的准确率并不十分令人满意。为了提高汽车牌照字符识别的准确率，本章把英文、数字和汉字分开识别。对英文和数字的识别，采用基于边缘的霍斯多夫距离来进行。对于汉字的识别，首先对汽车牌照的原始图像进行归一化、灰度均衡化等相关预处理操作，继而对汽车牌照中汉字字符的原始特征通过小波变换的方法进行提取，之后降维处理汽车牌照中汉字字符的原始特征，最后在最小距离分类器中读入得到的汽车牌照中汉字字符的最终特征，并利用特征模板进行匹配，从而完成汽车牌照中汉字字符的识别。

14.5.1　模式识别

在识别过程的相关研究中，模式识别的相关原理是基础性理论。同时，由许多个分支构成了模式识别的研究体系。其中近几年来得到人们较多关注的分支是字符识别。因此，在研究字符识别相关技术的过程中，模式识别所起的作用极为重要并极具指导性。

1. 模式识别流程

随着计算机技术研究和应用的发展和不断深化，模式识别也在逐步地发展起来。模式就是一种对于某种对象结构的或者定量的描述，描述的对象是一些极其敏感的客体的结构。而模式类其实就是一种集合，该集合由具有某些共同特定性质的模式构成。研究一种把待识别的模式分配到模式类中的技术就是所谓的模式识别，该技术的实现一般是自动的或者需要较少干预。这里对于模式识别的定义是在狭义的角度进行的。

模式识别的流程可以分为以下几个阶段：待识模式、数字化、预处理、特征、模式分类。每个阶段都非常重要，都可能对最终识别结果产生影响。

2. 模式识别方法

模式识别主要包括两方面的研究方法：一方面是生理学家、心理学家、生物学家和神经生理学家的研究内容——研究生物是如何感知的；另一方面已经在信息学专家、数学专家和计算机专家的共同努力下取得了巨大的成功，此方面的主要内容即为如何用计算机完成模式识别的方法与理论，这个实现是在给定任务的条件下进行的。目前模式识别主要有基于神经网络的识别方法、基于句法模式的识别方法、基于统计模式的识别方法和基于模糊模式的识别方法。

1）基于神经网络的识别方法

大量的神经元按照一定规则进行组合和连接，便构成了神经网络，动态性以及非线性是神经网络系统的两个主要特征。由神经网络组成的系统所产生的作用不容小视，主要是因为其具备的功能非常强大。尽管神经元的结构十分简单，但它不仅能够进行决策以及识别，还具有强大的联想、自学习、自组织和容错能力。

2）基于句法模式的识别方法

很多简单的子模式的组合被描述成一个模式，这是句法模式识别法的核心思想。而子模式的组合又可以再从这些简单的子模式分割而得，以此类推直至获取基元为止。这里的基元在模式识别的相关理论中就是通常所说的最底层的模式。句法模式识别法中最为关键的步骤是对基元的选取。选取出的基元不仅要提供一个紧密的描述，这个描述能够准确反映模式结构的关系，还要便于从其中抽取出非句法语法。因此，模式描述语句用来描述模式的基元之间的组合关系以及基元本身。

3）基于统计模式的识别方法

统计模式识别法是选择足够的特征代表它，假定有 X 个特征，这些特征来自被研究的模式中。基于空间距离，对于同类模式及异类模式，采取如下的假定：距离较近的为同类模式，距离较远的为异类模式。对于特征空间的分割，假如采用某种方法进行，则通过使用该方法后，认定特征空间的同一个区域为同类模式，那么可通过检测它的特征向量位于哪一个区域来判定待分类的模式属于哪一类。

4）基于模糊模式的识别方法

模糊模式识别法对于模式识别问题的处理，主要运用模糊模式识别技术来实现。模糊模式识别法在识别上能否取得良好的结果取决于隶属度函数的好坏。模糊模式识别法在目前主要分为直接法和间接法，直接法进行识别的主要根据是最大隶属原则，间接法进行归类的主要根据为择近原则。

14.5.2 字符识别

1. 字符识别原理及其发展阶段

匹配判别是字符识别的基本思想，与其他模式识别的应用非常类似。字符识别的基本原理就是对字符图像进行预处理、模式表达、判别和字典学习。

字符识别一般可分为3个阶段：

第一阶段为初级阶段，主要是应用一维图像的处理方法实现对二维图像的识别。此阶段主要涉及相关函数的构造以及特征向量的抽取。目前，该阶段的字符识别方法仍然在匹配方法的庞大家族中扮演着很重要的角色。

第二阶段为对基础理论进行相关研究阶段。细化思想、链码法以及一些离散图形上的拓扑性研究在这一阶段进行，其中细化思想主要用于结构的分析，链码法主要用于边界的表示。本阶段实现了抽取大范围的孔、凹凸区域、连通性以及抽取局部特征等算法，同时还实现了对 K-L 展开法"特征抽取理论"作为核心相关工作的研究。

第三阶段为发展阶段。本阶段在依据实际系统的要求以及设备难以提供的条件的基础上提出更为复杂的技术，主要研究工作是将技术与实际结合起来。另外，在以构造解析法以及相关法为主的基础上，许多各具特色且不同类的实用系统得以研究出来。

2. 字符识别方法

目前字符识别方法主要包括基于神经网络的识别方法、特征分析匹配法和模板匹配法。

1）基于神经网络的识别方法

神经网络法主要包括4个步骤：预处理样本字符，提取字符的特征，对神经网络进行训练，神经网络接收经过相关预处理和特征提取的字符并对这些字符进行识别。

2）特征分析匹配法

特征分析匹配法对于字符的匹配，主要是利用特征平面来进行的，与其他匹配方法进行比较可知，它不仅对噪声具有不明显的反应，而且可以获得效果更好的字符特征。

3）模板匹配法

模板匹配法也是字符识别的一种方法，该方法主要权衡输入模式与标准模式之间的相似程度，因此从本质而论，输入模式的类别其实也是标准模式。单从与输入模式相似的程度来讲，这里提到的标准模式最高。对于离散输入模式分类的实现，此方法所起的作用非常明显，也非常奏效。

由于组成汽车牌照的字符大约有50个汉字、26个英文字母和10个阿拉伯数字，相对而言，字符数比较少，因此识别这些字符可以通过使用模板匹配法进行，而用于匹配的模板的标准形式可由前面所述的字符制作而成。与其他的字符识别的方法进行比较可知，模板匹配法具有较为简单的识别过程和较快的字符识别速度，只不过该方法的字符识别准确率不是很高。

3. 英文、数字识别

目前小波识别法、模板匹配法与神经网络法等常用作汽车牌照字符识别的主要方法。在汽车牌照的字符集中，数字字符具有最小规模且最简单结构的子集。虽然字母字符相对于数字字符而言并不复杂，但单从字符的结构上来讲，数字字符相对简单一些。一般采用模板匹配法来识别字母字符以及数字字符，但有时采用模板匹配法并不一定能够取得理想的识别效果，例如在字符存在划伤破损、褪色、污迹等质量退化的情况下。本章提出一种高效的算法进行汽车牌照字母及数字字符的识别，该算法采用的匹配模式为两级模板匹配：首先通过一级模板实现对字母及数字字符的匹配，然后基于边缘霍斯多夫距离，采用相应的模板匹配，实现对一级模板匹配不成功的字符的匹配。

真实的汽车图像采集主要通过CCD工业相机进行的，输入的汽车牌照的字符图像在经过汽车牌照的定位以及汽车牌照内字符的分割之后形成，其中约有50%的高质量的字符包含在由3000个字符组成的字符集中，剩下的汽车牌照内的字符质量都有一定程度的降低。相较于传统的模板匹配法和基于细化图像霍斯多夫距离的模板匹配法，基于边缘霍斯多夫距离的模板匹配识别方法的准确率更高（为98%，字符的错误识别率只有2%）。

【例 14.1】　车牌定位

```
# -*- coding: utf-8 -*-

import cv2
import numpy as np

def stretch(img):
    '''
```

```python
    图像拉伸函数
    '''
    maxi=float(img.max())
    mini=float(img.min())

    for i in range(img.shape[0]):
        for j in range(img.shape[1]):
            img[i,j]=(255/(maxi-mini)*img[i,j]-(255*mini)/(maxi-mini))

    return img
def dobinaryzation(img):
    '''
    二值化处理函数
    '''
    maxi=float(img.max())
    mini=float(img.min())

    x=maxi-((maxi-mini)/2)
    #二值化，返回阈值 ret 和二值化操作后的图像 thresh
    ret,thresh=cv2.threshold(img,x,255,cv2.THRESH_BINARY)
    #返回二值化后的黑白图像
    return thresh
def find_rectangle(contour):
    '''
    寻找矩形轮廓
    '''
    y,x=[],[]

    for p in contour:
        y.append(p[0][0])
        x.append(p[0][1])

    return [min(y),min(x),max(y),max(x)]
def locate_license(img,afterimg):
    '''
    定位车牌号
    '''
    contours,hierarchy=cv2.findContours(img,cv2.RETR_EXTERNAL,
cv2.CHAIN_APPROX_SIMPLE)

    #找出最大的 3 个区域
    block=[]
    for c in contours:
        #找出轮廓的左上点和右下点，由此计算它的面积和长度比
        r=find_rectangle(c)
        a=(r[2]-r[0])*(r[3]-r[1])      #面积
        s=(r[2]-r[0])*(r[3]-r[1])      #长度比

        block.append([r,a,s])
    #选出面积最大的 3 个区域
    block=sorted(block,key=lambda b: b[1])[-3:]
```

```python
    #使用颜色识别判断找出最像车牌的区域
    maxweight,maxindex=0,-1
    for i in range(len(block)):
        b=afterimg[block[i][0][1]:block[i][0][3],block[i][0][0]:
block[i][0][2]]
        #BGR 转 HSV
        hsv=cv2.cvtColor(b,cv2.COLOR_BGR2HSV)
        #蓝色车牌的范围
        lower=np.array([100,50,50])
        upper=np.array([140,255,255])
        #根据阈值构建掩码
        mask=cv2.inRange(hsv,lower,upper)
        #统计权值
        w1=0
        for m in mask:
            w1+=m/255

        w2=0
        for n in w1:
            w2+=n

        #选出最大权值的区域
        if w2>maxweight:
            maxindex=i
            maxweight=w2

    return block[maxindex][0]

def find_license(img):
    '''
    预处理函数
    '''
    m=400*img.shape[0]/img.shape[1]

    #压缩图像
    img=cv2.resize(img,(400,int(m)),interpolation=cv2.INTER_CUBIC)

    #BGR 图转换为灰度图像
    gray_img=cv2.cvtColor(img,cv2.COLOR_BGR2GRAY)

    #灰度拉伸
    stretchedimg=stretch(gray_img)

    '''进行开运算，用来去除噪声'''
    r=16
    h=w=r*2+1
    kernel=np.zeros((h,w),np.uint8)
    cv2.circle(kernel,(r,r),r,1,-1)
    #开运算
    openingimg=cv2.morphologyEx(stretchedimg,cv2.MORPH_OPEN,kernel)
    #获取差分图，两幅图像做差 cv2.absdiff('图像1','图像2')
    strtimg=cv2.absdiff(stretchedimg,openingimg)

    #图像二值化
    binaryimg=dobinaryzation(strtimg)
```

```
    #canny 边缘检测
    canny=cv2.Canny(binaryimg,binaryimg.shape[0],binaryimg.shape[1])

    '''消除小的区域，保留大的区域，从而定位车牌'''
    #进行闭运算
    kernel=np.ones((5,19),np.uint8)
    closingimg=cv2.morphologyEx(canny,cv2.MORPH_CLOSE,kernel)

    #进行开运算
    openingimg=cv2.morphologyEx(closingimg,cv2.MORPH_OPEN,kernel)

    #再次进行开运算
    kernel=np.ones((11,5),np.uint8)
    openingimg=cv2.morphologyEx(openingimg,cv2.MORPH_OPEN,kernel)

    #消除小区域，定位车牌位置
    rect=locate_license(openingimg,img)

    return rect,img
def cut_license(afterimg,rect):
    '''
    图像分割函数
    '''
    #转换为宽度和高度
    rect[2]=rect[2]-rect[0]
    rect[3]=rect[3]-rect[1]
    rect_copy=tuple(rect.copy())
    rect=[0,0,0,0]
    #创建掩码
    mask=np.zeros(afterimg.shape[:2],np.uint8)
    #创建背景模型，大小只能为13*5，行数只能为1，单通道浮点型
    bgdModel=np.zeros((1,65),np.float64)
    #创建前景模型
    fgdModel=np.zeros((1,65),np.float64)
    #分割图像
    cv2.grabCut(afterimg,mask,rect_copy,bgdModel,fgdModel,5,
cv2.GC_INIT_WITH_RECT)
    mask2=np.where((mask==2)|(mask==0),0,1).astype('uint8')
    img_show=afterimg*mask2[:,:,np.newaxis]

    return img_show
def deal_license(licenseimg):
    '''
    车牌图片二值化
    '''
    #车牌变为灰度图像
    gray_img=cv2.cvtColor(licenseimg,cv2.COLOR_BGR2GRAY)

    #均值滤波，去除噪声
    kernel=np.ones((3,3),np.float32)/9
    gray_img=cv2.filter2D(gray_img,-1,kernel)

    #二值化处理
```

```
        ret,thresh=cv2.threshold(gray_img,120,255,cv2.THRESH_BINARY)

        return thresh
    def find_end(start,arg,black,white,width,black_max,white_max):
        end=start+1
        for m in range(start+1,width-1):
            if (black[m] if arg else white[m])>(0.98*black_max if arg else
0.98*white_max):
                end=m
                break
        return end


    if __name__=='__main__':
        img=cv2.imread('car.jpg',cv2.IMREAD_COLOR)
        #预处理图像
        rect,afterimg=find_license(img)

        #框出车牌号
        cv2.rectangle(afterimg,(rect[0],rect[1]),(rect[2],rect[3]),(0,255,0),2)
        cv2.imshow('afterimg',afterimg)

        #分割车牌与背景
        cutimg=cut_license(afterimg,rect)
        cv2.imshow('cutimg',cutimg)

        #二值化生成黑白图
        thresh=deal_license(cutimg)
        cv2.imshow('thresh',thresh)
        cv2.imwrite("cp.jpg",thresh)    #保存定位到的车牌图片文件
        cv2.waitKey(0)

        #分割字符
        '''
        判断底色和字色
        '''
        #记录黑白像素总和
        white=[]
        black=[]
        height=thresh.shape[0]  #263
        width=thresh.shape[1]   #400
        #print('height',height)
        #print('width',width)
        white_max=0
        black_max=0
        #计算每一列的黑白像素总和
        for i in range(width):
            line_white=0
            line_black=0
            for j in range(height):
                if thresh[j][i]==255:
                    line_white+=1
                if thresh[j][i]==0:
```

```
                    line_black+=1
            white_max=max(white_max,line_white)
            black_max=max(black_max,line_black)
            white.append(line_white)
            black.append(line_black)
            print('white',white)
            print('black',black)
    #arg 为 True 时表示黑底白字，为 False 时表示白底黑字
    arg=True
    if black_max<white_max:
        arg=False

    n=1
    start=1
    end=2
    while n<width-2:
        n+=1
        #判断是白底黑字还是黑底白字，参数 0.05 对应上面的 0.95，可调整
        if(white[n] if arg else black[n])>(0.02*white_max if arg else
0.02*black_max):
            start=n
            end=find_end(start,arg,black,white,width,black_max,white_max)
            n=end
            if end-start>5:
                cj=thresh[1:height,start:end]
                cv2.imshow('cutlicense',cj)
                cv2.waitKey(0)

    cv2.waitKey(0)
    cv2.destroyAllWindows()
```

运行工程，结果如图14-13所示。此时会在工程目录下生成一幅图片，如图14-14所示。

图 14-13

图 14-14

可见车牌定位成功。下一步是识别字符。文字识别的方法有多种，比较高效的方法是通过使用OpenCV和tesseract进行识别。

【例 14.2】　基于 tesseract 识别车牌字符

1）在线安装pillow

这个包通常是已经安装好的，但是保险起见，最好运行一下安装命令，以此来验证。以管理员权限打开命令行窗口，进入 C:\Users\xiayu_000\AppData\Local\Programs\Python\Python38\Scripts\，然后运行以下命令：

```
pip install pillow
```

提示已经安装，如图14-15所示。

图 14-15

2）在线安装pytesseract

以管理员权限打开命令行窗口，进入C:\Users\xiayu_000\AppData\Local\Programs\Python\Python38\Scripts\，然后运行以下命令：

```
pip install pytesseract
```

稍等片刻，运行结果如图14-16所示。

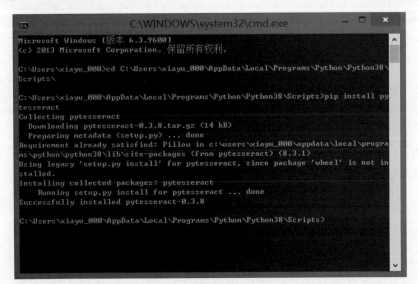

图 14-16

3）下载和安装pytesseract需要的Tesseract-OCR工具

Windows 版 本 的 Tesseract-OCR 安 装 包 的 下 载 路 径 为 https://github.com/UB-Mannheim/tesseract/wiki，如图14-17所示。

图 14-17

也 可 以 不 下 载 ，笔 者 已 经 把 Tesseract-OCR 工 具 放 到 本 例 的 源 码 目 录 下 ， 即 文 件 tesseract-ocr-w64-setup-v5.0.0-alpha.20210811.exe，这是64位的版本，适合于64位的操作系统。直接双击该文件即可安装。这里的安装位置（这个路径要记住，后面要用）采用默认值：

```
C:\Program Files\Tesseract-OCR
```

4）配置pytesseract.py

打开"我的计算机"，进入\Users\xiayu_000\AppData\Local\Programs\Python\Python38\Lib\site-packages\pytesseract\，找到pytesseract.py文件，用文本编辑器打开这个文件，找到"tesseract_cmd"关键字，如图14-18所示。

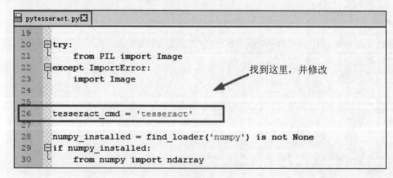

图 14-18

配置tesseract.exe的安装路径（这里是C:\\Program Files\\Tesseract-OCR\\tesseract.exe，注意路径里的双斜杠），如图14-19所示。

```
    from PIL import Image
except ImportError:
    import Image


tesseract_cmd = 'C:\\Program Files\\Tesseract-OCR\\tesseract.exe'

numpy_installed = find_loader('numpy') is not None
if numpy_installed:
    from numpy import ndarray
```

图 14-19

至此，字符识别开发环境准备好了，下面就可以编写代码了。

5）编写代码

把例14.1生成的cp.jpg文件放到本工程目录下。在PyCharm中打开14.2.py，输入如下代码：

```
import cv2 as cv
from PIL import Image
import pytesseract as tess


def recoginse_text(image):
    """
    步骤:
    1.灰度，二值化处理
    2.形态学操作去噪
    3.识别
    :param image:
    :return:
    """

    # 灰度二值化
    gray = cv.cvtColor(image,cv.COLOR_BGR2GRAY)
    # 如果是白底黑字，建议使用_INV
    ret,binary = cv.threshold(gray,0,255,cv.THRESH_BINARY_INV|
cv.THRESH_OTSU)

    # 形态学操作（根据需要设置参数（1，2））
    kernel = cv.getStructuringElement(cv.MORPH_RECT,(1,2))  #去除横向细线
    morph1 = cv.morphologyEx(binary,cv.MORPH_OPEN,kernel)
    kernel = cv.getStructuringElement(cv.MORPH_RECT, (2, 1)) #去除纵向细线
    morph2 = cv.morphologyEx(morph1,cv.MORPH_OPEN,kernel)
    cv.imshow("Morph",morph2)

    # 黑底白字取非，变为白底黑字（便于 pytesseract 识别）
    cv.bitwise_not(morph2,morph2)
    textImage = Image.fromarray(morph2)

    # 图片转文字
    text=tess.image_to_string(textImage)
    n=10 #根据不同国家车牌固定数目进行设置
    print("识别结果:")
    print(text[1:n])
```

```
def main():
    # 读取需要识别的数字、字母图片，并显示读取的原图
    src = cv.imread("cp.jpg")
    cv.imshow("src",src)

    # 识别
    recoginse_text(src)

    cv.waitKey(0)
    cv.destroyAllWindows()

if name__=="__main__":
    main()
```

运行工程，结果如图14-20所示。至此，英文车牌字符识别成功。

图 14-20

14.5.3 汉字识别

相较于数字和英文字符的识别，汽车牌照中的汉字字符识别的难度更大，主要原因有以下4个方面：

（1）字符笔画因切分误差而导致非笔画或笔画流失。

（2）汽车牌照被污染，从而导致字符上出现污垢。

（3）采集所得的车辆图像分辨率低下，从而导致多笔画的汉字较难分辨。

（4）车辆图像采集时所受光照影响的差异，从而导致笔画浓淡不一。

综合汉字识别时的这些难点来看，很难被直接提取的是字符的局部特征。笔画是最重要的特征且仅存于汉字之中，这由先验知识可知。如果横、竖、撇、捺这些笔画特征被提取到，则对于汉字字符识别的工作就完成了大部分。在水平方向上，横笔画的灰度值的波动表现为低频，在垂直方向上，横笔画的灰度变化表现为高频。故在汉字字符特征的提取过程中，对于小波的多分辨率特性的利用显然是个不错的选择。

对汉字进行识别的相关工作，在对图像进行预处理以及对图像的特征进行提取等相关操作完成后就可以进行了。预处理原始图像是第一步。第二步是对字符的原始特征进行提取，主要是通过小波变换进行，并降维处理原始特征，主要是采用线性判别式分析（LDA）变换矩阵进行，从而获取字符的最终特征。最后在特征模板匹配和最小距离分类器中读入得到的最终特征，从而获得字符的最终识别结果。

【例 14.3】 中文车牌的识别（包括新能源汽车）

把例14.2生成的cp.jpg文件放到本工程目录下。在PyCharm中打开test.py，输入如下代码：

```
import tkinter as tk
import tkinter.messagebox as mBox
from tkinter.filedialog import *
from tkinter import ttk
import predict
import cv2
```

```
from PIL import Image, ImageTk
import threading
import time
class Surface(ttk.Frame):
    pic_path = ""
    viewhigh = 600
    viewwide = 600
    update_time = 0
    thread = None
    thread_run = False
    camera = None
    color_transform = {"green":("绿牌","#55FF55"), "yello":("黄牌","#FFFF00"),
"blue":("蓝牌","#6666FF")}

    def __init__(self, win):
        ttk.Frame.__init__(self, win)
        frame_left = ttk.Frame(self)
        frame_right1 = ttk.Frame(self)
        frame_right2 = ttk.Frame(self)
        win.title("车牌识别")
        win.state("zoomed")
        self.pack(fill=tk.BOTH, expand=tk.YES, padx="5", pady="5")
        frame_left.pack(side=tk.LEFT,expand=1,fill=tk.BOTH)
        frame_right1.pack(side=tk.TOP,expand=1,fill=tk.Y)
        frame_right2.pack(side=tk.RIGHT,expand=0)
        ttk.Label(frame_left, text='原图: ').pack(anchor="nw")
        ttk.Label(frame_right1, text='车牌位置: ').grid(column=0, row=0,
sticky=tk.W)

        from_pic_ctl = ttk.Button(frame_right2, text="来自图片", width=20,
command=self.from_pic)
        from_vedio_ctl = ttk.Button(frame_right2, text="来自摄像头", width=20,
command=self.from_vedio)
        self.image_ctl = ttk.Label(frame_left)
        self.image_ctl.pack(anchor="nw")

        self.roi_ctl = ttk.Label(frame_right1)
        self.roi_ctl.grid(column=0, row=1, sticky=tk.W)
        ttk.Label(frame_right1, text='识别结果: ').grid(column=0, row=2,
sticky=tk.W)
        self.r_ctl = ttk.Label(frame_right1, text="")
        self.r_ctl.grid(column=0, row=3, sticky=tk.W)
        self.color_ctl = ttk.Label(frame_right1, text="", width="20")
        self.color_ctl.grid(column=0, row=4, sticky=tk.W)
        from_vedio_ctl.pack(anchor="se", pady="5")
        from_pic_ctl.pack(anchor="se", pady="5")
        self.predictor = predict.CardPredictor()
        self.predictor.train_svm()

    def get_imgtk(self, img_bgr):
        img = cv2.cvtColor(img_bgr, cv2.COLOR_BGR2RGB)
        im = Image.fromarray(img)
```

271

```python
            imgtk = ImageTk.PhotoImage(image=im)
            wide = imgtk.width()
            high = imgtk.height()
            if wide > self.viewwide or high > self.viewhigh:
                wide_factor = self.viewwide / wide
                high_factor = self.viewhigh / high
                factor = min(wide_factor, high_factor)

                wide = int(wide * factor)
                if wide <= 0 : wide = 1
                high = int(high * factor)
                if high <= 0 : high = 1
                im=im.resize((wide, high), Image.ANTIALIAS)
                imgtk = ImageTk.PhotoImage(image=im)
            return imgtk

        def show_roi(self, r, roi, color):
            if r :
                roi = cv2.cvtColor(roi, cv2.COLOR_BGR2RGB)
                roi = Image.fromarray(roi)
                self.imgtk_roi = ImageTk.PhotoImage(image=roi)
                self.roi_ctl.configure(image=self.imgtk_roi, state='enable')
                self.r_ctl.configure(text=str(r))
                self.update_time = time.time()
                try:
                    c = self.color_transform[color]
                    self.color_ctl.configure(text=c[0], background=c[1],
state='enable')
                except:
                    self.color_ctl.configure(state='disabled')
            elif self.update_time + 8 < time.time():
                self.roi_ctl.configure(state='disabled')
                self.r_ctl.configure(text="")
                self.color_ctl.configure(state='disabled')

        def from_vedio(self):
            if self.thread_run:
                return
            if self.camera is None:
                self.camera = cv2.VideoCapture(0)
                if not self.camera.isOpened():
                    mBox.showwarning('警告', '摄像头打开失败！')
                    self.camera = None
                    return
            self.thread = threading.Thread(target=self.vedio_thread,
args=(self,))
            self.thread.setDaemon(True)
            self.thread.start()
            self.thread_run = True

        def from_pic(self):
            self.thread_run = False
```

```
            self.pic_path = askopenfilename(title="选择识别图片", filetypes=[("jpg
图片", "*.jpg")])
        if self.pic_path:
            img_bgr = predict.imreadex(self.pic_path)
            self.imgtk = self.get_imgtk(img_bgr)
            self.image_ctl.configure(image=self.imgtk)
            resize_rates = (1, 0.9, 0.8, 0.7, 0.6, 0.5, 0.4)
            for resize_rate in resize_rates:
                print("resize_rate:", resize_rate)
                try:
                    r, roi, color = self.predictor.predict(img_bgr,
resize_rate)
                except:
                    continue
                if r:
                    break
            #r, roi, color = self.predictor.predict(img_bgr, 1)
            self.show_roi(r, roi, color)

    @staticmethod
    def vedio_thread(self):
        self.thread_run = True
        predict_time = time.time()
        while self.thread_run:
            _, img_bgr = self.camera.read()
            self.imgtk = self.get_imgtk(img_bgr)
            self.image_ctl.configure(image=self.imgtk)
            if time.time() - predict_time > 2:
                r, roi, color = self.predictor.predict(img_bgr)
                self.show_roi(r, roi, color)
                predict_time = time.time()
        print("run end")

def close_window():
    print("destroy")
    if surface.thread_run :
        surface.thread_run = False
        surface.thread.join(2.0)
    win.destroy()


if __name__ == '__main__':
    win=tk.Tk()

    surface = Surface(win)
    win.protocol('WM_DELETE_WINDOW', close_window)
    win.mainloop()
```

在上述代码中，先使用图像边缘和车牌颜色定位车牌，再识别车牌上的字符。车牌字符识别使用的算法是OpenCV的SVM（代码来自OpenCV附带的sample），StatModel类和SVM类都是sample中的代码。车牌字符识别在predict方法（predict.py中）中实现，代码如下：

```python
import cv2
import numpy as np
from numpy.linalg import norm
import sys
import os
import json

SZ = 20                      #训练图片的长和宽
MAX_WIDTH = 1000             #原始图片最大宽度
Min_Area = 2000              #车牌区域允许最大面积
PROVINCE_START = 1000
#读取图片文件
def imreadex(filename):
    return cv2.imdecode(np.fromfile(filename, dtype=np.uint8),
cv2.IMREAD_COLOR)

def point_limit(point):
    if point[0] < 0:
        point[0] = 0
    if point[1] < 0:
        point[1] = 0

#根据设定的阈值和图片直方图找出波峰，用于分隔字符
def find_waves(threshold, histogram):
    up_point = -1#上升点
    is_peak = False
    if histogram[0] > threshold:
        up_point = 0
        is_peak = True
    wave_peaks = []
    for i,x in enumerate(histogram):
        if is_peak and x < threshold:
            if i - up_point > 2:
                is_peak = False
                wave_peaks.append((up_point, i))
        elif not is_peak and x >= threshold:
            is_peak = True
            up_point = i
    if is_peak and up_point != -1 and i - up_point > 4:
        wave_peaks.append((up_point, i))
    return wave_peaks

#根据找出的波峰分隔图片，逐个得到字符图片
def seperate_card(img, waves):
    part_cards = []
    for wave in waves:
        part_cards.append(img[:, wave[0]:wave[1]])
    return part_cards

#来自 OpenCV 的 sample，用于 SVM 训练
def deskew(img):
    m = cv2.moments(img)
    if abs(m['mu02']) < 1e-2:
```

```python
        return img.copy()
    skew = m['mu11']/m['mu02']
    M = np.float32([[1, skew, -0.5*SZ*skew], [0, 1, 0]])
    img = cv2.warpAffine(img, M, (SZ, SZ), flags=cv2.WARP_INVERSE_MAP |
cv2.INTER_LINEAR)
    return img
#来自OpenCV的sample，用于SVM训练
def preprocess_hog(digits):
    samples = []
    for img in digits:
        gx = cv2.Sobel(img, cv2.CV_32F, 1, 0)
        gy = cv2.Sobel(img, cv2.CV_32F, 0, 1)
        mag, ang = cv2.cartToPolar(gx, gy)
        bin_n = 16
        bin = np.int32(bin_n*ang/(2*np.pi))
        bin_cells = bin[:10,:10], bin[10:,:10], bin[:10,10:], bin[10:,10:]
        mag_cells = mag[:10,:10], mag[10:,:10], mag[:10,10:], mag[10:,10:]
        hists = [np.bincount(b.ravel(), m.ravel(), bin_n) for b, m in
zip(bin_cells, mag_cells)]
        hist = np.hstack(hists)

        # transform to Hellinger kernel
        eps = 1e-7
        hist /= hist.sum() + eps
        hist = np.sqrt(hist)
        hist /= norm(hist) + eps

        samples.append(hist)
    return np.float32(samples)
#列出部分省或直辖市，仅用于演示
provinces = [
"zh_cuan", "川",
"zh_e", "鄂",
"zh_gan", "赣",
"zh_gan1", "甘",
"zh_gui", "贵",
"zh_gui1", "桂",
"zh_hei", "黑",
"zh_hu", "沪",
"zh_ji", "冀",
"zh_jin", "津",
"zh_jing", "京",
"zh_jl", "吉",
"zh_liao", "辽",
"zh_lu", "鲁",
"zh_meng", "蒙",
"zh_min", "闽",
"zh_ning", "宁",
"zh_qing", "青",
"zh_qiong", "琼",
"zh_shan", "陕",
```

```
    "zh_su", "苏",
    "zh_sx", "晋",
    "zh_wan", "皖",
    "zh_xiang", "湘",
    "zh_xin", "新",
    "zh_yu", "豫",
    "zh_yu1", "渝",
    "zh_yue", "粤",
    "zh_yun", "云",
    "zh_zang", "藏",
    "zh_zhe", "浙"
]
class StatModel(object):
    def load(self, fn):
        self.model = self.model.load(fn)
    def save(self, fn):
        self.model.save(fn)
class SVM(StatModel):
    def __init__(self, C = 1, gamma = 0.5):
        self.model = cv2.ml.SVM_create()
        self.model.setGamma(gamma)
        self.model.setC(C)
        self.model.setKernel(cv2.ml.SVM_RBF)
        self.model.setType(cv2.ml.SVM_C_SVC)
#训练 SVM
    def train(self, samples, responses):
        self.model.train(samples, cv2.ml.ROW_SAMPLE, responses)
#字符识别
    def predict(self, samples):
        r = self.model.predict(samples)
        return r[1].ravel()

class CardPredictor:
    def __init__(self):
        #车牌识别的部分参数保存在 js 中，便于根据图片分辨率进行调整
        f = open('config.js')
        j = json.load(f)
        for c in j["config"]:
            if c["open"]:
                self.cfg = c.copy()
                break
        else:
            raise RuntimeError('没有设置有效配置参数')

    def del__(self):
        self.save_traindata()
    def train_svm(self):
        #识别英文字母和数字
        self.model = SVM(C=1, gamma=0.5)
        #识别中文
        self.modelchinese = SVM(C=1, gamma=0.5)
```

```
        if os.path.exists("svm.dat"):
            self.model.load("svm.dat")
        else:
            chars_train = []
            chars_label = []

            for root, dirs, files in os.walk("train\\chars2"):
                if len(os.path.basename(root)) > 1:
                    continue
                root_int = ord(os.path.basename(root))
                for filename in files:
                    filepath = os.path.join(root,filename)
                    digit_img = cv2.imread(filepath)
                    digit_img = cv2.cvtColor(digit_img, cv2.COLOR_BGR2GRAY)
                    chars_train.append(digit_img)
                    #chars_label.append(1)
                    chars_label.append(root_int)

            chars_train = list(map(deskew, chars_train))
            chars_train = preprocess_hog(chars_train)
            #chars_train = chars_train.reshape(-1, 20, 20).astype(np.float32)
            chars_label = np.array(chars_label)
            self.model.train(chars_train, chars_label)
        if os.path.exists("svmchinese.dat"):
            self.modelchinese.load("svmchinese.dat")
        else:
            chars_train = []
            chars_label = []
            for root, dirs, files in os.walk("train\\charsChinese"):
                if not os.path.basename(root).startswith("zh_"):
                    continue
                pinyin = os.path.basename(root)
                #1 是拼音对应的汉字
                index = provinces.index(pinyin) + PROVINCE_START + 1
                for filename in files:
                    filepath = os.path.join(root,filename)
                    digit_img = cv2.imread(filepath)
                    digit_img = cv2.cvtColor(digit_img, cv2.COLOR_BGR2GRAY)
                    chars_train.append(digit_img)
                    #chars_label.append(1)
                    chars_label.append(index)
            chars_train = list(map(deskew, chars_train))
            chars_train = preprocess_hog(chars_train)
            #chars_train = chars_train.reshape(-1, 20, 20).astype(np.float32)
            chars_label = np.array(chars_label)
            print(chars_train.shape)
            self.modelchinese.train(chars_train, chars_label)

    def save_traindata(self):
        if not os.path.exists("svm.dat"):
            self.model.save("svm.dat")
```

```python
        if not os.path.exists("svmchinese.dat"):
            self.modelchinese.save("svmchinese.dat")

    def accurate_place(self, card_img_hsv, limit1, limit2, color):
        row_num, col_num = card_img_hsv.shape[:2]
        xl = col_num
        xr = 0
        yh = 0
        yl = row_num
        #col_num_limit = self.cfg["col_num_limit"]
        row_num_limit = self.cfg["row_num_limit"]
        #绿色有渐变
        col_num_limit = col_num * 0.8 if color != "green" else col_num * 0.5
        for i in range(row_num):
            count = 0
            for j in range(col_num):
                H = card_img_hsv.item(i, j, 0)
                S = card_img_hsv.item(i, j, 1)
                V = card_img_hsv.item(i, j, 2)
                if limit1 < H <= limit2 and 34 < S and 46 < V:
                    count += 1
            if count > col_num_limit:
                if yl > i:
                    yl = i
                if yh < i:
                    yh = i
        for j in range(col_num):
            count = 0
            for i in range(row_num):
                H = card_img_hsv.item(i, j, 0)
                S = card_img_hsv.item(i, j, 1)
                V = card_img_hsv.item(i, j, 2)
                if limit1 < H <= limit2 and 34 < S and 46 < V:
                    count += 1
            if count > row_num - row_num_limit:
                if xl > j:
                    xl = j
                if xr < j:
                    xr = j
        return xl, xr, yh, yl

    def predict(self, car_pic, resize_rate=1):
        if type(car_pic) == type(""):
            img = imreadex(car_pic)
        else:
            img = car_pic
        pic_hight, pic_width = img.shape[:2]
        if pic_width > MAX_WIDTH:
            pic_rate = MAX_WIDTH / pic_width
            img = cv2.resize(img, (MAX_WIDTH, int(pic_hight*pic_rate)),
interpolation=cv2.INTER_LANCZOS4)
```

```
        pic_hight, pic_width = img.shape[:2]

    if resize_rate != 1:
        img = cv2.resize(img, (int(pic_width*resize_rate),
int(pic_hight*resize_rate)), interpolation=cv2.INTER_LANCZOS4)
        pic_hight, pic_width = img.shape[:2]

    print("h,w:", pic_hight, pic_width)
    blur = self.cfg["blur"]
    #高斯去噪
    if blur > 0:
        img = cv2.GaussianBlur(img, (blur, blur), 0)#图片分辨率调整
    oldimg = img
    img = cv2.cvtColor(img, cv2.COLOR_BGR2GRAY)
    #equ = cv2.equalizeHist(img)
    #img = np.hstack((img, equ))
    #去掉图像中不是车牌的区域
    kernel = np.ones((20, 20), np.uint8)
    img_opening = cv2.morphologyEx(img, cv2.MORPH_OPEN, kernel)
    img_opening = cv2.addWeighted(img, 1, img_opening, -1, 0);

    #找到图像边缘
    ret, img_thresh = cv2.threshold(img_opening, 0, 255, cv2.THRESH_BINARY
+ cv2.THRESH_OTSU)
    img_edge = cv2.Canny(img_thresh, 100, 200)
    #使用开运算和闭运算让图像边缘成为一个整体
    kernel = np.ones((self.cfg["morphologyr"], self.cfg["morphologyc"]),
np.uint8)
    img_edge1 = cv2.morphologyEx(img_edge, cv2.MORPH_CLOSE, kernel)
    img_edge2 = cv2.morphologyEx(img_edge1, cv2.MORPH_OPEN, kernel)

    #查找图像边缘整体形成的矩形区域，可能有很多，车牌就在其中一个矩形区域中
    try:
        contours, hierarchy = cv2.findContours(img_edge2, cv2.RETR_TREE,
cv2.CHAIN_APPROX_SIMPLE)
    except ValueError:
        image, contours, hierarchy = cv2.findContours(img_edge2,
cv2.RETR_TREE, cv2.CHAIN_APPROX_SIMPLE)
    contours = [cnt for cnt in contours if cv2.contourArea(cnt) > Min_Area]
    print('len(contours)', len(contours))
    #一一排除不是车牌的矩形区域
    car_contours = []
    for cnt in contours:
        rect = cv2.minAreaRect(cnt)
        area_width, area_height = rect[1]
        if area_width < area_height:
            area_width, area_height = area_height, area_width
        wh_ratio = area_width / area_height
        #print(wh_ratio)
        #要求矩形区域长宽比为2~5.5，2~5.5是车牌的长宽比，其余的矩形排除
        if wh_ratio > 2 and wh_ratio < 5.5:
            car_contours.append(rect)
```

```
                box = cv2.boxPoints(rect)
                box = np.int0(box)
                #oldimg = cv2.drawContours(oldimg, [box], 0, (0, 0, 255), 2)
                #cv2.imshow("edge4", oldimg)
                #cv2.waitKey(0)

        print(len(car_contours))

        print("精确定位")
        card_imgs = []
        #矩形区域可能是倾斜的矩形，需要矫正，以便使用颜色定位
        for rect in car_contours:
            #创造角度，使得左高右低得到正确的值
            if rect[2] > -1 and rect[2] < 1:
                angle = 1
            else:
                angle = rect[2]
            #扩大范围，避免车牌边缘被排除
            rect = (rect[0], (rect[1][0]+5, rect[1][1]+5), angle)

            box = cv2.boxPoints(rect)
            heigth_point = right_point = [0, 0]
            left_point = low_point = [pic_width, pic_hight]
            for point in box:
                if left_point[0] > point[0]:
                    left_point = point
                if low_point[1] > point[1]:
                    low_point = point
                if heigth_point[1] < point[1]:
                    heigth_point = point
                if right_point[0] < point[0]:
                    right_point = point

            if left_point[1] <= right_point[1]:#正角度
                new_right_point = [right_point[0], heigth_point[1]]
                pts2 = np.float32([left_point, heigth_point,
new_right_point])#字符只是高度需要改变
                pts1 = np.float32([left_point, heigth_point, right_point])
                M = cv2.getAffineTransform(pts1, pts2)
                dst = cv2.warpAffine(oldimg, M, (pic_width, pic_hight))
                point_limit(new_right_point)
                point_limit(heigth_point)
                point_limit(left_point)
                card_img = dst[int(left_point[1]):int(heigth_point[1]),
int(left_point[0]):int(new_right_point[0])]
                card_imgs.append(card_img)
                #cv2.imshow("card", card_img)
                #cv2.waitKey(0)
            elif left_point[1] > right_point[1]:#负角度

                new_left_point = [left_point[0], heigth_point[1]]
                pts2 = np.float32([new_left_point, heigth_point,
right_point])#字符只是高度需要改变
```

```
                pts1 = np.float32([left_point, heigth_point, right_point])
                M = cv2.getAffineTransform(pts1, pts2)
                dst = cv2.warpAffine(oldimg, M, (pic_width, pic_hight))
                point_limit(right_point)
                point_limit(heigth_point)
                point_limit(new_left_point)
                card_img = dst[int(right_point[1]):int(heigth_point[1]),
int(new_left_point[0]):int(right_point[0])]
                card_imgs.append(card_img)
                #cv2.imshow("card", card_img)
                #cv2.waitKey(0)
        #开始使用颜色定位，排除不是车牌的矩形，目前只识别蓝、绿、黄车牌
        colors = []
        for card_index,card_img in enumerate(card_imgs):
            green = yello = blue = black = white = 0
            card_img_hsv = cv2.cvtColor(card_img, cv2.COLOR_BGR2HSV)
            #有转换失败的可能，原因是上面矫正矩形出错
            if card_img_hsv is None:
                continue
            row_num, col_num= card_img_hsv.shape[:2]
            card_img_count = row_num * col_num

            for i in range(row_num):
                for j in range(col_num):
                    H = card_img_hsv.item(i, j, 0)
                    S = card_img_hsv.item(i, j, 1)
                    V = card_img_hsv.item(i, j, 2)
                    if 11 < H <= 34 and S > 34:#图片分辨率调整
                        yello += 1
                    elif 35 < H <= 99 and S > 34:#图片分辨率调整
                        green += 1
                    elif 99 < H <= 124 and S > 34:#图片分辨率调整
                        blue += 1

                    if 0 < H <180 and 0 < S < 255 and 0 < V < 46:
                        black += 1
                    elif 0 < H <180 and 0 < S < 43 and 221 < V < 225:
                        white += 1
            color = "no"

            limit1 = limit2 = 0
            if yello*2 >= card_img_count:
                color = "yello"
                limit1 = 11
                limit2 = 34#有的图片有色差，偏绿
            elif green*2 >= card_img_count:
                color = "green"
                limit1 = 35
                limit2 = 99
            elif blue*2 >= card_img_count:
                color = "blue"
                limit1 = 100
```

```
                    limit2 = 124#有的图片有色差，偏紫
                elif black + white >= card_img_count*0.7:#TODO
                    color = "bw"
            print(color)
            colors.append(color)
            print(blue, green, yello, black, white, card_img_count)
            #cv2.imshow("color", card_img)
            #cv2.waitKey(0)
            if limit1 == 0:
                continue
            #上面确定车牌颜色
            #下面根据车牌颜色再定位，缩小边缘非车牌边界
            xl, xr, yh, yl = self.accurate_place(card_img_hsv, limit1, limit2,
color)
            if yl == yh and xl == xr:
                continue
            need_accurate = False
            if yl >= yh:
                yl = 0
                yh = row_num
                need_accurate = True
            if xl >= xr:
                xl = 0
                xr = col_num
                need_accurate = True
            card_imgs[card_index] = card_img[yl:yh, xl:xr] if color != "green"
or yl < (yh-yl)//4 else card_img[yl-(yh-yl)//4:yh, xl:xr]
            if need_accurate:#可能 x 或 y 方向未缩小，需要再试一次
                card_img = card_imgs[card_index]
                card_img_hsv = cv2.cvtColor(card_img, cv2.COLOR_BGR2HSV)
                xl, xr, yh, yl = self.accurate_place(card_img_hsv, limit1,
limit2, color)
                if yl == yh and xl == xr:
                    continue
                if yl >= yh:
                    yl = 0
                    yh = row_num
                if xl >= xr:
                    xl = 0
                    xr = col_num
            card_imgs[card_index] = card_img[yl:yh, xl:xr] if color != "green"
or yl < (yh-yl)//4 else card_img[yl-(yh-yl)//4:yh, xl:xr]
        #下面识别车牌中的字符
        predict_result = []
        roi = None
        card_color = None
        for i, color in enumerate(colors):
            if color in ("blue", "yello", "green"):
                card_img = card_imgs[i]
                gray_img = cv2.cvtColor(card_img, cv2.COLOR_BGR2GRAY)
```

```
#黄、绿车牌字符比背景暗，与蓝车牌刚好相反，所以黄、绿车牌需要反向
if color == "green" or color == "yellow":
    gray_img = cv2.bitwise_not(gray_img)
ret, gray_img = cv2.threshold(gray_img, 0, 255,
cv2.THRESH_BINARY + cv2.THRESH_OTSU)
#查找水平直方图波峰
x_histogram = np.sum(gray_img, axis=1)
x_min = np.min(x_histogram)
x_average = np.sum(x_histogram)/x_histogram.shape[0]
x_threshold = (x_min + x_average)/2
wave_peaks = find_waves(x_threshold, x_histogram)
if len(wave_peaks) == 0:
    print("peak less 0:")
    continue
#水平方向，最大的波峰为车牌区域
wave = max(wave_peaks, key=lambda x:x[1]-x[0])
gray_img = gray_img[wave[0]:wave[1]]
#查找垂直直方图波峰
row_num, col_num= gray_img.shape[:2]
#去掉车牌上下边缘 1 个像素，避免白边影响阈值判断
gray_img = gray_img[1:row_num-1]
y_histogram = np.sum(gray_img, axis=0)
y_min = np.min(y_histogram)
y_average = np.sum(y_histogram)/y_histogram.shape[0]
#U 和 0 要求阈值偏小，否则 U 和 0 会被分成两半
y_threshold = (y_min + y_average)/5

wave_peaks = find_waves(y_threshold, y_histogram)

#for wave in wave_peaks:
#    cv2.line(card_img, pt1=(wave[0], 5), pt2=(wave[1], 5),
color=(0, 0, 255), thickness=2)
#车牌字符数应大于 6
if len(wave_peaks) <= 6:
    print("peak less 1:", len(wave_peaks))
    continue

wave = max(wave_peaks, key=lambda x:x[1]-x[0])
max_wave_dis = wave[1] - wave[0]
#判断是否是左侧车牌边缘
if wave_peaks[0][1] - wave_peaks[0][0] < max_wave_dis/3 and
wave_peaks[0][0] == 0:
    wave_peaks.pop(0)

#组合分离汉字
cur_dis = 0
for i,wave in enumerate(wave_peaks):
    if wave[1] - wave[0] + cur_dis > max_wave_dis * 0.6:
        break
    else:
        cur_dis += wave[1] - wave[0]
if i > 0:
```

```
                        wave = (wave_peaks[0][0], wave_peaks[i][1])
                        wave_peaks = wave_peaks[i+1:]
                        wave_peaks.insert(0, wave)

                #去除车牌上的分隔点
                point = wave_peaks[2]
                if point[1] - point[0] < max_wave_dis/3:
                        point_img = gray_img[:,point[0]:point[1]]
                        if np.mean(point_img) < 255/5:
                            wave_peaks.pop(2)

                if len(wave_peaks) <= 6:
                        print("peak less 2:", len(wave_peaks))
                        continue
                part_cards = seperate_card(gray_img, wave_peaks)
                for i, part_card in enumerate(part_cards):
                        #可能是固定车牌的铆钉
                        if np.mean(part_card) < 255/5:
                            print("a point")
                            continue
                        part_card_old = part_card
                        #w = abs(part_card.shape[1] - SZ)//2
                        w = part_card.shape[1] // 3
                        part_card = cv2.copyMakeBorder(part_card, 0, 0, w, w,
cv2.BORDER_CONSTANT, value = [0,0,0])
                        part_card = cv2.resize(part_card, (SZ, SZ),
interpolation=cv2.INTER_AREA)
                        #cv2.imshow("part", part_card_old)
                        #cv2.waitKey(0)
                        #cv2.imwrite("u.jpg", part_card)
                        #part_card = deskew(part_card)
                        part_card = preprocess_hog([part_card])
                        if i == 0:
                            resp = self.modelchinese.predict(part_card)
                            charactor = provinces[int(resp[0]) - PROVINCE_START]
                        else:
                            resp = self.model.predict(part_card)
                            charactor = chr(resp[0])
                        #判断最后一个数是不是车牌边缘，假设车牌边缘被认为是1
                        if charactor == "1" and i == len(part_cards)-1:
                            if part_card_old.shape[0]/part_card_old.shape[1] >=
8:#1 太细，认为是边缘
                                print(part_card_old.shape)
                                continue
                        predict_result.append(charactor)
                roi = card_img
                card_color = color
                break

        #识别到的字符、定位的车牌图像、车牌颜色
        return predict_result, roi, card_color
```

```
if __name__ == '__main__':
    c = CardPredictor()
    c.train_svm()
    r, roi, color = c.predict("2.jpg")
    print(r)
```

保存工程并运行，在主界面中单击右下角的"来自图片"按钮，然后查看工程目录下的test文件夹中的某个汽车图片，如图14-21所示，成功识别出了车牌号。

图 14-21

第 15 章

OpenCV目标检测

目标检测（包括静态和动态）与跟踪技术是计算机视觉领域的热门研究课题之一，结合视觉导航、人工智能以及模式识别等相关领域的研究成果，在视频监控、视频检索、医学图像分析等众多领域具有重要地位，因此学习动态目标跟踪具有重要的理论意义和实际应用价值。例如，在军事领域的导弹防御系统中就应用了动态目标跟踪技术，只有实时跟踪飞来的导弹才能及时准确地把它拦截在空中；其在民用领域的应用就更多了，比如视频监控、车辆跟踪、肺结节诊断等。限于篇幅，本章只是初步介绍一下目标检测，使读者在遇到相关问题时知道学习的方向。

15.1　目标检测概述

当我们谈起计算机视觉时，首先想到的就是图像分类。图像分类是计算机视觉最基本的任务之一，在图像分类的基础上还有更复杂和有意思的任务，比如目标检测、物体定位、图像分割等，如图15-1所示。

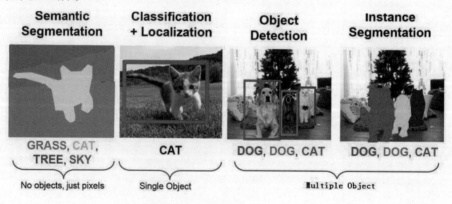

图 15-1

　　目标检测是一项比较实际且具有挑战性的计算机视觉任务，可以看作图像分类与定位的结合。由于图片中的目标数是不定的，并且要给出目标的精确位置，因此目标检测相比分类任务更复杂。目标检测的一个实际应用场景是无人驾驶，如果能够在无人汽车上装载一个有效的目标检测系统，那么无人汽车将和人一样有"眼睛"了，就可以快速地检测出车前的行人与车辆，从而做出实时决策。

　　近年来，随着计算机技术的蓬勃发展和人工智能相关技术的不断成熟，运动目标的检测与跟踪成为应用和进一步研究的热点。计算机视觉是一门包含数学、模式识别、深度学习、计算机、图像处理等的综合性学科。其中，运动目标检测与跟踪技术是计算机视觉中的一个核心技术，使得传统视频监控系统逐渐发展为当今的智能监控系统。智能视频监控主要基于视频帧图像分析运动目标，即从一组视频序列图像中提取目标，然后检测、识别和跟踪运动目标，并模拟出运动轨迹。

　　与传统的视频监控系统不同，智能视频监控系统利用图像处理和计算机视觉相结合的技术，通过计算机代替人类大脑和肉眼对运动目标进行分析和理解，完成视频中某一特定场景或者监控区域中运动目标的检测、跟踪与识别，进一步完善监控的自动化，达到安全保障的目的。随着相关部门以及某些重要场所对安全的重视程度越来越高，智能视频监控逐渐得到了广泛应用，例如在企、事业单位的安全防卫以及出入门禁系统；高速公路管理系统违章检测、智能导航系统以及人和车流量的统计分析；小区、学校、银行等公共场所的异常行为检测等。

　　运动目标检测与跟踪是智能监控系统中的关键性技术。首先利用目标检测算法来确定目标所在位置，然后通过跟踪算法获取目标的运动方位、大小、整体形态等特征，同时将跟踪到的信息传输给分析模块进行后期处理。随着目标场景的复杂化，运动目标的检测与跟踪在实时性、有效性和鲁棒性等方面的要求也随之增加，同时视频质量、目标检测的精确度以及多目标之间存在的遮挡问题也亟待解决。虽然智能视频监控技术近年来得到长足的发展，许多科研机构也取得了丰硕的成果，但是运动目标的检测与跟踪的相关技术的研究仍然面临着一些挑战。当给定一帧图像时，目前还是无法提取到运动目标，必须是若干帧图像组成的图像序列或者视频集才能提取到运动目标。运动目标跟踪是对检测到的运动目标进行跟踪，并确定运动轨迹的过程。例如，图15-2所示即为在动态背景下的行人检测。

图 15-2

　　综上所述，运动目标的检测与跟踪是视频监控系统中不可或缺的组成部分。同时，运动目标检测是运动目标跟踪的前提和基础，也是视频分析的基础。实现高精度、实时性好、鲁棒性强的视频分析算法仍是当今研究工作的主攻方向。

15.2　目标检测的基本概念

运动目标的检测主要包括行人检测、车辆检测、物体检测、运动背景检测、粒子或者生物体检测等。图15-3所示为行人检测的过程。目标检测技术不仅可以检测单幅图像，还可以检测视频中的某一帧图像，既可以是日常拍摄的图像，也可以是用通过红外或者微波等其他方式获得的数字图像。

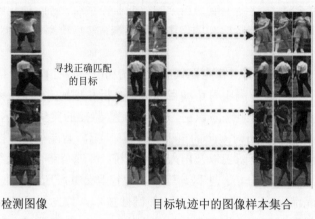

检测图像　　　　　　　　目标轨迹中的图像样本集合

图 15-3

国外许多知名高校和科研单位对运动目标的检测技术进行了持续的研究，并取得了突破性的进展，例如，美国卡内基梅隆大学的Lipton等人对帧间差分算法进行了深入的研究，提出了有效的改进算法；美国马里兰大学Davis领导的研究小组一直从事动态目标的研究，改进了传统背景模型算法；麻省理工学院的Stauffer等人对背景模型算法进行了改进研究，将背景模型的建立改进为自适应的过程。

我国的目标检测技术研究比国外稍晚一些，主要的研究团队有北大视觉信息处理研究室、清华智能技术与系统研究室等。

运动目标检测的目的是根据视频序列从背景图像中将变化的区域提取出来，用摄像机按一定的时间间隔获取运动目标的视频图像，经过一系列的计算机处理过程将感兴趣的目标检测出来。运动目标的检测基本流程如图15-4所示。目标检测是整个系统的底层部分，为目标跟踪、分类、识别奠定基础。因此，目标检测对图像帧序列处理至关重要。通常根据视频帧背景的不同将运动目标检测分为两类，即静态背景下的检测和动态背景下的检测。

背景相减法、帧差法和光流法等是常用的运动目标检测方法。其中，背景相减法的主要思想是分析前若干帧的变化趋势，得到背景变化规律，从而建立背景模型，进一步得到当前帧与背景模型的差值，以此差值来检测运动目标。背景模型的建立和更新是该方法的关键，

图 15-4

比如，采用单高斯模型更新背景模型的主要缺点在于不能很好地拟合背景，得到背景差值。大部分研究者偏向于利用混合高斯模型建立背景模型，通过高斯模型数量的自适应选择策略来避免大面积误检或漏检的情况。将帧差法与混合高斯模型结合，对背景更新率设定更大的值，以便更直观地区分背景与运动目标。

　　帧差法的主要思想是通过计算视频图像中连续两帧之间的差值来检测运动目标包含的区域。这样做的好处在于适应性强，对背景扰动的情形不敏感；缺点是检测目标轮廓时精度低且有效性较差。许多研究者发现了这一问题，并对其进行了进一步的优化改进。比如，有的学者采取的策略是首先得到前两帧轮廓信息，然后对后两帧的差值进行二值化处理，以这两部分得到的信息进一步构建完整的目标轮廓；有的学者通过存储连续相邻帧之间的差分二值化图像，并利用形态学滤波来平滑边缘；有的学者对三帧差分得到的目标轮廓做单色填充处理，通过形态学处理得到无空洞的运动目标；为了进一步克制帧差法引起的"空洞"和"鬼影"现象，有的学者将帧差法与混合高斯模型进行融合，以检测运动目标；有的学者利用帧差法对视频帧进行分割，通过给不同的区域赋不同的更新权值，进一步得到更新后的高斯混合模型；有的学者通过自制的判定标准，将帧差结果与图像分割区域进行合并，以提取目标的位置和轮廓，精度相对较高。

　　光流法主要以光流方程为基础，通过计算每个像素点的运动状态矢量来发现运动的像素点。其最大的优点在于能够抑制背景运动的干扰，不足之处是计算复杂度高、光照变化和噪声影响大。运动物体的光流场如图15-5所示。为了改善光流法的性能，研究者做了大量的实验。有的学者利用金字塔稀疏光流法跟踪特征点，并根据其运动轨迹对特征点进行分组。

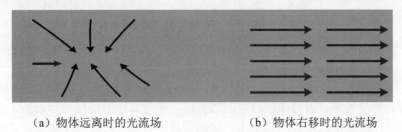

（a）物体远离时的光流场　　　　　　　　（b）物体右移时的光流场

图 15-5

　　随着人工智能技术的兴起，研究者开始基于深度学习的运动目标检测算法来提取更加准确的背景，以克服运动背景噪声，提高运动目标检测精度。Braham等人利用卷积神经网络（Convolutional Neural Network，CNN）提取背景，通过CNN模型训练每个视频序列，进一步提取特定背景。有的学者将背景图像作为深度自编码网络训练时损失函数的一部分，训练深度自编码网络提取背景。还有的学者利用深度学习框架提取背景的更高维特征，并与视频对比实现块级别的运动目标检测。为了得到更稳定的背景模型，有人采用多层自组织映射网络逐层训练背景模型，最终实现了运动目标的检测，且准确率高、实时性好。

　　近年来，动态目标的检测与跟踪一直是计算机视觉研究的核心技术，运动目标跟踪主要采用相应的算法对视频序列中的运动目标进行跟踪，其中的目标包括人、车辆、飞机、动物等。目标跟踪的目的与目标检测相似，即获取某一时刻目标在图像中包含的运动区域及位置信息，不同之处在于目标跟踪需要保持与目标的时空一致性。运动目标跟踪的基本流程如图15-6所示。

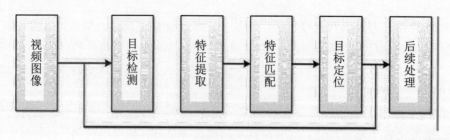

图 15-6

随着目标检测与跟踪技术的不断发展，研究者开始着重研究通过目标检测来进行跟踪的方法，依据模型建立跟踪方案。其中，依据模型类别对跟踪方法进行分类可以分为两类，即基于生成模型的跟踪和基于判别模型的跟踪。

基于生成模型的跟踪算法的主要原理是利用生成模型来表示目标，同时选择在后续视频帧中与目标模板相似度最高的候选模板，以此作为每一帧的跟踪结果。该类方法在大多数情况下用局部图像特征来表示目标，例如SIFT特征、光谱特征、HOG特征、协方差描述等。

基于判别模型的跟踪算法的主要原理是通过训练一个二元分类器来识别运动目标。

目前，由于深度学习技术在目标检测方面的性能比较优越，许多基于深度学习的跟踪算法相继被提出。

计算机视觉与一系列关键算法的研究密不可分，比如模式识别、图像处理、深度学习、机器学习等，所以了解一些算法还是很有必要的。

15.3 视频序列图像预处理

近年来，对视频序列中运动目标进行分析，已成为计算机视觉领域中的主要关注点，其核心是从某段视频中检测、识别和跟踪特定的目标，并对其行为特征进行理解。视频序列中的每个图像称为帧，也就是说视频序列是由一帧帧图像构成的。从广义上来说，采用不同系统以不同方式观测实际物体而获得，并可以直接或间接作用于肉眼进而产生视觉的实体称为图像。

一般拍摄的图像可以看作某种能量的样本阵列，所以图像的表现形式通常为矩阵或者数组，每个元素的坐标代表某个场景的位置，元素的值代表该场景的特征量。通常情况下，视频由随时间变化的数字图像序列组成。视频图像的主要特点是存在大量的原始数据、相邻帧之间的相关性以及动态的模式等，为运动目标检测、识别和跟踪提供方便。与静态图像相比，可以通过图像处理技术对视频序列中的运动特征进行提取。

图像预处理技术是指在对视频中的某些行为进行分析前所做的必要操作。现在大多数视频文件通过摄像机进行记录采集，在采集、传输和记录的过程中，难免会受到摄像机抖动、外界光照、遮挡等噪声的干扰。因此，在对视频中的目标进行检测与跟踪之前，选择合适的算法抑制噪声干扰，是非常重要的图像预处理过程。对于一套标准的图像处理系统，最关键的步骤就是降低前一级的噪声干扰。

15.4　基于深度学习的运动目标检测

运动目标检测为后面的运动目标跟踪、识别和运动轨迹分析奠定了基础。

基于深度学习的运动目标检测指的是，以采集的视频图像中的运动目标（人、车辆等）为研究对象，以基于深度学习的YOLO目标检测算法、SSD目标检测算法为前提，研究基于深度学习的目标检测算法，并完成视频中行人、车辆的检测。基于深度学习的目标检测算法框架如图15-7所示。

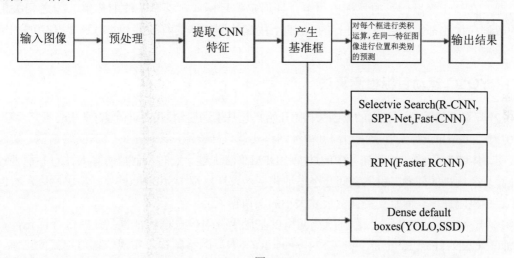

图 15-7

从图15-7中可以看出，目标检测算法主要分为两大类：一类是基于深度学习的回归算法（YOLO、SSD等），其速度快，但检测精度低；另一类是基于RPN分类的R-CNN系列（R-CNN、Fast R-CNN等），其检测精度高，但速度较慢。

- 基于深度学习的回归目标检测算法的基本步骤为：输入一幅图像，使用回归的方式输出检测目标的边框和类别。该方法主要利用分类器划定一个范围，然后在该范围内不断迭代，直至划分到精细的位置。

- 基于 RPN 分类的目标检测算法的基本步骤为：首先，生成可能的区域，并采用 CNN 提取特征；其次，将提取到的特征放入分类器中进行分类，并修正分类位置；最后，得到最终的分类结果。

两类算法的主要区别在于其产生基准框的方式不同。两类算法的共同点是基于同一特征图来预测分类概率和基准框的尺寸、位移的变化，直观地反映基于深度学习的目标检测算法位置预测与分类预测的结果。

在深度学习未出现之前，计算机视觉领域的研究者通常采用传统的运动目标检测算法来完成对运动目标的检测。传统方法的主要步骤为待选区域提取、区域特征提取、特征分类。传统的算法计算速度快，所以待选区域提取一般采用滑动窗口策略，使用不同尺寸的滑动窗口对图像进行读取。随着深度学习技术的拓展，传统的检测算法的实时性及检测精度无法满足人们的日常需求，因此研究者在原有深度学习技术的基础上，对其中的检测算法进行了改进和优化。比如，欧阳万里在CVPR（IEEE Conference on Computer Vision and Pattern Recognition的缩写，即IEEE国际计算机视觉与模式识别会议）上提出的Joint Deep算法，将形变模型与遮挡模型有机结合，并采用CNN网络提取目标特征，取得理想的效果。从此，目标检测从传统的手工提取特征方式进一步发展为基于卷积神经网络的特征提取，检测精度得到提升，同时检测时间也大大缩减。对于神经网络来说，不同深度代表着不同层次的语义，导致小物体检测性能急剧下降。因此，TY Lin等人在原有网络的基础上，让每一层预测所用的特征图融合不同分辨率、不同语义强度的特征，进而提出FPN（Feature Pyramid Networks）网络。

目前，在基于深度学习的目标检测中，如何定位目标一直都是关注的焦点。与之相关的算法的改进和优化都是围绕该点进行的。因此，提高检测算法的有效性和实时性是其中的关键步骤。

15.4.1　YOLO 运动目标检测算法

2012年，随着深度学习技术的不断突破，开始兴起基于深度学习的目标检测算法的研究浪潮。

2014年，Girshick等人首次采用深度神经网络实现目标检测，设计出R-CNN网络结构。实验结果表明，R-CNN网络在检测任务中的性能比DPM算法优越。同时，何恺明等人针对卷积神经网络计算复杂度高的问题，引入空间金字塔池化层，设计出基于SPP-Net的目标检测网络，不但提高了目标检测速度，而且支持任意尺寸大小的图像输入。

2015年，Girshick在R-CNN目标检测网络的基础上针对候选框特征重复提取进行优化，提出了Fast R-CNN（Fast Regions with CNN，Fast R-CNN）网络结构，实现了端对端式的训练，并且所有网络层的参数在不断更新。任少卿和何恺明等人采用区域建议网络（Region Proposal Network，RPN）和Fast R-CNN网络结合的方式，设计出新的目标检测网络。该网络使得目标检测精度和速度得到很大的提升。

传统的目标检测算法的基本思路一般是先对图像进行预处理，然后使用滑动窗口策略在整个图像均匀间隔的区域上提取特征，最后利用机器学习中的分类器判断是否存在目标。比如，之前的DMP系统不但检测流程复杂，而且检测过程中卷积计算量较大，无法满足现实生活中检测的实时性要求。对于该算法的不足，Joseph Redmon等人提出了YOLO算法，主要思路是将目标检测任务的问题转换为回归问题。其设计的网络只进行一次计算，就能直接得到完整图像中目标的边界框和类别概率。同时，该网络结构单一，实现了端对端式的训练。因此，YOLO检测算法的检测速度可满足实际的检测需求。下面我们从检测流程、网络架构、网络训练模型3个角度来分析YOLO算法。

基于YOLO算法的目标检测流程（见图15-8）大致可分为3个步骤：

01 把待检测图像的大小调整为 448×448。

02 将图像放入 CNN，输出待检测目标边界框的坐标信息和类别概率。

03 使用非极大抑制算法去除冗余的标注框，筛选出最终的目标检测结果。

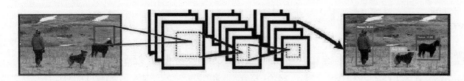

图 15-8

1. YOLO 算法检测流程

YOLO算法的整体检测思路为：首先将待检测图像划分为 $S \times S$ 个网格，然后对每个网格都预测 B 个边界框（bounding boxes）和这些边界框所对应的置信度得分（confidence scores）。YOLO算法具体的检测示意图如图15-9所示。

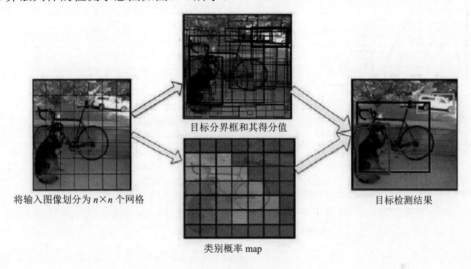

目标分界框和其得分值

将输入图像划分为 $n \times n$ 个网格

类别概率 map

目标检测结果

图 15-9

此时，若有目标的中心点落在某个格子单元中，则该格子将负责检测这个目标，而置信度得分负责检测该网络模型的单元格中是否有目标，以及对预测位置的精确度。如果单元格中没有目标，则置信度得分为0；如果存在目标，则为预测的boxes与真实的boxes之间的IoU值。

$$\mathrm{Pr(Object)} \times \mathrm{IoU}_{\mathrm{pred}}^{\mathrm{truth}}$$

每个边界框都包含了5个预测值：x，y，w，h，confidence。其中，坐标（x，y）代表边界框的中心坐标，与网格单元对齐（相当于当前网格单元的偏移值），使得范围变成[0,1]；坐标（w，h）代表预测的边框相对于整个图像的高度和宽度的比例。每个网格还要预测一个类别信息，记为 C 类，则 C 个类别条件概率值为Pr(|)。在测试阶段，每个边界框的具体类别的自信得分计算公式如下：

$$\mathrm{Pr(Class}_i \,|\, \mathrm{Object)} \times \mathrm{Pr(Object)} \times \mathrm{IoU}_{\mathrm{pred}}^{\mathrm{truth}} = \mathrm{Pr(Class}_i) \times \mathrm{IoU}_{\mathrm{pred}}^{\mathrm{truth}}$$

上式得到的结果中既包含了边界框中预测类别的概率值，也反映了边界框中是否含有目标和边界框位置的精确度。

2. YOLO 算法网络架构

通过分析YOLO的检测流程可以看出，YOLO算法将格子数 S 设置为7×7的大小，网络方面采用GooleNet的思想，其中包含了24个卷积层和2个全连接层，如图15-10 所示。卷积层主要用来提取特征，全连接层主要用来预测类别概率和坐标。与GooleNet的不同之处在于YOLO检测网络没有采用Inception结构，而是采用1×1和3×3的卷积层代替了Inception。从上述网络检测流程的分析可以看出，每个单元需要预测（$B\times5+C$）值，假设将输入图像划分为 $S\times S$ 个网格单元，那么最终的预测值为 $S\times S\times(B\times5+C)$ 大小的张量。对于PASCAL VOC数据，最终的预测结果为$7\times7\times30$大小的张量。

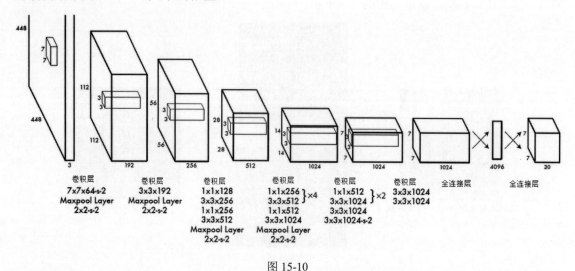

图 15-10

从图15-10中可以看出，网络的最终输出为$7\times7\times30$大小的张量，这和前面的分析一致。该张量所代表的具体含义如图15-11所示。对于每一个单元格，最后20个元素代表类别概率值，其中前面10个元素中有两个是边界框置信度，两者的乘积就是类别置信度，剩下8个元素代表边界框的（ x,y,w,h ）。

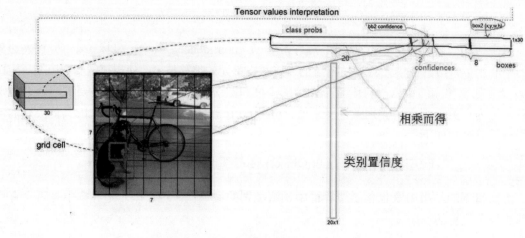

图 15-11

3. 网络训练模型

1）训练策略

在训练之前，先在ImageNet上进行预训练。预训练的分类模型采用图15-12中前20个卷积层，然后添加一个平均池化层（Average-pool Layer）和全连接层。预训练之后，在预训练得到的20层卷积层之上加上随机初始化的4个卷积层和2个全连接层。由于检测任务一般需要更高清的图片，因此将网络的输入从224×224增加到448×448。整个网络的流程如图15-12所示。

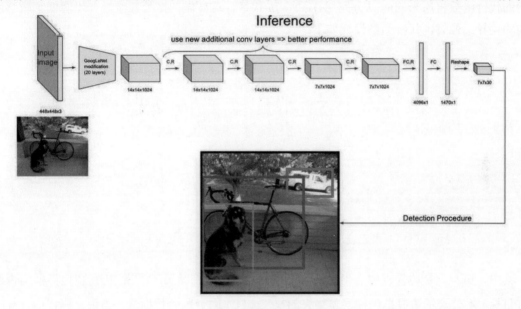

图 15-12

YOLO算法并没有像Goole Net那样直接构建24层的卷积网络，而是构建20层的卷积网络，然后在ImageNet数据集上预训练了前面的20层卷积层。网络最终预测输出结果的边界框的信息是(x, y, w, h)，但是坐标(x, y)用对应网格的偏移量表示，然后归一化到$(0,1)$区间，坐标(w, h)用图像width和height归一化到$(0,1)$区间。由于在训练的过程中，一般的激活函数Sigmoid会出现梯度消失、梯度爆炸的现象，因此YOLO采用LeakyReLU线性激活函数作为激活函数，其函数表达式如下：

$$\delta(x) = \begin{cases} x, & x > 0 \\ 0.1x, & \text{其他} \end{cases}$$

2）代价函数的设定

YOLO算法的最终输出结果包含边界框的坐标、置信度得分、类别概率值3个部分，代价函数的设计目标是让这三方面达到很好的平衡。刚开始，YOLO简单地采用平方和误差作为代价函数，通过梯度下降法很容易达到最优化。然而，这种代价函数的设计最终导致的结果是模型的拟合能力很差，主要原因除了代价函数的设定不合适之外，还有以下两个方面：

（1）对于8维的坐标误差和20维的类别概率误差，在采用平方差误差时，两者视为同等重要，这显然是不合理的。

（2）在一幅图像中，如果一个网络中没有目标，就将这些网络中的格子单元的置信度设置为0。相比于较少的有目标的网络，这种方法是不可取的，会导致网络不稳定甚至不收敛。

基于上述不足，YOLO进一步改进代价函数，更重视8维坐标预测的误差损失，对其赋予更大的权值，同时减小不包含目标的单元格的置信度预测的权值。对于包含目标的单元格的置信度和类别概率预测的误差损失保持不变，同时将其权值设定为1。平方和误差同时对大边界框和小边界框中的误差采用相同的权值，改进后小边界框中的微小偏差显得尤为重要。因此，网络的代价函数将原来的w、h分别用$\sqrt{w}$和$\sqrt{h}$代替，这样做的好处在于进一步降低了敏感度之间的差异。最终，代价函数设计如下：

$$\lambda_{\text{coord}}\sum_{i=0}^{S^2}\sum_{j=0}^{B}\prod_{ij}^{\text{obj}}\left[\left(x_i-\hat{x}_i\right)^2+\left(y_i-\hat{y}_i\right)^2\right]$$
$$+\lambda_{\text{coord}}\sum_{i=0}^{S^2}\sum_{j=0}^{B}\prod_{ij}^{\text{obj}}\left[\left(\sqrt{w_i}-\sqrt{\hat{w}_i}\right)^2+\left(h_i-\sqrt{\hat{h}_i}\right)^2\right]$$
$$+\sum_{i=0}^{S^2}\sum_{j=0}^{B}\prod_{ij}^{\text{obj}}\left(C_i-\hat{C}_i\right)^2$$
$$+\lambda_{\text{noobj}}\sum_{i=0}^{S^2}\sum_{j=0}^{B}\prod_{ij}^{\text{noobj}}\left(C_i-\hat{C}_i\right)^2$$
$$+\sum_{i=0}^{S^2}\sum_{j=0}^{B}\prod_{ij}^{\text{obj}}\sum_{c\in\text{classes}}\left(p_i(c)-\hat{p}_i(c)\right)^2$$

其中，第一项是边界框中心坐标的误差项，$\prod_{ij}^{\text{obj}}$用于判断第i个网格中第j个边界框是否检测该目标，λ_{coord}表示边界框坐标误差损失的权值，$\prod_i^{\text{obj}}$用于判断目标是否出现在网格中，λ_{noobj}表示不包含目标边界框的置信度预测的误差权值。在上述代价函数中，只有当某个网络中有目标时，才对预测误差进行惩罚，即增加权重系数。

总之，YOLO算法的缺点有两个方面：一方面，难以检测小目标，导致对视频中运动目标的检测出现漏检的现象；另一方面，对目标的定位不准，检测到的目标与实际目标之间存在偏差。

15.4.2　YOLOv2 概述

对YOLO存在的不足，业界又推出了YOLOv2。YOLOv2主要通过以下方法对模型进行优化：

（1）使用Batch Normalization方法对模型中每一个卷积层的输入进行归一化，缓解梯度消失，加快收敛速度，减少训练时间，同时提高平均检测准确率。

（2）增加Anchors机制，借助训练集的边框标签值，使用k-means聚类的方法生成几种不同尺寸的Anchors。YOLOv2去掉了YOLO网络中的全连接层和最后一个池化层，以提高特征的分辨率；在最后一层卷积采样后使用Anchors机制，旨在提高IoU。训练时，在每个网格上预置Anchors，以这些Anchors为基准计算损失函数。

（3）提出一个新的基础网络结构：Darknet-19。Darknet-19是一个全卷积网络，相比YOLO的主体结构，它用一个Average Pooling层代替全连接层，有利于更好地保留目标的空间位置信息。

（4）采用优化的直接位置预测方法。根据设定的Anchors，在网络最后一个卷积层输出的特征图上，对每个网格进行边框预测，先预测tx、ty、tw、th、to这5个值，然后根据这5个值计算预测边框的位置信息和置信度。

通过以上改进，YOLOv2在平均检测准确率和训练检测速度方面较YOLO均有明显的提高。作为一个中间版本，读者了解即可。

15.4.3　YOLOv3 概述

为了进一步提高性能，人们又提出了YOLOv3。相比前两个版本，YOLOv3在分类方法、网络结构方面做了较大改进，具体实现如下：

（1）构建了新的基础网络结构：Darknet-53。Darknet-53共有75层，使用了一系列3×3、1×1的卷积，其中包括53层卷积层，其余为res层，借鉴ResNet（Residual Network，残差网络）的思想，采用跳层连接的方式进一步优化网络性能。Darknet-53的网络结构如图15-13所示。

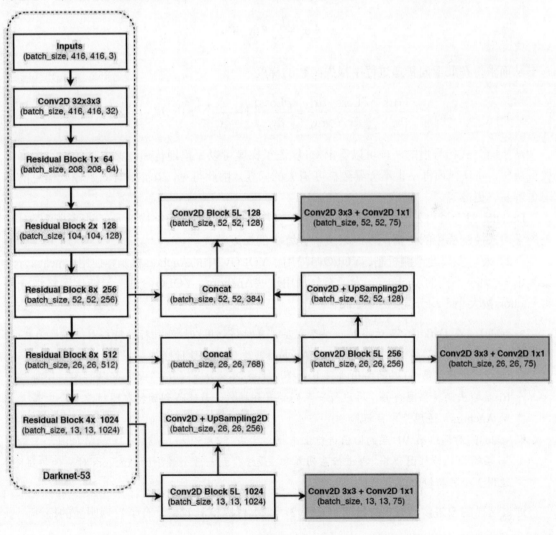

图 15-13

在深度学习中，越是深层次的网络越容易出现梯度消失，导致网络退化，即使使用了Batch Normalization等方法，效果依然不太理想。2015年，Kaiming He等人提出ResNet，在当年的 ILSVRC（ImageNet Large Scale Visual Recognition Challenge）比赛中获得了冠军。ResNet的主要思想是在网络结构中增加"直连通道"，将某层的原始输出直接传递到后面的层中。这种跳层连接结构能减少原始信息在传递过程中的损耗，在一定程度上缓解了深度神经网络中的梯度消失问题。ResNet的原理如图15-14所示。

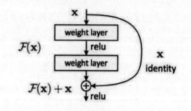

图 15-14

在ResNet中，如果用 x_l 和 x_l+1 分别表示第 l 层的输入和输出，W_l 表示第 l 层的权重，F 表示该层的残差函数，则 x_l 和 x_l+1 之间的关系可以表示为：$x_l+1=x_l+F(x_l,W_l)$。如果网络以这样的结构学习到第 L 层，第 L 层的输入 x_L 和 x_l 之间的关系可表达为：

$$x_L = x_l + \sum_{i=l}^{L-1} F(x_i, W_i)$$

从而求得在此反向传递过程中损失函数的梯度：

$$\frac{\partial \text{Loss}}{\partial x_l} = \frac{\partial \text{Loss}}{\partial x_L} \cdot \frac{\partial x_L}{\partial x_l} = \frac{\partial \text{Loss}}{\partial x_L} \left(1 + \frac{\partial}{\partial x_L} \sum_{i=l}^{L-1} F(x_i, W_i)\right)$$

从上面公式括号里的两项可以看出，1保证了梯度可以无损地传递，第二项的大小由网络权重决定，并且该项再小也不会导致梯度消失的问题。由此可见，ResNet对原始输入信息的学习更容易、更准确。

Darknet-53通过引入res层，将整个网络分成若干个小的ResNet结构单元，并通过逐级对残差的学习来控制梯度的传播，以此来缓解训练中的梯度消失。

（2）采用多尺度预测机制。YOLOv3沿用了YOLOv2中的Anchors机制，使用k-means方法聚类出9种大小不同的Anchors。为了充分利用这些Anchors，YOLOv3进一步细化网格划分，将Anchors按大小平均分配给3种scale。

- scale1：在 Darknet-53 后添加 6 层卷积层，直接得到用以检测目标的特征图，维度为 $13 \times 13 \times (B \times 5+C)$，对应最大的 3 种 Anchors，适用于大目标检测。
- sale2：对网络第 79 层的输出进行上采样，生成 $26 \times 26 \times (B \times 5+C)$ 的特征图，同时与第 61 层输出的特征图合并，再进行一系列的卷积操作，最终得到的特征图对应 3 个中等大小的 Anchors，适用于中目标检测。
- scale3：对网络第 91 层的输出进行上采样，生成 $52 \times 52 \times (B \times 5+C)$ 的特征图，先与第 36 层输出的特征图合并，再进行系列卷积，最终得到与 3 个最小的 Anchors 对应的特征图，适用于小目标检测。

通过这样的改进，YOLOv3相比YOLOv2，在小目标检测效果上有了较为明显的提高。

（3）使用简单的逻辑回归进行分类，分类损失函数采用了binary cross-entropy loss（二值交叉熵损失），而且不再使用softmax进行分类。在softmax分类中，得分最高的预测边框获得一个分类，但是在很多情况下（尤其在进行有遮挡或重叠的多目标检测时），softmax并不适合。

通过不断的改进与创新，YOLOv3使基于回归思想的YOLO系列模型的性能达到了一个峰值，最大限度地兼顾了检测的实时性和准确率，为危险物品的实时检测和跟踪、自动驾驶的环境信息采集等对实时性和准确率要求都较高的应用领域，提供了非常有参考和研究价值的可靠模型。

15.4.4　实战 YOLOv3 识别物体

目标检测，粗略地说就是输入图片/视频，经过处理后得到目标的位置信息（比如左上角和右下角的坐标）、目标的预测类别、目标的预测置信度。前面我们阐述了不少理论知识，现在需要动手实战了。对于初学者来说，自己实现YOLO算法不太现实，幸运的是OpenCV的dnn（Deep Neural Network）模块封装了Darknet框架（封装了YOLO算法）。使用OpenCV能更方便地直接运行已训练的深度学习模型。本次实战采用YOLOv3，基本步骤是先让OpenCV加载预训练YOLOv3模型，然后进行各种检测，比如图片识别、打开计算机自带摄像头进行物体检测等。

为了加载预训练YOLOv3模型，需要准备3个文件（在工程目录下）：yolov3.cfg、yolov3.weights和coco.names。其中，yolov3.cfg为YOLOv3网络配置文件，yolov3.weights为权重文件，coco.names为标签文件。

【例 15.1】　基于 YOLOv3 识别物体

```
import cv2
import numpy as np
```

使用OpenCV dnn模块加载YOLO模型，代码如下：

```
net = cv2.dnn.readNet("yolov3.weights", "yolov3.cfg")
```

从coco.names导入类别并存储为列表，代码如下：

```
classes = []
with open("coco.names", "r") as f:
    classes = [line.strip() for line in f.readlines()]

print(classes)
```

运行程序，将会打印如下结果：

```
['person', 'bicycle', 'car', 'motorbike', 'aeroplane', 'bus', 'train', 'truck',
'boat', 'traffic light', 'fire hydrant', 'stop sign', 'parking meter', 'bench',
'bird', 'cat', 'dog', 'horse', 'sheep', 'cow', 'elephant', 'bear', 'zebra',
'giraffe', 'backpack', 'umbrella', 'handbag', 'tie', 'suitcase', 'frisbee', 'skis',
'snowboard', 'sports ball', 'kite', 'baseball bat', 'baseball glove', 'skateboard',
'surfboard', 'tennis racket', 'bottle', 'wine glass', 'cup', 'fork', 'knife',
'spoon', 'bowl', 'banana', 'apple', 'sandwich', 'orange', 'broccoli', 'carrot',
'hot dog', 'pizza', 'donut', 'cake', 'chair', 'sofa', 'pottedplant', 'bed',
'diningtable', 'toilet', 'tvmonitor', 'laptop', 'mouse', 'remote', 'keyboard',
```

```
'cell phone', 'microwave', 'oven', 'toaster', 'sink', 'refrigerator', 'book',
'clock', 'vase', 'scissors', 'teddy bear', 'hair drier', 'toothbrush']
```

（1）添加获得输出层的代码：

```
layer_names = net.getLayerNames()
print(layer_names)

output_layers = [layer_names[i - 1] for i in net.getUnconnectedOutLayers()]
print(output_layers)
```

其中，getLayerNames函数获取网络各层名称；getUnconnectedOutLayers函数返回具有未连接输出的图层索引。此时运行程序会打印output_layers的结果：

```
['conv_0', 'bn_0', 'relu_1', 'conv_1', 'bn_1', 'relu_2', 'conv_2', 'bn_2',
'relu_3', 'conv_3', 'bn_3', 'relu_4', 'shortcut_4', 'conv_5', 'bn_5', 'relu_6',
'conv_6', 'bn_6', 'relu_7', 'conv_7', 'bn_7', 'relu_8', '
...
'relu_101', 'conv_101', 'bn_101', 'relu_102', 'conv_102', 'bn_102', 'relu_103',
'conv_103', 'bn_103', 'relu_104', 'conv_104', 'bn_104', 'relu_105', 'conv_105',
'permute_106', 'yolo_106']
['yolo_82', 'yolo_94', 'yolo_106']
```

（2）添加处理图像并获取blob的代码：

```
img = cv2.imread("demo1.jpg")
# 获取图像尺寸与通道值
height, width, channels = img.shape
print('The image height is:',height)
print('The image width is:',width)
print('The image channels is:',channels)

blob = cv2.dnn.blobFromImage(img, 1.0 / 255.0, (416, 416), (0, 0, 0), True,
crop=False)
```

此时运行程序，打印的高度、宽度和通道数如下：

```
The image height is: 2250
The image width is: 4000
The image channels is: 3
```

（3）添加Matplotlib，可视化blob下的图像，代码如下：

```
from matplotlib import pyplot as plt
```

OpenCV 采用的是 BGR 模式，Matplotlib 采用的是 RGB 模式，因此需要使用cv2.COLOR_BGR2RGB将BGR转换为RGB：

```
fig = plt.gcf()
fig.set_size_inches(20, 10)

num = 0
for b in blob:
    for img_blob in b:
        img_blob=cv2.cvtColor(img_blob, cv2.COLOR_BGR2RGB)
```

```
        num += 1
        ax = plt.subplot(1, 3, num)
        ax.imshow(img_blob)
        title = 'blob_image:{}'.format(num)
        ax.set_title(title, fontsize=20)
```

（4）利用setInput函数将blob输入网络，利用forward函数输入网络输出层的名字来计算网络输出。本次计算中output_layers包含3个输出层的列表，所以outs的值也是一个包含3个矩阵的列表。添加如下代码：

```
net.setInput(blob)
outs = net.forward(output_layers)
for i in range(len(outs)):
    print('The {} layer out shape is:'.format(i), outs[i].shape)
```

这个循环会输出以下内容：

```
The 0 layer out shape is: (507, 85)
The 1 layer out shape is: (2028, 85)
The 2 layer out shape is: (8112, 85)
```

然后进行识别与标签处理，创建记录数据列表，添加如下代码：

```
class_ids = []
confidences = []
boxes = []
```

其中，class_ids记录类别名；confidences记录算法检测物体概率；boxes记录框的坐标。YOLOv3对于一个416×416的输入图像，在每个尺度的特征图的每个网格中设置3个先验框，总共有13×13×3 + 26×26×3 + 52×52×3 = 10647个预测。每一个预测是一个85（4+1+80）维向量，这个85维向量包含边框坐标（4个数值）、边框置信度（1个数值）、对象类别的概率（对于COCO数据集，有80种对象），所以我们通过detection[5:]获取detection的后80个数据（类似独热码），获取其最大值索引对应的coco.names类别。

（5）打印两条具有非零元素的80个数据列表，添加代码如下：

```
i = 0
for out in outs:
    for detection in out:
        a = sum(detection[5:])
        if a > 0:
            print(detection[5:])
            i += 1
        if i == 2:
            break
```

这两个for循环的输出结果如下：

```
[0.      0.      0.      0.      0.      0.
 0.      0.      0.      0.      0.      0.
 0.      0.      0.      0.      0.      0.
```

```
0.         0.         0.         0.         0.         0.
...
0.         0.         0.         0.         0.         0.
0.         0.         0.         0.99174595 0.         0.
0.         0.         0.         0.         0.         0.
0.         0.         0.         0.         0.         0.
0.         0.         ]
```

这80个数据列表中存在一个最大的值，即类别概率。我们需要为这个值设定阈值，对于低概率进行舍弃。使用confidence获取概率值，设置阈值为0.5（80分类物体的平均概率为0.0125[1/80]，0.5足够，当然也可以设置更高的概率阈值）。detection 85维向量中的边框坐标是一个输入图像尺寸大小的比例，需要乘以原输入图像，才可获得像素坐标。打印一组边框坐标值与置信度，添加如下代码：

```
i = 0
for out in outs:
    for detection in out:
        print('中心像素坐标 x 对原图宽比值:',detection[0])
        print('中心像素坐标 y 对原图高比值:',detection[1])
        print('边界框的宽度 w 对原图宽比值:',detection[2])
        print('边界框的高度 h 对原图高比值:',detection[3])
        print('此边界框置信度:',detection[4])
        break
    break
```

这两个for循环的输出结果如下：

```
中心像素坐标 x 对原图宽比值: 0.035733454
中心像素坐标 y 对原图高比值: 0.050177574
边界框的宽度 w 对原图宽比值: 0.42943934
边界框的高度 h 对原图高比值: 0.12349255
此边界框置信度: 2.63026e-08
```

我们需要通过detection[0] ~ detection[3]来计算cv2.rectangle()函数需要的(x, y, w, h)值。为了适应Jupyter-Notebook环境，这里采用Matplotlib绘制边框。Jupyter Notebook是一个开源的Web应用程序，允许创建和共享包含实时代码、方程、可视化和解释性文本的文档。它广泛用于数据分析、机器学习和科学计算。Matplotlib是一个Python绘图库，用于创建静态、交互式和动画可视化效果。它提供了一整套灵活的绘图设施，可以生成各种高质量的图表。Matplotlib的主要功能包括绘制基础图表（如线图、散点图、柱状图等），以及高级功能，例如3D绘图和地图绘制。Matplotlib与Jupyter Notebook的结合，为用户提供了强大的可视化展示能力。但这里并不需要在Web中查看，因此不必安装Jupyter-Notebook。Matplotlib库在第2章就已经安装过了。

注意，Matplotlib使用的是RGB，而OpenCV使用的是BGR，plt.Rectangle edgecolor设置要先统一颜色（edgecolor采用RGBA模式，值为0~1；plt.text()也采用RGBA模式），代码如下：

```
plt_img = cv2.cvtColor(img, cv2.COLOR_BGR2RGB)

fig = plt.gcf()
```

```
fig.set_size_inches(20, 10)

plt.imshow(plt_img)

# jupyter 会保留每次的运行结果，再次运行列表创建
class_ids = []
confidences = []
boxes = []
i = 0
for out in outs:
    for detection in out:
        scores = detection[5:]
        class_id = np.argmax(scores)
        confidence = scores[class_id]
        if confidence > 0.5:
            center_x = int(detection[0] * width)
            center_y = int(detection[1] * height)

            w = int(detection[2] * width)
            h = int(detection[3] * height)
            x = int(center_x - w / 2)
            y = int(center_y - h / 2)

            boxes.append([x, y, w, h])
            confidences.append(float(confidence))
            class_ids.append(class_id)
            label = classes[class_id]
            plt.gca().add_patch(
            plt.Rectangle((x, y), w,
                    h, fill=False,
                    edgecolor=(0, 1, 1), linewidth=2)
            )
            plt.text(x, y - 10, label, color = (1, 0, 0), fontsize=20)

            print('object {} :'.format(i), label)
            i += 1

plt.show()
```

这段代码的输出结果如下：

```
object 0 : laptop
object 1 : tvmonitor
object 2 : laptop
object 3 : tvmonitor
object 4 : chair
object 5 : chair
object 6 : chair
object 7 : chair
object 8 : tvmonitor
object 9 : laptop
object 10 : laptop
object 11 : tvmonitor
```

```
object 12 : keyboard
```

效果图如图15-15所示，在检测中出现了双框（或者多框）效果。OpenCV dnn模块自带了NMSBoxes()函数，可以使用NMS（Non-Maximum Suppression，非极大值抑制）算法解决多框问题。NMS的目的是在邻域内保留同一检测目标置信度最大的框，在下方输出中可以发现对于邻域相同的目标检测只保留了confidence值最大的box索引，例如object 0：tvmonitor与object 3：tvmonitor 的 概 率 分 别 为 0.9334805607795715 与 0.9716598987579346，显 然 保 留 object 3：tvmonitor，在索引indexes中没有[0]元素，其余推断类似。我们通过print来输出代码：

```
print('object {} :'.format(i), label + ' '*(10 - len(label)),
'confidence :{}'.format(confidence))
```

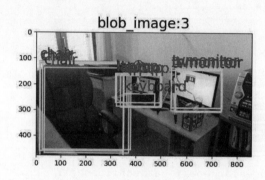

图 15-15

限于篇幅，该行代码的输出不再截图。现在，我们来添加如下代码：

```
plt_img = cv2.cvtColor(img, cv2.COLOR_BGR2RGB)

fig = plt.gcf()
fig.set_size_inches(30, 20)

ax_img = plt.subplot(1, 2, 1)

ax_img.imshow(plt_img)
# jupyter 会保留每次的运行结果，再次运行一次
class_ids = []
confidences = []
boxes = []

i = 0

for out in outs:
    for detection in out:
        scores = detection[5:]
        class_id = np.argmax(scores)
        confidence = scores[class_id]
        if confidence > 0.5:
            center_x = int(detection[0] * width)
            center_y = int(detection[1] * height)

            w = int(detection[2] * width)
            h = int(detection[3] * height)
```

```
            x = int(center_x - w / 2)
            y = int(center_y - h / 2)

            boxes.append([x, y, w, h])
            confidences.append(float(confidence))
            class_ids.append(class_id)
            label = classes[class_id]
            plt.gca().add_patch(
            plt.Rectangle((x, y), w,
                        h, fill=False,
                        edgecolor=(0, 1, 1), linewidth=2)
            )
            plt.text(x, y - 10, label, color = (1, 0, 0), fontsize=20)

            print('object {} :'.format(i), label + ' '*(10 - len(label)),
'confidence :{}'.format(confidence))
            i += 1

    print(confidences)
    indexes = cv2.dnn.NMSBoxes(boxes, confidences, 0.5, 0.4)
    print(indexes, end='')

    ax_img = plt.subplot(1, 2, 2)
    ax_img.imshow(plt_img)
    for j in range(len(boxes)):
        if j in indexes:
            x, y, w, h = boxes[j]
            label = classes[class_ids[j]]
            plt.gca().add_patch(
                plt.Rectangle((x, y), w,
                            h, fill=False,
                            edgecolor=(0, 1, 1), linewidth=2)
                )
            plt.text(x, y - 10, label, color = (1, 0, 0), fontsize=20)


    plt.show()
```

这段代码的运行结果如图15-16所示，此时不同的物体都被识别到了。

图 15-16

【例 15.2】 让不同类别物体的捕捉框颜色不同

```python
import cv2
import numpy as np
from matplotlib import pyplot as plt

# 加载 Yolo
net = cv2.dnn.readNet("yolov3.weights", "yolov3.cfg")
classes = []
with open("coco.names", "r") as f:
    classes = [line.strip() for line in f.readlines()]

layer_names = net.getLayerNames()
output_layers = [layer_names[i - 1] for i in net.getUnconnectedOutLayers()]

colors = np.random.uniform(0, 255, size=(len(classes), 3)) / 255

# 导入 image
img = cv2.imread("demo1.jpg")
# img = cv2.resize(img, None, fx=0.4, fy=0.4)
height, width, channels = img.shape

# 目标检测
blob = cv2.dnn.blobFromImage(img, 1.0 / 255.0, (416, 416), (0, 0, 0), True,
crop=False)

net.setInput(blob)
outs = net.forward(output_layers)

# 在屏幕上显示信息
class_ids = []
confidences = []
boxes = []

fig = plt.gcf()
fig.set_size_inches(20, 10)
plt_img = cv2.cvtColor(img, cv2.COLOR_BGR2RGB)
plt.imshow(plt_img)

for out in outs:
    for detection in out:
        scores = detection[5:]
        class_id = np.argmax(scores)
        confidence = scores[class_id]
        if confidence > 0.5:
            # 物体检测
            center_x = int(detection[0] * width)
            center_y = int(detection[1] * height)
            w = int(detection[2] * width)
            h = int(detection[3] * height)

            # 矩形坐标
            x = int(center_x - w / 2)
            y = int(center_y - h / 2)

            boxes.append([x, y, w, h])
```

```
            confidences.append(float(confidence))
            class_ids.append(class_id)
indexes = cv2.dnn.NMSBoxes(boxes, confidences, 0.5, 0.4)

for i in range(len(boxes)):
    if i in indexes:
        x, y, w, h = boxes[i]
        label = str(classes[class_ids[i]])
        color = colors[i]
        plt.gca().add_patch(
            plt.Rectangle((x, y), w,
                          h, fill=False,
                          edgecolor=color, linewidth=2)
            )
        plt.text(x, y - 10, label, color = color, fontsize=20)

plt.show()
```

　　运行工程，结果如图15-17所示，不同物体的捕捉框颜色也不同了（参看配套资源中的相关彩图文件）。

图 15-17

【例 15.3】　不用 Matplotlib 实现目标检测

```
import cv2
import numpy as np

# 加载 Yolo
net = cv2.dnn.readNet("yolov3.weights", "yolov3.cfg")
classes = []
with open("coco.names", "r") as f:
    classes = [line.strip() for line in f.readlines()]
layer_names = net.getLayerNames()
output_layers = [layer_names[i - 1] for i in net.getUnconnectedOutLayers()]
colors = np.random.uniform(0, 255, size=(len(classes), 3))
```

```python
# 导入 image
img = cv2.imread("demo1.jpg")
height, width, channels = img.shape

# 目标检测
blob = cv2.dnn.blobFromImage(img, 0.00392, (416, 416), (0, 0, 0), True, crop=False)

net.setInput(blob)
outs = net.forward(output_layers)

# 在屏幕上显示信息
class_ids = []
confidences = []
boxes = []
for out in outs:
    for detection in out:
        scores = detection[5:]
        class_id = np.argmax(scores)
        confidence = scores[class_id]
        if confidence > 0.5:
            # 检测物体
            center_x = int(detection[0] * width)
            center_y = int(detection[1] * height)
            w = int(detection[2] * width)
            h = int(detection[3] * height)

            # 矩形坐标
            x = int(center_x - w / 2)
            y = int(center_y - h / 2)

            boxes.append([x, y, w, h])
            confidences.append(float(confidence))
            class_ids.append(class_id)

indexes = cv2.dnn.NMSBoxes(boxes, confidences, 0.5, 0.4)

font = cv2.FONT_HERSHEY_SIMPLEX
for i in range(len(boxes)):
    if i in indexes:
        x, y, w, h = boxes[i]
        label = str(classes[class_ids[i]])
        color = colors[i]
        cv2.rectangle(img, (x, y), (x + w, y + h), color, 3)
        cv2.putText(img, label, (x, y - 20), font, 2, color, 3)

cv2.namedWindow("Image",0)
cv2.resizeWindow("Image", 1600, 900)
cv2.imshow("Image", img)
cv2.waitKey(0)
cv2.destroyAllWindows()
```

运行工程，结果如图15-18所示。

图 15-18

15.4.5　SSD 运动目标检测算法

SSD（Single Shot Multi Box Detection）是一种针对多种类别的单次深度神经网络，同时集中了YOLO的回归思想和Faster RCNN算法的Anchors机制：一方面，采用回归思想可以降低检测过程中卷积计算的复杂度，使得算法实时性整体提高；另一方面，采用Anchors机制能够提取不同宽、高比例的特征，提高算法的鲁棒性。此外，在识别方面，该方法相比于YOLO算法在对某一位置进行全局特征提取时效果更好。因此，SSD算法的核心思想是基于小卷积滤波器来预测目标，生成一组固定的默认边界框，并给出类别得分和偏移。该设计的好处在于，在检测不规则大小形状的物体时，鲁棒性增强。

1. SSD 算法基本原理

SSD是一种基于前馈卷积神经网络的具有不同尺寸、不同感受野的目标检测算法，其主要思想是首先产生一系列固定数量的默认候选框，然后利用不同层级对应的特征图，对这些候选框进行位置和类别的预测，最后通过非极大值抑制算法去除冗余和概率较小的候选框，得到最终的预测结果。SSD算法采用了多尺寸的特征图，其基本框架如图15-19所示。

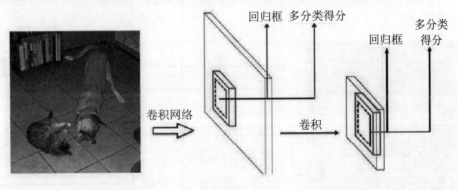

图 15-19

SSD架构主要分为两部分：一部分是基于VGG16网络模型的深度卷积神经网络，主要用于目标的特征提取；另一部分是特征检测网络，是一种级联型神经网络，主要用于在第一部分产生的特征层下提取不同大小的特征。SSD网络架构如图15-20所示。

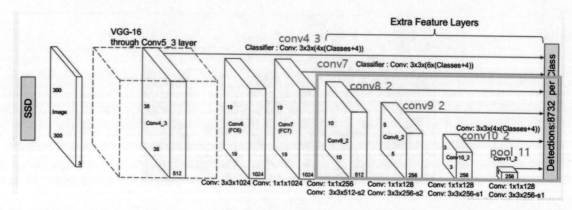

图 15-20

在图15-20中，SSD算法以图像大小为300×300（SSD300）或者512×512（SSD512）的RGB图像作为输入，并在Conv4_3卷积层、Fc7全连接层、Conv8_2卷积层、Conv9_3卷层、Conv10_2卷积层、Conv11_2卷积层上进行预测，产生一系列不同大小的特征图（例如3×3、5×5、10×10）。这些特征图中的每个位置都采用3×3的卷积滤波器来评估小部分默认的边界框。这些默认框的机制实际上与Faster RCNN网络中RPN的anchor boxes等价，对每个边界框都执行分类预测和位置预测；分类预测将对每个类别预测出一个得分值，代表该类别目标在对应框内出现的可能性大小；位置预测将基于边界框的偏移量和CNN特征进行默认框的调整。默认边界框是基于特征图的大小对应到原图上的一系列矩形框，并通过设置不同大小和长宽比例来自适应待检测目标的尺度变化。图15-21所示为SSD算法的先验边界框。

对于每个位置的 k 个默认框，SSD算法使用卷积网络预测出 c 个类别分数和4个位置变化。因此，每个位置都需要有 $k(c+4)$ 个卷积核。对于一个大小为 $m \times n$ 的特征图来说，需要 $k(c+4)mn$ 个卷积核，可以得到 $kmn(c+4)$ 个预测结果。每个位置对应一定数量的默认框，这些默认框基于所在层级的位置和尺寸得到自身的大小和长宽比例。在图15-21中，图（a）是标有真值框的图片，图（b）和图（c）分别是8×8和4×4大小的特征图，其中的每一个位置都对应一系列默认框。

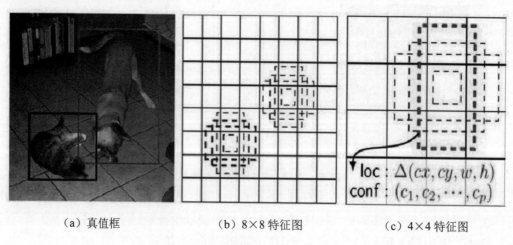

（a）真值框　　　　　（b）8×8 特征图　　　　　（c）4×4 特征图

图 15-21

2. SSD 算法训练模型分析

在训练阶段，我们从特征层默认框的匹配策略、代价函数的设定、深度残差网络3个角度来分析SSD算法训练模型。

1）特征层默认框的匹配策略

SSD基于尺度变换产生一系列大小不同的特征图，这里假设训练检测模型采用m层特征图，每一层特征图对应的默认框大小可通过下面式子来计算。

$$s_k = s_{\min} + \frac{s_{\max} - s_{\min}}{m-1}(k-1), \quad k \in [1 \quad m]$$

其中，s_k表示第k层特征图所对应的默认框大小，$s_{\max}=0.9$，$s_{\min}=0.2$，s_k所代表的含义为特征层默认框与原图像的面积比例。

同时，SSD算法参照Faster RCNN中的Anchors机制，为同一层上的默认框设定不同的宽高，以进一步改善默认框对物体形状的敏感度。通常可设定为$a_r=\{1,2,3,12,13\}$，默认框大小为s_k，对应的宽度为w_k^n，高度为h_k^n，计算公式如下：

$$w_k^n = s_k \sqrt{a_r}$$

$$h_k^n = \frac{s_k}{\sqrt{a_r}}$$

针对宽和高比例为1这种特殊情形，增加$s_k' = \sqrt{s_k s_{k+1}}$的附选默认框。由于特征图一共有6个默认框，因此每个默认框的中心为：

$$\left(\frac{x+0.5}{|\lambda_k|}, \frac{y+0.5}{|\lambda_k|} \right)$$

其中，λ_k表示第k层特征图的尺寸大小，$x,y \in \{0,1,2,\cdots,|\lambda_k-1|\}$。特征图中默认框坐标与原始输入图像的对应关系如下：

$$x_{\min} = \frac{c_x + \frac{w_b}{2}}{w_{\text{map}}} w_{\text{img}} = \left(\frac{x+0.5}{|\lambda_k|} - \frac{w_k}{2} \right) w_{\text{img}}$$

$$y_{\min} = \frac{c_y + \frac{h_b}{2}}{h_{\text{map}}} h_{\text{img}} = \left(\frac{y+0.5}{|\lambda_k|} - \frac{h_k}{2} \right) h_{\text{img}}$$

$$x_{\max} = \frac{c_x + \frac{w_b}{2}}{w_{\text{map}}} w_{\text{img}} = \left(\frac{x+0.5}{|\lambda_k|} - \frac{w_k}{2} \right) w_{\text{img}}$$

$$y_{\max} = \frac{c_y + \frac{h_b}{2}}{h_{\text{map}}} h_{\text{img}} = \left(\frac{y+0.5}{|\lambda_k|} - \frac{h_k}{2} \right) h_{\text{img}}$$

其中，c_x、c_y 表示特征层上标记框的中心坐标，w_b、h_b 代表标记框的宽度和高度，w_{map}、h_{img} 代表原始图像的宽度和高度，x_{min}、y_{min}、x_{max}、y_{max} 代表第 k 层特征图上中心坐标为 $\left(\dfrac{x+0.5}{|\lambda_k|}, \dfrac{y+0.5}{|\lambda_k|}\right)$ 匹配到原始大小为（w_k、h_k）的默认框与原图像目标边界框相对应的坐标。

2）代价函数的设定

SSD的训练阶段采用的策略是同时对位置和目标类别进行回归预测，假设 $x_{ij}^p = 1$ 代表第 i 个默认框与类别 p 的第 j 个真值框相匹配，若不匹配，则 $x_{ij}^p = 0$。将代价函数定义为置信代价损失 L_{conf} 加权和，其表达式如下：

$$L(x,c,l,g) = \frac{1}{N}(L_{conf}(x,c)) + \alpha L_{loc}(x,l,g)$$

其中，c 是softmax激活函数对每个类别的置信度，N 表示匹配默认框的数量，a 代表权重，一般通过网格搜索交叉验证后设置为1。位置代价函数是预测框（l）和真值框（g）之间的平滑 L_1 损失，其表达式如下所示。

$$L_{loc}(x,l,g) = \sum_{i \in Pos}^{N} \sum_{m \in \{cx,cy,w,h\}} x_{ij}^k \mathrm{smooth}_{L1}(l_i^m - \hat{g}_j^m)$$

其中，$\hat{g}_j^m$ 表示获取的真实标签的近似回归预测框。置信代价函数表达式如下所示：

预测框 i 真实框 j 关于类别 p 匹配，则 p 的概率预测越高，损失越小　　预测框其实没有物体，则预测为背景的概率越高，损失越小　　概率通过 Softmax 产生

$$L_{conf}(x,c) = -\sum_{i \in Pos}^{N} x_{ij}^P \log(\hat{c}_i^P) - \sum_{i \in Neg} \log(\hat{c}_i^0) \quad \text{where} \quad \hat{c}_i^P = \frac{\exp(c_i^P)}{\sum_P \exp(c_i^P)}$$

其中，c_i^p 表示类别 p 的第 i 个默认框置信度。

3）深度残差网络

随着网络层数的加大，训练阶段会出现梯度消失或梯度爆炸现象，导致在训练刚开始时影响深层网络的收敛。同时，在保证收敛的情况下，随着网络层数的增加，精确率也要趋于饱和，甚至出现下降。为了优化这一问题，Kaiming He等人针对这一问题提出了一种深度残差网络（结构见图15-22），让网络层数加大。

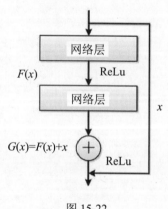

15.4.6　实战 SSD

OpenCV在3.3版本以后引入SSD（一种基于深度学习的目标检测算法），将其作为基于深度学习的人脸检测器。

图 15-22

OpenCV dnn模块支持常见的对象检测模型SSD，以及它的移动版Mobile Net-SSD，特别是后者在端侧边缘设备上可以实时计算，并支持20类别的对象检测。

笔者已经将训练好的模型放到本例源码工程目录下。在使用模型实现预测的时候，需要读取图像作为输入，而网络模型支持的输入数据是四维的，所以要把读取到的Mat对象转换为四维张量，OpenCV提供的API如下：

```
dnn.blobFromImage( image[, scalefactor[, size[, mean[, swapRB[, crop[,
ddepth]]]]]] )->ret
```

其中，image为输入图像；scalefactor默认为1.0；size表示网络接收的数据大小；mean表示训练时数据集的均值；swapRB表示是否互换Red与Blur通道；crop表示剪切；ddepth表示数据类型。

【例 15.4】　基于 SSD 检测目标

```python
import cv2 as cv
# 模型路径
model_bin = "MobileNetSSD_deploy.caffemodel";
config_text = "MobileNetSSD_deploy.prototxt";
# 类别信息
objName = ["background",
"aeroplane", "bicycle", "bird", "boat",
"bottle", "bus", "car", "cat", "chair",
"cow", "diningtable", "dog", "horse",
"motorbike", "person", "pottedplant",
"sheep", "sofa", "train", "tvmonitor"];

# 加载模型
net = cv.dnn.readNetFromCaffe(config_text, model_bin)
# 读取测试图片
image = cv.imread("dog.jpg")
h = image.shape[0]
w = image.shape[1]

# 获得所有层名称与索引
layerNames = net.getLayerNames()
lastLayerId = net.getLayerId(layerNames[-1])
lastLayer = net.getLayer(lastLayerId)
print(lastLayer.type)

# 检测
blobImage = cv.dnn.blobFromImage(image, 0.007843, (300, 300), (127.5, 127.5,
127.5), True, False);
net.setInput(blobImage)
cvOut = net.forward()
print(cvOut)
for detection in cvOut[0,0,:,:]:
    score = float(detection[2])
    objIndex = int(detection[1])
```

```
    if score > 0.5:
        left = detection[3]*w
        top = detection[4]*h
        right = detection[5]*w
        bottom = detection[6]*h

        # 绘制
        cv.rectangle(image, (int(left), int(top)), (int(right), int(bottom)),
(255, 0, 0), thickness=2)
        cv.putText(image, "score:%.2f, %s"%(score, objName[objIndex]),
(int(left) - 10, int(top) - 5), cv.FONT_HERSHEY_SIMPLEX, 0.7, (0, 0, 255), 2, 8);

    # 显示
    cv.imshow('mobilenet-ssd-demo', image)
    #cv.imwrite("D:/Pedestrian.png", image)
    cv.waitKey(0)
    cv.destroyAllWindows()
```

加载网络之后，推断调用的关键API（默认值为空）是forward，会返回一个四维的张量，前两个维度是1，后面的两个维度分别表示检测到的BOX数量和每个BOX的坐标、对象类别、得分等信息。需要注意的是，这个坐标是浮点数的比率，不是像素值，所以必须转换为像素坐标才可以绘制BOX矩形。

运行工程，结果如图15-23所示，可以看到狗、自行车和汽车这3个目标都被检测到了。

图 15-23

15.4.7 实战人脸检测

现代社会中信息安全和网络金融安全越来越受重视，信息和金融安全依赖于个人身份认证，而个人身份认证所依赖的信息来源于每个人与生俱来的特殊性，如指纹、DNA、人脸等，这是实现身份认证的前提。想要设计一套通用的、能够准确描述每个人身份的数学模型是比较困难的。相对于其他人体特征，人脸具有以下4个优势：

- 自然性。自然性体现在每个生物个体都存在着这种特征。具有自然性的生物特征还有声音、形体等，但是声音容易受到外界干扰，提取时需要在安静的空间进行；虽然形体属于图像特征，但是形体容易受到衣服和季节的影响，而且形体图像采集不方便，不确定因素较大。
- 非强制性。非强制性的优点体现在智能家居或者监控系统中，可以在不被察觉的情况下采集特征并做出响应。非强制性体现在不需要个体刻意配合，采集起来更加方便，还能在一定程度上防止欺骗与伪装识别。
- 非接触性。当今社会越来越注重人的隐私，人脸图像采集发生在不接触的情况下，很好地保证了身份验证对象的权利。而且这种非接触性有利于预防和消除接触性传播的疾病。
- 并发性。在实际应用中，人脸识别有可能被同时应用，依赖人脸进行身份认证的优势得以体现。

1. 人脸检测的常用方法

人脸检测是人脸识别的基础，此阶段的任务是在静态图像中分辨是否存在人脸，而且还要标记出人脸的位置。人脸检测的评价标准是速度、错误率以及成功率。目前人脸检测技术已经非常成熟，常见的方法如图15-24所示，可以看到其包括先验知识、模板匹配、机器学习、深度学习四大类方法。

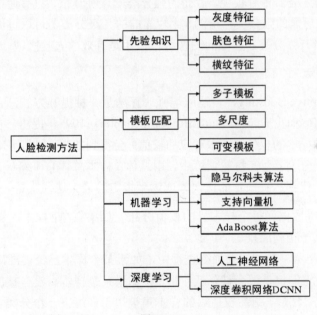

图 15-24

（1）基于先验知识的人脸检测算法是对人的面部进行观察，根据已有经验对面部特征进行分析，然后对人脸图像统一编码。一般人脸图像的核心区域是对称分布的，面部有亮有暗。人们根据自己的先验知识设计相关检测算法，优势在于速度快、对硬件要求低；缺点是局限性强，只能用于简单的正面人脸检测。每个人对人脸的先验知识理解不一致，因此没有统一的规则。利用先验知识进行人脸检测的常见算法有灰度特征、肤色特征和人脸横纹特征等。

（2）人脸检测的模板匹配的理论依据是归纳总结、反复计算和统计人脸样本，然后根据总结出的经验或者共性提取出人脸特征，最后得到人脸模板。该算法的依据是对比待检测人脸和模板，如果匹配值达到了设定的阈值就进行标记，然后确定人脸的大小和位置。但是，在现实生活中，人脸图像的采集情况比较复杂，远近、大小、光照和倾斜等都使得简单模板缺乏鲁棒性。针对这一局限性，有研究者设计了可变模板，当人脸发生变化时也能设计出合适的模板与之匹配，提高了识别率。

（3）基于机器学习的人脸检测算法与上述两种检测算法均不一样。机器学习可以利用机器学习和统计进行训练得到相应结果，基本流程是通过对大量的数据样本进行训练，计算机利用统计学原理自主分析学习、记录学习结果、提取人脸特征，将图像检测的难题转换成机器易于理解和处理的二值问题，最后通过各种分类器来完成人脸标记。由于该算法训练数据样本多，因此检测相对耗时，但在识别精度上优于上述两种算法。

（4）基于深度学习的人脸检测算法是在第三种检测算法的基础上增加训练样本，通过网络结构更加复杂、算法更加细化的卷积神经网络提取特征，然后降维，最后设计相关分类器进行分类。该算法在牺牲检测效率的基础上大大提高了识别率，不过对计算机硬件的要求比较高。

为了提高人脸检测的速度和精度，最终的分类器还需要通过几个强分类器级联得到。在一个级联分类系统中，对于每一个输入图像，顺序通过每个强分类器。其中，前面的强分类器相对简单，包含的弱分类器相对较少，后面的强分类器逐级复杂，只有通过前面的强分类检测后的图像，才能送入后面的强分类器检测，比较靠前的几级分类器可以过滤掉大部分不合格的图像。只有通过了所有强分类器检测的图像区域，才是有效的人脸区域。

2. AdaBoost 算法

AdaBoost（Adaptive Boosting，自适应增强）算法是一种提升方法，它将多个弱分类器组合成强分类器。AdaBoost由Yoav Freund和Robert Schapire在1995年提出，它的自适应在于：前一个弱分类器分错的样本的权值（样本对应的权值）会得到加强，权值更新后的样本再次被用来训练下一个新的弱分类器。在每轮训练中，用总体（样本总体）训练新的弱分类器，产生新的样本权值，一直迭代到达到预定的错误率或达到指定的最大迭代次数。其算法原理如下：

（1）初始化训练数据（每个样本）的权值分布。如果有N个样本，那么每一个训练的样本点最开始时都被赋予相同的权重，即$1/N$。

（2）训练弱分类器。在具体的训练过程中，如果某个样本已经被准确地分类，那么在构造下一个训练集时，它的权重就会被降低；相反，如果某个样本点没有被准确地分类，那么它的权重就会得到提高。然后，更新权值后的样本集被用于训练下一个分类器。整个训练过程就如此迭代下去。

（3）将训练得到的各个弱分类器组合成强分类器。各个弱分类器的训练过程结束后，分类误差率小的弱分类器的话语权较大，其在最终的分类函数中起着较大的决定作用；而分类误差率大的弱分类器的话语权较小，其在最终的分类函数中起着较小的决定作用。换言之，误差率低的弱分类器在最终分类器中占的比例较大，反之较小。

AdaBoost训练出来的强分类器一般具有较小的误识率，但是检测率并不是很高。一般情况下，高检测率会导致高误识率，这是由强分类阈值的划分导致的。要提高强分类器的检测率，就要降低阈值；要降低强分类器的误识率，就要提高阈值。增加分类器个数可以在提高强分类器检测率的同时降低误识率，所以级联分类器在训练时要考虑两点平衡：一是弱分类器的个数和计算时间之间的平衡，二是强分类器检测率和误识率之间的平衡。

如果要从头开始实现人脸检测，就要有较深的"功力"。作为初学者，我们可以站在巨人的肩膀上，比如使用 OpenCV 的级联分类器（CascadeClassifier）加载预训练模型 haarcascade_frontalface_default.xml（该模型使用 AdaBoost 算法，运行速度很快）。

【例 15.5】　人脸检测

```python
import cv2

# 读取文件
def detectface(imagePath):
    model = 'haarcascade_frontalface_default.xml'
    image = cv2.imread(imagePath)  # 读取图片
    model = cv2.CascadeClassifier(model)  # 加载模型
    # 人脸检测
    faces = model.detectMultiScale(image)
    for (x, y, w, h) in faces:
        cv2.rectangle(image, (x, y), (x + w, y + h), (0, 255, 0), thickness=2)
# 画出人脸矩形框
    # 显示和保存图片
    p1='res_';
    p2=str(imagePath)
    path=p1+p2;
    cv2.imwrite(path, image)
    print('已保存')
    cv2.imshow('result', image)

detectface("test.jpg")
cv2.waitKey(1000)
detectface("lena.png")
cv2.waitKey(0)
cv2.destroyAllWindows()
```

运行工程，结果如图15-25所示。

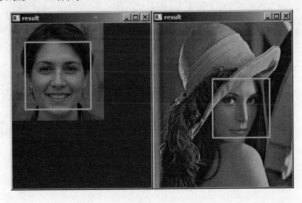

图 15-25

【例 15.6】 人眼检测

```
import cv2

# 读取文件
def detectface(imagePath):
    # 读取文件
    model = 'haarcascade_eye.xml'
    image = cv2.imread(imagePath)  # 读取图片
    model = cv2.CascadeClassifier(model)  # 加载模型

    # 人眼检测
    faces = model.detectMultiScale(image)
    for (x, y, w, h) in faces:
        cv2.rectangle(image, (x, y), (x + w, y + h), (0, 255, 0), thickness=2)
# 画出人眼矩形框
    # 显示和保存图片
    cv2.imshow('result', image)


detectface("test.jpg")
cv2.waitKey(1000)
detectface("lena.png")
cv2.waitKey(0)
cv2.destroyAllWindows()
```

代码和上例基本类似，只是训练模型文件换成了haarcascade_eye.xml（在工程目录下，可以直接使用）。

运行工程，结果如图15-26所示。

图 15-26

第 16 章

数 字 水 印

数字水印技术是信息隐藏学科的一个重要分支，它将特定的标识信息嵌入媒体内容（如图像、音频、视频等）中，用以证明版权所有，防止非法复制或传递秘密信息。这些嵌入的标识信息在不影响原始数据使用价值的前提下，可以是可见的或不可见的。数字水印的基本原理是将一个特定的信息或标识作为水印，通过一定的算法嵌入宿主媒体数据中。嵌入过程需要在不明显影响媒体内容质量的前提下进行，以确保水印信息的隐蔽性。提取水印时，需要一个特定的密钥或算法，用于识别和提取嵌入的水印数据。本章将通过OpenCV来实现数字水印。

16.1 基 本 概 念

近年来，生成式人工智能（Artificial Intelligence Generated Content，AIGC）的火爆引燃了数字水印（Digital Watermark）。数字水印的作用是什么呢？顾名思义，它和PDF中水印的作用差不多，都用于明确版权、防伪验真。然而，不同于传统肉眼可见的水印，数字水印也叫隐藏式水印，能够在人眼几乎无法察觉的情况下将水印信息秘密嵌入音频、图像或视频中。数字水印除了减少对画质的影响外，还有个重要的功能就是保护著作权，使得盗版者无法感知水印存在，让版权鉴定的溯源变得更轻松。

16.1.1 数字水印的概念

提到数字水印，有个经典案例经常被提到，阿里巴巴的一名员工擅自将网页截图外传，造成很大的恶劣影响，阿里巴巴利用数字水印，很快就定位到这名员工。这名员工还奇怪：发的时候我还特意留意图片上没有水印，怎么就能定位到我呢？可见数字水印可以在无形中发挥着强大作用。

数位水印是指将特定的信息嵌入数字信号中，数字信号可能是音频、图片或是视频等。若要复制有数位水印的信号，所嵌入的信息也会一并被复制。

数字水印可分为浮现式和隐藏式两种，前者是可被看见的水印（Visible Watermarking），其所包含的信息可在观看图片或视频时被看见。一般来说，浮现式的水印通常包含版权拥有者的名称或标志。

隐藏式的水印是以数字数据的方式加入音频、图片或视频中，但在一般的状况下无法被看见。隐藏式水印的重要应用之一是保护版权，期望能借此避免或阻止数字媒体未经授权的复制。隐写术（Steganography）也是数字水印的一种应用，双方可利用隐藏在数字信号中的信息进行沟通。数字照片中的注释数据能记录照片拍摄的时间、使用的光圈和快门，甚至是相机的厂牌等信息，这也是数字水印的应用之一。

本章将主要讨论基于OpenCV的图片数字水印技术。

16.1.2　数字水印的特点

数字水印是一种信息隐藏技术，它利用人体感官的限制，将数字信号，如图像、文字、符号、数字等一切可以作为标记、标识的信息与原始数据（如图像、音频、视频数据）紧密结合并隐藏其中，并在经历一些不破坏原数据价值的操作后也能保存下来。

一般地，数字水印应具有如下的基本特性：

（1）可证明性：水印应能为受到版权保护的信息产品的归属提供完全和可靠的证据。

（2）不可感知性：不可感知包含两方面的意思，一方面指视觉上的不可感知性（对听觉也是同样的要求），即因嵌入水印而导致的图像变化对观察者的视觉系统来讲应该是不可察觉的，最理想的情况是水印图像与原始图像在视觉上一模一样，这是绝大多数水印算法所应达到的要求；另一方面水印用统计方法也是不能恢复的，比如对于大量的用同样方法和水印处理过的信息产品，即使使用统计方法也无法提取水印或确定水印的存在。

（3）鲁棒性：鲁棒性即健壮性，它对水印而言极为重要。一个鲁棒性强的数字水印应该能够承受大量的、不同的物理和几何失真，包括有意的（如恶意攻击）或无意的（如图像压缩、滤波、扫描与复印、噪声污染、尺寸变化等）。易碎水印技术恰恰与之相反，其鲁棒性很弱，它所保护的信息的微小变化都会使得水印被破坏。

16.2　数字水印原理

最低有效位（Least Significant Bit，LSB）指的是一个二进制数中的第0位（即最低位）。最低有效位信息隐藏指的是，将一个需要隐藏的二值图像信息嵌入载体图像的最低有效位，即将载体图像的最低有效位替换为当前需要隐藏的二值图像，从而实现将二值图像隐藏的目的。由于二值图像处于载体图像的最低有效位上，所以对于载体图像的影响非常不明显，具有较高的隐蔽性。

这种信息隐藏也被称为数字水印，通过该方式可以实现信息隐藏、版权认证、身份认证等功能。例如，如果嵌入载体图像内的信息是秘密信息，就实现了信息隐藏；如果嵌入载体图像内的信息是版权信息，就能够实现版权认证；如果嵌入载体图像内的信息是身份信息，就可以实现数字签名；等等。因此，被嵌入载体图像内的信息也被称为数字水印信息。

数字水印信息可以是文本、视频、音频等多种形式，这里我们仅讨论数字水印信息是二值图像的情况。

最低有效位水印的实现包含嵌入过程和提取过程，下面对具体的实现方法进行简单介绍。

16.2.1　嵌入过程

嵌入过程完成的操作是将数字水印信息嵌入载体图像内，其主要步骤如下：

（1）载体图像预处理。读取原始载体图像，并获取载体图像的行数M和列数N。

（2）建立提取矩阵。建立一个$M \times N$大小、元素值均为254的提取矩阵（数组），用来提取载体图像的高7位。

（3）保留载体图像的高7位，将最低位置0。为了实现该操作，需要将载体图像与元素值均为254的提取矩阵进行按位与运算。将一个值在[0,255]区间的像素值P与数值254进行按位与运算，则会将像素值P的最低有效位置0，只保留其高7位。

（4）水印图像处理。有些情况下需要对水印进行简单处理。例如，当水印图像为8位灰度图的二值图像时，就需要将其转换为二进制二值图像，以方便将其嵌入载体图像的最低位。

（5）嵌入水印。将原始载体图像进行"保留高7位、最低位置0"的操作后，我们得到一幅新的图像，将新图像与水印图像进行按位或运算，就能实现将水印信息嵌入原始载体图像内的效果。

（6）显示图像。完成上述处理后，分别显示原始载体图像、水印图像、含水印图像。

16.2.2　提取过程

提取过程将完成数字水印的提取，具体步骤如下：

01　含水印载体图像处理。读取包含水印的载体图像，获取含水印载体图像的大小$M \times N$。

02　建立提取矩阵。定义一个与含水印载体图像等大小的值为 1 的矩阵（数组）作为提取矩阵。

03　提取水印信息。将含水印载体图像与提取矩阵进行按位与运算，提取水印信息。

04　计算去除水印后的载体图像。有时需要删除包含在水印载体图像内的水印信息。通过将含水印载体图像的最低有效位置 0，即可实现删除水印信息。

05　显示图像。根据需要，分别显示提取出来的水印图像、删除水印信息的载体图像。

16.3　相 关 函 数

用OpenCV来实现数字水印功能，需要使用两个重要的位操作函数cv2.bitwise_and和cv2.bitwise_or。我们有必要先了解一下这两个函数的用法。

16.3.1 cv2.bitwise_and 函数

cv2.bitwise_and()是OpenCV中的位运算函数之一，用于对两幅二值图像进行按位"与"操作。具体来说，对于每个像素，将两幅输入图像相应位置的像素值分别进行按位"与"运算，输出的结果图像的对应像素值，即为这两幅输入图像对应像素值的按位与结果。

cv2.bitwise_and()函数的语法如下：

```
dst = cv2.bitwise_and(src1, src2[, mask])
```

其中，src1和src2表示要进行按位"与"操作的两幅输入图像；mask是可选参数，如果指定了掩码，则只对掩码对应位置的像素进行按位"与"操作。函数的返回值dst表示按位"与"运算的结果。

【例 16.1】 创建两幅二值图像进行按位与操作

（1）打开PyCharm，新建一个项目，项目名称是pythonProject。

（2）在main.py中输入如下代码：

```python
import cv2
import numpy as np
# 创建两幅二值图像
img1 = np.zeros((300, 300), dtype=np.uint8)
img1[100:200, 100:200] = 100
img2 = np.zeros((300, 300), dtype=np.uint8)
img2[150:250, 150:250] = 255
# 对两幅二值图像进行按位与操作
result = cv2.bitwise_and(img1, img2)

# 显示结果图像
cv2.imshow('img1', img1)
cv2.imshow('img2', img2)
cv2.imshow('1', result)
cv2.waitKey(0)
cv2.destroyAllWindows()
```

运行结果如图16-1所示。

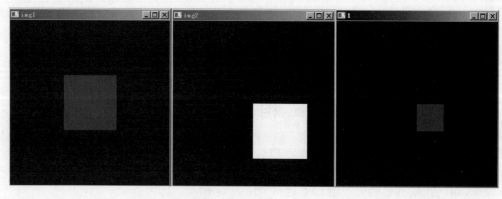

图 16-1

再看一个示例，对现成图片进行按位与操作。

【例 16.2】 对现成图像进行按位与操作

（1）打开PyCharm，新建一个项目，项目名称是pythonProject。

（2）在main.py中输入如下代码：

```
import cv2
import numpy as np
cat = cv2.resize(cv2.imread('cat.png'), (400, 360))
dog = cv2.resize(cv2.imread('dog.png'), (400, 360))
# 与运算 1 & 1 = 1, 其他为 0
img_and = cv2.bitwise_and(cat, dog)
imgHor=np.hstack((cat,dog,img_and)) #水平拼接
cv2.imshow("result",imgHor)
cv2.waitKey(0)
```

运行结果如图16-2所示。

图 16-2

可以看出，与运算结果最终会变小，最后的图像也会偏暗。

16.3.2 cv2.bitwise_or 函数

在OpenCV中进行或运算使用cv2.bitwise_or函数，其声明如下：

```
def bitwise_or(src1, src2, dst=None, mask=None)
```

或运算中，0|0 = 0，其他为1。下面将猫和狗图片进行按位或操作。

【例 16.3】 对现成图像进行按位或操作

（1）打开PyCharm，新建一个项目，项目名称是pythonProject。

（2）在main.py中输入如下代码：

```
import cv2
import numpy as np
cat = cv2.resize(cv2.imread('cat.png'), (400, 360))
dog = cv2.resize(cv2.imread('dog.png'), (400, 360))
## 或运算 0 | 0 = 0, 其他为 1
img_and = cv2.bitwise_or(cat, dog)
```

```
imgHor=np.hstack((cat,dog,img_and)) #水平拼接
cv2.imshow("result",imgHor)
cv2.waitKey(0)
```

运行结果如图16-3所示。可以看出，或运算最终结果会变大，最后的图像也就偏亮了。

图 16-3

16.4　代码实现数字水印

前面讲解了数字水印的嵌入过程和提取过程，步骤比较清晰。下面就根据这些步骤，通过代码来具体实现一下。

【例 16.4】　实现数字水印的嵌入和提取

（1）打开PyCharm，新建一个项目，项目名称是pythonProject。

（2）在main.py中输入如下代码：

```
# 编写程序，模拟数字水印的嵌入和提取过程
import cv2
import numpy as np
# 读取原始载体图像
src=cv2.imread("src.bmp",0)
# 读取水印图像
watermark=cv2.imread("watermark.bmp",0)
# 将水印图像内的值 255 处理为 1，以方便嵌入
w=watermark[:,:]>0
watermark[w]=1
# 读取原始载体图像的 shape 值
r,c=src.shape
# ----------------------嵌入式过程------------------------
# 生成元素值都是 254 的数组
t254=np.ones((r,c),dtype=np.uint8)*254
# 获取 girl 图像的高 7 位
gray1H7=cv2.bitwise_and(src,t254)
# 将 watermark 嵌入 girlH7 内
dst=cv2.bitwise_or(gray1H7,watermark)
# ----------------------提取过程------------------------
```

```
# 生成元素值都是 1 的数组
t1=np.ones((r,c),dtype=np.uint8)
# 从目标载体图像内提取水印图像
getWatermark=cv2.bitwise_and(dst,t1)
print(getWatermark)
# 将水印图像内的值 1 处理为 255,以方便显示
w=getWatermark[:,:]>0
getWatermark[w]=255
# -----------------------显示--------------------------
cv2.imshow("srcImg",src)
cv2.imshow("watermark",watermark*255)    #当前 watermark 内最大值为 1
cv2.imshow("dstImg",dst)
cv2.imshow("getWatermark",getWatermark)
cv2.waitKey()
cv2.destroyAllWindows()
```

可以看出，上面代码是按照嵌入过程和提取过程的步骤来实现的。我们把一副水印图像（watermark.bmp）嵌入原始载体图像（src.bmp）中，变为目标载体图像（也称含水印的载体图像）dst，再从dst中提取出水印数据存于getWatermark中，最后把4种图像全部显示出来。

（3）运行程序，运行结果如图16-4所示。

原始载体图像（src）和含水印的载体图像（dst）肉眼是看不出区别的。下面我们再看水印图像，如图16-5所示。

图 16-4   图 16-5

左边是原来的数字水印图像，右边是从目标载体图像中提取出来的数字水印图像，可以发现，两者并没有发生变化。这样我们就实现了把一副数字水印图像嵌入载体图像再取出的过程。

第 **17** 章

图像加密和解密

图像加密是利用数字图像的二维矩阵特征，在图像的空域（或频域），按某种可逆的变换规则，改变像素（或频域系数）的位置或值，将包含有效信息且可识别的图像转换为不可辨别的类似随机噪声图像，即类似于老式电视机信号不好时所呈现的"雪花"状，接收方只有获得正确密钥才能解密出原始图像，以此来实现保护图像内容安全的目的。该技术旨在保护图像内容在传输或存储过程中不被未授权的人员访问。具体实现时，图像加密通常将原始图像和密钥图像进行运算，得到加密后的图像。图像解密则是将加密后的图像和密钥图像进行相反运算，得到原始图像。

17.1　图像加密和解密原理

通过按位异或运算可以实现图像的加密和解密。将原始图像与密钥图像进行按位异或，可以实现加密；将加密后的图像与密钥图像进行按位异或，可以实现解密。

异或运算规则可以描述为：

（1）运算数相同，结果为0；运算数不同，结果为1。

（2）任何数（0或1）与数值0异或，结果仍为自身。

（3）任何数（0或1）与数值1异或，结果变为另外一个数，即0变1，1变0。

（4）任何数（0或1）与自身异或，结果为0。

异或运算规则如表17-1所示。

表 17-1　异或运算规则

输入 A	输入 B	输出（A XOR B）
0	0	0
0	1	1

（续表）

输入 A	输入 B	输出（A XOR B）
1	0	1
1	1	0

其中，XOR是异或运算符号。比如有两个数198和219，198的二进制形式是1100 0110，219的二进制形式是1101 1011，它们异或后得到的二进制形式是0001 1101，化为十进制数为29。

具体到图像，每个像素点在图像中都可以通过RGB（红绿蓝）三个颜色的组合来表示。若要对图像进行加密处理，通常需要先将其转换为灰度图像。在这一过程中，原本由RGB三个通道构成的像素值会被转换成一个单一的灰度值，其数值范围通常在0到255之间。

举例来说，假设有一个像素点的像素值为216（可以视作明文信息），我们选取一个数值178作为密钥（这个密钥由加密者自由设定）。通过将这两个数值的二进制形式进行按位异或运算，就能够完成加密过程，得到加密后的像素值（即密文）106。

当需要解密时，我们只需再次使用密钥178的二进制形式与密文106进行按位异或运算，即可还原出原始的像素值216（即明文）。

17.2　相　关　函　数

通过图像加解密原理可知，涉及的主要运算是异或运算，而OpenCV提供了库函数bitwise_xor来实现异或运算功能，其语法格式为：

```
dst = cv2.bitwise_xor( src1, src2[, mask]] )
```

其中，参数src1表示第一个array或scalar类型的输入值；参数src2表示第二个array或scalar类型的输入值；参数mask表示可选操作掩码，8位单通道array值。函数返回与输入值具有同样大小的array值。

下面我们来看一个该函数的实例。

【例17.1】　对图片按位异或运算

（1）打开PyCharm，新建一个项目，项目名称是pythonProject。

（2）在main.py中输入如下代码：

```
import cv2
import numpy as np
a = cv2.imread("lena.jpg", 1) #加载图片
b = np.zeros(a.shape, dtype=np.uint8)#创建一个和 a 一样大小的黑色图像
#将指定矩形范围的灰度设为 255，即白色。
b[100:400, 200:400] = 255 #逗号前面是纵向范围，逗号后面是横向范围
#再将第二个矩阵区域的灰度设为 155
b[100:500, 100:200] = 155
c = cv2.bitwise_xor(a, b)#异或两幅图像
print("a.shape=", a.shape)
```

```
print("b.shape=", b.shape)
print("c.shape=", c.shape)
cv2.imshow("a", a)
cv2.imshow("b", b)
cv2.imshow("c", c)
cv2.waitKey()  #等待用户按键
cv2.destroyAllWindows()  #销毁所有窗口
```

（3）运行程序，运行结果如图17-1所示。

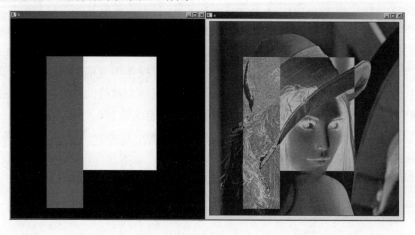

图 17-1

17.3　代码实现图像加解密

在前面章节中，我们讲解了图像加解密的原理和bitwise_xor函数。本节将利用bitwise_xor函数，通过代码来实现图像加解密。

【例 17.2】　实现图像加解密

（1）打开PyCharm，新建一个项目，项目名称是pythonProject。

（2）在main.py中输入如下代码：

```
import cv2
import numpy as np

# 读取图像并转为灰度图
lena = cv2.imread("lena.jpg", cv2.IMREAD_GRAYSCALE)

# 检查图像是否成功读取
if lena is None:
    print("Error: 图像未成功读取，请检查文件路径是否正确。")
    exit()

# 获取图像的尺寸
r, c = lena.shape
```

```
# 生成随机密钥，大小与图像一致，数据类型为无符号 8 位整数
key = np.random.randint(0, 256, size=(r, c), dtype=np.uint8)

# 使用异或运算进行加密
encryption = cv2.bitwise_xor(lena, key)

# 使用相同的密钥和异或运算进行解密
decryption = cv2.bitwise_xor(encryption, key)

# 显示原图像、密钥、加密后的图像和解密后的图像
cv2.imshow("Original img", lena)
cv2.imshow("Random Key", key)
cv2.imshow("Encrypted img", encryption)
cv2.imshow("Decrypted img", decryption)

# 等待任意键被按下后关闭所有窗口
cv2.waitKey(0)
cv2.destroyAllWindows()import cv2
```

在上述示例中，首先使用cv2.imread()函数加载一幅输入图像（假设文件名为lena.jpg）并转为灰度图。然后检查图像是否成功读取，若成功读取，则获取图像尺寸。

接着，生成随机密钥（也就是一个无意义的二维数据），大小与图像一致，数据类型为无符号8位整数。这个密钥不仅用于加密，也用于解密。加密时的密钥数据和解密时的密钥数据要一致，而且平时要保存好，不能让第三方知道。这种加解密方式称为对称加解密。

使用cv2.bitwise_xor()函数对图像进行异或操作，实现加密和解密，其加密过程将每个像素的颜色值都与255进行按位异或，从而产生加密图像；其解密过程与加密过程相同，因为两次按位取反操作可以恢复原始的颜色值。

最后，使用cv2.imshow()函数显示原始图像、密钥数据（图像）、加密后的图像和解密后的图像。cv2.waitKey(0)等待用户按下任意键关闭窗口，并使用cv2.destroyAllWindows()关闭所有窗口。

（3）运行程序，结果如图17-2所示。

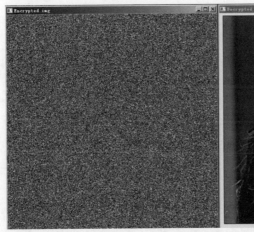

图 17-2

限于篇幅，这里只列出加密后的图像（Encrypted img）和解密后的图像（Decrypted img）。

第 18 章

物 体 计 数

在机器视觉中,有时需要对产品进行检测和计数。物体计数在生活中的应用非常广泛,例如每天都要吃维生素片,但有时候忘了今天有没有吃过,就想对瓶子里的药片计数。本章就来介绍一下机器视觉检测和计数的实现。

18.1 基 本 原 理

本章所说的物体计数是基于形态学的物体检测和计数,是在形态学的基础上衍生出的基于距离变换的分水岭算法,效果更具普遍性。至于什么是形态学,这里不再赘述,因为本章是应用章节,不会讲很多理论。

物体计数的整体实现思路如下:

(1)读取图片。

(2)形态学处理(在二值化前进行适度形态学处理,效果俱佳)。

(3)二值化。

(4)提取轮廓(进行药片分割)。

(5)获取轮廓索引,并筛选所需要的轮廓。

(6)画出轮廓,显示计数。

18.2 相 关 函 数

这里所说的相关函数,不是把稍后物品计数示例中的所有库函数都解释一遍,而是把本书前面没有讲解过的函数解释一下。

为了方便统计物品,我们在物品计数的结果上通常要写上该物品的序号,这就需要在图像上绘制字符文字。在OpenCV中，调用cv2.putText函数可添加文字到指定位置。它对于需要在图片中加入文字的场景，提供了一种比较直接、方便的方式。注意：OpenCV不支持显示中文字符，使用cv2.putText添加的文本字符串不能包含中文字符（包括中文标点符号）。该函数在5.3节中已经介绍过了，这里不再赘述。

下面看几个小例子。

【例 18.1】　在现成图片上绘制英文字符

（1）打开PyCharm，新建一个项目，项目名称是pythonProject。

（2）在main.py中输入如下代码：

```
import cv2

img = cv2.imread('test.png')  # 读取彩色图像(BGR)
cv2.putText(img, 'starlight', (100, 40), cv2.FONT_HERSHEY_COMPLEX, 1, (0, 255,
0), 2, cv2.LINE_AA)
cv2.imshow('test', img)  # 显示叠加图像
cv2.waitKey()  # 等待按键命令
```

（3）运行程序，运行结果如图18-1所示。

可以看到，字符串"starligth"已经显示在图片上了。

下面再看一个实例，在一个自己构造的蓝色背景区域上画文字。

【例 18.2】　在定义画布上画文字

（1）打开PyCharm，新建一个项目，项目名称是pythonProject。

图 18-1

（2）在main.py中输入如下代码：

```
import cv2
import numpy as np

bkcolor = (0, 0, 0)                      #定义黑色
txtimage = np.zeros((100, 300, 3), dtype=np.uint8)
txtimage[:] = bkcolor                    #画布赋值黑色
cv2.putText(txtimage, "hello world", (20,30), cv2.FONT_HERSHEY_COMPLEX, 1,
(255,255,255), 2);                       # 在画布上画字符串 hello world
cv2.imshow('result', txtimage)           # 显示图像
cv2.waitKey()                            # 等待按键命令
```

np.zeros()是NumPy库中一个基础且功能强大的函数，用于创建一个特定形状和类型的新数组，其中所有元素的初始值都为0。该函数在数据处理、科学计算和各种编程任务中都有广泛应用。代码中我们使用np.zeros((100, 300, 3), dtype=np.uint8)创建了高为100、宽为300、具有3个颜色空间（红绿蓝）的画布，并以unin8类型存储。

（3）运行程序，结果如图18-2所示。

图 18-2

在灰度图上使用OpenCV库的putText函数时，由于putText函数需要一个颜色参数，如果直接传递一个灰度图作为背景图像，文本可能不会显示任何颜色。这是因为OpenCV中的颜色通常以BGR格式表示，而不是常见的RGB格式。在灰度图中，每个像素只有一个灰度值，没有色彩信息。解决方法是在绘制文本之前，将灰度图转换为BGR图像。我们可以先通过调用cv2.cvtColor函数，将灰度图转换为BGR图像，再使用putText函数。

【例 18.3】 在灰度图上使用 putText 函数

（1）打开PyCharm，新建一个项目，项目名称是pythonProject。

（2）在main.py中输入如下代码：

```
import cv2
import numpy as np

# 创建一幅灰度图
gray_image = np.zeros((100, 300), dtype=np.uint8)
# 将灰度图转换为 BGR 图像
bgr_image = cv2.cvtColor(gray_image, cv2.COLOR_GRAY2BGR)
# 设置文本参数
font = cv2.FONT_HERSHEY_SIMPLEX
text = "Hello, World!"
position = (50, 60)  # 文本在图像中的位置
font_scale = 1
font_color = (255, 255, 255)  # 文本颜色，这里是白色
line_type = 2
# 在 BGR 图像上绘制文本
cv2.putText(bgr_image, text, position, font, font_scale, font_color,
line_type)

# 显示图像
cv2.imshow('Image with Text', bgr_image)
cv2.waitKey(0)
cv2.destroyAllWindows()
```

在这个例子中，font_color被设置为(255, 255, 255)，这是BGR格式表示的白色。cv2.putText函数将在转换后的BGR图像上绘制文本。注意，在展示图像之前，不需要再次将BGR图像转换为灰度图。

（3）运行程序，结果如图18-3所示。

图 18-3

18.3 代码实现药片计数

前面章节讲解了物品计数的基本原理，本节将通过代码来实现药片计数的应用。

【例 18.4】 实现药片计数

（1）打开 PyCharm，新建一个项目，项目名称是 pythonProject。

（2）在 main.py 中输入如下代码：

```python
import cv2
import numpy as np

# 返回一个随机定义的颜色
def random_color():
    color_b = np.random.randint(100, 255)
    color_g = np.random.randint(100, 255)
    color_r = np.random.randint(100, 255)
    return (color_b, color_g, color_r)
# 读取药片图像文件，第二个参数省略，则表示返回彩色图像
src = cv2.imread("med.png")
# 检查图像是否成功读取
if src is None:
    print("Error: 图像未成功读取，请检查文件路径是否正确。")
    exit()

cv2.imshow('srcImage', src);  # 显示源图像
kernel = cv2.getStructuringElement(cv2.MORPH_RECT, (20,20), (-1, -1));
dst = cv2.morphologyEx(src, cv2.MORPH_OPEN, kernel);#执行形态学开运算操作
cv2.imshow('morphology result',dst);# 显示形态学开运算后的图像
dst = cv2.cvtColor(dst, cv2.COLOR_RGB2GRAY); #将 RGB 格式的图像转换为灰度图像
ret,src_binary=cv2.threshold(dst, 100, 255, cv2.THRESH_OTSU);#进行图像阈值分割
cv2.imshow( "Binarization", src_binary); #显示二值化后图像
pt = (0, 0)
cnts,hierarchy = cv2.findContours(src_binary, cv2.RETR_EXTERNAL,
cv2.CHAIN_APPROX_NONE,None,None,pt);
#print("contours: {}".format(cnts))# 打印出轮廓列表

cv2.setRNGSeed(12345); #为了后续使用随机函数，这里先设置随机数种子
a = len(cnts)
print(a)  #打印药片个数

for i in range(0, a, 1):
    area = cv2.contourArea(cnts[i]); #用于计算图像轮廓的面积，参数是图像的轮廓点
    if area <500:  #如果面积小于 500
        continue;

    contour = cnts[i]
    partial_contour = contour[:1]
    for point in partial_contour:
        x, y = point[0]

    color = random_color(); #得到一个随机颜色值
    cv2.drawContours(src, cnts, i, color, 2, 8);
    cv2.putText(src, str(i), (x,y), cv2.FONT_HERSHEY_COMPLEX, 1,color, 2);
cv2.imshow("count result", src);
cv2.waitKey(0);
```

形态学操作在进行处理图像时特别有用，尤其在去噪、边缘检测、填充孔洞等场景中。

在上面代码中，首先读取图像文件med.png并显示。然后调用函数getStructuringElement生成一个结构元素，我们传给它的第一个参数为cv2.MORPH_RECT，表示矩形结构元素，这是最常见的选择，所有像素的权重都相等。接着，调用函数morphologyEx来执行形态学操作，如腐蚀、膨胀、开运算、闭运算等，这里传它的第二个参数是cv2.MORPH_OPEN，表示开运算。开运算操作完毕后显示图像。随后调用函数cvtColor，将RGB格式的图像转换为灰度图像。

接着，调用函数thresold进行图像阈值分割，即利用图像中像素值大小的差别，选择一个适当的阈值，将图像分割为目标区域（target_area）与背景区域（background_area），生成一个我们需要的二值图像，其主要特点是黑白分明。二值图将为我们裁剪目标区域，进行目标识别与分析，剔除不必要的背景区域，以消除不必要区域对于图像处理的干扰。然后显示二值化后的图像。

接下来，调用findContours函数查找图像轮廓。所谓图像轮廓，就是具有相同颜色或者强度的连续点组成的曲线。我们把找到的轮廓放在轮廓列表cnts中，调用函数len就可以知道有多少个轮廓，也就知道药片的数量了。

最后设计一个for循环，在里面首先调用ContourArea计算整个或部分轮廓的面积，然后调用函数drawContours绘制图像轮廓，再调用函数putText在每个药片旁绘制一个数字，用来表示药片计数的序号。

（3）运行程序，结果如图18-4所示。

由图18-4可知，原图在经过形态学处理后，去除了很多细节，简化了后续的药片分割操作。但是在计数结果图上发现，索引17号药片并没有被完全分割。修改形态学的结构元素尺寸（改为20×20），可以完全分离这两个药片，也就是把函数getStructuringElement的调用改为：

```
kernel = cv2.getStructuringElement(cv2.MORPH_RECT, (22,22), (-1, -1));
```

再运行程序，可以发现17号药片也切割成功了，如图18-5所示。

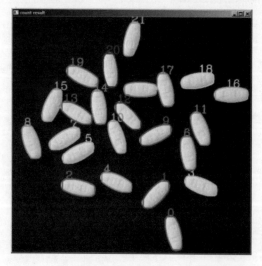

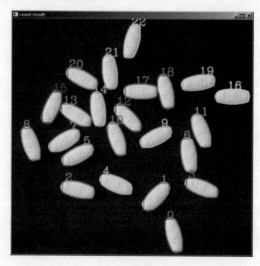

图 18-4   图 18-5

第 19 章

图 像 轮 廓

在计算机视觉和图像处理中，轮廓通常用于检测物体、分割图像以及提取物体特征。图像轮廓由一系列连续的像素点组成，这些像素点位于物体边界上，因此轮廓可以用来表示物体的形状和结构。轮廓可以是闭合的，也可以是开放的，具体取决于物体的形状。

19.1 基 本 概 念

图像轮廓可以简单地解释为连接具有相同颜色（在彩色图片中）或强度（灰度图像要转换为二值化图像）的所有连续点（沿边界）的曲线。值得注意的是，图像轮廓指的是图像中连续的像素边界，这些边界通常代表了图像中的物体或者物体的边缘。轮廓是由相同像素值组成的曲线，它们连接相同的颜色或灰度值，并且具有连续性。

这里要强调一下，在OpenCV中，查找轮廓就像从黑色背景中找到白色物体，如图19-1所示。

图 19-1

对于左图中白色区域的图像，经过程序处理找出轮廓并绘制出来，就得到了右边的轮廓。注意，要找的对象应该是白色，背景应该是黑色。为了获得更高的准确性，要使用二值图像。

19.2 应 用 场 景

轮廓可以用来描述和分析图像中的形状和结构，因此是许多计算机视觉任务（如目标检测、形状识别、图像分割等）的基础。图像轮廓在许多应用场景中都发挥着重要作用，下面列举一些常见的应用场景：

（1）目标检测与识别：轮廓可以用于检测和定位图像中的物体。通过检测物体的轮廓，可以识别出图像中的不同物体并进行分类。

（2）图像分割：轮廓可以用来分割图像中的不同区域或物体。通过提取物体的轮廓，可以将图像分成多个不同的部分，以方便进一步分析和处理。

（3）医学图像分析：在医学图像中，轮廓可以用来标记器官、病变或细胞等结构。这对于诊断和治疗决策具有重要意义。

（4）工业自动化：在工业自动化中，轮廓可用于检测产品的缺陷、测量尺寸和定位部件，从而实现自动化生产和质量控制。

（5）机器人视觉：机器人可以利用图像轮廓来感知环境和物体，从而实现自主导航、抓取物体等任务。

（6）计算机辅助设计（CAD）：在CAD领域，图像轮廓可用于从实际物体中获取几何信息，以便在计算机上进行建模和设计。

（7）虚拟现实与增强现实：图像轮廓可以用来实时跟踪物体，将虚拟对象与实际场景进行交互，从而创建更加逼真的虚拟现实或增强现实体验。

（8）图像重建与三维建模：利用物体的轮廓可以进行图像的重建和三维建模，从而生成立体的物体模型。

（9）边缘检测虽然能够检测出边缘，但边缘是不连续的，检测到的边缘并不是一个整体。图像轮廓是指将边缘连接起来形成的一个整体，可用于后续的计算。

图像轮廓是图像中非常重要的一个特征信息，通过对图像轮廓的操作，我们能够获取目标图像的大小、位置、方向等信息。

19.3 OpenCV中的轮廓函数

OpenCV 提供了图像轮廓函数，包括 findContours、drawContours、contourArea 等，本节将讲解这些函数的用法以及轮廓的基本属性。

19.3.1 查找轮廓 findContours

OpenCV提供了查找图像轮廓的函数findContours，利用该函数能够查找图像内的轮廓信息。

查找图像轮廓函数findContours的格式如下：

```
contours, hierarchy = cv2.findContours( image, mode, method)
```

该函数在5.5节中已有详细说明，这里不再赘述。

findContours函数返回一个包含轮廓的列表contours以及层次结构信息hierarchy。每个轮廓都是由若干个点构成的。例如，contours[i]是第i个轮廓（下标从0开始），contours[i][j]是第i个轮廓内的第j个点。之前提到轮廓是一个具有相同灰度值的边界，它会存储形状边界上所有的（*x,y*）坐标。实际上我们不需要所有的点，比如当需要直线时，找到两个端点即可。对此可以使用CHAIN_APPROX_SIMPLE，它会将轮廓上的冗余点去掉，压缩轮廓，从而节省内存开支。下面用矩阵来演示，在轮廓列表中的每一个坐标上画一个蓝色圆圈。效果如图19-2所示，左图是使用CHAIN_APPROX_NONE的效果，一共734个点，看起来像围着矩形画了一圈线；右图是使用CHAIN_APPROX_SIMPLE的结果，只有4个点。具体参看本书配套资源中的相关图像文件。

图 19-2

19.3.2　轮廓的基本属性

轮廓具有如下5个基本属性，通过这些属性，我们可以更好地了解图像轮廓的基本信息。

1）type 属性

返回值contours的type属性是元组（tuple）类型，Python的元组与列表类似，不同之处在于元组的元素不能修改。元组的每个元素都是图像的一个轮廓，用NumPy中的ndarray结构表示。例如，使用如下语句获取轮廓contours的类型：

```
print (type(contours))
```

结果为<class 'tuple'>。

使用如下语句获取轮廓contours中每个元素的类型：

```
print (type(contours[0]))
```

结果为<class 'numpy.ndarray'>。

2）轮廓的个数

使用如下语句可以获取轮廓的个数：

```
print (len(contours))
```

3）每个轮廓的点数

每一个轮廓都是由若干个像素点构成的，点的个数不固定，具体个数取决于轮廓的形状。

例如，使用如下语句，可以获取某个轮廓内点的个数：

```
print (len(contours[i]))    #打印第 i 个轮廓的长度（点的个数）
```

4）轮廓内的点

使用如下语句，可以获取轮廓内第i个轮廓中具体点的位置：

```
print (contours[i])    #打印第 i 个轮廓中的像素点
```

5）轮廓的层次结构信息

返回值hierarchy表示图像的拓扑信息（轮廓层次），图像内的轮廓可能位于不同的位置。比如，一个轮廓在另一个轮廓的内部。在这种情况下，我们将外部的轮廓称为父轮廓，内部的轮廓称为子轮廓。按照上述关系分类，一幅图像中所有轮廓之间就建立了父子关系。根据轮廓之间的关系，就能够确定一个轮廓与其他轮廓是如何连接的。比如，确定一个轮廓是某个轮廓的子轮廓，或者是某个轮廓的父轮廓。上述关系被称为层次（组织结构），返回值hierarchy就包含上述层次关系。每个轮廓contours[i]对应4个元素，用来说明当前轮廓的层次关系，其形式为：

```
[Next, Previous, First_Child, Parent]
```

Next表示后一个轮廓的索引编号；Previous表示前一个轮廓的索引编号；First_Child表示第1个子轮廓的索引编号；Parent表示父轮廓的索引编号。

如果上述各个参数所对应的关系为空，也就是没有对应的关系，则将该参数所对应的值设为"−1"。使用语句print(hierarchy)来查看hierarchy的值。注意，轮廓的层次结构是由参数mode决定的。也就是说，使用不同的mode，得到的轮廓编号是不一样的，因此得到的hierarchy也是不一样的。

19.3.3　绘制轮廓 drawContours

通常仅仅找到轮廓还不够，我们一般要将轮廓标记出来，也就是绘制轮廓，这样轮廓就可以一目了然了。OpenCV提供了绘制轮廓函数drawContours，其原型如下：

```
cv2.drawContours(image, contours, contourIdx, color[, thickness[, lineType[,
hierarchy ]]])
```

这个函数在5.5节已经介绍过了，这里不再赘述。我们把函数原型写在这里，也是为了方便读者就近查阅。

19.3.4　求轮廓面积 contourArea

除了绘制轮廓函数之外，OpenCV还提供了cv2.contourArea函数，用于计算轮廓的面积。所谓轮廓面积就是轮廓包围起来的区域的面积，如图19-3所示。

这个函数对于分析图像中的对象或区域非常有用。该函数原型如下：

```
cv2.contourArea(contour[, oriented_area])
```

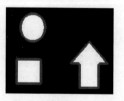

图 19-3

其中参数contour表示这是一个轮廓的点集，通常通过findContours函数获得；oriented（可选）表示如果提供了这个参数，就返回有方向的面积，0表示顺时针方向，正数表示逆时针方向。函数的返回值是轮廓的面积。

19.4 实战轮廓函数

本节将通过实例来演示findContours、drawContours、contourArea这3个函数的使用。

【例19.1】 查找和绘制轮廓，并计算面积

（1）打开PyCharm，新建一个项目，项目名称是pythonProject。

（2）在main.py中输入如下代码：

```python
import cv2

# 加载图像并转为灰度图
image = cv2.imread('test.jpg')
gray = cv2.cvtColor(image, cv2.COLOR_BGR2GRAY)

# 二值化处理
_, thresh = cv2.threshold(gray, 127, 255, cv2.THRESH_BINARY)
cv2.imshow('bin', thresh)

# 查找所有图形的轮廓
contours, hierarchy = cv2.findContours(thresh, cv2.RETR_TREE,
cv2.CHAIN_APPROX_SIMPLE)
#遍历所有图形的轮廓
for i,contour in  enumerate(contours):
    cnt_area = cv2.contourArea(contour) #计算当前图形的轮廓面积
    print("area of ",i,":" ,cnt_area)
    cv2.drawContours(image, contours, i, (0, 0, 255),3)#用红色线条绘制第一个轮廓

#查看轮廓的属性
print(type(contours)) #获取轮廓 contours 的类型
print("number of contours:",len(contours)) #轮廓的个数
print("\ncontours[0]:")
print(type(contours[0])) #获取轮廓 contours 中第 0 个元素的类型
print (len(contours[0])) #获取第 0 个轮廓内点的个数
print (contours[0]) #打印第 i 个轮廓中的像素点的位置

cv2.imshow('Contours', image) #显示绘制轮廓的图片
cv2.waitKey(0) #等待用户按键
cv2.destroyAllWindows() #销毁所有窗口
```

在上面代码中，首先读取工程目录下的图片文件test.jpg，并将其转为灰度图。然后通过函数threshold进行二值化处理并显示二值图像。注意，函数threshold有两个返回值，一个是得到

的阈值，另外一个是阈值化后的图像。现在第一个返回值用下画线来忽略掉了，因为后面不需要。Python中的下画线"_"具有特殊功能，如存储表达式值、忽略特定值、命名变量和函数等。二值化处理后，就可以通过findContours来查找轮廓了，找到轮廓后我们通过一个循环来计算每个轮廓的面积，并调用函数drawContours绘制轮廓。最后打印第0个轮廓的各个属性和绘制轮廓后的图像。

这里要提一下for循环中的enumerate。enumerate是Python的内置函数，它将一个可遍历iterable（可迭代的）数据对象（如list列表、tuple元组或str字符串）组合为一个索引序列，同时列出数据和数据下标，一般用在for循环当中。该函数语法如下：

```
enumerate(sequence, [start=0])
```

其中参数sequence表示一个序列、迭代器或其他支持的迭代对象；start表示下标起始位置。该函数返回一个枚举对象，其中包含索引和对应的值。以下是使用函数enumerate的示例代码：

```
fruits = ['apple', 'banana', 'orange']
for index, fruit in enumerate(fruits):
    print(index, fruit)
```

输出结果如下：

```
0 apple
1 banana
2 orange
```

其中0、1、2是索引，apple、banana和orange是索引对应的值。

（3）运行程序，在PyCharm输出窗口中显示结果如下：

```
area of  0 : 2069.5
area of  1 : 3063.5
area of  2 : 1893.0
<class 'tuple'>
number of contours: 3

contours[0]:
<class 'numpy.ndarray'>
5
[[[ 25 101]]

 [[ 25 146]]

 [[ 71 146]]

 [[ 71 102]]

 [[ 70 101]]]
```

二值图像和绘制后的轮廓图的输出结果如图19-4所示。从结果中可以看出，我们在图中找到了3个轮廓，并计算出来了这3个轮廓的面积。

我们再来看另外一个手势图文件，比如项目目录下的test3.jpg。我们运行程序，结果如下：

```
number of contours: 1
```

只有一个轮廓，符合预期，运行效果图如图19-5所示。

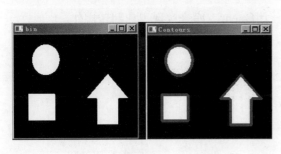 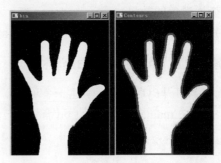

图 19-4   图 19-5

到这里一切都很顺利，但如果我们让程序读入如图19-6所示的图片，会有几个轮廓呢？读者可以先想一想。估计很多人脱口而出1个轮廓。非也，答案是2个轮廓。我们把这个图片文件命名为test2.jpg，放到项目目录下，然后运行程序，运行结果如下：

```
number of contours: 2
```

为何是2呢？这是因为在OpenCV中，查找轮廓就像从黑色背景中找到白色物体。现在图19-6中背景是白色，手是黑色，相当于白色区域是要查找的物体，黑色区域边缘和图片边缘是白色区域的轮廓，而且这两个轮廓是分离的，因此轮廓是2个。我们最后来看一下效果图，如图19-7所示。

 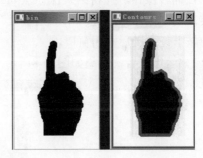

图 19-6   图 19-7

图19-7的右图中果然绘制了2个轮廓。那怎么让手势只有一个轮廓呢？很简单，黑白翻转即可。也就是让手势区域是白色，其他区域是黑色。下面将讲解图像处理中的黑白翻转。

19.5　实战黑白翻转

在图像处理领域，黑白翻转是一种简单但常用的图像处理技术，通过将图像中的像素点的灰度值反转来实现。这种技术不仅可以用于艺术创作，还可以用于图像增强和特效处理等应用。

在图像处理中，每个像素点都有一个灰度值，通常表示为0~255的一个整数。黑白翻转就是将每个像素点的灰度值取反，即用255减去当前的灰度值。这样就可以实现黑色变为白色，白色变为黑色的效果。

知道原理后，下面看一个示例，演示如何使用OpenCV库来实现黑白翻转操作。

【例19.2】 实现图片黑白翻转

（1）打开PyCharm，新建一个项目，项目名称是pythonProject。

（2）在main.py中输入如下代码：

```python
import cv2

img = cv2.imread('test2.jpg', cv2.IMREAD_GRAYSCALE) #灰度模式读取图片
img_inverted = 255 - img  # 黑白翻转

# 显示原图和翻转后的图像
cv2.imshow('Original Image', img) #显示原图
cv2.imshow('Inverted Image', img_inverted) #显示翻转后的图像
cv2.imwrite("testRes.jpg", img_inverted) #保存黑白翻转后的图像文件
cv2.waitKey(0)
cv2.destroyAllWindows()
```

在这段代码中，首先使用cv2.imread函数读取一幅灰度图像（注意，第二个参数是cv2.IMREAD_GRAYSCALE，即0），并将其赋值给img变量。然后通过简单的计算（255 - img）实现黑白翻转操作，并将结果保存在img_inverted变量中。接着使用cv2.imshow函数显示原图和翻转后的图像，并通过imwrite函数保存翻转后的黑白图像文件。最后通过cv2.waitKey(0)等待用户按下任意键后关闭窗口。

（3）运行项目，结果如图19-8所示，右图就是黑白翻转后的图像。

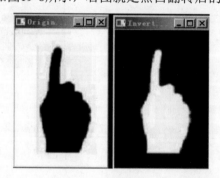

图 19-8

这里提醒读者注意，在以后的工作中一定要注意，绘制轮廓的目标区域的颜色是白色，背景是黑色，不要弄反了！

第 20 章

手势识别

长期以来，手势识别一直是计算机视觉社区中的一个非常有趣的项目。这主要是因为从杂乱的背景中分割前景对象是一个具有挑战性的实时问题。最明显的原因是，当人类和计算机看同一图像时，涉及语义差距。人类可以很容易地弄清楚图像中的内容，但对于计算机来说，图像只是三维矩阵。正因为如此，计算机视觉中的手势识别问题仍然是一个挑战。

20.1 概　　述

手势识别是一项应用非常广泛且有趣的技术，它可以在许多不同的场景中发挥巨大的作用。手势识别用于识别手势所表示的数值，这在一些需要快速输入数字的场景中特别有用，比如计算、游戏等。

在特定游戏中，手势识别可以让我们更自然地与游戏进行交互。比如，通过识别"石头、剪刀、布"这样的手势，我们可以进行有趣的猜拳游戏；或者通过识别前进、跳跃、后退等手势，我们可以更直观地控制游戏角色的行动。

当然，手势识别不局限于游戏中，在现实生活中，它也有着广泛的应用。例如，识别表示"OK"的手势，可以帮助我们确认一些操作或信息；识别表示胜利的手势，可以让我们在庆祝时更加激动。

总之，手势识别技术正在不断地发展和完善，它将在未来为我们带来更多的便利和乐趣。

20.2　NumPy中的ndarray

由于本章涉及的OpenCV函数会用到NumPy中的ndarray（数组），考虑到有些读者不一定熟悉这个数据结构，所以有必要在这里讲解一下。已经熟悉ndarray的读者可以忽略本节。

本节将主要介绍NumPy中的ndarray的使用，内容包括数组创建、常用的数组算法（如排序集合运算）、数组描述统计、数据聚合或分组运算、数据集的合并/连接运算的数据对齐，以及关系型数据运算等。

20.2.1　NumPy 是什么

NumPy（Numerical Python）是高性能科学计算和数学分析的基础包，具有以下特征：

（1）强大的ndarray对象和ufunc函数。

（2）精巧的函数。

（3）比较适合线性代数随机数处理等科学计算。

（4）有效的通用多维数据，可定义任意数据类型。

（5）无缝对接数据库。

NumPy作为一个开源的Python数据科学计算库，其强大的功能之一就是支持对n维数组和矩阵进行操作，用于快速处理任意维度的数组。

NumPy主要使用ndarray来处理n维数组，NumPy中的大部分属性和方法都是为ndarray服务的。

当然，NumPy在Python也不是一家独大，还有其他功能强大的库，每个库的本事各有千秋。使用Python做数据分析的常用库包括：

（1）NumPy库：擅长基础数值算法。

（2）scipy库：擅长科学计算。

（3）Matplotlib库：擅长数据可视化。

（4）Pandas库：擅长序列高级函数。

NumPy补充了Python语言所欠缺的数值计算能力，也是其他数据分析及机器学习库的底层库。NumPy完全基于标准C语言实现，运行效率充分优化，且开源免费。

20.2.2　ndarray 的概念

ndarray（n-dimensional array）意思是n维数组，dimensional读音为/daɪˈmenʃənl/，翻译为中文是"尺寸"。与Python的基本数据类型列表相比，同一个ndarray中所有元素的数据类型都相同，而列表中可以存储不同类型的数据。ndarray的索引和切片操作其实与Python语言中list的索引和切片操作极为相似，元素的索引均从0开始。

ndarray中的每个元素在内存中都有相同存储大小的区域。ndarray内部由以下内容组成：

（1）一个指向数据（内存或内存映射文件中的一块数据）的指针。

（2）数据类型或dtype，描述数组中的固定大小值的格子。

（3）一个表示数组形状（shape）的元组，表示各维度大小的元组。

（4）一个跨度（stride）元组，其中的整数指的是为了前进到当前维度下一个元素需要"跨过"的字节数。

在NumPy库中，ndarray这个数组数据结构用类来描述，类名就是ndarray，它包含了许多成员函数，其定义如下：

```
class ndarray(object):
    ... #诸多成员函数
```

也就是说，ndarray数组是用np.ndarray类的对象表示的*n*维数组。

20.2.3　ndarray 的特点

ndarray的特点如下：

（1）同质性：数组中的所有元素必须是相同的数据类型。NumPy的ndarray没有Python列表那么高的灵活性，为了保持高性能，牺牲了部分灵活性。

（2）多维性：数组可以是一维的、二维的，甚至是更高维度的。

（3）固定大小：数组的大小在创建后就不能改变。每个维度的元素数量是固定的。对于一维数组，只有一个维度，所以元素数量必定是相同。对于二维数组，每行的元素数量应该是相同的，每列的元素数量也应该是相同的。以此类推，每个维度元素数量是固定不变的。

（4）基于C语言实现。Python语言以简洁闻名，而C语言则比Python有着更强的运算能力，因此，ndarray基于C语言实现有助于提高性能，而且内部经过大量的矩阵运算优化，实现了高性能数据处理。

20.2.4　NumPy 数组的优势

NumPy数组在科学计算和数据分析中如此受欢迎，主要是有如下几个优势：

- 高效性：由于 NumPy 数组在内存中是连续存储的，并且所有元素都是相同的数据类型，因此它们比 Python 的内置数据类型（如列表）更加高效。这使得 NumPy 在处理大规模数据时具有显著的性能优势。
- 矢量化操作：NumPy 提供了大量的矢量化操作函数，这些函数可以直接对整个数组进行操作，而无须使用循环。这大大提高了代码的执行效率，并减少了出错的可能性。
- 广播机制：广播是 NumPy 中一个非常重要的特性，它允许 NumPy 在进行数组运算时自动扩展数组的维度，从而简化了许多常见的操作。
- 丰富的数学函数：NumPy 提供了大量的数学函数，如线性代数、统计、傅里叶变换等，这些函数可以直接在 NumPy 数组上使用，无须将数据转换为其他类型或格式。

20.2.5　内存中的 ndarray 对象

在内存中，一个ndarray包括两部分：元数据（metadata）和实际数据。

- 元数据：元数据存储目标数组的描述信息，比如 dim count（维数）、shape（维度）、dtype（数据类型）、size（元素个数）、data（作为一个指针，指向具体的实际数据）等。
- 实际数据：实际数据是完整的数组数据。

将实际数据与元数据分开存放，一方面提高了内存空间的使用效率；另一方面减少对实际数据的访问效率，提高了计算性能。

20.2.6　ndarray 数组对象的创建

有多种方法可以创建ndarray数组。

1. 通过 array 函数创建

最简单的方法是使用NumPy库提供的array函数，直接将Python数组转换为ndarray数组。array函数接收一切序列类型的对象，该函数语法如下：

```
numpy.array(object, dtype=None, copy=True, order='K', subok=False, ndmin=0)
-> ndarray
```

参数说明如下：

- object（必需）：用于创建数组的任何对象，如列表、元组、集合、数组等。
- dtype（可选）：表示要创建的 ndarray 的元素数据类型。如果没有给出，那么类型将被确定为保持序列中的对象所需的最小类型。
- copy（可选）：如果为 True，则复制输入数据；如果为 False，则使用输入数据的引用（如果可能）。
- order（可选）：指定输入数组中元素的内存布局。可选值有：'K'（默认值），表示保持输入数组的内存布局；'C'，表示以 C 语言风格（行优先）排列元素；'F'，表示以 Fortran 风格（列优先）排列元素；'A'，表示以原始数据的布局排列元素。
- subok（可选）：如果为 True，则子类将被传递，否则返回的数组将是完全由 NumPy 创建的数组，默认值为 False。
- ndmin（可选）：指定输出数组的最小维度。如果输入数据是低维的，则会被提升到至少 ndmin 维，默认值为 0。

array函数返回一个ndarray类对象。

接下来，我们将通过一些示例来展示numpy.array函数的使用。

【例 20.1】　从列表创建 NumPy 数组

```python
import numpy as np
# 从列表创建一维 NumPy 数组
list1 = [1, 2, 3, 4, 5]
array1 = np.array(list1)
print(array1)

# 从列表创建二维 NumPy 数组（列表的列表）
list2 = [[1, 2, 3], [4, 5, 6], [7, 8, 9]]
array2 = np.array(list2)
print(array2)

#创建三维数组
```

```
list03 = [[[1,2,3,4],[5,6,7,8],[9,10,11,12]]]
np03 = np.array(list03)
print(np03)
print(type(np03))
print(np03.shape)

#再创建一个三维数组
t = np.array([[[1., 1., 1.],
     [1., 1., 1.]],
    [[1., 1., 1.],
     [1., 1., 1.]]])
print(t)
print(t.shape)
```

结果如下：

```
[1 2 3 4 5]
[[1 2 3]
 [4 5 6]
 [7 8 9]]
[[[ 1  2  3  4]
  [ 5  6  7  8]
  [ 9 10 11 12]]]
<class 'numpy.ndarray'>
(1, 3, 4)
[[[1. 1. 1.]
  [1. 1. 1.]]

 [[1. 1. 1.]
  [1. 1. 1.]]]
(2, 2, 3)
```

当数组是一维时，用print输出数组，用一对方括号（[]）包围元素，数组的长度就是元素个数。我们可以把直接相邻元素的方括号叫作一维方括号，一维数组内的方框号肯定是一维方括号。

当数组是二维时，数组分为第一维度长度和第二维度长度，第一维度长度就是列数，第二维度长度就是行数，也就是类似这样的"[x,x,…,x]"一维数组的个数。我们把一维方括号紧邻的方括号叫作二维方括号。

当数组是三维时，第一维度的长度依旧是元素列数，也就是"[x,x,…,x]"中元素的个数；第二维度的长度是每一对二维方括号内的一维方括号的对数；第三维度的长度是三维方括号内的二维方括号的对数。

因此，程序中第一个三维数组的长度是（1,3,4），因为[1 2 3 4]中元素个数是4，所以一维的长度是4；因为每一对二维方括号中有3对一维方括号，所以二维的长度是3；因为三维方括号内有一对二维方括号，所以三维的长度是1。因此数组的长度就是（1,3,4）。

shape函数可以输出数组的每个维度的长度，我们用shape函数来验证第二个三维数组。因为[1.1.1.]中的元素个数是3，所以一维的长度是3；因为每一对二维方括号中有2对一维方括号，所以二维的长度是2；因为三维方括号中有两对二维方括号，所以三维的长度是2，故最终数组的长度就是（2,2,3），用shape函数验证也符合预期。我们用这种统计维度方括号的方法，来分析某个维度的长度，即使再多的维度也不怕。

【例 20.2】 指定数据类型

```python
import numpy as np
# 创建整数类型的 NumPy 数组
array3 = np.array([1.0, 2.0, 3.0], dtype=int)
print(array3)

# 创建浮点数类型的 NumPy 数组
array4 = np.array([1, 2, 3], dtype=float)
print(array4)
```

结果如下：

```
[1 2 3]
[1. 2. 3.]
```

因为指定array3的元素为int类型，所以其输出结果都是整型。而array4的元素类型指定为float，所以其输出结果都是浮点数。

【例 20.3】 使用 copy 参数

```python
import numpy as np
# 创建一个 NumPy 数组
original_array = np.array([1, 2, 3])

# 使用 copy=True 创建一个副本
copied_array = np.array(original_array, copy=True)
print(copied_array)

# 修改原始数组
original_array[0] = 100

# 输出原始数组和副本数组
print("Original array:", original_array)
print("Copied array:", copied_array)

# 使用 copy=False（默认）创建一个引用
referenced_array = np.array(original_array, copy=False)
print(referenced_array)

# 修改原始数组
original_array[1] = 200

# 输出原始数组和引用数组
print("Original array:", original_array)
print("Referenced array:", referenced_array)
```

结果如下：

```
[1 2 3]
Original array: [100   2   3]
Copied array: [1 2 3]
[100   2   3]
Original array: [100 200   3]
Referenced array: [100 200   3]
```

【例 20.4】 指定最小维度

```
# 创建一个一维 NumPy 数组，并指定最小维度为 2
array5 = np.array([1, 2, 3], ndmin=2)
print(array5)
# 创建一个已经是二维的数组，指定最小维度为 2（不会改变数组）
array6 = np.array([[1, 2], [3, 4]], ndmin=2)
print(array6)
# 创建一个一维数组，并指定最小维度为 3（将会增加一个新的轴）
array7 = np.array([1, 2, 3], ndmin=3)
print(array7)
```

结果如下：

```
[[1 2 3]]
[[1 2]
 [3 4]]
[[[1 2 3]]]
```

numpy.array()函数是NumPy库中最基础也最重要的函数之一。它为我们提供了一种高效、灵活的方式来创建和操作数组。通过深入了解numpy.array函数的用法和注意事项，我们可以更好地利用NumPy库进行数值计算和数据处理，提高代码的质量和运行效率。

2. 通过 numpy.empty 函数创建

numpy.empty函数用来创建一个指定形状（shape）、数据类型（dtype）且未初始化的数组。其语法形式如下：

```
numpy.empty(shape,dtype = float, order = 'C') -> ndarray
```

参数说明如下：

- shape：数据类型是整数或者由整数组成的元组，它的功能是指定空数组的维度，例如(2, 3)或者 2。
- dtype(可选)：数值类型，指定输出数组的数值类型，例如 numpy.int8。默认为 numpy.float64。
- order（可选）：取值为'C'（默认）或'F'，表示是否在内存中以行优先或列优先的顺序存储多维数据。

函数返回一个具有指定形状和数据类型的未初始化数组，即数组的元素值取决于内存的状态。示例代码如下：

```
import numpy as np
x = np.empty([3,2],dtype = int) #创建一个 3 行 2 列，未初始化的数组
print(x)
```

结果如下：

```
[[  6488124    7602290]
 [  6357090    6619251]
 [1383268352 1694498816]]
```

3. 通过 numpy.zeros 函数创建

函数numpy.zeros创建指定大小的数组，数组元素以0来填充。该函数声明如下：

```
numpy.zeros(shape, dtype = float, order = 'C') -> ndarray
```

参数含义同numpy.empty，这里不再赘述。示例如下：

```
y = np.zeros([2,5],dtype = int)   #创建 2 行 5 列的数组，元素数据类型是 int，内容是 0
print(y)
```

结果如下：

```
[[0 0 0 0 0]
 [0 0 0 0 0]]
```

4. 通过函数 numpy.ones 创建

函数numpy.ones创建指定形状的数组，数组元素以1来填充。该函数声明如下：

```
numpy.ones(shape, dtype = None, order = 'C') -> ndarray
```

参数含义同numpy.empty，这里不再赘述。示例如下：

```
y = np.ones((2,5),dtype = int)   #创建 2 行 5 列的数组，元素数据类型是 int，内容是 1
print(y)
```

结果如下：

```
[[1 1 1 1 1]
 [1 1 1 1 1]]
```

5. 通过函数 numpy.full 创建

函数numpy.full的基本功能是生成一个具有指定形状、数据类型和自定义填充值的数组。通过这个函数，我们可以方便地创建具有固定值的新数组，而无须手动初始化每个元素。这在快速生成测试数据、初始化权重矩阵或设置数组默认值等场景下非常有用。numpy.full函数的语法如下：

```
numpy.full(shape, fill_value, dtype=None, order='C') -> ndarray
```

参数说明如下：

- Shape: 指定输出数组的形状，可以是一个整数、元组或列表，表示数组的维度大小。
- fill_value: 用于指定填充数组的元素值，可以是任何 Python 数据类型，包括数值、字符串、布尔值等。

- Dtype：用于指定输出数组的数据类型，如果未指定，则根据 fill_value 的类型自动推断。
- order：用于指定数组的存储顺序，默认值为'C'，表示按行优先顺序存储。

函数返回一个ndarray类对象。示例如下：

（1）创建特定值的二维数组

```
import numpy as np
# 创建一个形状为(3, 2)的二维数组，所有元素都为-1
negative_ones_array = np.full((3, 2), -1)
print(negative_ones_array)
```

结果如下：

```
[[-1 -1]
 [-1 -1]
 [-1 -1]]
```

（2）创建指定数据类型的数组：

```
import numpy as np
# 创建一个形状为(2,)的一维数组，所有元素都为字符串'hello'，数据类型为 object
str_array = np.full((2,), 'hello', dtype=object)
print(str_array)
print(str_array.dtype)   #获取元素数据类型
```

结果如下：

```
['hello' 'hello']
object
```

20.2.7 ndarray 的重要属性

ndarray的属性是用来描述ndarray数组信息的，其重要属性包括ndim、shape、size和dtype等。

ndim返回数组的维度的个数（简称维数，即数组轴的个数）。例如，一维数组的ndim为1，二维数组的ndim为2，三维数组的ndim为3，n维数组的ndim为n。

shape返回数组的形状（或称维度），这是一个整数的元组，表示每个维度中数组的大小。例如，对于一个3行2列的二维数组，shape会返回一个包含行数和列数的元组，即(3,2)。

size返回数组中元素的总个数。

dtype返回数组中元素的数据类型，NumPy支持多种数据类型，包括整数、浮点数、复数等。

示例如下：

```
ar = np.full((3, 2), -1)   #创建一个 3×2 的数组
print(ar.ndim,",",ar.shape,",",ar.dtype,",",ar.size)
```

结果如下：

```
2 , (3, 2) , int32 , 6
```

第一个2表示这个数组是二维数组；(3,2)表示数组的形状是3×2；int32表示该数组的元素数据类型是int32；6表示一共有6个元素，3×2=6，完全符合预期。

20.2.8 数组的轴和轴的长度

在OpenCV的学习过程，有些读者对轴的概念会感到困惑，现在我们就来弄清楚它。

在NumPy中，维度又称为轴（axis，读作/ˈæksɪs/）。许多NumPy方法或函数在调用时，常常需要指定一个关键参数"axis=T"，它表示沿哪个轴的方向进行运算（例如，求均值、方差等），这里的T表示轴的索引号（axis=0表示轴0，axis=1表示轴1，以此类推）。

Python的数组元素访问和C语言中的一样，都是通过索引来访问，这里不再赘述。我们要更进一步，即求某个轴上元素之和以及某个轴的长度，因为它们都是和轴密切相关的。

假设有一个N维数组，轴i（$0 \leq i < N$）的长度就是轴i上被切分的份数，或者说"N-i-1维数组"的个数。比如，一个四维数组，轴0的长度就是轴0方向上有多少个三维数组；轴1的长度就是轴1方向上有多少个二维数组；轴2的长度就是轴2方向上有多少个一维数组；轴3的长度就是轴3方向上有多少个零维数组（零维数组就是单个元素）。

使用函数sum可以对数组进行求和。sum方法可以接收多个参数，包括数组a、坐标轴axis、数据类型dtype、初始值initial。其中，axis对求和有什么影响呢？一般来说，如果不设置axis这个参数，那么就对数组所有元素求和；如果指定了参数axis，则就求那个轴方向上的元素之和。比如：

```
np.sum(a)  #求数组 a 中所有元素之和，也可以这样调用：a.sum()
sum0 = np.sum(a,axis=0)  #求 0 轴方向上元素之和，或者写成 a.sum(axis=0)
```

我们知道shape可以求得各个轴上的元素个数，而求某个轴方向上的元素之和，则可以用np.shape[i]，i表示轴i，比如：

```
np.shape[0]  #求 0 轴上元素个数
np.shape[1]  #求 1 轴上元素个数
```

我们先从最简单的一维数组来理解轴。对于一维数组，它只有一个轴，即0轴，数组元素的索引沿轴的方向依次增加，如图20-1所示。

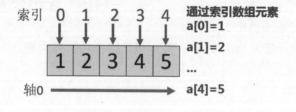

图 20-1

一维数组求和以及求0轴的长度的代码如下：

```
a= np.array([1,2,3,4,5])
suma = np.sum(a)  #suma = 15，未指定轴时，就对数组所有元素进行操作
sum0 = np.sum(a,axis=0) #sum1 = 15，指定轴时，沿着指定轴的方向求和
```

```
print(suma,",",sum0)
print("shape[0]:",a.shape[0]) #shape[0]就是 0 轴上的元素个数，也就是 5 个
```

结果如下：

```
15 , 15
shape[0]: 5
```

0轴上的元素个数就是0轴的长度，也就是0轴方向上被切分的份数。

对于二维数组，它有两个维度，因此它的轴有两个，分别为轴0和轴1，这个数组的轴的示意图如图20-2所示。

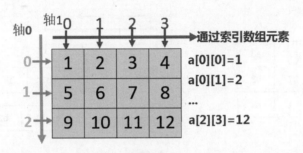

图 20-2

其中，竖向的是轴0（或称0轴，axis 0），横向的是轴1（或称1轴，axis 1），它们的顺序不能乱，因为我们必须以正确的顺序获取元素。

对于二维数组，沿着某个轴求和以及求轴的长度的代码如下：

```
import numpy as np
a = np.array([[1,2,3,4],[5,6,7,8],[9,10,11,12]])
suma = np.sum(a)          #suma = 78
sum0 = np.sum(a,axis=0)  #sum0 = [15,18,21,24]，沿着轴 0 的方向求和
sum1 = np.sum(a,axis=1)  #sum1 = [10,26,42]，沿着轴 1 的方向求和
print(suma,",",sum0,",",sum1)
print(a.shape[0],a.shape[1]) #输出 0 轴和 1 轴的长度
```

a.shape[0]表示轴0的长度，可以理解为轴0方向上被切成的份数，从图20-2中可以看出，被切成了3份，因此a.shape[0]是3。当然，也可以认为是一维数组的个数，一共3个一维数组。

a.shape[1]表示轴1的长度，可以理解为轴1方向上被切成的份数，从图20-2中可以看出，被切成了4份，因此a.shape[1]是4。当然，也可以理解为一维数组中元素的个数，现在一维数组中有4个元素。

结果如下：

```
78 , [15 18 21 24] , [10 26 42]
3 4
```

对于三维数组，它有3个维度，因此，它的轴有3个，即轴0、轴1和轴2，如图20-3所示。

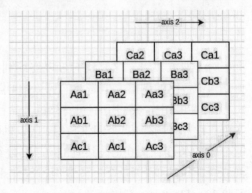

图 20-3

从轴0上看，该数组包含3个元素，进入轴0中的任何一个元素的空间中可以看到，这个元素又包含两个轴，对应于三维数组的轴0和轴1。在轴0方向上，被切分成了3份，因此shape[0]=3；在轴1方向上，被切分成了3份，因此shape[1]=3；在轴2方向上，也被切成了3份，因此shape[2]=3。

在分析数组维度时，最重要的事情是确定轴0在哪？一维、二维、三维的轴0比较好确定，那四维、五维的轴0呢？

其实，轴0就是n维数组拆分为多个n-1维元素所在的轴。例如，二维数组可以拆分为多个一维数组，如图20-4所示。因此，轴0所对应的元素是多个一维数组，而轴1（最深轴）对应的是标量。

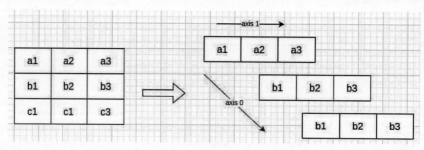

图 20-4

对于三维数组，可以拆分为多个二维数组，如图20-5所示。这时，轴0对应的元素就是二维数组（矩阵），轴1对应的元素是向量（每个元素是一行的一维数组），轴2（最深轴）对应的元素就是标量（每个元素是单独的实际数据）了。

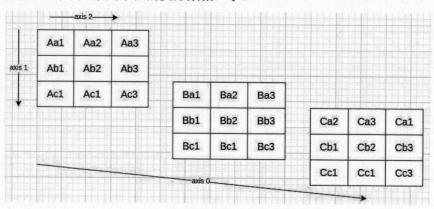

图 20-5

对于四维数组，这时我们可以继续利用规律扩展4维数组的0轴，虽然我们很难在空间勾画1个4维数组的图案，但是我们可以把4维数组拆分多个3维数组的集合，如图20-6所示。

在图20-6中，我们用不同的颜色（参看配套资源中的相关文件）表示第四维，实际上是将多个三维数组构建成1个四维数组，所以轴0就是多个三维数组元素对应的那个轴。下面看一下每个轴的长度：轴0上一共有3个三维数组，因此shape[0]=3；轴1上有3个二维数组，因此shape[1]=3；轴2上有3个一维数组，因此shape[2]=3；轴3上有3个零维数组（也就是元素），因此shape[3]=3。

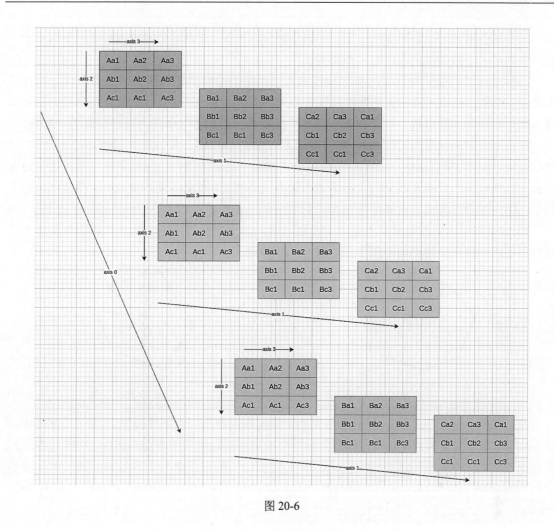

图 20-6

20.3 凸包和凸包检测

让我们先从术语的角度来理解"凸"和"包"。一个"凸"对象是指没有内角大于180°的对象。非凸的对象称为非凸的或凹的。图20-7展示了凸对象和非凸对象的例子。

包的意思是包围物体。因此，一组点或形状的凸包（convex hull）是一个紧贴着这些点或形状的最紧凑的凸边界，图20-7中两个图像的凸包如图20-8所示。

图 20-7   图 20-8

两个黑色形状的凸包用线条描绘。对于凸对象，其凸包就是其边界本身；而对于凹形状，其凸包则是一个最紧致地包围它的凸边界。

凸包是计算机视觉中常用的概念和技术之一，用于检测和处理图像中的凸形状。在计算机视觉、图像处理和几何形状分析中，凸包是一个基础且强大的工具，它可以帮助我们简化问题，比如识别物体的形状，计算物体的边界，或者是在机器学习中作为特征提取的一部分。

在一个实数向量空间 V 中，对于给定集合 X，所有包含 X 的凸集的交集 S 被称为 X 的凸包。X 的凸包可以用 X 内所有点 $(X_1,\cdots,X_n)$ 的线性组合来构造。直观地讲，凸包就是在一个多边形边缘或者内部任意两个点的连线都包含在多边形边界或者内部。比如，图20-9所示的图像就是一个凸包，因为符合边缘或者内部任意两个点的连线都包含在多边形边界或者内部。

而图20-10所示的图像就是不是一个凸包，因为如果在右边凹进去的一个角的两条线上取两点再连线，就在多边形的外部了，不符合凸包的定义。

图 20-9   图 20-10

在二维欧几里得空间中，凸包可想象为一条刚好包着所有点的橡皮圈。用不严谨的话来讲，给定二维平面上的点集，凸包就是将最外层的点连接起来构成的凸多边形，它能包含点集中所有的点。比如，假设平面上有p0~p12共13个点，过某些点画一个多边形，使这个多边形能把所有点都"包"起来。当这个多边形是凸多边形的时候，就把它叫作"凸包"，如图20-11所示。

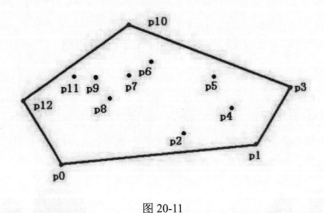

图 20-11

凸包的特点是每一处都是凸的，即在凸包内连接任意两点的直线都在凸包的内部，并且任意连续3个点的内角小于180°。

给定一个点集，如何找出该点集的凸包？找点集的凸包的过程通常称为凸包检测，基本原理是先将一幅图片二值化，然后找到图像中的轮廓，最后找出各个轮廓的凸包（这一步要使用convexHull函数找轮廓的凸包）。也就是对二值图像进行轮廓分析之后，可以构建每个轮廓的凸包，构建完成之后会返回该凸包包含的点集。根据返回的凸包点集可以绘制该轮廓对应的凸包。

凸包检测是计算几何中的一个问题，主要是找出一个给定点集的凸包。在二维欧几里得空间中，凸包可想象为一条刚好包着所有点的橡皮圈。用不严谨的话来讲，给定二维平面上的点集，凸包就是将最外层的点连接起来构成的凸多边形，它能包含点集中所有的点。任意二维点集的凸包将是一个凸多边形，或者说，如果顺时针或逆时针沿着凸包移动，那么永远都会朝着开始时的方向前进。

在计算机视觉中，凸包测试主要用于确定图像特征的边界，例如确定一个形状的边界，或者找出一个复杂物体的外轮廓。凸包算法的应用包括：

（1）图像和视频分析：在计算机视觉中，凸包检测常用于目标跟踪和物体识别。凸包提供了一个粗略但通常效果不错的物体边界。

（2）碰撞检测：在计算机游戏和物理模拟中，凸包用于快速进行碰撞检测，因为处理凸的形状比处理凹的形状要简单很多。

（3）数据聚类：在数据分析中，凸包可以用来识别和定义数据群集。

（4）计算几何：在许多其他计算几何问题中，凸包都是主要的构成部分，例如计算点集的直径，寻找两个点集间的最近点对等。

（5）手势识别：在手势识别技术中，凸包用于检测手指的位置和运动，从而解析出特定的手势。

凸包检测是在多个领域都有着广泛应用的算法，它的鲁棒性和有效性使其在处理形状和空间问题时十分有用。

那如何来得到一个凸包（也就是包围轮廓的最小凸形状）呢？在OpenCV中，我们利用函数cv2.convexHull来计算和寻找给定点集的凸包。该函数声明如下：

```
hull = cv2.convexHull(points[, hull[, clockwise[, returnPoints]]
```

其中，参数points表示输入的点集，可以是一个NumPy数组，每个点的数据类型应是int32。hull是可选参数，用于输出凸包点集的索引，即凸包点在原轮廓点集中的索引，也称凸包角点，可以理解为多边形的点坐标或索引，默认值为None，返回凸包点集的索引，否则返回凸包点集的坐标。clockwise是布尔类型的可选参数，指定是否按顺时针方向输出凸包点集，其值为True时，凸包角点将按顺时针方向排列；其值为False时，则为逆时针方向排列，默认值为False。returnPoints也是可选参数，指定是否返回凸包点集的坐标，其值为True（默认值）时，函数将返回凸包角点的x/y坐标；其值为False时，函数返回轮廓中凸包角点的索引。

【例20.5】 逆时针输出凸包点集

（1）打开PyCharm，新建一个项目，项目名称是pythonProject。

（2）在main.py中输入如下代码：

```
import numpy as np
import cv2
```

```
points = np.array([[10, 10], [10, 100], [100, 100], [100, 10]], dtype=np.int32)
hull = cv2.convexHull(points)
print(hull)
```

np.array用来产生数组，其可选参数dtype用来表示数组元素的类型。现在每个数组元素是一个点坐标，这样points就是一个点集，然后作为参数传给cv2.convexHull函数。由于没有指定convexHull的clockwise参数，因此采用其默认值False，也就是逆时针输出凸包点集。

结果如下：
```
tux
[[[100  10]]

 [[100 100]]

 [[ 10 100]]

 [[ 10  10]]]
```

可见是按逆时针输出凸包点集。这个例子比较简单，没有体现出凸包检测的原理，下面我们对世界地图进行凸包检测。

【例20.6】 对世界地图进行凸包检测

（1）打开PyCharm，新建一个项目，项目名称是pythonProject。

（2）在main.py中输入如下代码：

```
import cv2
import numpy as np
import sys


if __name__ == "__main__":
    if (len(sys.argv)) < 2:
        file_path = "sample.jpg"
    else:
        file_path = sys.argv[1]
    #读取图片文件
    src = cv2.imread(file_path, 1)
    # 显示原图
    cv2.imshow("Source", src)

    #将图像转换为灰度图像
    gray = cv2.cvtColor(src, cv2.COLOR_BGR2GRAY)
    #模糊图像
    blur = cv2.blur(gray, (3, 3))

    #图像的二值化阈值
    ret, thresh = cv2.threshold(blur, 200, 255, cv2.THRESH_BINARY)

    # 查找轮廓
    contours, hierarchy = cv2.findContours(thresh, cv2.RETR_TREE, \
```

```
            cv2.CHAIN_APPROX_SIMPLE)

    # 为 convexHull 函数的凸包点集创建一个数组
    hull = []

    #寻找给定点集的凸包
    for i in range(len(contours)):  #i 初值为 1
        hull.append(cv2.convexHull(contours[i], False))

    #创建一个空的黑色图像
    drawing = np.zeros((thresh.shape[0], thresh.shape[1], 3), np.uint8)

    # 画外廓和凸包点
    for i in range(len(contours)):
        color_contours = (0, 255, 0)  # 绿色用于轮廓
        color = (255, 255, 255)  # 白色用于凸包点集的索引
        # 画轮廓
        cv2.drawContours(drawing, contours, i, color_contours, 2, 8, hierarchy)
        # 画凸包点集的索引
        cv2.drawContours(drawing, hull, i, color, 2, 8)
    #显示最终图像
    cv2.imshow("Output", drawing)
    cv2.waitKey(0)  #等待用户按键
    cv2.destroyAllWindows()  #销毁所有窗口
```

在上面代码中，首先读入图片sample.jpg，然后二值化图像。二值化图像有下面3步：将图像转换为灰度图像；通过blur函数去除一些噪点；将灰度图像二值化。接着，使用函数findContour找到二值图像中的所有轮廓。读者可能会问：为什么不使用边缘检测？边缘检测找到的只是每个边缘的位置，而findContour函数返回的是每个轮廓为集合的一个列表，这是我们需要的。最后，使用convexHull函数找轮廓的凸包，因为凸包也是一种轮廓，所以可以使用OpenCV中的drawContours函数画出来。

（3）运行程序，结果如图20-12所示。

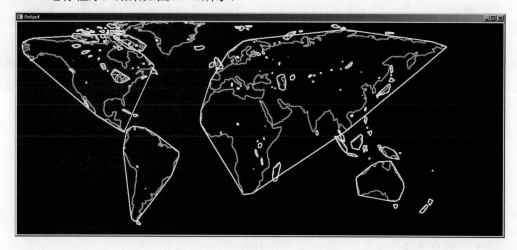

图 20-12

20.4　凸缺陷及其应用

获取了凸包之后，可以干什么呢？可以定义凸缺陷。把凸包与轮廓之间的部分称为凸缺陷，如图20-13所示。

其中较粗的灰色线条表示手的轮廓，最外面的线表示轮廓的凸包，双箭头表示轮廓到凸包最远的点和距离，轮廓和凸包之间的区域为凸缺陷。凸缺陷可用来处理手势识别等问题。真实手掌图如图20-14所示。外围黑色的直线为凸包，而凸包与手掌轮廓之间的部分为凸缺陷，一共有A~H个。

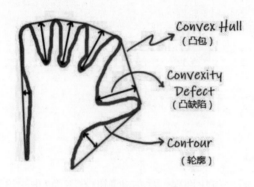

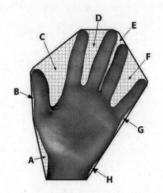

图 20-13　　　　　　　　　　　　　　　　图 20-14

我们再来看一幅凸缺陷的图，如图20-15所示，图中有4个凸缺陷。

通常情况下，使用如下4个特征值来表示凸缺陷：

（1）起点（startPoint）：该特征值用于说明当前凸缺陷的起点位置。需要注意的是，起点值用轮廓索引表示。也就是说，起点一定是轮廓中的一个点，并且用其在轮廓中的序号来表示。例如，点A是凸缺陷1的起点。

（2）终点（endPoint）：该特征值用于说明当前凸缺陷的终点位置。该值也是使用轮廓索引表示的。例如，图中的点B是凸缺陷1的终点。

图 20-15

（3）轮廓上距离凸包最远的点（farPoint）：例如，点C是凸缺陷1中的轮廓上距离凸包最远的点。

（4）最远点到凸包的近似距离（depth）：例如，距离D是凸缺陷1中的最远点到凸包的近似距离。

OpenCV提供了函数convexityDefects用来查找轮廓的凸缺陷。这个函数的名字很形象，convexity是凸面的意思，Defects是缺陷的意思。该函数可以通过输入的轮廓点信息计算出凸缺陷的数量、位置和深度等信息，可以用于手势识别、目标检测等应用场景。该函数要求输入轮廓点信息和凸包点信息等参数，然后通过输出参数获取凸缺陷信息，其语法格式如下：

```
convexityDefects = cv2.convexityDefect(contour, convexhull)
```

其中参数contour表示检测到的轮廓，可以调用findContours函数得到；参数convexhull表示检测到的凸包，可以调用convexHull函数得到。函数返回一个ndarray类型的三维数组，其中每一个凸缺陷用1×4的矩阵表示，每一行包含的值是[起点，终点，最远的点（即边缘点到凸包距离最大点），到最远点的近似距离]，即每个凸缺陷通过这4个特征量来标记，前3个点都是轮廓索引。也就是说，convexityDefects的值相当于一个$n×1×4$的数组，n表示不同的图片有不同的n个凸缺陷，每个凸缺陷是1行4列，1行中的4列元素分别代表缺陷的起点s、终点e、最远点的索引f、最远点到凸包的距离d（返回的距离值放大了256倍，所以除以256才是实际的距离）。另外，函数计算成功后，三维数组的轴0的长度是凸缺陷的数量。

> ❈❈➕注意　进行凸检测时，凸包检测函数convexHull中的参数returnPoints要设置为False，这样才能返回与凸包点对应的轮廓上的点对应的索引。

使用convexityDefect函数的步骤如下：

（1）读取图像并转换为灰度图像。
（2）对灰度图像进行二值化处理。
（3）获取图像中的轮廓信息。
（4）对每个轮廓计算凸包点信息。
（5）对每个轮廓计算凸缺陷信息。
（6）遍历所有轮廓的凸缺陷信息，并绘制凸缺陷。

这样就可以计算图像中轮廓的凸缺陷信息，并绘制凸缺陷。总结一下，convexityDefect函数是OpenCV中用于计算轮廓凸缺陷信息的函数，可以用于手势识别、目标检测等应用场景。使用该函数时，需要先获取轮廓和凸包信息，然后使用该函数计算凸缺陷信息，并根据需求对凸缺陷进行处理和绘制。

20.4.1　查找凸包和凸缺陷的示例

下面我们通过实例演示怎么对一幅图片查找凸包和凸缺陷。

【例20.7】　查找凸包和凸缺陷

（1）打开PyCharm，新建一个项目，项目名称是pythonProject。
（2）在main.py中输入如下代码：

```
import cv2
import numpy as np
img = cv2.imread('test.png') #加载图片
cv2.imshow('src',img) #显示原图
img_gray = cv2.cvtColor(img,cv2.COLOR_BGR2GRAY) #转换为灰度图
ret, thresh=cv2.threshold(img_gray, 127, 255,0) #对灰度图像进行阈值操作得到二值图像
contours, hierarchy = cv2.findContours(thresh,2,1)        #查找轮廓
```

```
cnt = contours[0]
hull = cv2.convexHull(cnt, returnPoints = False)        #凸包检测
#获取凸缺陷信息并画线标记出来
defects = cv2.convexityDefects(cnt, hull)
#print(type(defects))                  #打印 defects 的类型：ndarray
#print(defects.ndim)                   #三维
#print(defects.shape)                  #(n,1,4)，不同的图片有不同的 n 个凸缺陷，每个凸缺陷
是 1 行 4 列，1 行中的 4 列元素分别代表 s、e、f、d
#print(defects.shape[0])         #0 轴的长度就是凸缺陷的个数
for i in range(defects.shape[0]):
    s, e, f, d = defects[i, 0]  #s、e、f 是轮廓索引，d 表示到最远点的近似距离
    start = tuple(cnt[s][0])        #起点，tuple 函数的作用是转换为元组
    end = tuple(cnt[e][0])                          #终点
    far = tuple(cnt[f][0])                          #最远点
    cv2.line(img, start, end, [0, 255, 0], 2)       #把起点和终点连起来画绿色直线
    cv2.circle(img, far, 5, [0, 0, 255], -1)        #对最远点画红色小圆圈
cv2.imshow('final_img', img)                        #显示最终图像
cv2.waitKey(0)                                      #等待用户按键
```

首先读取图片test.png并转为灰度图，然后对图片进行二值化，再查找轮廓，接着进行凸包检测，最后获取凸缺陷信息并画线标记出来，即使用cv2.line()和cv2.circle()来绘制凸缺陷。画线函数line和画圆函数circle的颜色参数采用BGR颜色模式来表示，因此画直线用的是绿色，画圆用的是红色。

函数convexityDefects返回一个数组存于defects中，表示检测到的最终结果，其中每一行包含的值是[起点，终点，最远的点，到最远点的近似距离]，前3个点都是轮廓索引。

值得注意的是，在Python中，元组是一种不可变的有序集合，可以存储任意数据类型的元素。我们可以通过以下方式创建一个元组：

```
t = (1, 2, 3, "hello", [4, 5, 6])
```

通过圆括号将元素括起来，并使用逗号分隔，即可创建一个元组。不仅如此，我们还可以使用内置的tuple()函数，将其他可迭代的对象转换为元组。比如：

```
lst = [1, 2, 3, "hello", [4, 5, 6]]
t = tuple(lst)
print(t)
```

结果如下：

```
(1, 2, 3, 'hello', [4, 5, 6])
```

结果还是一个元组。tuple的不可变性保证了其中的元素不会被意外地修改，这在保存一些重要的数据时十分重要。

（3）运行程序，运行结果如图20-16所示。

值得注意的是，用函数cv2.convexityDefects()计算凸缺陷时，要使用凸包作为参数。在查找该凸包时，函数cv2.convexHull()所使用的参数returnPoints的值必须是False。

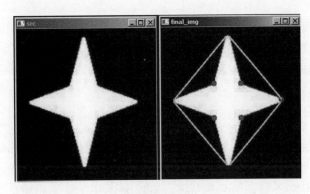

图 20-16

现在，我们通过使用OpenCV库函数能够直观地显示凸缺陷点集。以上实例步骤具有一定的通用性，基本步骤如下：读取图像并转换为灰度图；应用阈值化来找到轮廓；计算轮廓的凸包；计算凸缺陷；在图像上绘制凸包和凸缺陷。

我们还可以使用上例代码读取一幅手掌图像，然后检测轮廓，计算凸包和凸缺陷，并在图像上绘制它们。凸缺陷将通过连接起点和终点，并在最远点处绘制圆点来可视化。原图和最终结果如图20-17所示。

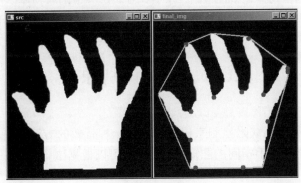

图 20-17

20.4.2 凸缺陷的应用

凸缺陷在多个领域的应用，主要体现在以下几个方面。

1. 物体完整性检测

检测残缺：凸缺陷可用于检测各种物体是否存在残缺。例如，在制药行业中，可以利用凸缺陷检测药片是否完整；在包装行业中，可以检测瓶口是否缺损等。这种方法能够快速、准确地识别出物体表面的缺陷，确保产品质量。

2. 手势识别

手势定义：在手势识别中，凸缺陷扮演着关键角色。手势的轮廓和凸包之间的部分被称为凸缺陷，这些凸缺陷能够用来处理手势识别等问题。通过计算指缝间的凸缺陷个数，可以识别出不同的手势，进而实现手势识别功能。

具体实现：在手势识别过程中，可以利用OpenCV等图像处理库来计算轮廓的凸包和凸缺陷信息。根据凸缺陷的数量和位置，可以定义不同的手势，比如，当有4个凸缺陷时，手势表示数值5；当有3个凸缺陷时，手势表示数值4，以此类推。

3. 边界检测与物体识别

简化轮廓：凸包是将最外层的点连接起来构成的凸多边形，它能包含轮廓中的所有点。使用凸包可以简化物体的轮廓，去除不必要的细节，使得边界检测更加准确。

辅助识别：在物体识别领域，凸包和凸缺陷可以作为特征之一，用于辅助识别物体。通过比较物体的凸包形状和凸缺陷数量等特征，可以区分不同类别的物体。

4. 其他应用

图像处理：在图像处理中，凸缺陷检测可以用于图像分割、图像压缩等领域。通过去除图像中的凸缺陷部分，可以减少图像的数据量，提高图像的压缩效率。

机器人导航：在机器人导航领域，凸缺陷检测可以用于障碍物检测。机器人可以通过感知环境中的凸缺陷部分，来判断障碍物的位置和形状，从而规划出安全的行驶路径。

综上所述，凸缺陷在物体完整性检测、手势识别、边界检测与物体识别等多个领域具有重要意义。随着图像处理技术和计算机视觉技术的不断发展，凸缺陷检测的应用前景将更加广阔。

20.5　手势识别原理

在手势识别中，利用凸缺陷检测来识别手势是一种有效的方法，特别是当手势主要由手指组成时，我们只需要计算手指间的凸缺陷个数，就可以根据这个数值识别出手势所表示的数目，如图20-18所示。

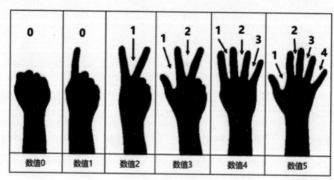

图 20-18

- 当有 4 个手指间凸缺陷时，手势表示数值 5。
- 当有 3 个手指间凸缺陷时，手势表示数值 4。
- 当有 2 个手指间凸缺陷时，手势表示数值 3。
- 当有 1 个手指间凸缺陷时，手势表示数值 2。

- 当有 0 个手指间凸缺陷时，手势可能表示数值 1，也可能表示数值 0。

由此看出，在对手势进行数字识别时，手指间凸缺陷的个数确实是一个有用的特征，特别是当手指间凸缺陷个数不为0时，它可以帮助我们区分数字2~5。然而，当手指间凸缺陷个数为0时，这一特征变得不再有效，因为此时手势可能表示数字0或1，无法仅凭手指间凸缺陷的个数来确定具体是哪个数字。因此，在实际应用中，当我们遇到手指间凸缺陷个数为0的情况时，需要依赖其他特征或信息来进一步判断手势所表示的数字。这可能包括手势的整体形状、手指的相对位置、手势的动态变化等。通过综合考虑多个特征，我们可以更准确地识别出手势所表示的数字。

这里需要强调一点，上面所说的原理是基于手指间凸缺陷，注意，"手指间"这3个字必不可少！为何呢？因为除了手指间凸缺陷，图片中通常还存在其他凸缺陷，这些凸缺陷通常被认为是噪声缺陷，应该想办法忽略掉。我们可以把数字2手势图片（2.jpg）放到例20.3的项目目录下，然后将加载的图片修改为2.jpg，最终得到标记了所有凸缺陷的结果图（见图20-19）。

绿线和手轮廓之间的部分就是凸缺陷，红圈表示凸缺陷的最远点，有多少红圈就是有多少凸缺陷。看到了吧，凸缺陷非常多。因此，我们需要把无关的凸缺陷当作噪声给去掉。

图 20-19

在手势识别中，处理除指缝外的其他凸缺陷是一个重要的步骤，特别是当这些凸缺陷可能是由图像噪声、手部细节（如皱纹、毛孔）或轮廓检测算法的不精确而引起时。一个常见的方法是，基于凸缺陷的某些特征（如大小、深度或形状）来判断它们是否应被视为噪声。常见的方式有如下3种：

（1）根据凸缺陷的面积来判断，面积相对较小的凸缺陷很可能是噪声。

（2）根据角度。通过分析凸缺陷最远点与起点、终点之间构成的角度来进一步过滤噪声。如果这个角度大于90°，那么它可能不是由指缝形成的，因为通常指缝间的角度会小于或等于90°（尽管这也会受到手指弯曲程度和手势复杂度的影响）。

（3）通过计算凸缺陷上的最远点到凸包的近似距离来进行判断。如果这个距离很小，就可以认为这个凸缺陷是由噪声产生的，并将其处理为噪声。

这些方法可以单独使用，也可以联合起来使用，当然联合起来使用效果更好。

20.6　区分手势0和手势1

没有凸缺陷的手势所代表的数字通常存在歧义，既可以解读为数字1，也可以解读为数字0。鉴于此，仅凭凸缺陷的数量无法明确区分这两种手势，故需要进一步探索并识别它们之间的其他显著特征或差异。这意味着，仅凭凸缺陷的个数这一特征，我们无法准确区分这两种手势。

我们先看一下0和1的手势，如图20-20所示。

或许还看不出什么特征，只知道最大区别是右边有一根手指伸出来了。那我们画出它们的凸包，再来看看。我们把拳头图片0.jpg放到例20.3的项目目录下，然后运行例20.3程序，得到凸包图片；再把食指1.jpg放到例20.3的项目目录下，然后运行例20.3程序，得到凸包图片。最终两幅图片如图20-21所示。

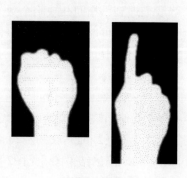

图 20-20

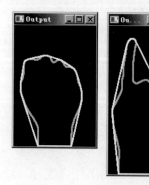

图 20-21

其中，绿线包围的区域是轮廓线包围的区域，而白线包围的整个区域是凸缺陷和轮廓包围区域之和。我们把拳头图片叫作0手势图，食指图片叫作1手势图。通过仔细观察，发现1手势图中凸包线包围的整个区域面积和轮廓包围的区域面积之差，肯定大于0手势图中凸包线包围的整个区域面积和轮廓包围的区域面积之差。我们可以用这个特征来设定一个条件，比如：若凸包线包围的整个区域面积和轮廓包围的区域面积之差大于150，那就认为是手势1；否则就是手势0。

【例 20.8】 区分手势 0 和手势 1

（1）打开PyCharm，新建一个项目，项目名称是pythonProject。

（2）在main.py中输入如下代码：

```python
import cv2
# 手势 0 和 1 区分函数
def dis01(img):
    img=cv2.cvtColor(img,cv2.COLOR_BGR2GRAY) #灰度化图片，准备找轮廓
    contours,h = cv2.findContours(img,cv2.RETR_TREE,
cv2.CHAIN_APPROX_SIMPLE)#搜索所有轮廓
    #从所有轮廓中找到最大的，作为手势的轮廓
    cnt = max(contours,key=lambda img:cv2.contourArea(img))
    areacnt = cv2.contourArea(cnt)     #获取轮廓面积
    #print(areacnt) #输出轮廓面积
    hull = cv2.convexHull(cnt)     #获取轮廓的凸包
    areahull = cv2.contourArea(hull)     #获取凸包的面积
    #print(areahull) #输出凸包面积
    dif = areahull - areacnt     #计算凸包所围和轮廓所围区域的面积差
    #print(dif) #输出面积差
    if dif < 150:     #面积差是否小于 150
        r ='0'     #若面积差小于 150，则认为是手势 0
    else:
```

```
      r='1'  #若面积差大于或等于150，则认为是手势1
    return r #返回结果


# 加载图片
a = cv2.imread('0.jpg')
b = cv2.imread('1.jpg')
# 调用函数识别图片
stra=dis01(a)
strb=dis01(b)
# 准备字体
pos=(30,100) #画字符串的位置
font = cv2.FONT_HERSHEY_SIMPLEX #字体
fontScale=3 #字体大小
color=(0,255,0) #绿色
thickness=5 #笔画粗细
# 把识别结果输出到原图
cv2.putText(a,stra,pos,font,fontScale,color,thickness)
cv2.putText(b,strb,pos,font,fontScale,color,thickness)
# 显示最终结果的图片
cv2.imshow('0',a)
cv2.imshow('1',b)
cv2.waitKey() #等待用户按键
cv2.destroyAllWindows() #销毁所有窗口
```

在上面代码中，函数dis01是一个自定义函数，用于区分手势0和手势1，如果是手势0，则返回字符0，否则返回字符1。这个函数的原理其实很简单，只是判断凸包所围区域的面积和轮廓所围区域的面积之差是否小于150，如果小于150，则认为是手势0，否则认为是手势1。150是一个估算值，其实100也可以。因为手势0的面积差其实很小，我们从手势0的图片就可以看出。得到识别结果后，把字符0或1输出到原图上。

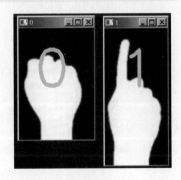

图 20-22

（3）运行程序，结果如图20-22所示。可以看到，结果符合预期，我们把手势0和手势1正确区分开来了。

20.7 区分手势1到手势5

我们把手势0和手势1区分开来后，接下来就只需区分2到5这几个数字。原理是根据手指间角度，即通过分析凸缺陷最远点与起点、终点之间构成的角度进行判断，如果这个角度大于90°，那么它可能不是由指缝形成的，因为通常指缝间的角度会小于或等于90°；否则就认为这个凸缺陷是手指间凸缺陷，最后统计出手指间的凸缺陷的个数后，再加上1就是手指的个数。

另外，要讲一下数学原理：我们把一个手的全部凸缺陷找出来后，针对每一个凸缺陷，可以知道起点、终点和最远点这3个点，这3个点可以围成一个三角形，然后根据两点间距离公式，可以得到三角形的每条边的长度，接着通过余弦定理和反余弦函数得到起点和最远点之间

的边与终点和最远点之间的边的角度，最后把这个角度和90°进行比较。这过程涉及两个数学知识。

（1）平面坐标两点距离公式，即已知两个点A、B及其坐标分别为(x_1, y_1)、(x_2, y_2)，则两点间的距离为：

$$\sqrt{(x_1 - x_2)^2 + (y_1 - y_2)^2}$$

（2）已知三角形的三边长度分别为a、b、c，可以通过余弦定理来求解角度。具体公式如下：

$$\cos \alpha = \frac{b^2 + c^2 - a^2}{2bc}$$

其中b和c是角α的相邻边的长度，a是角α对边的长度。使用反余弦函数arccos可以得到角α的具体的角度（以弧度为单位）。注意：反余弦值的单位是弧度，值域为$[0, \pi]$，其中π表示180°，$\pi/2$表示90°。

【例20.9】 区分手势 1 到手势 5

（1）打开PyCharm，新建一个项目，项目名称是pythonProject。

（2）在main.py中输入代码如下：

```python
import cv2
import numpy as np

def dis01(img):  #0 1手势区分函数
    img=cv2.cvtColor(img,cv2.COLOR_BGR2GRAY) #灰度化图片，准备找轮廓
    contours,h = cv2.findContours(img,cv2.RETR_TREE,
cv2.CHAIN_APPROX_SIMPLE)#搜索所有轮廓
    #从所有轮廓中找到最大的，作为手势的轮廓
    cnt = max(contours,key=lambda img:cv2.contourArea(img))
    areacnt = cv2.contourArea(cnt)    #获取轮廓面积
    #print(areacnt) #输出轮廓面积
    hull = cv2.convexHull(cnt)    #获取轮廓的凸包
    areahull = cv2.contourArea(hull)    #获取凸包的面积
    #print(areahull) #输出凸包面积
    dif = areahull - areacnt  #计算凸包所围和轮廓所围区域的面积差
    #print(dif) #输出面积差
    if dif < 150:       #面积差是否小于150
        r ='0'     #若面积差小于150，则认为是手势0
    else:
        r='1'   #若面积差大于或等于150，则认为是手势1
    return r #返回结果


imgPath = "2.jpg"
img = cv2.imread(imgPath) #加载图片
cv2.imshow('src',img)        #显示原图
img_gray = cv2.cvtColor(img,cv2.COLOR_BGR2GRAY) #转换为灰度图
```

```
    ret, thresh=cv2.threshold(img_gray, 127, 255,0) #对灰度图像进行阈值操作得到二值图
像
    contours, hierarchy = cv2.findContours(thresh,2,1)   #查找轮廓
    max_contour = max(contours, key=lambda x: cv2.contourArea(x))
    # 绘制最大轮廓
    cv2.drawContours(img, [max_contour], -1, (0, 0, 255), 2)

    hull = cv2.convexHull(max_contour, returnPoints = False) #凸包检测
    #获取凸缺陷信息并画线标记出来
    defects = cv2.convexityDefects(max_contour, hull)
    cn-0; #cn 用于统计竖直手指的个数
    for i in range(defects.shape[0]):
        s, e, f, d = defects[i, 0]  #s、e、f 是轮廓索引，d 表示到最远点的近似距离
        start = tuple(max_contour[s][0])   #起点，tuple 函数的作用是转换为元组
        end = tuple(max_contour[e][0])    #终点
        far = tuple(max_contour[f][0])    #最远点
        #a,b,c 三个边长通过两点间距离公式计算得到
        a = np.sqrt((end[0] - start[0]) ** 2 + (end[1] - start[1]) ** 2) #计算起
点和终点的边长，**表示乘方
        b = np.sqrt((far[0] - start[0]) ** 2 + (far[1] - start[1]) ** 2) #计算最
远点和起点的边长
        c = np.sqrt((end[0] - far[0]) ** 2 + (end[1] - far[1]) ** 2)  #计算终点和
最远点的边长
        #利用余弦定理和反余弦函数计算角度，所得角的单位的弧度
        angle = np.arccos((b ** 2 + c ** 2 - a ** 2) / (2 * b * c))  # 计算角度
        if angle <= np.pi / 2: #角度小于 90 度，认为是手指，π 代表的是 180 度，π 是弧度制
            #我们把手指间的起点、终点和最远点用不同颜色画出来，并把凸包线也画出来，以便于读者
更好地理解
            cv2.line(img, start, end, [0, 255, 0], 1)  # 绘制缺陷的起始和结束点之间的
线，即凸包线
            cv2.circle(img, start, 5, [255, 0, 0], -1)   #对起点画红色小圆圈
            cv2.circle(img, end, 5, [0, 255, 0], -1)     #对终点画绿色小圆圈
            cv2.circle(img, far, 5, [0, 0, 255], -1)     #对最远点画蓝色小圆圈
            cn += 1

    if cn > 0:
        cn+=1 #手指间凸缺陷数+1 后才是手指数
        cv2.putText(img, str(cn), (50, 150), cv2.FONT_HERSHEY_SIMPLEX, 1, (0, 0,
255), 2, cv2.LINE_AA)
        cv2.imshow('final_img', img)  # 显示最终图像
    else: #如果 cn=0，则说明现在的手势可能是 0 或 1，要调用 01 区分函数进行判断
        a = cv2.imread(imgPath)
        stra = dis01(a)
        # 准备字体
        pos = (30, 100)  # 画字符串的位置
        font = cv2.FONT_HERSHEY_SIMPLEX  # 字体
        fontScale = 3  # 字体大小
        color = (0, 255, 0)  # 绿色
        thickness = 5  # 笔画粗细
        # 把识别结果输出到原图
        cv2.putText(a, stra, pos, font, fontScale, color, thickness)
```

```
    # 显示最终结果的图片
    cv2.imshow('final_img', a)
cv2.waitKey()  # 等待用户按键
cv2.destroyAllWindows()  # 销毁所有窗口
```

为了便于理解，我们把手指间凸缺陷的起点（红色）、终点（绿色）、最远点（蓝色）和凸包线都标记出来了（参看配套资源中的相关彩图文件），这样对于计算两点间距离和反余弦函数要计算的那个角就很清楚了，也就是计算的角是凸包线对面的角，即最远点所在位置的角。

利用余弦定理和反余弦函数计算角度，所得角的单位是弧度，所以我们是和np.pi/2进行比较，np.pi/2就表示90°。

（3）运行程序，结果如图20-23所示。

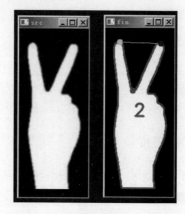

图 20-23